Heinz Meichsner, Katrin Rohr-Suchalla

Risse in Beton und Mauerwerk

Ursachen, Sanierung, Rechtsfragen

Heinz Meichsner, Katrin Rohr-Suchalla

Risse in Beton und Mauerwerk

Ursachen, Sanierung, Rechtsfragen

2., überarbeitete und erweiterte Auflage

Fraunhofer IRB Verlag

Bibliografische Information der Deutschen Nationalbibliothek
Die Deutsche Nationalbibliothek verzeichnet diese Publikation in der Deutschen Nationalbibliografie; detaillierte bibliografische Daten sind im Internet über http://dnb.d-nb.de abrufbar.
ISBN: 978-3-8167-8239-1

Lektorat: Thomas Altmann
Redaktion: Nicole Weber
Herstellung: Dietmar Zimmermann
Layout: Dietmar Zimmermann
Umschlaggestaltung: Martin Kjer
Satz: Satzkasten, Stuttgart
Druck: BoD – Books on Demand, Norderstedt

Fraunhofer-Informationszentrum
Raum und Bau IRB
Nobelstraße 12, 70569 Stuttgart
Telefon (0711) 970-2500
Telefax (0711) 970-2508
E-Mail: irb@irb.fraunhofer.de
http://www.baufachinformation.de

Vorwort zur zweiten Auflage

Risse in Massivbauwerken sind seit sie gebaut werden nicht nur für Baufachleute, sondern auch für die Nutzer ein unerschöpfliches Thema.

Nach der positiven Aufnahme der ersten Auflage sehen sich Verlag und Autoren veranlasst, eine zweite Auflage herauszugeben. Das Echo auf die erste Auflage in Form von schriftlichen und mündlichen Äußerungen von Lesern gab Anregungen zu Erweiterungen des Inhalts. Das erkennt man bereits an einer differenzierteren Gliederung im ersten Teil des Buches. Die theoretischen Grundlagen wurden von den praktischen Teilen getrennt und in vier separaten Kapiteln behandelt. Damit sollen die Übersichtlichkeit und die Handhabbarkeit des Buches verbessert werden. Für Rissbildungen in häufig verwendeten Bauteilen wurden die vorhandenen Passagen teilweise neu gefasst. So erhielten die Elementdecken und -wände ein eigenes Kapitel mit Hilfsmitteln für die Berechnung der Mindestbewehrung bei zentrischem Zwang in der Nebenspannrichtung, weil die Rissbildung in den Elementfugen Besonderheiten gegenüber einem monolithischen Bauteil besitzt.

Die Kapitel mit praktischen Beispielen wurden sowohl für Beton als auch für Mauerwerk erweitert. Neue Beispiele runden die jeweilige Thematik ab. Z. B. wurde die Berechnung der Mindestbewehrung für runde Bodenplatten bei zentrischem Zwang aufgenommen. Im Abschnitt über die Mindestbewehrung von Stahlbetonbodenplatten sind jetzt auch mögliche Verschiebungsbehinderungen durch Schächte oder Pumpensümpfe mit einem Vorschlag zur Abschätzung und zur Vermeidung enthalten. Wie in der ersten Auflage wurde bei den Ergänzungen auf eine einfache, verständliche Darstellung Wert gelegt. Gelegentliche Vereinfachungen in den Rechenansätzen sind bewusst gewählt worden, um vor allem dem Praktiker das Verständnis theoretischer Zusammenhänge zu erleichtern.

Auch wenn sich Risse aus bautechnischer Sicht häufig nicht vermeiden lassen, sind sie Gegenstand einer Vielzahl von juristischen Auseinandersetzungen. Mit diesen Fragen befasst sich das letzte Kapitel. Hierbei werden zum einen die Voraussetzungen und Rechtsfolgen der Mängelhaftung und Gewährleistung dargestellt, zum anderen auch Fragen der Gesamtschuldnerschaft, wenn unterschiedliche Baubeteiligte eine Ursache für das Auftreten von Rissen gesetzt haben (ausführendes Unternehmen bzw. Planer). Anhand von Beispielen werden die Grundsätze im Einzelnen anschaulich dargestellt.

Formal wurde die Gliederung verändert, sodass das Buch jetzt insgesamt elf Kapitel gegenüber sieben in der ersten Auflage besitzt. Einige Druckfehler hatten sich in die erste Auflage eingeschlichen und wurden in der zweiten Auflage beseitigt.

Die Autoren bedanken sich bei allen, die zum Gelingen der zweiten Auflage des Buches beigetragen haben. Der besondere Dank gilt dem Fraunhofer IRB Verlag für die gute Zusammenarbeit.

Die Autoren

Februar 2011

Inhalt

1 Risse sind die Folge von Bauteildehnungen

1.1 Last und Zwang verursachen Bauteildehnungen

Beton und Mauerwerk sind Baustoffe, die im Vergleich zu ihrer Druckfestigkeit eine geringe Zugfestigkeit besitzen. Während z. B. bei Stahl Zug- und Druckfestigkeit gleich groß sind, beträgt die Zugfestigkeit bei Beton und bei Mauerwerk etwa 5 bis 10 % der Druckfestigkeit. Schon mit relativ kleinen Zugspannungen wird die Zugfestigkeit erreicht und es entstehen Risse.

Bild 1.1 zeigt ein Spannungs-Dehnungs-Diagramm für zwei übliche Betone mit einem oberhalb der Abszisse verlaufenden Ast für Druck- und einem darunter liegenden Ast für Zugspannungen. Die Bruchstauchung beträgt etwa 2 mm/m, während die Bruchdehnung nur ca. 0,1 mm/m beträgt. Das entspricht 5 % der Bruchstauchung. Bei Mauerwerk sind die Relationen ähnlich. Beton und Mauerwerk sind somit wenig geeignet, nennenswerte Zugspannungen aufzunehmen.

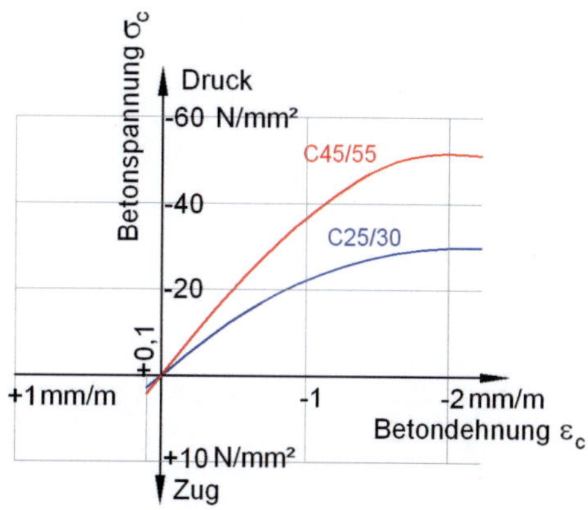

Bild 1.1 Spannungs-Dehnungs-Linie von Beton

Im Stahlbetonbau darf nach DIN 1045-1 die Zugfestigkeit des Betons beim Nachweis der Grenztragfähigkeit für Bauteile mit Biegebeanspruchung mit und ohne Längskraft nicht berücksichtigt werden. Ähnlich ist das bei Mauerwerk. Nach DIN 1053-100 darf für den Nachweis der Zug- und Biegezugbeanspruchung rechtwinklig zur Lagerfuge keine Zugfestigkeit angesetzt werden.

In fast allen Massivbauwerken entstehen Zugspannungen. Man kann sie durch andere Komponenten, wie z. B. eine Bewehrung, aufnehmen oder durch geschickte Konstruktionsformen begrenzen. Vermeiden kann man sie nicht und muss deshalb Risse in Kauf nehmen. Weder in der Planung noch in der Bauausführung verfügt man über Mittel, um Risse mit normalem Aufwand zuverlässig zu vermeiden.

Risse in Bauteilen entstehen durch Zugbeanspruchungen. Bei Beton und Mauerwerk versucht man, Zugkräfte zu umgehen, weil beide Werkstoffe dafür nicht gut geeignet sind. Beispiele für Zugglieder sind in den Bildern 1.2 und 1.3 dargestellt.

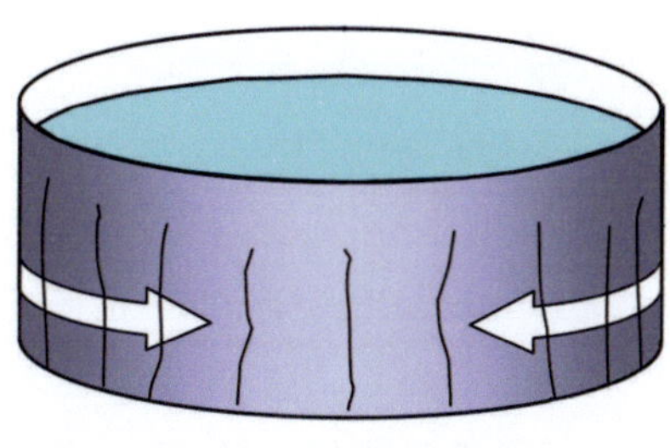

Bild 1.2 Runder Flüssigkeitsbehälter. Durch den Innendruck wirken wie bei einem Fass horizontale Ringzugkräfte, aus denen vertikale Risse entstehen können

Bild 1.2 zeigt einen runden Flüssigkeitsbehälter, in dessen Außenwand durch die Behälterfüllung horizontale Zugspannungen entstehen. Da Risse immer rechtwinklig zur Zugkraftrichtung verlaufen, bewirken diese horizontalen Zugspannungen vertikale Risse.

Ein weiteres Beispiel zeigt eine Stahlbetonbrücke aus dem Jahr 1927 (Bild 1.3). Sie besteht aus einem tragenden Bogen, an den über unterschiedlich lange Zugglieder eine Fahrbahn angehängt ist. Der Bogen erhält überwiegend Druckkräfte, während die vertikalen Stahlbetonzugglieder mittige Zugspannungen erhalten. Der Kraftverlauf in Bogen und Zugglied ist durch rote Pfeile angedeutet. In den Zuggliedern entstehen rechtwinklig zur Zugkraft horizontale Risse, deren Rissbreite durch eine geeignete Bewehrungskonstruktion begrenzt werden kann. Heute vermeidet man im Stahlbetonbau reine Zugglieder, weil es dafür andere Möglichkeiten gibt, z. B. unter Verwendung von Stahl.

Bild 1.3 Bogenbrücke aus Stahlbeton aus dem Jahr 1927. Die Pfeile zeigen den Verlauf der Kräfte

In den Beispielen entstehen die Risse durch Lasten, und zwar in den Teilen des Bauteils, die gedehnt werden. Mit den in der Planungspraxis verfügbaren Rechenprogrammen können mit wenig Aufwand alle geforderten Nachweise zur Lastabtragung und Standsicherheit bis zur Wahl der Bewehrung bei Einhaltung eines bestimmten Rechenwertes der Rissbreite geführt werden. Der Tragwerksplaner kann damit den technischen Erfordernissen relativ einfach entsprechen.

Außer den Lastbeanspruchungen kennen wir die Zwangbeanspruchungen. Sie entstehen lastunabhängig durch Tragwerksverformungen. Solange solche Verformungen aus Temperaturdehnung oder Schwindverkürzung nicht behindert werden, entstehen keine Kräfte im Tragwerk. Erst wenn lastunabhängige Verformungen behindert werden, entstehen Zwangkräfte.

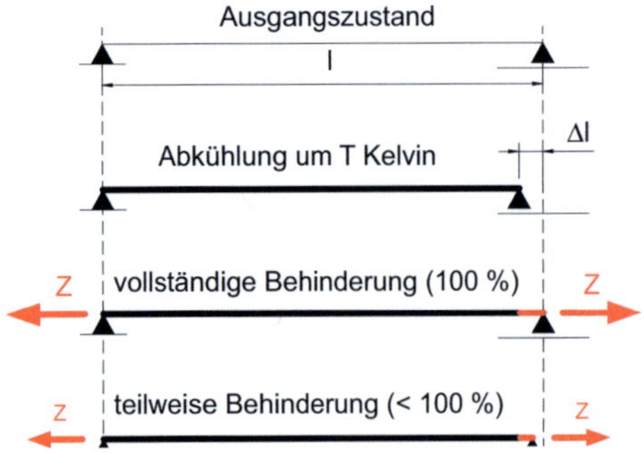

Bild 1.4 Unbehinderte und behinderte Verkürzung eines Balkens bei Abkühlung um T K

Im Bild 1.4 ist das an einem einfachen Beispiel dargestellt. Bei statisch bestimmter Lagerung verkürzt sich ein Stab bei Abkühlung um den Betrag

$$\Delta l = \alpha_T \cdot T \cdot l$$

mit α_T Wärmedehnzahl des Stabmaterials (bei Beton 0,01 mm/m je K)
T Temperaturabsenkung bei der Abkühlung [K]
l Stablänge [m].

Wenn diese Verkürzung wegen einer statisch unbestimmten Lagerung nicht möglich ist, muss der Stab um die Differenzlänge gedehnt werden. Dabei entsteht die Zugkraft

$$Z = E \cdot A \cdot \frac{\Delta l}{l} = E \cdot A \cdot \alpha_T \cdot T \qquad (1.1)$$

mit Z Zwangzugkraft
E Elastizitätsmodul des Stabmaterials (bei Beton $E_c \approx 30\,000\ N/mm^2$)
A Querschnittsfläche des Stabes.

Bei behinderter Bauteilverkürzung entsteht eine Zwangzugkraft, bei behinderter Bauteilausdehnung eine Zwangdruckkraft. Im Zusammenhang mit Rissen interessieren die Zwangzugkräfte.

Mit dem Behinderungsgrad $1{,}0 \geq \delta \geq 0$ verändert sich Gleichung (1.1):

$$Z = \delta \cdot E \cdot A \cdot \frac{\Delta l}{l} = \delta \cdot E \cdot A \cdot \alpha_T \cdot T \qquad (1.2).$$

Lastunabhängige Verformungen können auf unterschiedliche Art behindert werden:

- Durch zeitlich versetzten Anbau von Beton- oder Mauerwerksbauteilen an bestehende, ältere Konstruktionen. Die neuen Massivbauteile beginnen sich durch Schwinden zu verkürzen und werden durch die bestehenden Bauteile daran gehindert. Für temperaturbedingte Längenänderungen gilt das sinngemäß.
- Benachbarte Bauteile gleichen Alters verkürzen sich aufgrund unterschiedlicher Austrocknungsbedingungen unterschiedlich. Das kann eine Kellerdecke sein, die mehr und schneller schwindet als die Kellerwände, und sich dadurch mehr und schneller verkürzt als die Wände. Die Verkürzung wird durch die Wände behindert, wodurch in der Decke Zugspannungen entstehen und in die Wandkronen Druckkräfte eingetragen werden (vgl. Bild 1.19).

Lastunabhängige Verformungen sind die Schwindverkürzung (im Ausnahmefall auch das Quellen), temperaturbedingte Längenänderungen und Verformungen durch ungleichmäßige Baugrundsetzungen. In statisch bestimmten Tragwerken sind solche Verformungen mit Ausnahme der Setzungen ohne Behinderung möglich. Bei statisch unbestimmten Tragwerken sind Bauteilverformungen ohne Behinderung nicht möglich, sodass in ihnen Zwangbeanspruchungen entstehen. Anhand von zwei Beispielen sollen die Entstehung und die Wirkung von Zwangspannungen dargestellt werden.

In Bild 1.5 ist die Wandkrone eines befahrbaren Gärfuttersilos zu sehen, in der vertikale Trennrisse entstanden sind. Die Rissursache ist die Erwärmung des unteren Wandbereichs im Gärprozess. Dadurch muss sich die Wand wie ein Balken krümmen, wird aber durch die Verbindung mit der Bodenplatte daran gehindert (vgl. Bild 5.58). So entstehen horizontale Zugspannungen an der Wandkrone und in deren Folge vertikale Risse. Sie sind in Bild 1.5 an den Verfärbungen des oben eingedrungenen und seitlich wieder aus dem Riss abgelaufenen Niederschlagswassers zu erkennen und durch Pfeile markiert. Ebenso wie es Zugzwang gibt, gibt es Biegezwang. Das soll am nächsten Beispiel in Bild 1.6 gezeigt werden.

Bild 1.5 Vertikale Zwangrisse in der Wandkrone eines Gärfuttersilos, durch Pfeile markiert (vgl. Beispiel Nr. 5.10)

Eine Bodenplatte liegt auf dem Untergrund auf. Die Oberfläche wird durch Sonneneinstrahlung aufgeheizt und dehnt sich aus. Wenn sich ein stationärer Temperaturzustand eingestellt hat, wird der Temperaturverlauf linear über die Plattendicke verteilt sein. Man rechnet mit einem Temperaturgefälle von 0,6 bis 0,8 K pro 10 mm Plattendicke. Durch die wärmere und damit gedehnte Oberfläche will sich die Platte aufwölben, indem sie sich an den Rändern abstützt. Dadurch wird die Eigenlast der Platte aktiviert; es entstehen ein Biegemoment in der Platte und Biegezugspannungen an der Unterseite bzw. Biegedruckspannungen an der Oberseite. Mit zunehmender Länge der Bodenplatte vergrößert sich die Stützweite der aufgewölbten Platte. Es gibt eine Stützweite, bei der die Platte im mittleren Bereich durch ihre Eigenlast auf die Unterlage gedrückt wird. In diesem an der Durchbiegung vollständig gehinderten mittleren Bereich entsteht ein konstantes Biegemoment infolge der ungleichmäßigen Erwärmung. Zugspannungen entstehen im Falle einer behinderten einseitigen Erwärmung oder Abkühlung immer an der kälteren Seite.

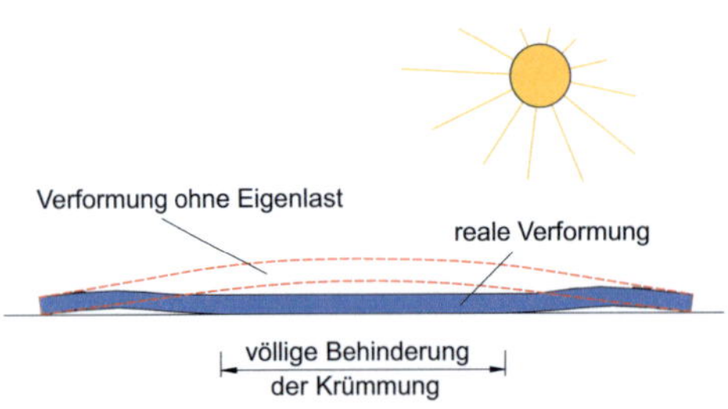

Bild 1.6 Verformung einer Bodenplatte bei Erwärmung der Oberseite

Zwangbeanspruchungen treten sehr häufig auf und sind dann die Ursache nicht erwarteter

Rissbildungen. In vielen statischen Berechnungen werden sie wenig beachtet, weil durch sie nur relativ geringe Beanspruchungen entstehen, die fast immer lediglich die Größe der Risslast erreichen. Im Vergleich zu den Lastschnittgrößen sind solche Kräfte bzw. Momente relativ klein. Die Zwangschnittgrößen sind zu der Dehn- und Biegesteifigkeit des Bauteils proportional. Dadurch, dass Dehn- und Biegesteifigkeit mit jedem Riss kleiner werden, nehmen auch die Zwangbeanspruchungen ab. Dieses Wechselspiel zwischen Rissbildung und veränderlicher Zwangbeanspruchung hat i. d. R. keinen Einfluss auf die Standsicherheit eines Bauteils oder Bauwerks. Das mag der Grund sein, warum in vielen statischen Berechnungen keine Aussagen zur Zwangrissbildung enthalten sind und dadurch »überraschende und unerwartete« Risse entstehen.

Zu den lastunabhängigen Verformungen, die Zwangschnittgrößen verursachen, gehören Schwind- und Temperaturverformungen sowie ungleichmäßige Baugrundsetzungen. Andere lastunabhängige Einwirkungen wie Rostsprengungen kommen seltener vor. Da Setzungen und andere seltene lastunabhängige Einwirkungen hauptsächlich von den örtlichen Bedingungen abhängen, sind sie einer Systematisierung nicht zugänglich. Deshalb sollen hier nur die beiden erstgenannten Arten von Zwangverformungen untersucht werden. Andere Zwangwirkungen sind als Einzelfall zu untersuchen.

1.2 Zwang durch Schwindverformungen

Schwindverformungen treten sowohl bei Beton als auch bei Mauerwerk auf. Sie werden durch ein Endschwindmaß und eine Verlaufsfunktion beschrieben. Das Endschwindmaß ist keine Materialkonstante, sondern sowohl bei Beton als auch bei den verschiedenen Mauerwerksarten je nach den Austrocknungsbedingungen und der aus dem Bauteil entweichenden Feuchtigkeit unterschiedlich groß. Die Verlaufsfunktionen sind näherungsweise stetig mit der Zeit wachsende Funktionen, die sich einem Endwert, dem Endschwindmaß, asymptotisch annähern. Genau betrachtet sind es keine stetigen Funktionen, weil sich die Austrocknungsbedingungen mit Lufttemperatur und relativer Luftfeuchtigkeit ständig und nicht nur stetig verändern.

Das Schwinden ist im Wesentlichen ein langsamer und lang andauernder Austrocknungsprozess des Betons bzw. Mauerwerks. Er besteht nach den Ansätzen der DIN 1045-1 aus zwei Komponenten:

- Trocknungsschwinden. Dieser Anteil ist bei normalfestem Beton und bei Mauerwerk der bestimmende Anteil. Das Schwindmaß aus dieser Komponente ist in Oberflächennähe des austrocknenden Betons größer als im Inneren. Es bildet sich ein Feuchtigkeitsgefälle aus, unter dessen Wirkung die Feuchtigkeit nur langsam entweicht. Das Trocknungsschwinden verläuft je nach Bauteildicke u. U. viele Jahre.
- Schrumpfen. Unter Schrumpfen werden in der DIN 1045-1 das chemische Schwinden und das autogene Schwinden infolge der Reaktion des Zementes zusammengefasst. Da es sich um eine Folge von chemischen Reaktionen des Zementes handelt, ist das Schwindmaß aus diesem Anteil im Betongefüge überall etwa gleich groß. Dieser Schwindanteil ist nach etwa 3 Jahren abgeschlossen. Bei normalfestem Beton ist

er klein im Vergleich zum Trocknungsschwinden. Bei hochfesten Betonen kann das Schrumpfen größer sein als das Trocknungsschwinden.

Das überschüssige Zugabewasser entweicht allmählich aus dem Porensystem, was mit einer Volumenverringerung des Betons bzw. Mauerwerks verbunden ist. Bei stabförmigen oder ebenen Bauteilformen nimmt man die Volumenänderung vor allem als Längenänderung wahr.

Dünne Bauteile mit großer Oberfläche trocknen schneller aus als gedrungene mit kleinerer Oberfläche. Zur Größe der Endschwindmaße liegen ausreichend gesicherte und für praktische Zwecke genügend genaue Werte vor. Neben dem Trocknungsschwinden kennen wir bei Beton noch das chemische Schwinden. Es ist ebenfalls mit einer Volumenverringerung verbunden, die infolge einer inneren Austrocknung durch chemische Reaktion entsteht. Das chemische Schwinden hat erst bei höherfesten Betonen einen spürbaren Anteil an der gesamten Schwindverformung und kann bei dem üblichen Konstruktionsbeton vernachlässigt werden. Bild 1.7 enthält Angaben zu den Endschwindmaßen verschiedener Arten von Mauerwerk und von Beton. Die Zahlenangaben für Mauerwerk sind der Tabelle 3 der DIN 1053-100 entnommen.

Mauerwerk aus Mauerziegeln kann im Vergleich zu anderen Mauerwerksarten eine Besonderheit haben: das chemische Quellen. Es entsteht durch Anlagerung von Wassermolekülen und kann Werte bis +0,2 mm/m annehmen [1.1]. Chemisches Quellen tritt nicht systematisch auf.

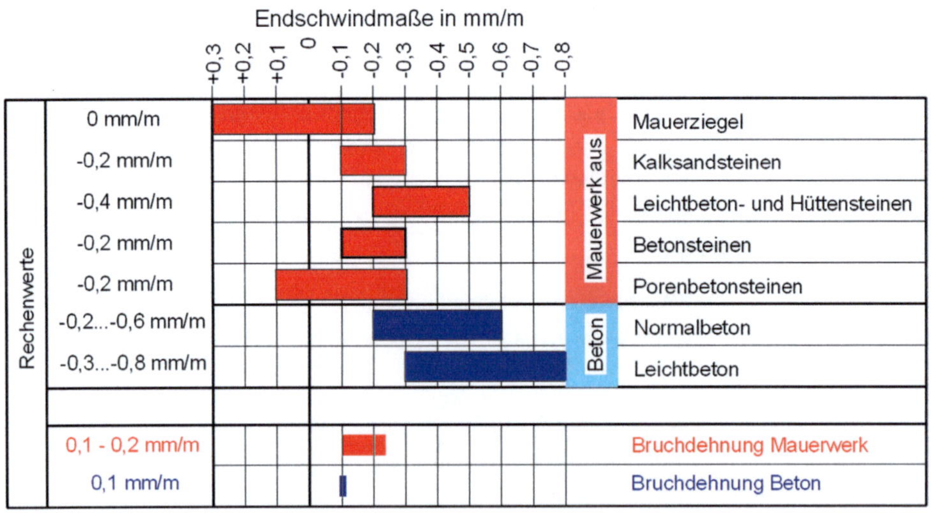

Bild 1.7 Endschwindmaße für Beton und Mauerwerk im Vergleich zur Zugbruchdehnung

Für Beton ist in der DIN 1045-1 ein Verfahren zur Bestimmung des Endschwindmaßes angegeben, das einige Einflüsse differenzierter erfasst, als es in Bild 1.7 mit den wenigen Zahlenangaben dargestellt ist. So ergibt sich bei der Untersuchung von Zwangverformungen eine scheinbar größere Genauigkeit, was man für praktische Berechnungen nicht überschätzen darf. In den Erläuterungen zur DIN 1045-1 [1.2] ist zur Genauigkeit dieses Verfahrens angegeben, dass mit Abweichungen von ±30% zu rechnen ist. Deshalb muss man die Endschwindmaße nicht unbedingt genauer berechnen, sondern kann in vielen Fällen mit einer guten Schätzung arbeiten. Dafür spricht auch die Tatsache, dass es im häufigsten Fall der Einzelrissbildung keine Proportionalität zwischen der Bauteildehnung, z. B. durch behinderte Schwindverkürzung, und der Rissbreite gibt. Ein Fehler in der Bestimmung der Zwangdehnung wirkt sich nur auf die Zahl der Risse aus, nicht aber auf die Rissbreite. Letztlich interessiert aber vor allem die Rissbreite. Dafür ist die Genauigkeit der Formeln ausreichend. Deshalb wird empfohlen, Schwinddehnungen für Beton nach der Stahlbetonnorm DIN 1045-1 zu berechnen, was hier im Folgenden erläutert wird.

In der Norm wird zwischen zwei Schwinddehnungsanteilen des Betons unterschieden:

- Trocknungsschwinddehnung ε_{cds}
  Sie hat bei üblichem Konstruktionsbeton den größten Anteil an der Schwindverkürzung und entsteht durch Entweichen des überschüssigen Zugabewassers aus den Poren des Betons. Die Austrocknung verläuft von außen nach innen und kann viele Jahre dauern.
- Schrumpfdehnung ε_{cas}
  Sie ist die normative Zusammenfassung der Anteile aus dem autogenen und dem chemischen Schwinden (Volumenverringerungen durch chemische Vorgänge). Sie ist bei höherfesten Betonen von Bedeutung und entsteht durch eine Volumenverringerung während der Hydratation durch chemischen Einbau von noch nicht gebundenem Wasser. Die Schrumpfdehnung ist nach zwei bis drei Jahren abgeschlossen und verläuft gleichzeitig im gesamten Betonvolumen. Für normale Betone ist die Schrumpfdehnung vernachlässigbar. Erst bei höheren Festigkeiten liefert sie einen spürbaren Beitrag zur Schwindverkürzung und besitzt bei hochfesten Betonen einen wesentlichen Anteil an der Gesamtverkürzung.

Bild 1.8 zeigt, dass erst bei einer charakteristischen Druckfestigkeit von 35 bis 50 N/mm² ein spürbarer Beitrag aus der Schrumpfdehnung am Gesamtendschwindmaß entsteht. Das sind Druckfestigkeiten, die heute im üblichen Bauwesen an der oberen Grenze liegen. Der Hauptanteil am Schwindmaß ist deshalb für diese Bauwerkskategorie das Trocknungsschwinden. Mit Hilfe von Bild 1.9 kann man das Endschwindmaß des Trocknungsschwindens in Abhängigkeit von

1 der charakteristischen Betondruckfestigkeit,

2 der Festigkeitsklasse des Zements,

3 der durchschnittlichen relativen Luftfeuchtigkeit und

4 der wirksamen Bauteildicke in mm (Bild 1.10):

$$h_0 = 2\,A_c/u$$

mit A_c Querschnittsfläche des betrachteten Bauteils

u Umfangsanteil des Querschnitts, der der Trocknung ausgesetzt ist,

bestimmen.

Für diese beiden Arten des Schwindens sind in DIN 1045-1 Diagramme angegeben (Bilder 1.8 und 1.9), die hier als Arbeitshilfsmittel übernommen werden. Mit ihnen bestimmt man das Endschwindmaß.

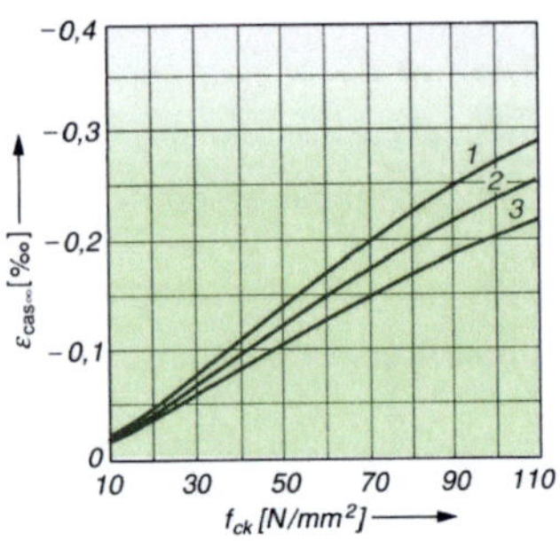

Bild 1.8 Schrumpfdehnung $\varepsilon_{cas\infty}$ nach DIN 1045-1

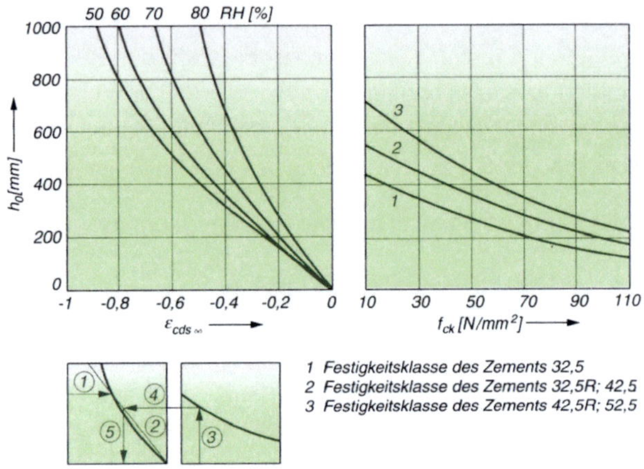

Bild 1.9 Grundwert der Trocknungsschwinddehnung $\varepsilon_{cds(\infty\ ts)}$ in mm/m; RH ist die durchschnittliche relative Luftfeuchtigkeit, die Zahlen in den Kreisen im Diagramm unten geben die Reihenfolge der Benutzungsschritte an

Die wirksame Bauteildicke $h_0 = 2\ A_c/u$ ist eine Größe, die das Volumen des Betons ins Verhältnis zur luftberührten Oberfläche setzt. Damit wird den unterschiedlichen Austrocknungsbedingungen bei geometrisch gleichen Bauteilen Rechnung getragen. Bei flächigen Bauteilen kann man die wirksame Bauteildicke einfach als Vielfaches der realen Bauteildicke angeben. Z. B. gilt:

- Bei einseitig erdberührten flächigen Bauteilen ist die

  wirksame Bauteildicke = 2 · Länge · Dicke/Länge

  = 2 · Dicke.

- Bei freistehenden flächigen Bauteilen ist die

  wirksame Bauteildicke = 2 · Länge · Dicke/(2 · Länge)

  = 1 · Dicke.

In Bild 1.10 ist das auch bildlich dargestellt. Für eine Bodenplatte gilt sinngemäß das Gleiche. Sie hat immer nur eine mit der Luft in Kontakt stehende Fläche.

Ein Zahlenbeispiel soll den Gebrauch der Diagramme erläutern.

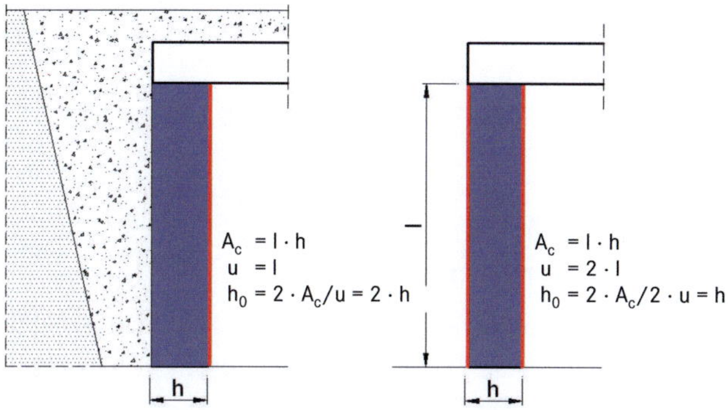

Bild 1.10 Wirksame Bauteildicke bei einer einseitig und zweiseitig luftberührten Wand

Beispiel Nr. 1.1 Berechnung von Endschwindmaßen

Für eine Wand im Freien und eine Bodenplatte in einer Tiefgarage mit jeweils 300 mm Dicke sollen die Endschwindmaße bestimmt werden.

Beton C30/37, charakteristische Betondruckfestigkeit	f_{ck} = 30 N/mm²,
Zement Cem I, Festigkeitsklasse des Zements	32,5 N/mm²
durchschnittliche relative Luftfeuchtigkeit RH =	60 %

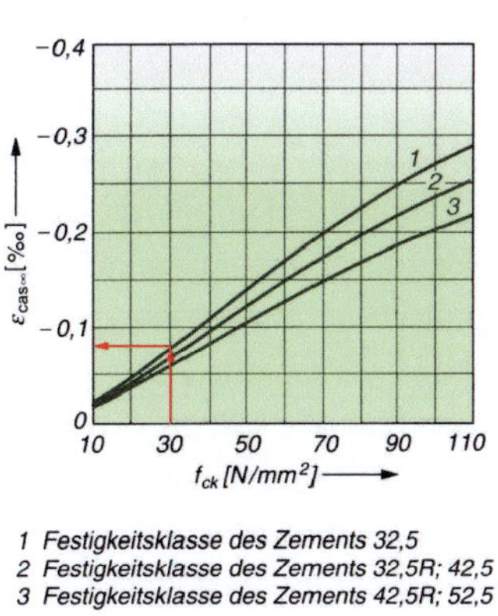

Bild 1.11 Bestimmung der Schrumpfdehnung für beide Fälle:
$\varepsilon_{cas\infty}$ = -0,08 mm/m

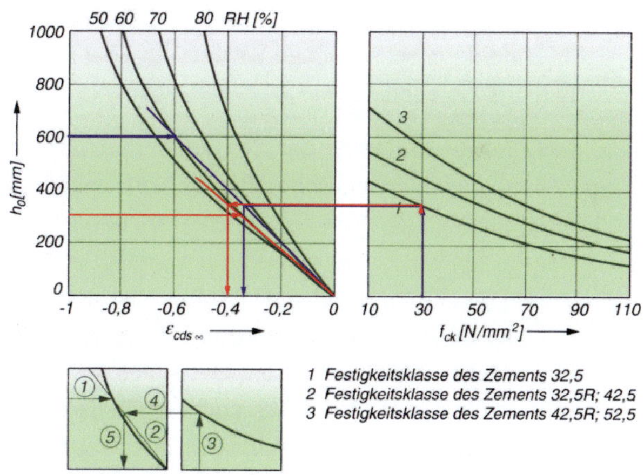

Bild 1.12 Bestimmung der Trocknungsschwinddehnung $\varepsilon_{cds(\infty\ ts)}$
rot: für die Wand
blau: für die Bodenplatte

wirksame Bauteildicke	$h_0 = 2\ A_c/u$	
für die Wand	h_0 = 2 · 300 · Breite/2 · Breite =	300 mm
für die Bodenplatte	h_0 = 2 · 300 · Breite/Breite =	600 mm.

Für die Bodenplatte (blau) erhält man aus Bild 12 $\varepsilon_{cds\infty}$ = − 0,33 mm/m

und für die Wand (rot) $\varepsilon_{cds\infty}$ = − 0,40 mm/m.

Die beiden Anteile sind zum Endschwindmaß zu addieren

$\varepsilon_{cs\infty} = \varepsilon_{cas\infty} + \varepsilon_{cds\infty}$

für die Bodenplatte $\varepsilon_{cs\infty} = -0{,}08\,\text{mm/m} - 0{,}33 = -0{,}41\,\text{mm/m}$

für die Wand $\varepsilon_{cs\infty} = -0{,}08\,\text{mm/m} - 0{,}40 = -0{,}48\,\text{mm/m}$.

Der zeitliche Verlauf der Schwindverformungen

Über den zeitlichen Verlauf der Schwindverformungen gibt es im Bewusstsein der Praktiker sehr unterschiedliche Meinungen. Meist wird die Dauer des Schwindprozesses bis zum Erreichen des Endschwindmaßes unterschätzt. Die Meinungen über die Zeit bis zum Erreichen des Endschwindmaßes reichen von »ein bis zwei Wochen« bei selbstbewussten Polieren bis zu »ein bis zwei Jahren« bei vielen Bauleitern. Tatsächlich sind die Fristen viel länger. In den Erläuterungen zur DIN 1045-1 [1.2] findet man den Hinweis, dass in den Diagrammen ein Endwert des Trocknungsschwindens von t = 70 Jahre berücksichtigt worden ist.

Häufig genügt es, das Endschwindmaß zu kennen. Wann es erreicht wird, ist dabei ohne Bedeutung. Bei Begutachtungen und der Prognose noch zu erwartender Rissuferverschiebungen benötigt man das bis zum Begutachtungszeitpunkt erreichte Schwindmaß. Deshalb muss man für solche Aufgaben den zeitlichen Verlauf der Schwindverformungen kennen. Er hängt von mehreren, sich verändernden Einflüssen ab. Weder in der Vorschau noch im Nachhinein kann man diese Einflüsse abschätzen. Deshalb wurde für das Diagramm Bild 1.17 mit durchschnittlichen Werten nur eine Kurve für jede wirksame Bauteildicke h_0 nach Bild 1.10 berechnet. Eine größere Genauigkeit ist nicht realistisch und auch nicht nötig.

Um die Auswirkungen der Schwindverkürzung verfolgen zu können, genügen meist die Kenntnis des Endschwindmaßes und die ungefähre Zeit, die zum Erreichen des Endwerts oder eines großen Anteils am Endwert benötigt wird. Beispielsweise muss man vor dem Verpressen von Rissen wissen, ob sich die Rissufer in der Zukunft verschieben können und wenn ja, um welches Maß. Das kann man nur beurteilen, wenn man die bisherige und damit auch die noch zu erwartende Schwindverkürzung abschätzen kann, die die Ursache der Rissbildung ist. Deshalb sollen hier einige Angaben zum zeitlichen Verlauf des Schwindprozesses folgen. In [1.1] sind Versuchsergebnisse zum Schwindverlauf für verschiedene Mauerwerksarten dargestellt. Daraus wurden sogenannte normierte Schwindkurven abgeleitet (Bilder 1.13 und 1.14). Sie geben an, in welcher Zeit welcher Anteil des Endschwindmaßes erreicht wird. Sie gelten für Laborbedingungen, können aber für die Abschätzung unter praktischen Bedingungen von Nutzen sein. Die Angabe 20/65 kennzeichnet das Lagerungsklima 20 °C und 65 % relative Luftfeuchte.

Die Kurven zeigen, dass bei Mauerwerk das Endschwindmaß nach drei bis vier Jahren annähernd erreicht wird. Wenn unter der Wirkung einer behinderten Schwindverkürzung Risse entstanden sind, dann sollte man sie nicht sofort, sondern erst nach dieser Zeit füllen. Eine Instandsetzung zu einem früheren Zeitpunkt wird eine erneute Öffnung der Risse mit kleinerer Rissbreite bewirken. Für die neue Rissbreite nach der ersten Instandsetzung wird dann nur der Zuwachs an Schwindverkürzung wirksam.

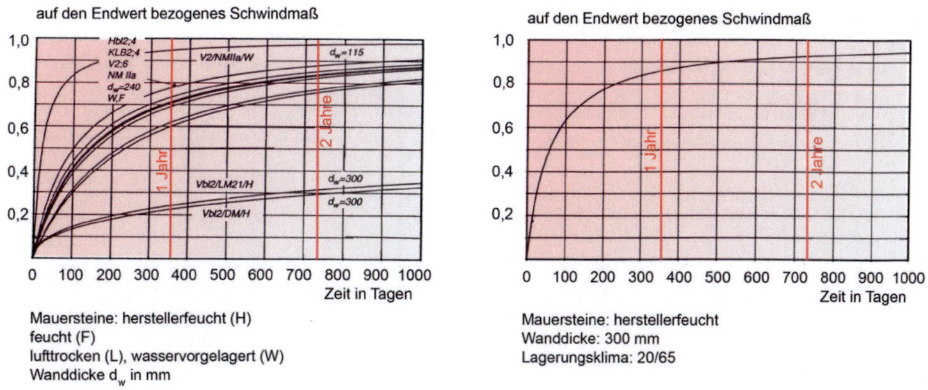

Bild 1.13 Normierte Schwindkurven für Mauerwerk aus Leichtbetonsteinen (links) und aus Porenbeton-Plansteinen mit Dünnbettmörtel (rechts)

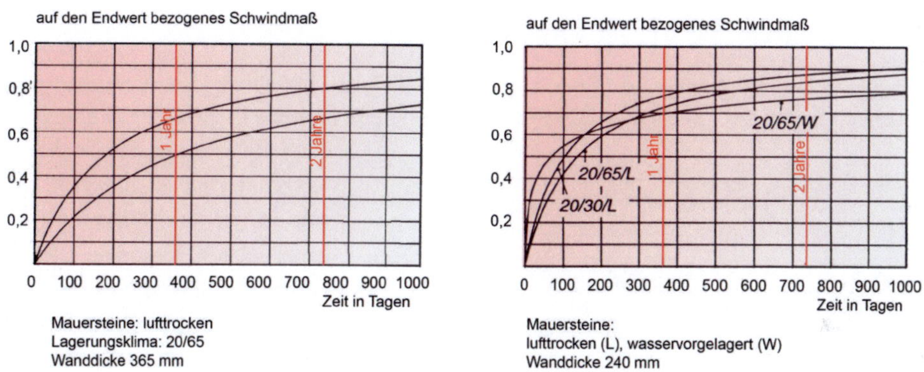

Bild 1.14 Normierte Schwindkurven für Mauerwerk aus Leichthochlochziegeln und Leichtmörtel (links) und Kalksandvollsteinen mit Normalmörtel (rechts)

Bei Beton verläuft der Schwindprozess langsamer als bei Mauerwerk. Das liegt an dem feineren Porengefüge des Betons im Vergleich zu Mauerwerk aus künstlichen Steinen. Je geringer der Porendurchmesser ist, umso langsamer verlaufen die Transportprozesse. Bild 1.15 zeigt den Vergleich der Porengrößenverteilung bei Beton und bei Ziegeln, der das Gesagte bestätigt.

Für den zeitlichen Verlauf des Schwindprozesses bei Beton wird in Verbindung mit der DIN 1045-1 im Heft 525 des Deutschen Ausschusses für Stahlbeton [1.2] ein Verfahren angegeben, das hier etwas aufbereitet wird. Für die Trocknungsschwinddehnung und für die Schrumpfdehnung werden zwei Verlaufsfunktionen angegeben, die in den Bildern 1.16 und 1.17 für einen Zeitraum von 3 bzw. 10 Jahren dargestellt sind.

Die Schrumpfdehnung, die durch die chemische Reaktion des Zements mit dem Wasser verursacht wird, ist in ca. einem Jahr fast völlig abgeklungen, während sich das Trocknungsschwinden je nach Bauteilabmessungen nach einem Jahr höchstens zu 70 % vollzo-

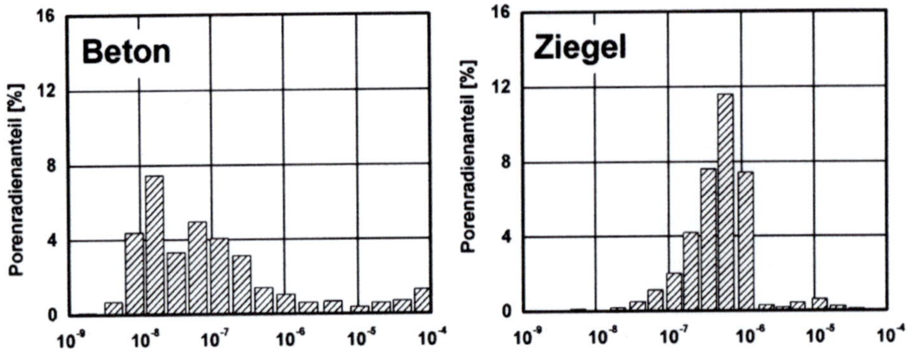

Bild 1.15 Vergleich der Porengrößenverteilung von Beton B 25 (entspricht C20/25) und Ziegel [1.3]

gen hat, bei kompakten Bauteilabmessungen auch weit darunter. In den Formeln der DIN 1045-1 ist eine Zeit von t = 70 Jahre als Endwert berücksichtigt [1.2].

Die wirksame Bauteildicke $h_0 = 2A_c/u$ [mm] nach Bild 1.10 beeinflusst die Austrocknungsgeschwindigkeit sehr stark (A_c = Querschnittsfläche des Bauteils in mm², u = Umfang des Querschnitts, der der Trocknung ausgesetzt ist in mm). Deshalb sind in Bild 1.17 Kurven für unterschiedlich wirksame Bauteildicken als Hilfsmittel angegeben. Die kleinste wirksame Bauteildicke von 60 mm gilt für Fertigteile für Elementdecken und -wände im noch nicht eingebauten Zustand. Selbst diese dünnen Betonelemente haben nach einem Jahr im frei bewitterten Zustand (nicht eingebaut) erst 85 bis 90% ihres Endschwindmaßes erreicht.

Die Bauteile an einem Bauwerk können je nach Lage und Abmessungen unterschiedliche Schwindmaße haben. So können allein durch unterschiedliche Schwindmaße in einem Bauwerk Verformungsdifferenzen und damit Risse entstehen. Im Beispiel Nr. 1.2 soll ein solcher Fall erläutert werden.

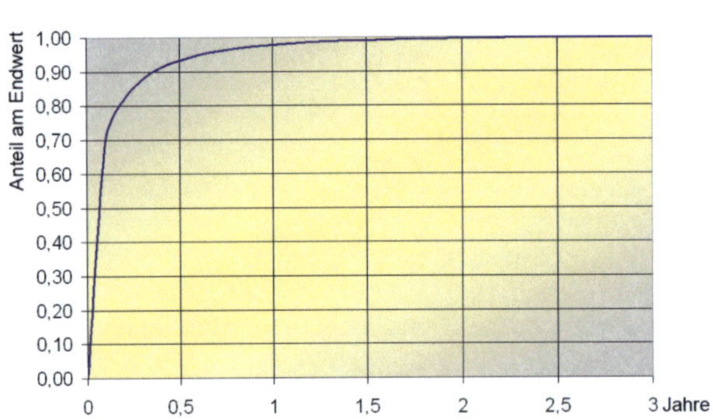

Bild 1.16 Verlaufsfunktion der Schrumpfdehnung nach DIN 1045-1

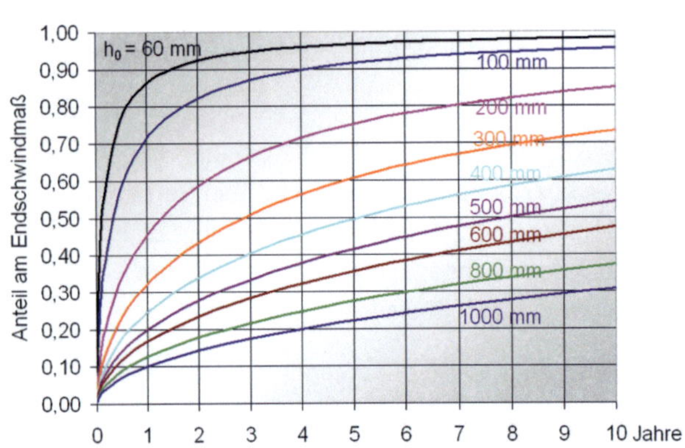

Bild 1.17 Verlauf der Trocknungsschwinddehnung nach DIN 1045-1

Beispiel Nr. 1.2 Ermittlung der Schwinddifferenzen in einem Stahlbetonkeller

Die Endschwindmaße für Wände, Bodenplatte und Decke sind in Bild 1.18 als mittlere Schwindmaße angegeben. Auf die Berechnung der Endschwindmaße nach den oben erläuterten Beziehungen aus der DIN 1045-1 wird hier verzichtet. Bei der Bodenplatte ist zu beachten, dass auf ihr eine Bitumenschweißbahn verlegt wurde, die eine Diffusion und damit ein Austrocknen verhindert. Da die Bodenplatte auch nach außen kaum Feuchtigkeit abgeben kann, wird mit einem Endschwindmaß von $\varepsilon_{Bodenplatte} \approx 0$ gerechnet.

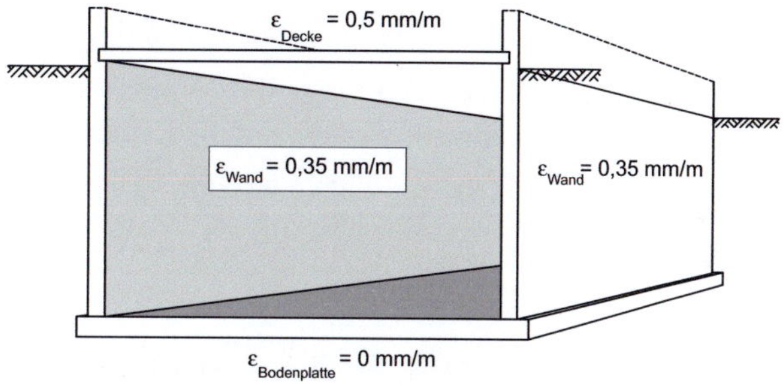

Bild 1.18 Behinderung der Schwindverkürzungen für Wände, Bodenplatte und Decke in einem Keller

In Bild 1.18 sind nur die mittleren Endschwindmaße angegeben, die die Bauteilverkürzung bewirken. Durch unterschiedliche Austrocknungsbedingungen, z. B. der erdberührten Wände, will sich die stärker austrocknende Innenfläche verkürzen, was eine Krümmung der Wände (konkav nach innen) bedeutet. Diese Krümmung wird durch die jeweils benachbarten Wände, die Decke und die Bodenplatte behindert, was hier vernachlässigt wurde. Sie kann Biegerisse an der Wandfläche mit den besseren Verdunstungsbedingungen verursachen; hier: innen.

Die gegenseitigen Behinderungen der Dehnungen sind bei einer starren Behinderung:

Wände/Decke:
0,5 - 0,35 = 0,15 mm/m (Decke wird kürzer)

Wände/Bodenplatte:
0,35 - 0 = 0,35 mm/m (Wände werden kürzer).

Da unter den Bedingungen eines Kellers keine starre Behinderung eintritt, weil sich die Bauteile unter den Zwangkräften auch selbst verformen, wird mit einem Behinderungsgrad von δ = 80 % gerechnet (Abminderung der Zwangschnittgröße um 20 %). Die realen Größen der Behinderung von 80 % betragen damit

Wände/Decke:
0,8 · 0,15 = 0,12 mm/m (Decke wird kürzer)

Wände/Bodenplatte
0,8 · 0,35 = 0,28 mm/m (Wände werden kürzer).

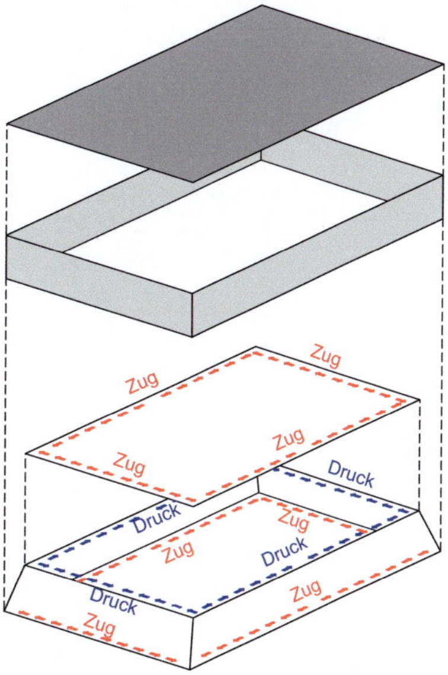

Bild 1.19 Zwangspannungen in einem Stahlbetonkeller durch unterschiedliche Schwindmaße der Bauteile (schematisch)

Wände, Decke und Bodenplatte können sich nicht unabhängig voneinander verformen. Deshalb entstehen folgende Beanspruchungen durch die Behinderung der Zwangverformung (Bild 1.19):

- horizontale Zugbeanspruchungen in der Decke. Es ist hier mit Trennrissen in der Decke zu rechnen, die vorzugsweise rechtwinklig zur größeren Deckenlänge auftreten, aber auch rechtwinklig zur kurzen Stützweite möglich sind;
- gleich große Druckkräfte an den Oberseiten der Wände;
- horizontale Zugbeanspruchungen in den Außenwänden unten. An den Wandoberseiten entstehen Druckkräfte.

Die Aussagen betreffen nur den Zwang infolge des Schwindens und werden sich mit den Zwangbeanspruchungen aus Temperaturänderungen überlagern. Man sieht, dass in dem räumlichen Faltwerk »Keller« ein nicht ohne Weiteres überschaubarer Spannungszustand allein durch die Verformungsdifferenzen aus Schwinden entsteht, der im vorliegenden Fall eine rechnerische Abschätzung der Rissgefahr erfordert.

1.3 Zwang durch Temperaturverformungen

Fast alle Bauteile unterliegen der Wirkung von Temperaturänderungen. Sie verformen sich dabei. Sich erwärmende Bauteile vergrößern ihr Volumen, bei Abkühlung verringert sich das Volumen. Bei stab- und plattenförmigen Bauteilen nimmt man die Volumenänderungen als Längenänderungen wahr. Wenn Temperaturverformungen behindert werden, entstehen Kräfte, die Risse verursachen können. Bild 1.20 zeigt ein einfaches Beispiel. In einer kleinen Schutzmauer an einem Hauseingang ist ein schwach geneigter Riss entstanden, der auf die Wirkung unterschiedlicher Temperaturen an der Mauer zurückzuführen ist. An der Innenseite ist die Wand durch Fußboden und Stufen einseitig etwas geschützt, sodass in diesem Bereich höhere Temperaturen im Winter und geringere Temperaturen im Sommer herrschen. Die direkte Sonneneinstrahlung erhöht die Temperaturdifferenzen, sodass es wahrscheinlich im Hochsommer zum Abscheren des oberen Wandteils geführt hat.

Bild 1.20 Temperaturbedingter Riss an einer Treppe

Bauwerke und Bauteile unterliegen gewissen Veränderungen der Bauteiltemperatur: täglichen, monatlichen und jährlichen Temperaturänderungen. Dadurch verformen sie sich durch Längenänderung und/oder durch Krümmung. Bauteiltemperaturen sind selten konstant, sie ändern sich je nach Umgebungstemperatur mehr oder weniger schnell. Instationäre Temperaturzustände, die real am häufigsten vorkommen, sind nur mit einem hohen Rechenaufwand zu beschreiben, der für praktische Zwecke meist nicht notwendig ist. Deshalb vereinfacht man die Bestimmung der Bauteiltemperaturen dadurch, dass stationäre Zustände für extreme Situationen betrachtet werden.

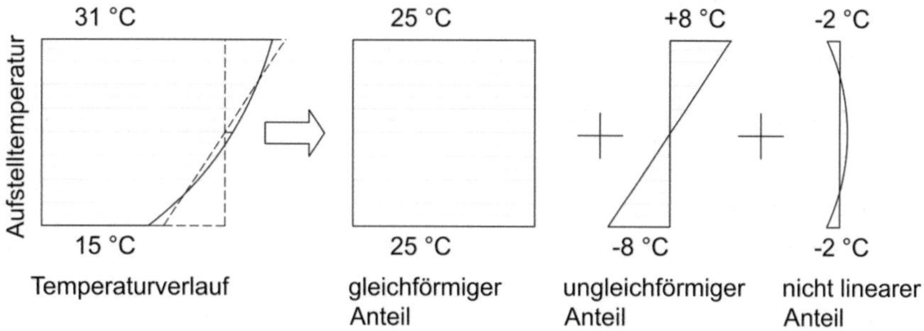

Bild 1.21 Temperaturverlauf über einen Bauteilquerschnitt und seine Anteile

Die unterschiedlichen Oberflächentemperaturen einer Wand oder Decke kann man gemäß Bild 1.21 in drei Anteile teilen:

- ein gleichförmiger Anteil (mittlere Bauteiltemperatur); er beträgt im Beispiel 25 K. Dieser Anteil bestimmt die Längenänderung des Bauteils im Vergleich mit der Aufstelltemperatur,
- ein ungleichförmiger Anteil; er errechnet sich aus der Differenz der Oberflächentemperaturen; im Beispiel beträgt er 16 K (± 8 K) und
- ein nichtlinearer Anteil, aus dem Eigenspannungen im Bauteil entstehen und der praktisch nur bei dicken Bauteilen von Bedeutung ist. Der nichtlineare Anteil entsteht bei dickeren Bauteilen aus dem langsameren Wärmezu- oder -abfluss. Er bewirkt keine Bauteilverformungen, sondern nur Längenänderungen im Bauteil zwischen Oberfläche und Kern und damit eine Krümmung der Querschnittsfläche.

Zur Vereinfachung der Berechnung – es handelt sich unter praktischen Bedingungen immer um eine Abschätzung – werden die Lufttemperaturen an beiden Seiten des Bauteils gleich den Oberflächentemperaturen gesetzt. Die **Aufstelltemperatur** ist die mittlere Bauteiltemperatur, bei der das Tragwerk in seinem endgültigen statischen System wirkt (Kraftschluss) und bei der die Behinderung einer Zwangverformung beginnt. Jede Temperaturänderung muss auf die Aufstelltemperatur bezogen werden. Die Aufstelltemperatur kann man in der Planungsphase kaum real erfassen. Weder ist der Termin für die Rohbaufertigstellung genau bekannt, noch kennt man die mittlere Tagestemperatur zu diesem Zeitpunkt. Man nimmt sie häufig mit 10 °C an. Wenn Informationen zum Bauablauf vorliegen, kann man sie aus dem langjährigen Mittel ableiten. Benötigt man sie im Nachhinein bei einer Begutachtung, dann kann man sie aus den Wetterdaten während der Bauzeit ableiten.

Zur Bestimmung der temperaturbedingten Verformungen benötigt man die Wärmedehnzahlen der Baustoffe und die Bauteiltemperaturen. Die Wärmedehnzahlen für die wichtigsten Mauerwerksarten und für Beton sind in Bild 1.22 angegeben. Sie sind vereinfacht als konstante Größen angegeben, obwohl sie je nach der Zusammensetzung in einem gewissen Maße streuen. Der mögliche Fehler durch eine nicht ganz zutreffend berechnete Längenänderung ist für die Berechnung von Rissbreiten in den meisten Fällen ohne Bedeutung. Mit einer z. B. zu groß ermittelten temperaturbedingten Bauteildehnung ändert sich bei Stahlbetonbauteilen nur die Anzahl der Risse, nicht aber die Rissbreite. Bei Mauerwerk hat eine falsche Ermittlung der Wärmedehnung Auswirkungen auf die Rissbreite. Wie man aus den verfügbaren Informationen die Berechnungswerte der Temperaturänderungen am Bauteil berechnet, zeigt Beispiel Nr. 1.3.

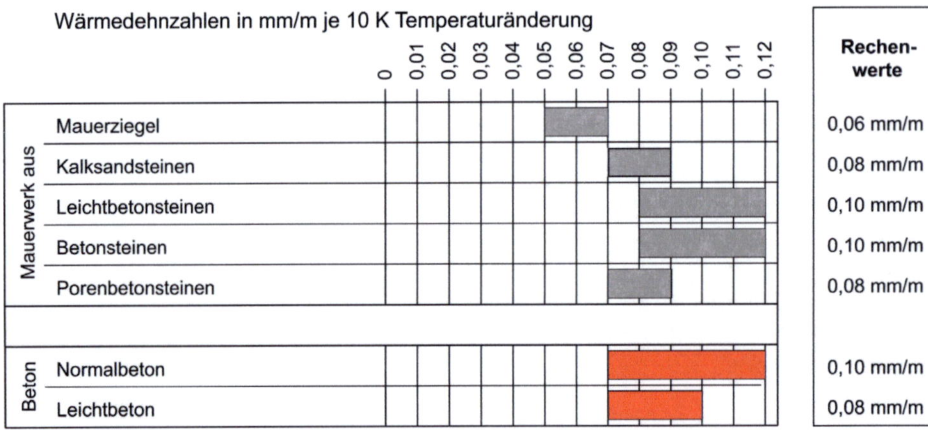

Bild 1.22 Wärmedehnzahlen für Mauerwerk und Beton

Beispiel Nr. 1.3 Bestimmung der Temperaturänderungen

Eine Temperaturänderung ist die Differenz zwischen einem Ausgangswert und einem aktuellen Wert. Den Ausgangswert bezeichnen wir als Aufstelltemperatur. Das ist die Temperatur, bei der die temperaturbedingte Bauteilverformung beginnt, also meist die durchschnittliche Bauteiltemperatur bei Rohbaufertigstellung. Dazu muss man in der Planungsphase einen Wert annehmen, häufig + 10 °C. Bei nachträglichen Untersuchungen kann man die Aufstelltemperatur auch aus den Wetterstatistiken ableiten. Das wird im folgenden Beispiel gemacht.

Ein zu begutachtendes Bauwerk war im September 2002 im Rohbau fertig gestellt, sodass die Behinderung der Schwind- und Temperaturverformungen in diesem Zeitraum begann. Aus der Veröffentlichung von Wetterstatistiken, z. B. im Internet, kann man die in diesem Zeitraum gemessenen Tagesmitteltemperaturen und daraus die Aufstelltemperatur bestimmen. Nach einer längeren Periode mit geringen Änderungen der durchschnittlichen Tagestemperatur kann man das Tagesmittel genügend genau der Bauwerks- oder Bauteiltemperatur gleichsetzen.

In Bild 1.23 sind die mittleren Tagestemperaturen für das Jahr 2002 grafisch dargestellt. Im September lagen die Tagesmitteltemperaturen um 15 °C (im Bild hervorgehoben), was als Aufstelltemperatur für das Bauteil gewählt wird.

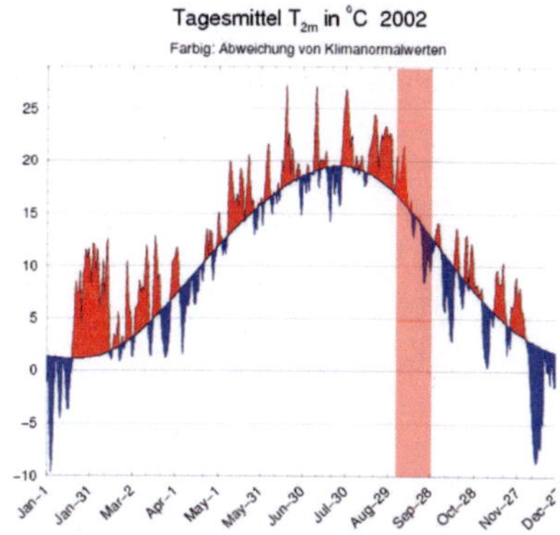

Bild 1.23 Tagesmitteltemperaturen für das Jahr 2002 in Leipzig (Meteorologisches Institut der Universität Leipzig)

Im Beispiel sind alle Werte als Rechenwerte zu verstehen. Die Oberflächentemperaturen wurden den Lufttemperaturen gleichgesetzt, obwohl das bei einer genaueren Betrachtung nicht ganz richtig ist (vgl. Bild 1.26). Diese Vereinfachung genügt jedoch den Anforderungen einer abschätzenden Betrachtung. Ein übertriebener Aufwand für eine scheinbar höhere Genauigkeit ist hier nicht angebracht. Das betrifft sowohl die Vorausberechnung in der Planung als auch die nachträgliche Abschätzung im Rahmen einer Begutachtung. Wenn durch die Behinderung der Temperaturverkürzung Risse entstanden sind, wird als maßgebende Schnittgröße ohnehin meist die Risslast angesetzt. In unseren Berechnungen nach der DIN 1045-1 ist die Risslast als konstante Größe anzunehmen! Die Rissbreite ist bei üblichen Zwangbeanspruchungen nicht von der behinderten Zwangdehnung abhängig, wenn diese größer als die Zugbruchdehnung ist.

Die Oberflächentemperatur eines freistehenden Bauwerks kann im Sommer bei längerer Sonneneinstrahlung 45 °C betragen, während an der Innenseite eine Temperatur von 25 °C herrschen soll. Die mittlere Wandtemperatur steigt (bei linearem Temperaturgefälle in der Wand) auf (25 + 45)/2 = 35 °C an. Gegenüber der Aufstelltemperatur von 15 °C entspricht das einer gleichförmigen Erwärmung um 20 Kelvin (Bild 1.24).

Bezogen auf den Mittelwert von 35 °C liegt die innere Temperatur um 10 K niedriger und die äußere Temperatur um 10 K höher. Man bezeichnet diese antimetrische Temperaturverteilung als ungleichförmige Temperaturänderung ΔT. Sie beträgt im Beispiel ΔT = 20 K (± 10 K).

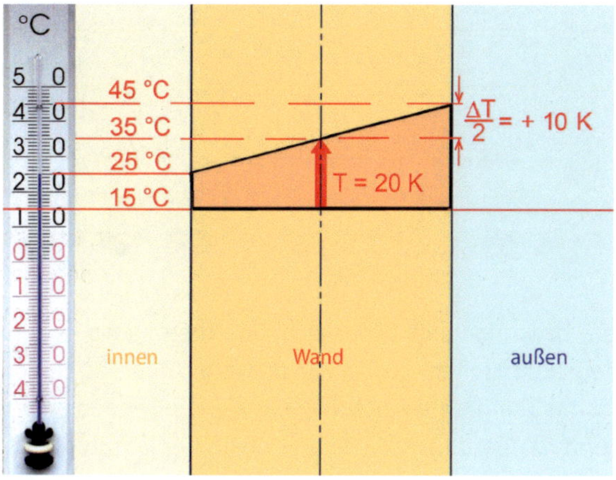

Bild 1.24 Bestimmung der gleichförmigen und ungleichförmigen Temperaturänderung aus den Oberflächentemperaturen im Sommer; die Aufstelltemperatur beträgt im Beispiel +15 °C
gleichförmig T = +20 K
ungleichförmig ΔT = 20 K (± 10 K)

Berechnungen zur Bestimmung der Bauteilkrümmung werden mit der gesamten Differenz geführt, also im Beispiel mit $\Delta T = 20\,K$.

Für den Winter geht man analog vor. Es wird von einer länger anhaltenden Frostperiode mit einer durchschnittlichen Lufttemperatur von -20 °C ausgegangen. Bei einer Innentemperatur von 0 °C beträgt die mittlere Bauteiltemperatur -10 °C. Die mittlere Abkühlung errechnet sich damit im Winter gegenüber der Aufstelltemperatur von +15 °C zu -25 K (Bild 1.25). Die ungleichförmige Temperaturänderung beträgt $\Delta T = -20\,K$ (± 10 K).

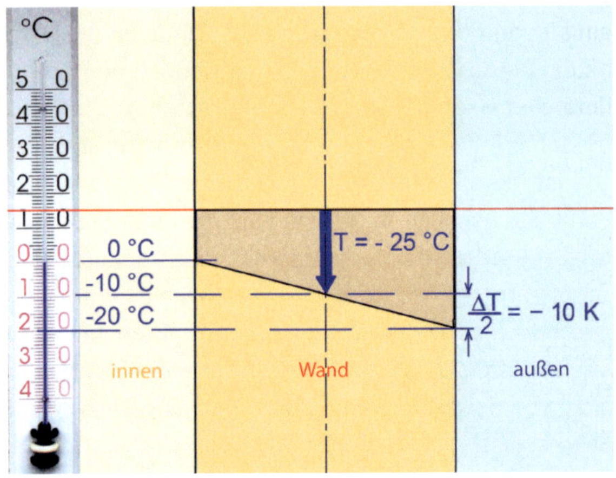

Bild 1.25 Gleichförmige und ungleichförmige Temperaturänderung einer Wand im Winter; die Aufstelltemperatur beträgt im dargestellten Beispiel +15 °C

Dieses Vorgehen setzt einen annähernd stationären Temperaturzustand voraus. Man muss ggf. im Einzelfall abschätzen, ob diese Bedingung erfüllt ist. Der Fehler dieser Vereinfachung ist nicht sehr groß. In Bild 1.26 ist der Wärmedurchgang durch eine Wand als stationärer Zustand dargestellt.

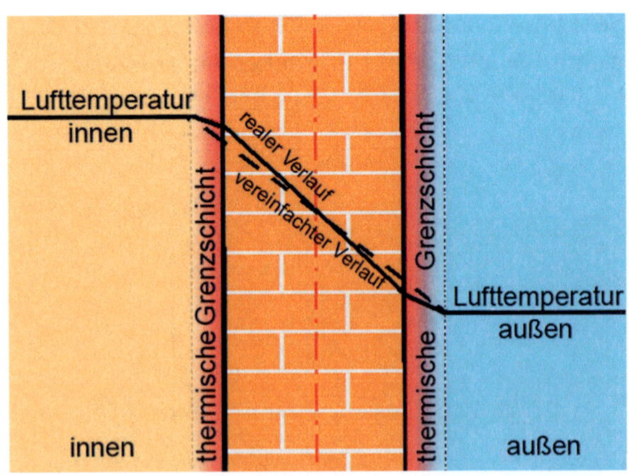

Bild 1.26 Wärmedurchgang durch eine Wand (Schema)

Zwischen Wandoberfläche und Außen- bzw. Innenluft bildet sich eine thermische Grenzschicht, in der eine Differenz zwischen Oberflächen- und Lufttemperatur entsteht. In der Wand, hier einschichtig dargestellt, ist der Temperaturverlauf linear. Für die Dehnung oder Stauchung des Bauteils infolge Temperaturänderung ist die mittlere Wandtemperatur maßgebend. Man kann sie mit genügender Genauigkeit aus dem Mittelwert von Innen- und Außentemperatur berechnen. Im Bild 1.26 sieht man, dass die Systemlinie der Wand von den beiden Geraden »realer Verlauf« und »vereinfachter Verlauf« an fast der gleichen Stelle, der mittleren Wandtemperatur, geschnitten wird.

Außer den beschriebenen linearisierten stationären Temperaturzuständen gibt es auch nichtlineare Temperaturzustände. Sie entstehen bei der Erwärmung oder Abkühlung von dicken Bauteilen, bei denen der Abfluss der Wärme nicht gleichmäßig erfolgt. Z. B. kühlen die oberflächennahen Außenbereiche schneller ab als der Kernbereich. Dadurch stellt sich ein Eigenspannungszustand ein, bei dem an der kälteren Außenseite Zugspannungen und häufig auch Risse entstehen. Dieser nichtlineare Teil ist in Bild 1.21 dargestellt. Bei Bauteilen mit einer Dicke bis 400 mm kann diese Wirkung vernachlässigt werden.

Bei Bauwerken mit Erdberührung wie Keller und Tiefgaragen kann die äußere Wandtemperatur der Temperatur im angrenzenden Erdreich mit genügender Genauigkeit gleichgesetzt werden. Für Bodentemperaturkurven in Abhängigkeit von der Jahreszeit und der Tiefe unter Gelände sind keine systematischen Untersuchungen bekannt. Der Tiefenbereich bis etwa 15 m, der üblicherweise für eingeerdete Bauwerke in Anspruch genommen wird, unterliegt bis etwa in 10 m Tiefe jahreszeitlichen Temperaturschwankungen. Die Kurven in Bild 1.27 sind Kurven zum Temperaturverlauf im Lockergestein im Jahresgang, die als Orientierung dienen können, wenn keine genaueren Werte beschaffbar sind.

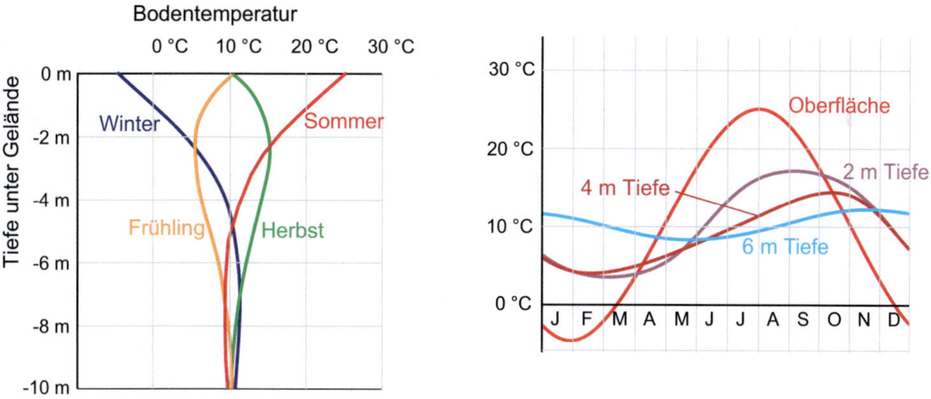

Bild 1.27 Hilfsmittel zur Abschätzung der Baugrundtemperaturen

Mit diesen geschätzten Kurven für die Außentemperatur und den bekannten Innentemperaturen kann die unbehinderte Zwangverformung für ein unterirdisches, erdberührtes Bauteil wie im Beispiel Nr. 1.4 einfach bestimmt werden. Man benötigt kaum eine größere Genauigkeit, weil der Rechenwert der Rissbreite nach DIN 1045-1 nicht proportional mit der Bauteildehnung steigt, sondern bei Zwangbeanspruchung i. d. R. zwischen dem einmal erreichten Größtwert unter der Risslast und einem unteren Wert schwankt, der als bleibender Schwindanteil mit der Zeit wächst, ohne dass sich das Maximum der Rissbreite (Rechenwert) verändert. Vgl. dazu auch Bild 2.13.

Bei den Schwindverformungen wurde bereits beschrieben, dass unterschiedliche Schwindmaße einzelner Bauteile zu Zwangbeanspruchungen führen können (Beispiel Nr. 1.2). Diese Erscheinung trifft analog auch auf temperaturbedingte Verformungen einzelner Bauteile eines Bauwerks zu. Dazu soll als Beispiel ein Keller betrachtet werden (Bild 1.28). Allein durch unterschiedliche mittlere Bauteiltemperaturen können Zwangkräfte entstehen, die zur Bildung von Trennrissen führen können.

Beispiel Nr. 1.4 Bestimmung der Temperaturdifferenzen der Hüllkonstruktion

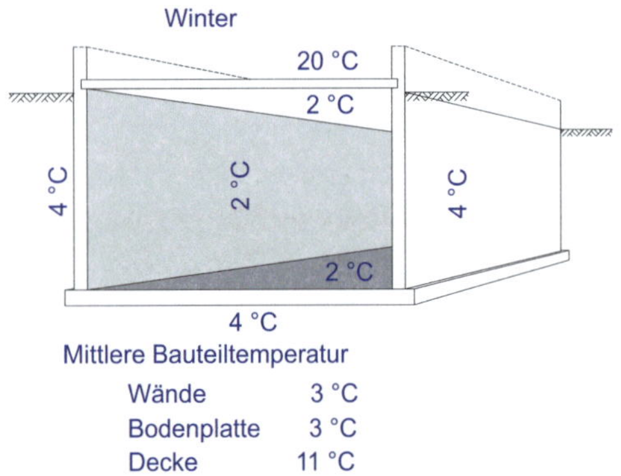

Bild 1.28 Innen- und Außentemperaturen in einem Keller sowie mittlere Bauteiltemperaturen (**Winter**)

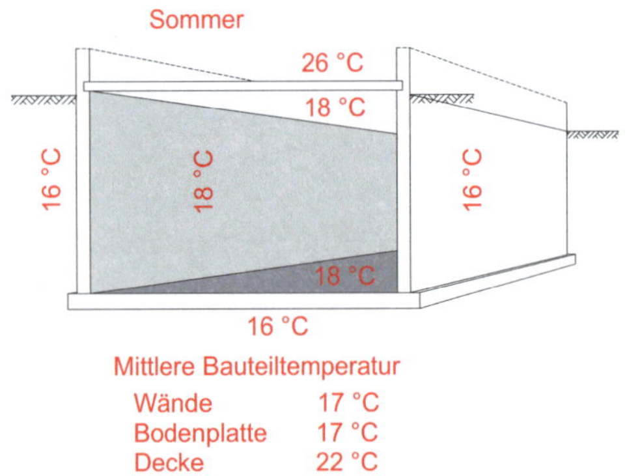

Bild 1.29 Innen- und Außentemperaturen in einem Keller sowie mittlere Bauteiltemperaturen (**Sommer**)

Für einen Keller sollen die Temperaturdifferenzen im Sommer und im Winter für Bodenplatte, Wände und Decke berechnet werden. Die Innentemperaturen sind geschätzt, für die Temperaturen im Boden wurde Bild 1.27 verwendet. Die Gründungstiefe beträgt rd. 2,50 m. Der Keller liegt vollständig unter Gelände. Für die Wände wurde mit einer einheitlichen Bodentemperatur über die Höhe der Wand gerechnet.

Die mittleren Bauteiltemperaturen sind in Bild 1.28 und Bild 1.29 angegeben. Für die Zwangbeanspruchung sind die Temperaturdifferenzen zu bestimmen. Zwischen der Bodenplatte und den Wänden gibt es (rechnerisch) keine Temperaturdifferenz, die eine gegenseitige Verformungsbehinderung verursacht. Nur zwischen der Decke und den Wänden gibt es eine Differenz:

- Winter: 11 - 3 = 8 Kelvin, Decke wärmer
- Sommer: 22 - 17 = 5 Kelvin, Decke wärmer.

Sowohl im Winter als auch im Sommer wird die temperaturbedingte Verkürzung der Wände durch die Kellerdecke behindert. Die größte Behinderung entsteht im Winter aus einer Differenz der mittleren Bauteiltemperaturen von 8 Kelvin. Diese Differenz verursacht eine Längenänderung der Wände (Verlängerung) von rund 0,08 mm/m. Da die Behinderung nie völlig starr ist, kann in Anlehnung an die Annahme für die Schwinddifferenz mit einer temperaturbedingten Dehnung der Wände von ca. 0,8 · 0,08 = 0,06 mm/m gerechnet werden. Durch die wärmere und damit etwas vergrößerte Decke werden an der Oberseite der Kellerwände Zugkräfte in die Wände eingetragen. Das bedeutet - ohne Superposition mit den Zwangzugkräften aus Schwinden - je nach Verhältnis von Wandlänge L zu Wandhöhe H vertikale Trennrisse in den Wänden, ähnlich wie in Bild 5.48. In Bild 1.30 ist das Verformungsbild des Kellers schematisch dargestellt.

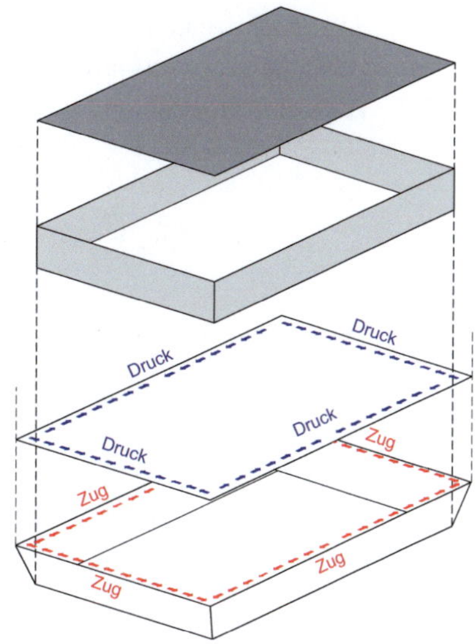

Bild 1.30 Zwangspannungen in einem Stahlbetonkeller durch unterschiedliche Bauteiltemperaturen (schematisch)

1.4 Zwang durch Setzungsdifferenzen

Während Massivbauteile unabhängig von Lastwirkungen schwinden oder ihre Länge unter Temperatureinfluss verändern, entstehen Risse als Folge von Setzungen immer durch die Wirkung der Eigenlast eines Bauwerks. Eine ungleichmäßige Setzung bedeutet eine Veränderung der Stützbedingungen und damit einen neuen Kräfteverlauf für die aktuell wirkenden Lasten im Tragwerk (überwiegend Eigenlasten). Die dabei unplanmäßig entstehenden Beanspruchungen führen stellenweise auch zu Zugspannungen und in deren Folge zu Rissen.

Setzungen werden zu den Zwangbeanspruchungen gezählt, obwohl sie für das Tragwerk Einwirkungen bedeuten, wie sie aus äußeren Lasten entstehen. Risse infolge von Bauwerkssetzungen entstehen dann, wenn sich der Baugrund ungleichmäßig setzt. Dadurch verändern sich die Stützbedingungen des Bauwerks oder von Bauwerksteilen und damit das Gleichgewicht des Tragwerks. Der Tragwerksplaner spricht auch von Stützensenkungen als Folge von Verformungen im Baugrund. Stützensenkungen bedeuten ein verändertes statisches System, das nach der Setzung (= Bewegung) entsteht. Gleichförmige Setzungen sind für ein Bauwerk unschädlich. Der Zustand ist mit einem Schiff in einer Schleuse vergleichbar. Wenn der Wasserspiegel im Schleusentrog verändert wird, ändert sich nur die Höhenlage des Schiffes. Es erleidet keine zusätzlichen Verformungen.

Baugrundsetzungen sind normale Erscheinungen, die bei jedem Bauwerk auftreten. Bei Setzungen drückt sich der Baugrund wie jeder belastete Baustoff etwas zusammen, was eine Veränderung der Höhenlage des Bauwerks bewirkt. Solange die Setzungen gleichmäßig verlaufen, ist eine geringe Absenkung des Bauwerks nicht wahrnehmbar und für die normale Nutzung ohne Bedeutung. Anders ist das bei ungleichmäßiger Setzung.

In Bild 1.31 wird am Beispiel eines geschichteten Baugrundes die Wirkung einer ungleichmäßigen Setzung schematisch erläutert. Die einzelnen Schichten haben unterschiedliche Eigenschaften. Alle Bodenarten verformen sich unter Last. Das Maß der Zusammendrückbarkeit hängt von der Bodenart ab und kann für verschiedene Böden sehr unterschiedlich sein. Wenn eine leicht zusammendrückbare Bodenschicht unter einem Bauwerk liegt, dann wird sie sich mehr zusammendrücken als die übrigen Schichten: Der Boden setzt sich. Wenn das gleichmäßig über den gesamten Bauwerksgrundriss erfolgt, dann setzt sich zwar das Gebäude als Ganzes, es entstehen aber dadurch keine Risse (Bild 1.31 a und b). Das Gebäude verändert lediglich seine Höhenlage. Bei unterschiedlichen Setzungen entstehen Lastumlagerungen und dadurch Risse (Bild 1.31 c und d).

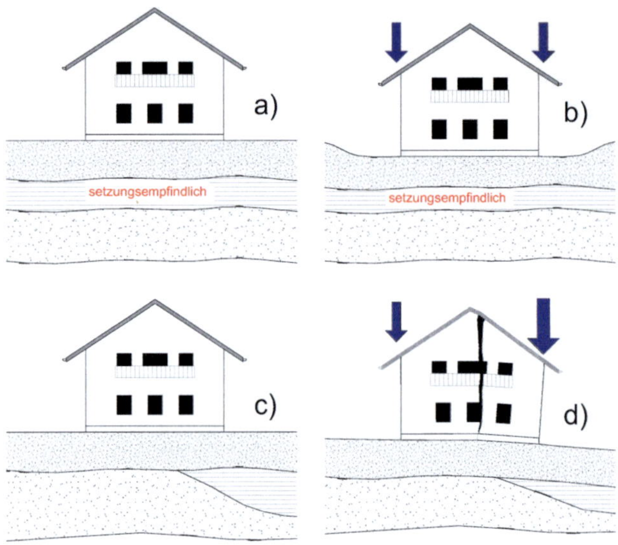

Bild 1.31 Gleichförmige Setzung oben und ungleichförmige Setzung unten. Die Bildteile a) und c) zeigen den Ausgangszustand, die Bildteile b) und d) den Zustand nach der Verformung der setzungsempfindlichen Schicht

Setzungsrisse erkennt man meist an ihrer großen Breite. Bei gemauerten Wänden sind sie besonders ausgeprägt, weil sich Risse im unbewehrten Mauerwerk sehr weit öffnen können. Setzungen können je nach Bodenart sehr langsam ablaufen. Das bekannteste Beispiel dafür ist der Schiefe Turm von Pisa. Kurz nach Baubeginn im Jahr 1173 neigte er sich bereits. Auch nach seiner Fertigstellung im Jahr 1370 neigte er sich ohne Unterbrechung ganz langsam immer weiter. Erst nachdem im Jahr 2001 wirksame bauliche Maßnahmen zur Rettung des Turmes abgeschlossen waren, kam die Neigung zum Stillstand. Die Abweichung vom Lot beträgt bei rund 56 m Höhe mehr als 6 m.

2 Von der behinderten Zwangverformung zur Schnittgröße und zum Rissbild

2.1 Behinderte lastunabhängige Verformungen verursachen Zwangkräfte

Die Verkürzung eines Bauteils durch Schwinden oder Temperaturänderung verursacht allein keine Spannung im Bauteil. Erst durch die Behinderung von Bauteilverkürzungen entstehen Zugspannungen. Ein Beispiel soll das erläutern. In Bild 2.1 ist eine Platte im Schnitt dargestellt, die sich durch Schwinden und Temperaturänderung um den Betrag Δl bzw. an den jeweils gegenüber liegenden Rändern um $\Delta l/2$ verkürzen muss. Diese Verkürzung wird durch den Reibungswiderstand des Betons auf der Unterlage behindert. Bei vollständiger Behinderung (Behinderungsgrad 100%) dürfte sich die Platte nicht bewegen, was der Beobachtung an solchen Platten widerspricht. Tatsächlich verschieben sich die Ränder auf die Plattenmitte hin, aber nicht in dem Maß wie das die rechnerische Verkürzung ohne Behinderung ausweist.

Durch die gleitende Bewegung der Platte auf dem Untergrund entsteht eine Reibungskraft, die eine Zugkraft in der Platte hervorruft. In Bild 2.1 ist das im Schema dargestellt. Als Beispiel wird ein Behinderungsgrad von 70% (δ = 0,7) angenommen. Die Verschiebung der Plattenränder kann in diesem Fall nur 30% der rechnerischen Verkürzung betragen. Der übrige Dehnungsanteil von 70% wird durch elastische Dehnung der Platte sowie durch Risse ermöglicht.

Das heißt, dass die entstehende Zwangzugkraft aus dem Anteil von 70% der notwendigen Verkürzung zu berechnen ist. Dadurch entsteht eine Zugkraft F in der Plattenebene. Sie muss so groß sein, dass sich die Platte um den Betrag $0{,}7\,\Delta l$ verlängert (Δl ist die theoretische Längenänderung ohne Behinderung). Ob diese Verlängerung durch elastische Verformung oder durch Risse oder gemeinsam durch beide Möglichkeiten erfolgt, ist unerheblich. Die Verformungsdifferenz zwischen Platte und Unterlage ist nur durch eine von innen nach außen zunehmende Bewegung denkbar, durch die Reibungskräfte entgegen der Richtung der Zugkraft in der Platte entstehen. Der Ruhepunkt dieser Reibung liegt bei idealen Bedingungen genau in Plattenmitte.

Bei Biegung geht man analog vor. Meist wird man auf eine detaillierte Berechnung der Behinderung verzichten und sie abschätzen. Je nach den Steifigkeiten der aneinander grenzenden Bauteile liegt die Behinderung zwischen 60 und 90%. Eine vollständige Behinderung gibt es z. B. bei einseitig erwärmten Bodenplatten, bei denen eine Aufwöl-

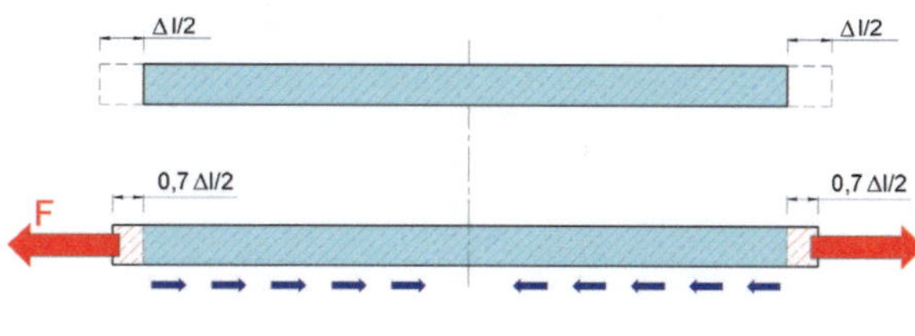

Bild 2.1 Oben: unbehinderte Verkürzung; unten: teilweise Behinderung einer Plattenverkürzung, Behinderungsgrad 70%

bung wegen ihrer Eigenlast nicht möglich ist (Bild 1.6) und bei runden Behältern mit einseitiger Erwärmung (warme Flüssigkeit), die sich nur zentralsymmetrisch verformen können (vgl. Beispiel Nr. 5.12). In ihnen entsteht ein reiner Zwangbiegezustand in vertikaler und in Ringrichtung, der mit Ausnahme der Randbereiche zu 100% behindert wird.

Die starre **Behinderung** von Zwangverformungen ist in der Praxis die Ausnahme. Der Behinderungsgrad wird in Anlehnung an [2.1] mit δ bezeichnet. Mit ihm werden elastische Verformungen des Bauteils und der angrenzenden Bauteile zusammengefasst. Junger Beton hat die Besonderheit, dass sich seine physikalisch-mechanischen Eigenschaften im Abbindeprozess ständig ändern. So verändert sich auch der Behinderungsgrad relativ schnell. Mit fortschreitender Erhärtung wächst er, weil das gesamte System steifer wird.

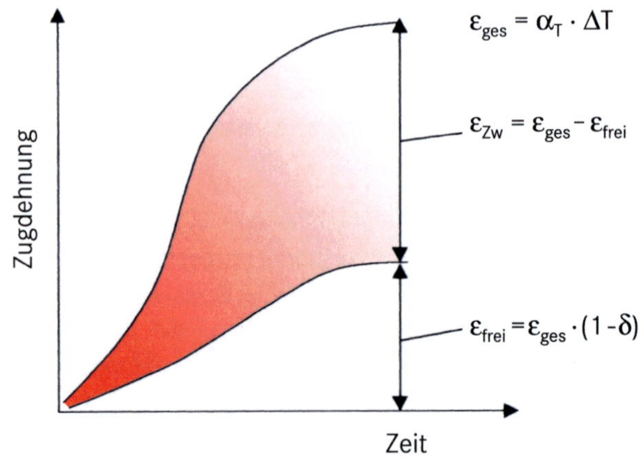

Bild 2.2 Die Gesamtverformung eines Bauteils besteht aus der freien (unbehinderten) ε_{frei} und der (behinderten) Zwangverformung ε_{Zw} [2.1]

Bild 2.2 zeigt den Zusammenhang zwischen der behinderten und der Gesamtverformung eines Bauteils. Der zeitliche Verlauf ist für Zwangbeanspruchungen im jungen Beton von besonderem Interesse (abfließende Hydratationswärme). Der Behinderungsgrad δ ist von den konstruktiven Gegebenheiten abhängig und liegt meist in der Größenordnung von $\delta \approx 0{,}6$ bis 0,9.

Die **Relaxation** wird als Spannungsabfall eines Bauteils wahrgenommen, das durch eine vorgegebene Dehnung belastet ist.

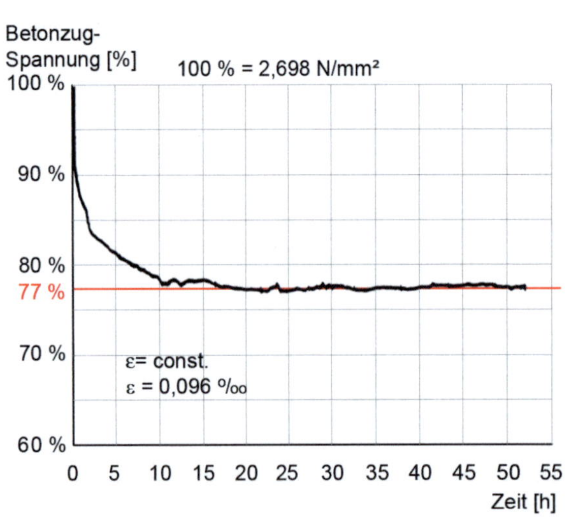

Bild 2.3 Relaxationskurve für einen zylindrischen Prüfkörper mit 100 mm Durchmesser, nach [2.2]

Sie wird durch die Relaxationszahl Ψ gekennzeichnet. Für Zugbeanspruchungen gibt es im Vergleich zu Druckbeanspruchung nur wenige Untersuchungen zu Größe und Verlauf der Relaxation. Sie ist eine dem Kriechen verwandte Eigenschaft von Beton und Mauerwerk. Eine im Versuch bestimmte Relaxationskurve ist in Bild 2.3 dargestellt. Die Kurve gilt für eine Dehnung von 0,096 mm/m, die über einen Zeitraum von rund 50 Stunden konstant gehalten wurde. Die Anfangsspannung betrug 60 % der Kurzzeitzugfestigkeit. Sie sank innerhalb des ersten Tages auf 77 % des Anfangswertes ab. Danach gab es keine nennenswerten Veränderungen mehr. Damit beträgt die Relaxationszahl $\Psi = 1 - 0{,}77 = 0{,}23$.

In [2.2] wird die Vermutung geäußert, dass »auch eine nahe der Festigkeitsgrenze beginnende Relaxation einen Spannungsabfall auf etwa 45 % der Festigkeitsgrenze bereits nach wenigen Tagen verursacht.« Da Schwindverformungen, aber auch Veränderungen der Bauteiltemperatur langsam verlaufen und die Zugrelaxation vermutlich bereits nach einem oder nach mehreren Tagen nahezu abgeschlossen ist, ist der Spannungsabfall für bestimmte Fälle nicht zu vernachlässigen.

Während sich der Behinderungsgrad δ unmittelbar auf die Größe der Zwangdehnung auswirkt, hat die Relaxation nur Auswirkungen auf die Betonzugspannung. Bei langsamer Lasteintragung, wie sie für behinderte Schwind- und meist auch Temperaturverkürzungen zutrifft, hat die Relaxation die Wirkung, dass sie die Risslast vermindert. Die Berechnung von Schnittgrößen aus den behinderten Verformungen ist im Bereich unterhalb der Risslast mit der elementaren Festigkeitslehre einfach. Zwangkräfte kann man unter Anwendung des Hookeschen Gesetzes berechnen. Für zentrischen Zwang ist die behinderte Zwangdehnung ε_{Zw} (z. B. infolge einer Temperaturänderung) proportional der Zugspannung, z. B. σ_c für Beton. Der Proportionalitätsfaktor ist der Elastizitätsmodul E des verformten Bauteils (z. B. Beton):

$$\sigma_c = \varepsilon_{Zw} \cdot E \qquad (2.1).$$

Berücksichtigt man den Behinderungsgrad $1{,}0 \geq \delta \geq 0$, dann verändert sich Gleichung (2.1):

$$\sigma_c = \delta \cdot \varepsilon_{Zw} \cdot E \qquad (2.1a).$$

Die Dehnung ε_{Zw} ist ein dimensionsloser Quotient. Für die Zwangdehnung ist in der Literatur die Maßangabe mm/m üblich. In der Stahlbetonnorm DIN 1045-1 findet man die Angabe in ‰, das ist die gleiche Zahl, weil ein Millimeter gleich 1/1000 Meter ist. In der Mauerwerksnorm sind die Schwindverformungen ebenfalls in mm/m angegeben.

Zwangschnittgrößen kann man aus den Spannungen durch Einführung der Querschnittswerte berechnen. So ist die Zwangzugkraft für zentrischen Zwang F nach Gleichung (2.1) mit der Querschnittsfläche A, dem Elastizitätsmodul E und der Zwangdehnung ε_{Zw}:

$$F = A \cdot E \cdot \varepsilon_{Zw} \qquad (2.2)$$

bzw. mit dem Behinderungsgrad δ

$$F = \delta \cdot A \cdot E \cdot \varepsilon_{Zw} \qquad (2.2a).$$

Das Produkt A · E wird als Dehnsteifigkeit bezeichnet. Analog entsteht bei einer behinderten Krümmung κ ein Biegemoment M

$$M = \delta \cdot E \cdot J \cdot \kappa \tag{2.3}$$

mit F, M Normalkraft bzw. Biegemoment infolge der Zwangwirkung

E Elastizitätsmodul des gedehnten Baustoffs, hier Beton bzw. Mauerwerk

A, J Fläche bzw. Flächenmoment 2. Ordnung des Bauteils.

Das Produkt E · J ist analog zur Dehnsteifigkeit (E · A) die Biegesteifigkeit des Bauteils. In beiden Fällen sind stabförmige Bauteile mit unveränderlichem Querschnitt vorausgesetzt. Bei veränderlichen Bauteilquerschnitten und bei Kerben (z. B. die Fuge zwischen den Fertigteilen in Elementwänden und -decken) gelten diese einfachen Beziehungen nicht.

Die Gleichungen (2.2) und (2.3) geben an, dass die Zwangschnittgrößen den behinderten Zwangverformungen proportional sind. Proportionalitätsfaktoren sind die Dehn- bzw. Biegesteifigkeit. Beide Größen sind in der elementaren Festigkeitslehre unabhängig von der Beanspruchung für ein bestimmtes Bauteil mit unveränderlichem Querschnitt konstant.

Krümmungen entstehen aus unterschiedlichen Schwindverformungen oder Temperaturen an zwei gegenüber liegenden Bauteilseiten. Am Beispiel in Bild 2.4 soll das erläutert werden. Die unterschiedliche Dehnung zwischen Ober- und Unterseite führt zu einer konstanten Krümmung des Bauteils mit der Länge L. Die Länge L (Schwereachse) verändert sich dabei nicht.

Die Dehnungen der beiden Seiten sind gleich groß, aber gegenläufig gerichtet. Die Oberseite wird um den Betrag L · Δε kürzer und die Unterseite um den gleichen Betrag länger. Die Dehnung in der neutralen Achse ist gleich Null. An der Oberseite wirkt die Dehnung Δε/2 genauso wie an der Unterseite mit umgekehrtem Vorzeichen.

Der Drehwinkel α ist mit den Angaben in Bild 2.4 einfach zu berechnen (Dehnungen ohne Vorzeichen!):

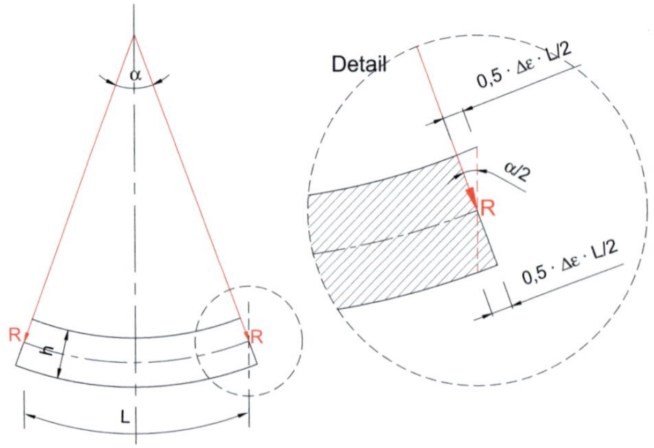

Bild 2.4 Krümmung eines Stabes durch eine Dehnungsdifferenz Δε

$$\tan(\alpha/2) \approx \alpha/2 = \frac{0{,}5 \cdot \Delta\varepsilon \cdot L/2}{h/2} = \frac{0{,}5 \cdot \Delta\varepsilon \cdot L}{h}$$

$$\alpha = 2 \cdot \frac{0{,}5 \cdot \Delta\varepsilon \cdot L}{h} = \frac{\Delta\varepsilon \cdot L}{h} = \frac{L}{R} \qquad (2.4)$$

$$\kappa = \frac{1}{R} = \frac{\Delta\varepsilon}{h}$$

Bei sehr kleinen Winkeln wie hier darf der Winkel im Bogenmaß gleich dem Sinus bzw. Tangens des Winkels gesetzt werden. Gleichung (2.4) ist der Ausdruck für die Bauteilkrümmung κ infolge einer Dehnungsdifferenz zwischen Ober- und Unterseite eines Bauteils.

Die unterschiedlichen Bauteildehnungen können eine Schwinddifferenz sein

$$\Delta\varepsilon_{cs} = \varepsilon_{cs2} + \varepsilon_{cs1}$$

oder eine Dehnungsdifferenz aus Temperaturänderung

$$\Delta\varepsilon_{cT} = \alpha_T \cdot \Delta T.$$

Die bei völliger Behinderung entstehenden Biegemomente sind der Krümmung $\kappa = 1/R$ proportional:

$$M = E \cdot J \cdot \frac{1}{R} \qquad (2.4a)$$

mit E Elastizitätsmodul

J Flächenmoment 2. Ordnung des Querschnitts

$E \cdot J$ Biegesteifigkeit

R Krümmungsradius.

Das Biegemoment aus unterschiedlichem Schwinden lautet für Beton (Index c) bei konstanter Querschnittshöhe h

$$M_s = E_c \cdot J \cdot \frac{\Delta\varepsilon_{cs}}{h} \qquad (2.5).$$

Das Biegemoment aus einer Temperaturdifferenz lautet

$$M_T = E_c \cdot J \cdot \frac{\alpha_T \Delta T}{h} \qquad (2.6).$$

Mit den Formeln für die Zwangschnittgrößen in den Gleichungen (2.2), (2.5) und (2.6) kann man Grenzwerte für das Schwindmaß bzw. Temperaturdifferenzen bestimmen, bei denen es bei voller Behinderung zum ersten Riss kommt.

Mit der zentrischen Zugkraft entsteht eine Zugspannung im Bauteil

$\sigma = F/A$ bzw.

für die behinderte Schwindverkürzung $\sigma = E \cdot \varepsilon_s$

für behinderte Temperaturdehnung $\sigma = E \cdot \alpha_T \cdot T$

mit

σ zentrische Zwangspannung

E Elastizitätsmodul von Beton oder Mauerwerk

ε_S behinderte Schwindverkürzung für Beton oder Mauerwerk

α_T Wärmedehnzahl von Beton oder Mauerwerk

T Änderung der mittleren Bauteiltemperatur.

Analog lassen sich die Biegespannungen aus den Gleichungen (2.7) und (2.8) herleiten. Für den Rechteckquerschnitt beträgt das Flächenmoment 2. Ordnung $J = b \cdot h^3/12$ und das Widerstandsmoment $W = b \cdot h^2/6$ mit der Querschnittsbreite b. Damit ergeben sich die Biegespannungen für den Rechteckquerschnitt

für eine Schwinddifferenz

$$\sigma_s = \frac{1}{2} \cdot E \cdot \Delta\varepsilon_s \qquad (2.7),$$

für eine Temperaturdifferenz

$$\sigma_T = \frac{1}{2} \cdot E \cdot \alpha_T \cdot \Delta T \qquad (2.8).$$

Setzt man in diesen Gleichungen für die Spannung σ die Zugfestigkeit von Beton ein, dann erhält man das Schwindmaß bzw. die Temperaturverringerung, bei der bei völliger Behinderung die Risslast erreicht wird. Diese »Rissschwindmaße« bzw. »Risstemperaturdifferenzen« für zentrischen Zwang sind in Tabelle 2.1 für Beton angegeben. Die kritische Abkühlung beträgt für Beton rechnerisch 9 Kelvin, wenn man eine vollständige Behinderung voraussetzt. Bei Mauerwerk streuen die Kennwerte mehr als bei Beton. Deshalb müsste man mehr differenzieren, um ähnliche Angaben wie in Tabelle 2.1 zu bekommen. Abschätzungen ergeben etwas kleinere Werte für das kritische Schwindmaß von ca. 0,07 mm/m und die kritische Abkühlung um ca. 7 Kelvin. Das bedeutet sowohl für Beton als auch für Mauerwerk, dass praktisch alle statisch unbestimmten Tragwerke nicht rissfrei herzustellen sind.

Tabelle 2.1 Rechnerische Temperatur- und Schwindwerte für Beton, bei denen die Risslast erreicht wird (Behinderung der zentrischen Dehnung = 100 %)

Betonklasse	C25/30	C30/37	C35/45	C40/50
Zugfestigkeit f_{ctm} [N/mm²]	2,6	2,9	3,2	3,5
Elastizitätsmodul E_{cm} [N/mm²]	30 500	31 900	33 300	34 500
kritisches Schwindmaß [mm/m] (zentrisch)	*0,09*	*0,09*	*0,10*	*0,10*
kritische Abkühlung [Kelvin]	*−9*	*−9*	*−10*	*−10*

Die in Tabelle 2.2 angegebenen Werte gelten für eine behinderte Krümmung infolge einer Schwind- oder Temperaturdifferenz. Berücksichtigt man die Tatsache, dass die Biegezugfestigkeit bei Querschnittshöhen bis 400 mm etwa doppelt so groß wie die zentrische Zugfestigkeit ist, dann verdoppeln sich auch die Werte für die kritischen Temperaturen.

Die Werte in Tabelle 2.1 sind Rechenwerte, mit denen man veranschaulichen kann, dass bereits geringe Schwind- und Temperaturverformungen für eine Rissbildung ausreichen.

Tabelle 2.2 Temperatur- und Schwinddifferenzen für Beton, bei denen die Risslast an der Zugseite erreicht wird (Behinderung der Krümmung = 100 %)

Beton	C25/30	C30/37	C35/45	C40/50
Zugfestigkeit f_{ctm} [N/mm²]	2,6	2,9	3,2	3,5
Elastizitätsmodul E_{cm} [N/mm²]	30 500	31 900	33 300	34 500
kritische Schwinddifferenz [mm/m]	*0,17*	*0,18*	*0,19*	*0,20*
kritische Temperaturdifferenz [Kelvin]	*−17*	*−18*	*−19*	*−20*

An einem Beispiel für die vollständige Behinderung einer Zwangkrümmung sollen die Auswirkungen gezeigt werden.

Beispiel Nr. 2.1 Behinderte Krümmung einer Bodenplatte durch Temperatureinwirkung

Situation

Eine 250 mm dicke Bodenplatte für eine Tiefgarage wird in den Sommermonaten fertig gestellt und liegt einige Wochen ungeschützt unter freiem Himmel. Sie ist fugenlos rund 35 m lang und 20 m breit. Durch die Sonneneinstrahlung erreicht die Oberfläche eine Temperatur bis 45 °C. Es soll abgeschätzt werden, ob eine Rissgefahr besteht.

Abschätzung der Zwangbeanspruchung

Die Bodenplatte liegt auf der Unterlage auf und erwärmt sich ungleichförmig. Es entsteht ein Temperaturgefälle zwischen Ober- und Unterseite. Das Gefälle beträgt 0,6 bis 0,8 Kelvin je 10 mm Plattendicke. Für den konkreten Fall bedeutet das eine Temperaturdifferenz zwischen Ober- und Unterfläche von

$\Delta T = (0{,}6 \text{ bis } 0{,}8) \cdot 250/10 = 15 \text{ bis } 20\,K.$

Die Platte hat bei Sonneneinstrahlung das Bestreben, sich nach oben konvex aufzuwölben, weil sich die Oberfläche durch die Erwärmung im Vergleich zur Unterfläche vergrößert. Diese Aufwölbung wird bei genügend großer Plattenlänge durch die Eigenlast be- bzw. verhindert. In Bild 1.6 ist das Problem schematisch dargestellt. Die Platte liegt in ihrem mittleren Bereich völlig plan auf der Unterlage, sodass sich die notwendige Krümmung nicht einstellen kann. Da die Platte vor der Zwangverformung im mittleren Bereich genauso aussieht wie danach, ist das nur durch einen Spannungszustand möglich, der bei völliger Behinderung der Krümmung entsteht.

Nach Gleichung (2.8) beträgt die Biegespannung am ungerissenen Bauteil

$$\sigma_T = \frac{1}{2} \cdot E \cdot \alpha_T \cdot \Delta T \approx \frac{1}{2} \cdot 30000 \cdot 0{,}00001 \cdot (15 \text{ bis } 20\ K) = 2{,}3 \text{ bis } 3{,}0\ N/mm^2.$$

Dabei wurde der Elastizitätsmodul des Betons mit 30 000 N/mm^2 angesetzt. Die errechnete Biegezugspannung ist etwa so groß wie die zentrische Betonzugfestigkeit für einen Beton C20/25 (2,2 N/mm^2) bis C30/37 (2,9 N/mm^2). Die Biegezugfestigkeit ist zwar größer als die zentrische Zugfestigkeit. Trotzdem ist kein ausreichender Sicherheitsabstand gegenüber der Risslast gegeben, sodass die Bodenplatte wahrscheinlich Biegezugrisse an der kalten Unterseite bekommt.

Vermeidung der Risse

Wenn die Risse nicht stören, muss man sie mit einer geeigneten Bewehrung auf einen zulässigen Rechenwert der Rissbreite begrenzen. Diese Bewehrung ist für das Rissmoment der Platte zu bemessen, weil ein größeres Moment wegen der Bildung weiterer Risse nicht entstehen kann. Unabhängig davon sollte man die Platte während der Bauzeit durch eine Verschattung vor der direkten Sonneneinstrahlung schützen und damit die Temperaturbeanspruchung verringern.

Manchmal ist es nützlich, eine Krümmung direkt zu berechnen. Im Beispiel Nr. 5.5 ist das sogenannte Aufschüsseln der unbewehrten Platte eine wesentliche Ursache der Rissbildung, die in diesem Falle gleichbedeutend mit der Zerstörung der befestigten Fläche ist.

Beispiel Nr. 2.2 Aufschüsseln einer dünnen Betonplatte

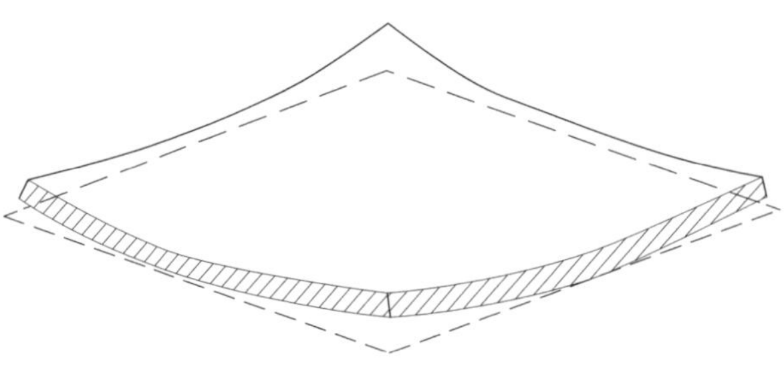

Bild 2.5 Aufschüsseln einer dünnen Platte durch ungleichmäßiges Schwinden

Situation

Die 100 mm dicke unbewehrte Platte wurde als Parkplatzbefestigung mit einem Fugenraster von 5,00 m x 5,00 m auf das Flachdach eines Einkaufsmarktes gebaut. Ursprünglich war ein Fugenraster von 2,50 m x 2,50 m geplant worden. Während der Bauzeit wurde mit dem Bauherrn vereinbart, das Fugenraster aus Kostengründen auf 5 m x 5 m zu vergrößern. Das Aufwölben der Ränder (Bild 2.5) durch einseitig schnelleres Austrocknen der nur 100 mm dicken unbewehrten Platte führte bei Belastung durch den PKW-Verkehr zum Abbrechen der Platten etwa in der Mitte. Die Aufwölbung soll abgeschätzt werden, um die Auswirkungen der Vergrößerung des Fugenrasters beurteilen zu können.

Berechnung der Bauteilkrümmung

Als Schwindmaße werden an der Oberseite ε_{cso} = 0,5 mm/m und an der Unterseite ε_{csu} = 0,3 mm/m gewählt. Die Differenz der Schwindmaße beträgt nach einigen Jahren

$\Delta\varepsilon_{cs}$ = 0,5 - 0,3 mm/m = 0,2 mm/m (±0,1 mm/m).

Mit Hilfe von Gleichung (2.4) erhält man für den Krümmungsradius

$1/R = \Delta\varepsilon_{cs}/h$ bzw.

$R = h/\Delta\varepsilon_{cs}$

R = 100 mm/0,2 mm/m = 500 m.

Von Interesse ist der Unterschied der Kantenanhebung für beide Fugenraster. Das Ergebnis ist in Bild 2.6 angegeben.

Die Absolutmaße für die Anhebung der Ränder beziehen sich auf die Differenz zwischen der Plattenmitte und dem Rand infolge der Krümmung. Real ist die Anhebung kleiner, weil die Eigenlast entgegen wirkt und sich die Platte nicht bis zu ihrer Mitte abhebt. Die Differenz zwischen beiden Plattenanhebungen von 6,2 - 1,6 = 4,6 mm ist aber für einen Vergleich nutzbar. Durch die Vergrößerung des Fugenabstandes hat man eine Plattenanhebung an den Rändern durch ungleichmäßiges Schwinden von 4 bis 5 mm in Kauf genommen, ohne das Problem erkannt zu haben. Beim Befahren der Plattenränder wurden die aufgewölbten Ränder belastet und dadurch der Riss etwa in Plattenmitte verursacht. In Beispiel Nr. 5.5 sind die Auswirkungen erläutert.

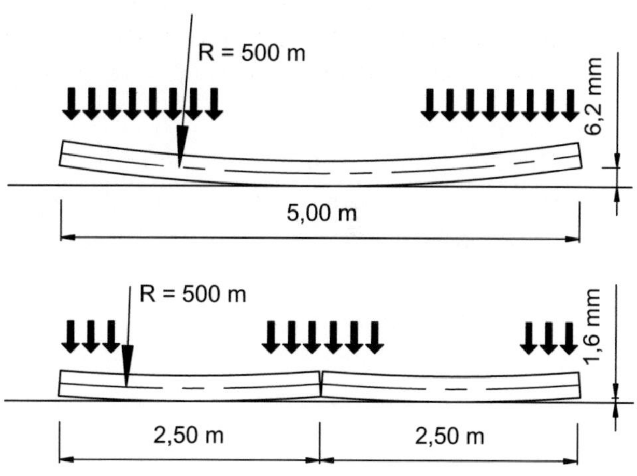

Bild 2.6 Anhebung der Ränder bei 5,00 m und 2,50 m Fugenabstand

2.2 Ein Rissbild entsteht (Monolithbeton)

Risse entstehen im Ergebnis von Bauteildehnungen immer dann, wenn die Bruchdehnung des Betons oder Mauerwerks von 0,1 bis 0,2 mm/m erreicht ist. Rissbilder von Mauerwerk und Beton unterscheiden sich erheblich. Während bei Beton der mit dem Riss gestörte Zugkraftfluss in den Betonstahl um- und weitergeleitet wird, fehlt beim (unbewehrten) Mauerwerk eine solche Kraftübertragung. Mit dem Entstehen des Risses kann keine Zugkraft mehr rechtwinklig zu den Rissufern übertragen werden. So kann auch kein zweiter Riss entstehen. Wirkt die Dehnung weiter, die den Riss verursacht hat, dann entfernen sich bei Mauerwerk die Rissufer weiter voneinander - die Rissbreite wird größer. Bei Stahlbeton entsteht ein zweiter Riss, ohne dass sich die Rissbreite des ersten Risses nennenswert ändert.

Bild 2.7 Breiter Mauerwerksriss im Giebel eines leer stehenden Fabrikgebäudes

Bild 2.7 zeigt einen annähernd vertikalen Riss in einem gemauerten Giebel. Der Riss ist oben mehrere Zentimeter breit. Die Breite richtet sich nur nach der erforderlichen Dehnung des Bauteils. Deshalb können sich Mauerwerksrisse auch extrem weit öffnen. Der Riss in Bild 2.7 ist auf eine Setzung und Verdrehung der linken Längswand mit dem abgetrennten Teil des Giebels zurückzuführen. Der Giebel wird dadurch gedehnt, oben mehr als unten, und reißt dort ab, wo die größte Dehnung entsteht (Schwächung der Fläche durch die obere Fensteröffnung). Der Riss ist auf dem Foto nicht nachgezeichnet worden. Natürlich gibt es auch Situationen, in denen mehrere Risse entstehen, z. B. in einer gemauerten Wand, wenn sie mit Stahlbetondecken verbunden ist und sich mehr verkürzt als die Decken. In diesem Fall wirken die Stahlbetondecken wie eine Bewehrung, die das Entstehen mehrerer Risse ermöglicht. Mauerwerksrisse sind häufig Einzelrisse.

Bei Stahlbeton bleibt die durch die behinderte Zwangdehnung entstandene Zugkraft im Bauteil auch nach der Rissbildung erhalten. Die Dehnung erzeugt bei Erreichen der Bruchdehnung den ersten Riss. Er entsteht dort, wo die Betonzugfestigkeit am kleinsten oder die Fläche geschwächt und damit die Beanspruchung am größten ist. Das Bauteil wird um die Rissbreite länger. Die Zugkraft lagert sich vom Beton auf den Bewehrungsstahl um, mit wachsender Dehnung entstehen weitere Risse.

Je nach der Art der Beanspruchung - Zug oder Biegung - unterscheiden wir Trenn- und Biegerisse. Biegerisse treten nur an einer Bauteilseite auf, der Zugzone, und enden innerhalb des Querschnitts (Bild 2.8 oben). Trennrisse entstehen bei Zugbeanspruchungen und verlaufen rechtwinklig zur Zugkraft durch den gesamten gezogenen Querschnitt (Bild 2.8 unten).

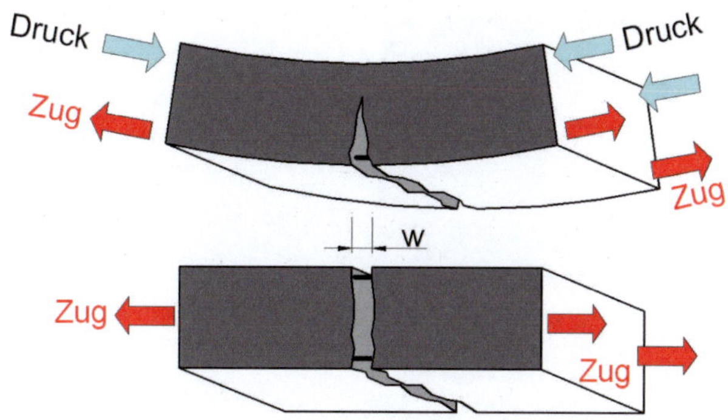

Bild 2.8 Biegerisse (oben) und Trennrisse mit der Rissbreite w

Unter Bauteildehnung verstehen wir die Verlängerung des Bauteils unter Last oder die behinderte Verkürzung (Zwang). In beiden Fällen entstehen Zugkräfte, die bei ausreichender Größe Risse hervorrufen. In der Praxis interessieren hauptsächlich die Risse aus Zwangeinwirkungen. Die Rissbildung wird in diesem Fall durch eine behinderte lastunabhängige Verformung (Verkürzung oder Krümmung) ausgelöst.

Die Risse entstehen in Stahlbetonbauteilen mit unveränderlichem Querschnitt nicht gleichzeitig, sondern einzeln nach und nach, je nach den Erfordernissen der Bauteildehnung. Nach dem ersten Riss entsteht der zweite, danach der dritte usw. Nach der Bildung eines Risses fällt die Last (sogenannte Risslast) geringfügig ab. Zum Entstehen des jeweils nächsten Risses muss die Risslast des Stahlbetonbauteils durch weitere Dehnungen wieder erreicht werden.

Wegen der unterschiedlichen Dehnungen von Stahl und Beton entsteht beiderseits eines Risses eine Zone mit unterschiedlichen Dehnungen - die Zone der Verbundstörung. Solange es noch Bereiche ohne Verbundstörung gibt, können sich neue Risse bilden. Die Zwangzugkraft wird bei weiterer Dehnung nicht größer als die Risslast. In Bild 2.9 sind verschiedene Dehnungszustände eines Zugstabes schematisch dargestellt.

Wenn es keinen Bereich ohne Verbundstörungen über die gesamte Bauteillänge gibt, können sich keine neuen Risse bilden. Die weitere Dehnung vollzieht sich durch Öffnung aller Risse.

Wir unterscheiden zwei Phasen der Rissbildung: die **Einzelrissbildung** und das **abgeschlossene Rissbild**. Beide Phasen sind in Bild 2.9 angegeben. Zur Einzelrissbildung gehören die geringeren Dehnungen, die bei Bauteilen mit unveränderlichem Querschnitt praktisch immer auftreten. Das abgeschlossene Rissbild erfordert entweder größere Dehnungen oder es tritt bei vorgegebenen Soll-Rissstellen auf, die die Anzahl der Risse bestimmen.

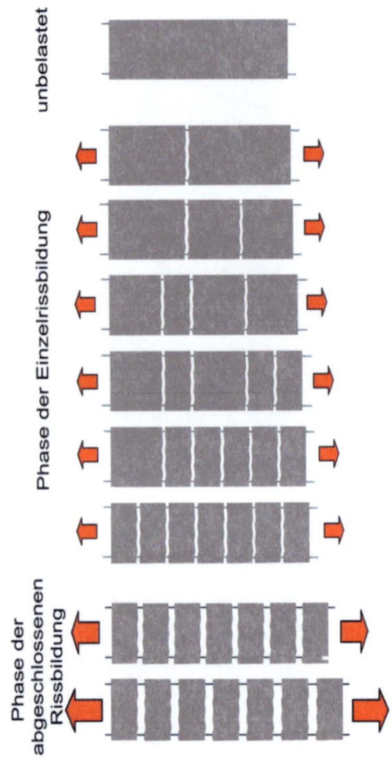

Bild 2.9 Rissentstehung in einem gezogenen Bauteil (Zugstab). Mit jedem Riss vergrößert sich die Dehnung des Bauteils

Je nach der eingetragenen Dehnung entsteht eine bestimmte Anzahl von Rissen. Die Last wird in der Phase der Einzelrissbildung nicht größer als die Risslast, weil für jeden neuen Riss die gleiche Zugkraft - die Risslast - notwendig ist. Für die Stabdehnung bedeutet das ein Abweichen von der Elastizitätstheorie. Die Spannungen im Stab sind durch die Rissbildung nicht mehr über die gesamte Stablänge konstant. Im Riss ist die Betonzugspannung gleich Null, die Stahlspannung hat dort ihr Maximum. In der Nähe eines Risses verändern sich Stahl- und Betonspannung, und im ungerissenen Bereich sind die Stahl- und die Betonzugspannung konstant. Im Unterschied zur Elastizitätstheorie sind Spannung und Dehnung im gerissenen Zugstab einander nicht proportional. Die Dehnung kann nur als gemittelter Wert »Bauteildehnung« bestimmt werden, um die durch die Risse bedingten Unstetigkeiten im Dehnungsverlauf zu umgehen.

Die Phase der Einzelrissbildung

In der Phase der Einzelrissbildung entstehen die Risse nacheinander, ohne dass die Zwangzugkraft größer werden kann als die Risslast. Die Rissabstände sind zunächst unregelmäßig. Im Riss ist die Betonzugspannung gleich Null. Um den nächsten Riss zu erzeugen, muss sie in gewisser Entfernung vom Riss wieder bis auf das Niveau der Betonzugfestigkeit durch Verbundkräfte von der Bewehrung in den Beton eingeleitet werden. Der Bereich, in dem vom Riss aus die Betonzugfestigkeit wieder erreicht wird, wird als Einleitungslänge l_{es} bezeichnet (Bild 2.10).

Bild 2.10 zeigt die grundsätzlichen Zusammenhänge des Kräfteverlaufes im Stahl und im Beton an einem Riss. Die Risslast F_{cr} bewirkt in der Stahlfläche A_s eine Stahlzugspannung σ_s, die links und rechts vom Riss über die Verbundspannungen τ_{sm} wieder in den Beton eingeleitet wird. Das geschieht über den Stabumfang in einer Einleitungslänge l_{es}. Die Betonzugspannung σ_c ist unmittelbar am Rissufer gleich Null und kann erst am Ende der Einleitungslänge l_{es} wieder die Betonzugfestigkeit erreichen. Erst im Abstand der Einleitungslänge l_{es} vom Riss kann deshalb der nächste Riss entstehen.

Die Differenz zwischen Stahl- und Betondehnung, die näherungsweise der Rissbreite entspricht, entsteht durch Schlupf im Bereich der beiden Einleitungslängen links und rechts vom Riss. Je größer die beiden Längen l_{es} sind, umso größer sind die im Verbund gestörte Stahlstablänge, die Dehnungsdifferenz zwischen Stahl und Beton im Einleitungsbereich und damit die Rissbreite im betrachteten Riss. Nach der DIN 1045-1, in die das in [2.3] vorgestellte Berechnungsverfahren für die Rissbreite übernommen wurde, ist die theoretisch größte Rissbreite für einen Rissabstand gleich der doppelten Einleitungslänge zu berechnen. Andere, kleinere Rissabstände sind möglich und real auch zu beobachten. Für eine normative Begrenzung des Rechenwertes der Rissbreite ist die Kenntnis des (theoretischen) Größtwertes ausreichend. Deshalb werden weder die Anzahl der Risse noch andere als die rechnerisch größte Rissbreite (Rechenwert der Rissbreite) bestimmt. Wenn der Rissabstand so dicht ist, dass bei weiterer Stabdehnung keine Risse mehr entstehen können, dann ist der nächste Zustand, die abgeschlossene Rissbildung, erreicht.

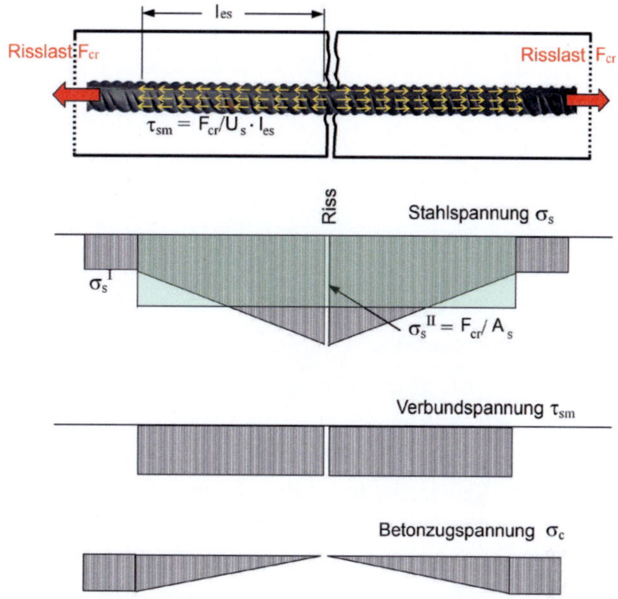

Bild 2.10 Zusammenhang zwischen Risslast F_{cr}, Stahlspannung σ_s, Verbundspannung τ_{sm}, Betonzugspannung σ_c, und Einleitungslänge l_{es} (schematisch)

Die Phase der abgeschlossenen Rissbildung

In dieser Phase können theoretisch keine weiteren Risse entstehen, weil die Betonzugfestigkeit zwischen den Rissen nicht mehr erreicht werden kann. Wenn die Zwangdehnung vergrößert wird, müssen sich deshalb die Risse weiter öffnen. Das ist nur möglich, wenn die Stahldehnung und -spannung durch Vergrößerung der Zugkraft steigen. An der Dehnung sind im Zustand der abgeschlossenen Rissbildung alle Risse proportional zur Stahldehnung mit einer Vergrößerung aller Einzelrissbreiten beteiligt.

Am Zugkraft-Dehnungs-Diagramm eines Zugstabes kann man die Phasen verdeutlichen (Bild 2.11). Im Unterschied zu einer Spannungs-Dehnungs-Linie, z. B. für einen Stahlstab, kann bei einem Stahlbetonstab nur die mittlere Dehnung des Stabes bestimmt werden. Deshalb ist hier das Zugkraft-Dehnungs-Diagramm sinnvoll. Es gilt für eine Zwangzugkraft, d. h. es wird eine Dehnung eingetragen, aus der eine Zwangzugkraft entsteht. Als Stabdehnung $\varepsilon_c = \Delta l/l$ wird die mittlere Längenänderung des Zugstabes, bezogen auf seine Länge, verstanden. Für den Verlauf der Funktion ist die Abszisse die maßgebende Größe, die Ordinate ergibt sich dann aus dem Verlauf der Funktion. Im ungerissenen Zustand (Erstbelastung) sind Zugkraft und Dehnung bis zur Risslast F_{cr} proportional. Nach dem ersten Riss gibt es diese Proportionalität nicht mehr. Die Last fällt durch die plötzliche Dehnung etwas ab, steigt aber mit wachsender Dehnung (Schwinden, Temperaturänderung) wieder bis zur Risslast an: Es entsteht der nächste Riss usw. Wir befinden uns in der Phase der **Einzelrissbildung** (Bild 2.11, links).

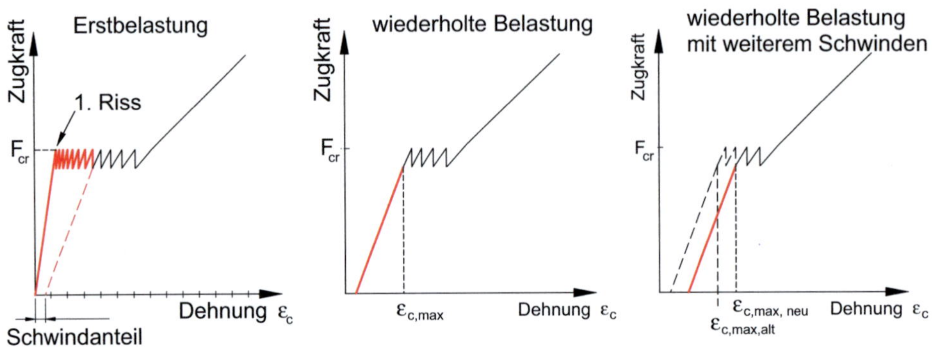

Bild 2.11 Zugkraft-Dehnungs-Diagramm eines Zugstabes aus Stahlbeton

Mit wachsender Dehnung entsteht ein Riss nach dem anderen, ohne dass die Zugkraft (bei Vernachlässigung der Streubreite der Betonzugfestigkeit) größer wird als die Risslast. Die Schwindverkürzung ist eine bleibende Verkürzung, durch die sich der Nullpunkt des Zugkraft-Dehnungs-Diagramms verschiebt. Das bedeutet, dass die Dehnung bei Entlastung den Ausgangspunkt nicht mehr erreicht (Bild 2.11, Mitte).

Beim Rückgang der Dehnung, z. B. durch Bauteilerwärmung, verlaufen Dehnung und Zwangzugkraft wieder proportional, aber auf einer neuen Linie (mittleres Diagramm, rote Linie). Die Linie verläuft von dem erreichten Maximum zurück auf den Ausgangspunkt (Kurzzeitwirkung) oder auf einen um die Schwindverkürzung verschobenen Ausgangspunkt. In dieser neuen Zugkraft-Dehnungs-Linie sind die Zugkraft und die Bauteildehnung auf einem anderen Niveau einander wieder proportional. Wenn die Bauteildehnung über das erreichte Maximum weiter anwächst und sich weitere Risse bilden, stellt sich wieder eine neue Zugkraft-Dehnungs-Linie ein. Das ist solange so, wie die bis dahin erreichte Dehnung nicht mehr überschritten wird. Wird die Dehnung größer, z. B. durch eine weitere Abkühlung in einem strengeren Winter, dann verschiebt sich das Dehnungsmaximum unter Bildung neuer Risse, ohne dass die Last wächst (Bild 2.11, rechts). Es gilt für eine langsam wachsende Schwinddehnung, verläuft also parallel zu der roten Entlastungslinie.

Die Phase der Einzelrissbildung ist bei den meisten Massivbauteilen mit konstanten Querschnitten die bei Zwangwirkungen typische Phase der Rissbildung. Dadurch, dass die Risslast in dieser Phase unter Vernachlässigung der Streuung der Betonzugfestigkeit konstant gesetzt werden kann, vereinfachen sich die mathematischen Beziehungen zur Beschreibung der Rissgeometrie bei Zwangwirkungen. In einer für die Berechnung idealisierten Zugkraft-Dehnungs-Linie wird die Zick-Zack-Linie durch eine horizontale Gerade auf dem Niveau der Risslast F_{cr} ersetzt. In der Phase der Einzelrissbildung ist die Rissbreite von der eingetragenen Dehnung unabhängig. Sie hängt nur von der Risslast, den Verbundbedingungen und der Art und Menge der Bewehrung ab. Mehr Dehnung bedeutet mehr Risse, ohne die vorhandene Rissbreite zu vergrößern. Bauteildehnung und Rissbreite sind nicht proportional!

Bild 2.12 zeigt einen Balken im Laborversuch, bei dem das abgeschlossene Rissbild unter Lasteinwirkung erreicht worden ist. Man sieht ein regelmäßiges Rissbild mit geringen Unterschieden der Rissabstände. Auch in dieser Phase ist natürlich eine weitere Dehnung möglich. Sie vollzieht sich aber nicht durch die Bildung neuer Risse, sondern durch Vergrößerung der Rissbreiten, und zwar aller Risse gleichzeitig (Bild 2.9 unten). Die Rissbreiten wachsen in dieser Phase proportional mit der Dehnung der Bewehrung.

Im Bild 2.12 erkennt man deutlich, dass die Rissabstände von Riss zu Riss unterschiedlich sind. Trotzdem erscheint das abgeschlossene Rissbild recht gleichmäßig. Im Unterschied dazu ist ein Rissbild in der Phase der Einzelrissbildung unregelmäßig, wie man z. B. in Bild 5.48 sehen kann.

Bild 2.12 Risse in der Biegezugzone an der Unterseite eines Balkens im Belastungsversuch

Der Rissabstand ist dem Bewehrungsdurchmesser proportional und hängt von der Bewehrungsfläche im Riss und von der Stahlzugspannung ab. Je nach diesen Gegebenheiten betragen die (rechnerischen) größten Rissabstände 200 bis 800 mm.

Allgemein gilt, dass die in der Praxis üblichen Rissbilder bei Zwangbeanspruchung fast ausnahmslos zur Phase der Einzelrissbildung gehören. Trotzdem gibt es Fälle, in denen sich Bauteile in der Phase der abgeschlossenen Rissbildung befinden. Das trifft z. B. auf die meisten Elementwände und -decken in Querrichtung zu, die mit den Elementfugen eine vorgegebene Anzahl Risse besitzen. Sie öffnen sich nach einer sehr kurzen Phase der Einzelrissbildung wie in einem abgeschlossenen Rissbild.

2.3 Das Rissbild verändert sich

Risse entstehen durch Bewegungen eines Bauteils oder des ganzen Bauwerks. Solche Bewegungen - vorzugsweise durch Änderung des Feuchtegehalts (Schwinden) und durch Temperaturänderungen - sind zum Zeitpunkt einer beabsichtigten Rissfüllung meist noch nicht beendet. Nicht alle Risse müssen gefüllt werden. Wenn man sich für die Sanierung von Rissen entschieden hat, muss man wissen, ob sich die Rissufer noch gegenseitig verschieben, in welcher Richtung das geschieht (Rissbreite wird größer oder kleiner), wie groß die Bewegung ist und wie lang sie andauert. Injektionsmaterialien oder Beschichtungsstoffe können nicht beliebige Bewegungen der Rissufer ohne Beschädigung ertragen. Deswegen können Aussagen über die noch zu erwartenden Bewegungen der Rissufer von entscheidender Bedeutung für die Qualität der Instandsetzung sein.

Nur die Kenntnis der Rissursache lässt die Beurteilung zu, ob der Riss auf ein einmaliges Ereignis zurückzuführen ist oder ob er ständig wirkende Ursachen hat. Einmalige Ereignisse sind die abfließende Hydratationswärme des Betons, Beanspruchungen durch Havarien oder einen Brand und Baugrundsetzungen durch bauliche Maßnahmen (vgl. z. B. Bild 7.17). Lang wirkende Prozesse sind das Schwinden von Beton und Mauerwerk, ggf. das Kriechen und sehr langsam verlaufende Baugrundsetzungen. Temperaturbedingte Längenänderungen durch atmosphärische Einflüsse wirken während der gesamten Lebensdauer eines Bauwerks. Sie bewirken je nach Jahreszeit eine Rissbreitenvergrößerung und -verringerung im Wechsel.

Die behinderte Bauteildehnung verursacht Risse in Bauteilen. Bei Stahlbeton gibt es jedoch keine Proportionalität zwischen Bauteildehnung und Rissbreite. Das hängt mit den beiden Phasen der Rissbildung zusammen. In der ersten Phase, der Einzelrissbildung, wird die Bauteildehnung durch Risse im Beton vollzogen. In der bei weiterer Dehnung daran anschließenden zweiten Phase der abgeschlossenen Rissbildung wird die Bauteildehnung durch Veränderung der Rissbreite <u>aller</u> vorhandenen Risse realisiert. Da die Zwangrisse unter den üblichen Umständen die Phase der abgeschlossenen Rissbildung selten erreichen, kann ein einmal entstandener Riss seine größte Rissbreite zwar immer wieder erreichen, aber theoretisch nicht überschreiten. In Bild 2.13 wird das am Beispiel erläutert.

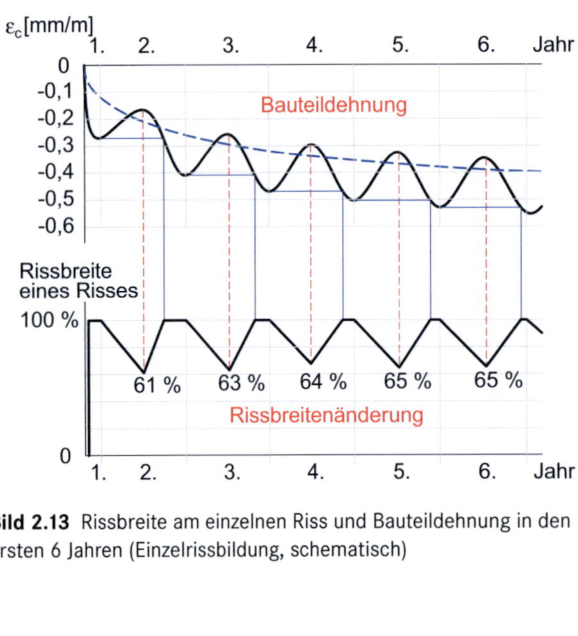

Bild 2.13 Rissbreite am einzelnen Riss und Bauteildehnung in den ersten 6 Jahren (Einzelrissbildung, schematisch)

Dargestellt ist die Dehnung eines Bauteils über die ersten 6 Jahre hinweg. Das kann z. B. die Zwischenebene in einer Tiefgarage sein, die an ihrer Ober- und Unterfläche Kontakt zur Außenluft hat und deshalb mehr schwindet und größere Temperaturverformungen erhält als die Wände, mit denen sie verbunden ist. Die mittlere Bauteiltemperatur wird etwas zeitverzögert und gedämpft den Außentemperaturen folgen. Die temperaturbedingten Längenänderungen im Bauteil verlaufen dem Jahresgang entsprechend wellenförmig. Im Schema wurde für diese Längenänderungen zur Vereinfachung eine Wellenlinie gewählt, die der Linie der langjährigen mittleren Tagestemperatur ähnlich und vereinfacht für jedes Jahr gleich verläuft (vgl. Bild 1.23). Die behinderten Bauteildehnungen verlaufen ähnlich wie die Zwangverformungen in Form einer Wellenlinie, allerdings nach der Addition mit den behinderten Schwindverformungen. Im Bild 2.13 ist der Verlauf der behinderten Bauteildehnungen ε_c für die ersten 6 Jahre für Schwinden und Temperaturänderungen dargestellt.

Im unteren Teil des Bildes ist die zugehörige Rissuferverschiebung eines Risses zu sehen. Da es ein beliebiger Riss sein kann, ist die Rissbreite beim Entstehen des Risses mit der Größe 100 % angegeben. So gilt das Diagramm auch für andere Risse im gleichen Rissbild mit anderen Rissbreiten. Es handelt sich um die bei unveränderlichem Querschnitt zu erwartende Phase der Einzelrissbildung. In Abhängigkeit von der Dehnung entstehen nach und nach die Risse. Ihre beim Entstehen erreichte Rissbreite bleibt auch bei weiterer Dehnung unverändert. Größer kann die Rissbreite theoretisch nicht werden, wenn man von länger wirkenden Lasten absieht.

Das Diagramm zeigt, dass die Rissbreite

- bei der Entstehung des Risses am größten ist,
- in den Sommermonaten ihr Minimum erreicht, ohne dass sich der Riss wegen der Schwindverkürzung jemals ganz schließt,
- in den folgenden Wintern bei der Bildung neuer Risse wieder erreicht wird (die Zeitdauer, in der der Riss maximal geöffnet ist, wird von Jahr zu Jahr kleiner),
- in der übrigen Zeit des Jahres kleiner ist als der Maximalwert,
- je nach den Anteilen des Schwindens und der Temperaturänderung der unveränderliche Teil der Rissbreite langsam bis auf einen Endwert anwächst, der mit dem Endschwindmaß korrespondiert.

Der schwindbedingte Rissbreitenanteil ist im Verhältnis zur größten Rissbreite so groß wie die schwindbedingte Bauteildehnung im Vergleich zur Gesamtdehnung.

Anders ist das bei gekerbten Bauteilen. Elementwände und -decken haben mit den Elementfugen in der Querrichtung Sollrissstellen, die eine so große Querschnittsschwächung haben, dass Risse nur an diesen Stellen entstehen können. Durch die Querschnittsschwächung ist die Risslast kleiner als bei einer ungekerbten Wand. Nachdem in allen Kerben (Elementfugen) Risse entstanden sind (vgl. Bild 6.7), können bei normalen Zwangdehnungen an anderer Stelle keine neuen Risse mehr entstehen. Das bedeutet, dass sich bei Bauteildehnungen die Rissbreiten aller Risse gleichzeitig vergrößern oder verkleinern.

3 Hilfsmittel zur Bestimmung der Rissbreite und der Mindestbewehrung bei unveränderlichem Bauteilquerschnitt

3.1 Vereinfachte Berechnung des Rechenwertes der Rissbreite für die Einzelrissbildung

Die DIN 1045-1 enthält Formeln zur Berechnung der Rissbreite. Berechnet wird mit einigen Idealisierungen der Dehnungsunterschied zwischen der Beton- und der Stahldehnung im Bereich der Eintragungslänge (Bild 2.10). Bei einem mittig gezogenen Bauteil ist die Zugzone gleich dem gesamten Betonquerschnitt ($A_{ct} = A_c$).

Für die Berechnung der Rissbreiten eines Bauteils werden die bezogenen mittleren Dehnungen für den Bewehrungsstahl $\varepsilon_{sm} = \Delta l/l$ bzw. für den Beton $\varepsilon_{cm} = \Delta l/l$ bestimmt. Der Dehnungsunterschied zwischen Bewehrungsstahl und Beton kann nur in einer Einleitungszone mit der Länge l_{es} entstehen (Bild 3.1), in der eine vom Riss aus abnehmende Verbundstörung besteht. Je länger die Einleitungslänge l_{es} ist, umso größer wird der gesamte Schlupf zwischen Stahl und Beton. In der abgeschlossenen Rissbildung grenzen die Einleitungszonen direkt aneinander bzw. überschneiden sich. Nimmt man den Stahlspannungsverlauf in der Einleitungszone linear an, dann ist die mittlere Stahlspannung einfach zu berechnen (in Bild 3.1 unten als blaues Rechteck dargestellt). Diese mittlere Stahlspannung ergibt mit der Einleitungslänge l_{es} und dem Elastizitätsmodul des Stahls E_s jeweils links und rechts vom Riss die mittlere bezogene Stahldehnung ε_{sm}. Für die Einzelrissbildung gelten in der Zone des gestörten Verbunds die gleichen Zusammenhänge.

Die Rissbreitenberechnung ist in DIN 1045-1 mit einem neuen Berechnungsverfahren aufgenommen worden. Details zu diesem Verfahren können z. B. [2.3] und [3.1] entnommen werden. Für den Gebrauch in der Praxis sind inzwischen Diagramme verfügbar, die eine einfache Bestimmung der Mindestbewehrung für bestimmte Bedingungen gestatten (z. B. [3.2]). Diese Diagramme gelten nur für Bauteile mit unveränderlichem Querschnitt. In Bild 3.1 sind die Grundlagen für die Ableitung der Rissformeln der DIN 1045-1 dargestellt. Für Konstrukti-

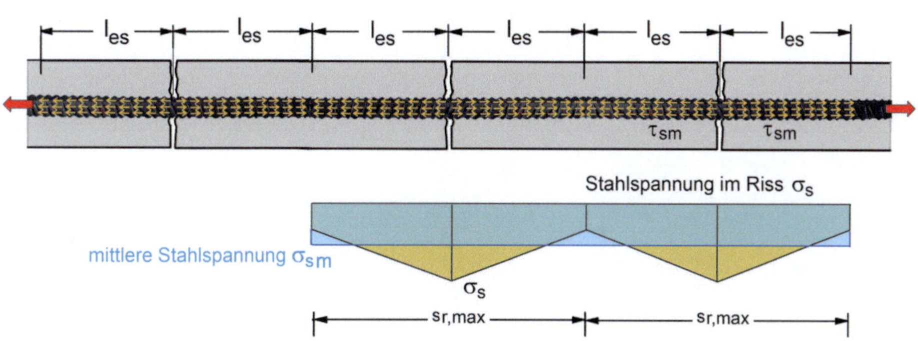

Bild 3.1 Stahlspannungen im Stahlbetonzugglied bei abgeschlossener Rissbildung

onen mit Querschnittsschwächungen, wie z. B. Elementwände und -decken für die Richtung rechtwinklig zu den Elementfugen, sind diese Hilfsmittel nicht direkt anwendbar.

In der DIN 1045-1 (Abschnitt 11.2.4) sind drei Formeln zur Berechnung der Rissbreite angegeben, die in [2.3] hergeleitet worden sind:

- die Differenz der mittleren Dehnungen von Betonstahl ε_{sm} und Beton ε_{cm} (Schlupf) beträgt

$$\varepsilon_{sm} - \varepsilon_{cm} = \frac{\sigma_s - 0,4 \frac{f_{ct,eff}}{\text{eff}\,\rho} \cdot (1 + \alpha_e \cdot \rho)}{E_s} \geq 0,6 \frac{\sigma_s}{E_s} \tag{3.1}$$

- der größte Rissabstand beträgt

$$s_{r,max} = \frac{d_s}{3,6 \cdot \text{eff}\,\rho} \leq \frac{\sigma_s \cdot d_s}{3,6 \cdot f_{ct,eff}} \tag{3.2}$$

- der Rechenwert der Rissbreite im Bauteil (theoretisch der größte Rissbreitenwert) beträgt

$$w_k = s_{r,max} \cdot (\varepsilon_{sm} - \varepsilon_{cm}) \tag{3.3}$$

Die Gleichungen (3.1), (3.2) und (3.3) sind die Gleichungen (135), (136) und (137) in der DIN 1045-1.

In diesen Gleichungen sind:

σ_s	Stahlspannung im Riss nach der Rissbildung
w_k	Rechenwert der Rissbreite
$s_{r,max}$	theoretisch größter Rissabstand
ε_{sm}	mittlere Stahldehnung im Einleitungsbereich
ε_{cm}	mittlere Betondehnung im Einleitungsbereich
σ_s	Stahlspannung im Riss
$f_{ct,eff} = k \cdot f_{ct}$	die zum Zeitpunkt der Rissbildung wirksame mittlere Betonzugfestigkeit
k	Abminderungsfaktor für die Betonzugfestigkeit aus Eigenspannungen: für Bauteildicke $\leq$ 300 mm k = 0,8 für Bauteildicke $\geq$ 800 mm k = 0,5 Zwischenwerte dürfen gemäß Bild 3.2 interpoliert werden
$\text{eff}\,\rho = A_s/A_{c,eff}$	wirksamer Bewehrungsgrad, mit
A_s	Stahlfläche
$A_{c,eff}$	Wirkungsbereich der Bewehrung nach Bild 3.3
$\alpha_e = E_s/E_c$	Verhältnis der Elastizitätsmoduln von Stahl E_s und Beton E_c

Bei der Berechnung von Rissbreiten ist zwischen dicken und dünnen Bauteilen zu unterscheiden. Dünne Bauteile sind je nach Betondeckung bis etwa 300 mm dick. Die Trennung in dicke und dünne Bauteile ist notwendig, weil sich bei dicken Bauteilen ein etwas anderes Rissbild einstellt als bei dünnen (Bild 3.3).

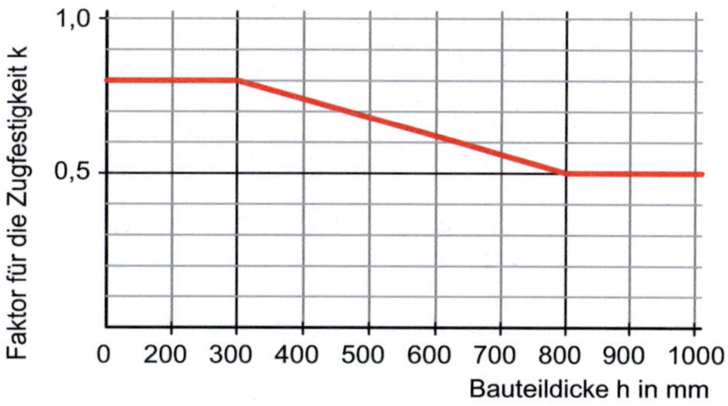

Bild 3.2 Abminderungsfaktor k für die Betonzugfestigkeit zur Berücksichtigung nichtlinearer Eigenspannungen infolge im Bauteil selbst hervorgerufenen Zwangs (z. B. Eigenspannungen durch Abfließen der Hydratationswärme)

Die Bewehrung, die immer in den Randbereichen liegt, verteilt die in den unbewehrten inneren Bereichen entstehenden Primärrisse zu feineren Sekundärrissen im Randbereich (Wirkungsbereich). Die Rissformeln gelten bis auf die Risslast für den ersten Riss für den Randbereich.

Nach DIN 1045-1 ist die Randzone 2½-mal so breit wie der Randabstand des Bewehrungsschwerpunktes (Bild 3.3). Bei einem Randabstand des Bewehrungsschwerpunktes von d_1 = 50 mm beträgt die Breite des Wirkungsbereichs der Bewehrung 2,5 · 50 = 125 mm. Sie ist in diesem Fall erst bei Bauteildicken über 2 · 125 = 250 mm anzusetzen. Bei geringerer Konstruktionsdicke ist für zentrischen Zug der volle Querschnitt zu verwenden.

Bei der Wahl des Bewehrungsabstands von der Bauteilaußenfläche ist zu berücksichtigen, dass die Betondeckung nach DIN 1045-1 mit dem Vorhaltemaß Δc = 15 mm verlegt werden muss, damit die Betondeckung min c überall eingehalten wird. Das Vorhaltemaß ist im Sinne statistischer Betrachtungen die Differenz zwischen einem oberen und einem unteren Quantilwert (Bild 3.4). Es wird deshalb empfohlen, wegen der in dieser Spanne variierenden Betondeckung bei der Wirkungszone der Bewehrung, 10 Millimeter zur Mindestbetondeckung zuzugeben, um die realen Gegebenheiten besser zu erfassen.

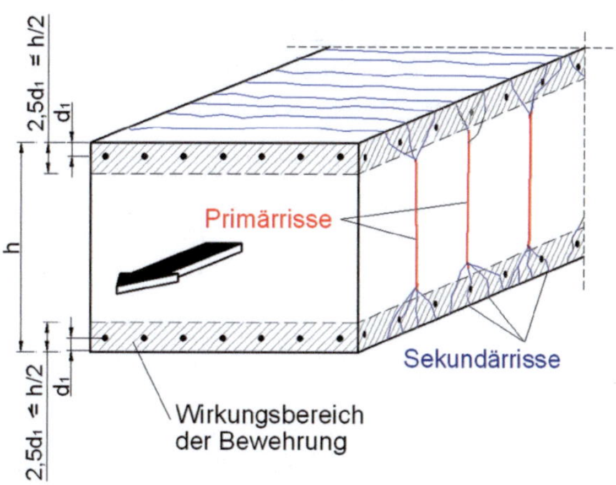

Bild 3.3 In dickeren Bauteilen entstehen breite Primärrisse im unbewehrten Inneren und feine Sekundärrisse im bewehrten Oberflächenbereich (schematisch)

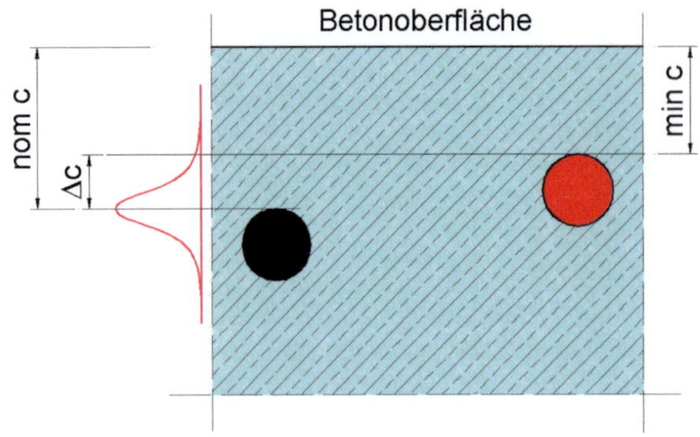

Bild 3.4 Betondeckung: Nennmaß = Mindestmaß + Vorhaltemaß (nom c = min c + Δc)

Die Rissbreitenberechnung für dicke bzw. dünne Bauteile unterscheidet sich durch den Ansatz der Betonzugzone $A_{ct,eff}$ bzw. A_{ct}. Bei zentrischer oder annähernd zentrischer Zugbeanspruchung, die bei Trennrissen immer vorhanden ist, ist die Betonzugzone A_{ct} in dünnen Bauteilen gleich der Betonfläche A_c bzw. dem Wirkungsbereich der Bewehrung $A_{ct,eff}$. In den folgenden Formeln wird immer die wirksame Fläche $A_{ct,eff}$ eingesetzt, die im Fall der dünnen Bauteile gleich der vollen Querschnittsfläche A_c ist.

Vereinfachungen der Rissbreitenberechnung für die Einzelrissbildung

Die Phase der Einzelrissbildung ist bei Zwangbeanspruchung und unveränderlichem Bauteilquerschnitt die häufigste Art eines Rissbildes. Für diesen Fall werden die Stahlspannung im Riss und die Rissbreite nur durch die Risslast bestimmt. Sie ist in diesem Zustand bei jeder Bauteildehnung (theoretisch) konstant. Deshalb sollen hier für die Einzelrissbildung einfache Hilfsmittel bereitgestellt werden, mit denen man Rissbreiten und Mindestbewehrungen mit wenig Aufwand berechnen oder nachrechnen kann. In [3.3] wurde mit einigen Vereinfachungen der Rissformeln der DIN 1045-1 eine Beziehung zwischen der Zwangdehnung ε_{Zw}, dem Rechenwert der Rissbreite w_k und dem wirksamen Bewehrungsgrad eff ρ abgeleitet. Die folgenden Diagramme sind auf dieser Grundlage entstanden.

Die Gleichungen (3.1) und (3.2) sind für das abgeschlossene Rissbild hergeleitet worden. Sie sind auch für Zwangbeanspruchungen gültig, wenn man die Stahlspannung aus der Bedingung ableitet, dass die Stahlzugkraft gleich der Risslast ist.

$$F_{cr} = A_c \cdot f_{ct,eff}$$

$$\sigma_s = \frac{F_{cr}}{A_s} = \frac{A_c \cdot f_{ct,eff}}{A_s} \tag{3.4}$$

$$\sigma_s = \frac{f_{ct,eff}}{\rho}$$

mit $f_{ct,eff}$ wirksame Betonzugfestigkeit

$\rho = A_s/A_c$ Bewehrungsverhältnis

A_s Stahlfläche

A_c Betonfläche.

Für den ersten Riss ist die volle Betonfläche einzusetzen (Primärriss). Sekundärrisse, die im Wirkungsbereich der Bewehrung entstehen und eine geringere Risslast erfordern, entstehen theoretisch später. Diese für den Erstriss geltende Stahlspannung darf nach DIN 1045-1 in die für das abgeschlossene Rissbild und auf Sekundärrisse zutreffenden Gleichungen (3.1) und (3.2) eingesetzt werden. Der entstehende Fehler ist wahrscheinlich kleiner als man formal annehmen müsste. Da Primär- und Sekundärrisse parallel auftreten (Bild 3.3), sind die Rissbreiten kleiner als bei konsequenter Anwendung der Risslast für Primärrisse, was der Realität vermutlich näher kommt. Setzt man in die Gleichungen ρ an Stelle von ρ_{eff}, und den Term $(1 + \alpha_e \cdot \rho) \approx 1$, dann vereinfacht sich die Gleichung für die Rissbreite, die man aus dem Produkt der Gleichungen (3.1) und (3.2) gewinnt. Gleichung (3.1) wird mit der Vereinfachung

$$\varepsilon_{sm} - \varepsilon_{cm} = \frac{\sigma_s - 0{,}4\,\dfrac{f_{ct,eff}}{\mathrm{eff}\ \rho}\cdot(1 + \alpha_e \cdot \rho)}{E_s} \approx \frac{\sigma_s - 0{,}4\,\dfrac{f_{ct,eff}}{\mathrm{eff}\ \rho}}{E_s}.$$

Setzt man Gleichung (3.4) in die vorstehende Gleichung ein, so erhält man

$$\varepsilon_{sm} - \varepsilon_{cm} = \frac{f_{ct,eff} - 0{,}4 \cdot f_{ct,eff}}{E_s \cdot \rho} = \frac{0{,}6 \cdot f_{ct,eff}}{E_s \cdot \rho} \qquad (3.5).$$

Mit Gleichung (3.2) erhält man den vereinfachten Rechenwert der Rissbreite w_k

$$w_k = s_{r,max} \cdot (\varepsilon_{sm} - \varepsilon_{cm}) \approx \frac{d_s}{3{,}6 \cdot \rho} \cdot \frac{0{,}6 \cdot f_{ct,eff}}{E_s \cdot \rho}$$

$$w_k \approx \frac{d_s \cdot k \cdot f_{ct,eff}}{6 \cdot E_s \cdot (\mathrm{eff}\ \rho)^2} \qquad (3.6)$$

bzw.

$$\mathrm{eff}\ \rho = \sqrt{\frac{d_s \cdot k \cdot f_{ct,eff}}{6 \cdot w_k \cdot E_s}} \qquad (3.7).$$

Die Gleichung (3.6) zeigt, dass die Rissbreite

- dem Stabdurchmesser proportional ist;
- der wirksamen Betonzugfestigkeit proportional ist. Das heißt, dass z. B. durch eine zu niedrig angesetzte Betonzugfestigkeit bei der Erstrissbildung gegenüber der statischen Berechnung größere Rissbreiten am fertigen Objekt entstehen.
- im Zustand der Einzelrissbildung unabhängig von der Zwangdehnung ist. Die eingetragene Zwangdehnung wird (theoretisch) allein durch die Bildung von Rissen kompensiert.

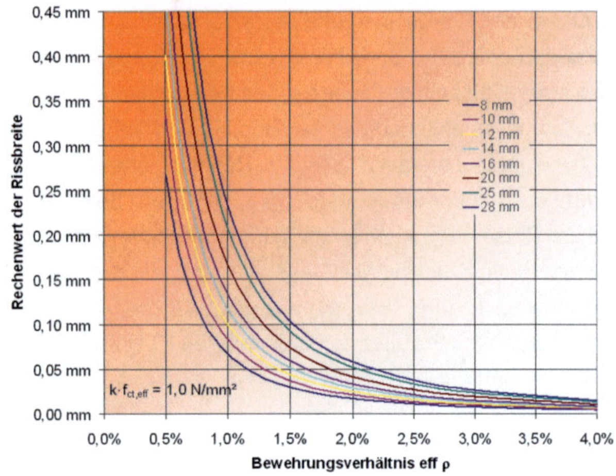

Bild 3.5 Diagramm zur direkten Bestimmung der zwangbedingten Rissbreite in der Phase der Einzelrissbildung (zentrischer Zwang); wirksame Zugfestigkeit $k \cdot f_{ct,eff} = 1{,}0\,N/mm^2$

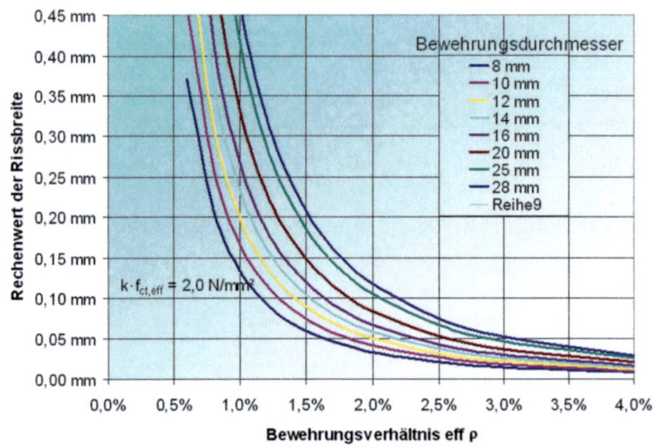

Bild 3.6 Diagramm zur direkten Bestimmung der zwangbedingten Rissbreite in der Phase der Einzelrissbildung (zentrischer Zwang); wirksame Zugfestigkeit $k \cdot f_{ct,eff} = 2{,}0\,N/mm^2$

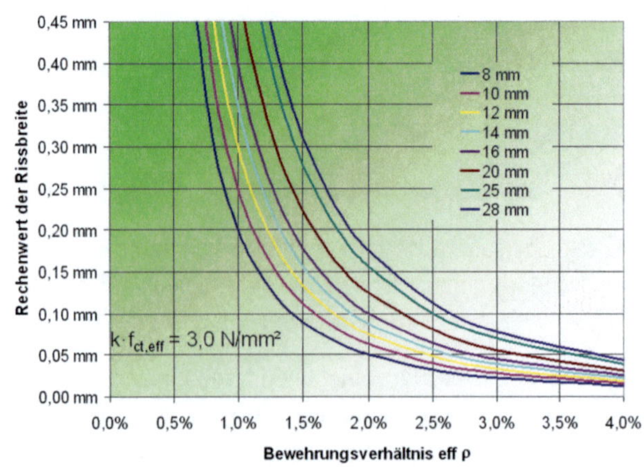

Bild 3.7 Diagramm zur direkten Bestimmung der zwangbedingten Rissbreite in der Phase der Einzelrissbildung (zentrischer Zwang); wirksame Zugfestigkeit $k \cdot f_{ct,eff} = 3{,}0\,N/mm^2$

Die Gleichung (3.7) gestattet die einfache Bestimmung der Mindestbewehrung für die Einzelrissbildung bei kontinuierlichem Bauteilquerschnitt. Sie wurde für die Diagramme Bild 3.5 bis Bild 3.7 verwendet. Sie unterscheiden sich durch die wirksame Betonzugfestigkeit $k \cdot f_{ct,eff} = 1{,}0\,N/mm^2$, $2{,}0\,N/mm^2$ bzw. $3{,}0\,N/mm^2$. Im Kapitel 5, Beispiel 5.3 wird die Formel für einen speziellen Zweck nach der wirksamen Betonzugfestigkeit aufgelöst und für 3 Bewehrungsdurchmesser in Diagrammen aufbereitet.

In der Einzelrissbildungsphase ist die Rissbreite unabhängig von der Zwangdehnung. Wenn man diese Diagramme anwenden will, müssen die Grenzen zwischen der Einzelriss- und der abgeschlossenen Rissbildung bekannt sein. Dazu dienen die Diagramme Bild 3.8 bis Bild 3.11. Sie sind durch Vereinfachungen der Rissformeln für die abgeschlossene Rissbildung gemäß DIN 1045-1 entstanden.

3.2 Vereinfachte Berechnung des Rechenwertes der Rissbreite für die abgeschlossene Rissbildung

Die vereinfachte Beziehung für die Rissbreite kann man wieder aus den Gleichungen (3.1) und (3.2) herleiten. Bei der abgeschlossenen Rissbildung ist die mittlere Stahldehnung ε_{sm} gleich der eingetragenen Zwangdehnung ε_{Zw}. Vernachlässigt man die mittlere Dehnung des Betons ε_{cm} zwischen den Rissen, dann ist die Rissbreite in der Phase der abgeschlossenen Rissbildung:

$$\varepsilon_{sm} = \varepsilon_{Zw} = \frac{\sigma_{sm}}{E_s}.$$

Die Mitwirkung des Betons zwischen den Rissen wird in Gleichung (3.1) mit 40 % der Risslast berücksichtigt. Die zugehörige mittlere Betondehnung beträgt

$$\varepsilon_{cm} = \frac{f_{ct,eff}}{E_c}.$$

Für den größten Rissabstand $s_{r,max}$ gilt wieder Gleichung (3.2). Damit erhält man für den Rechenwert der Rissbreite

$$w_k = s_{r,max} \cdot (\varepsilon_{sm} - \varepsilon_{cm}) \approx \frac{d_s}{3{,}6 \cdot \text{eff}\,\rho} \cdot \left(\varepsilon_{Zw} - \frac{0{,}4 \cdot f_{ct,eff}}{E_c}\right).$$

Der Term $0{,}4 \cdot f_{ct,eff}/E_c$ ist klein im Vergleich zur Zwangdehnung und wird deshalb zur Vereinfachung vernachlässigt. Man erhält für die abgeschlossene Rissbildung näherungsweise

$$w_k \approx \varepsilon_{Zw} \cdot \frac{d_s}{3{,}6 \cdot \text{eff}\,\rho} \qquad (3.8).$$

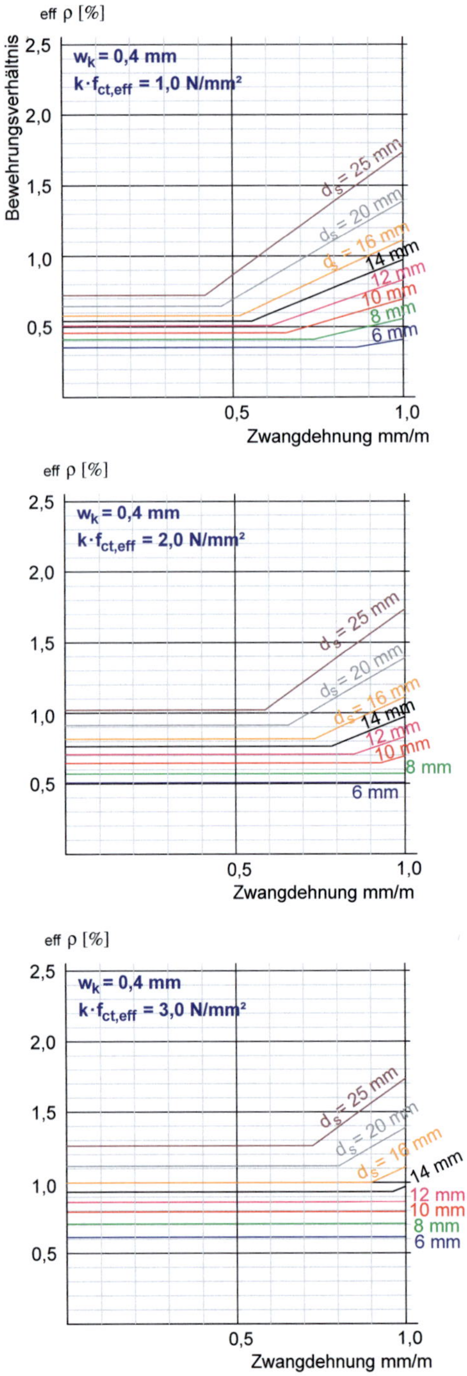

Bild 3.8 Bewehrungsverhältnis eff ρ für einen Rechenwert der Rissbreite w_k = 0,4 mm

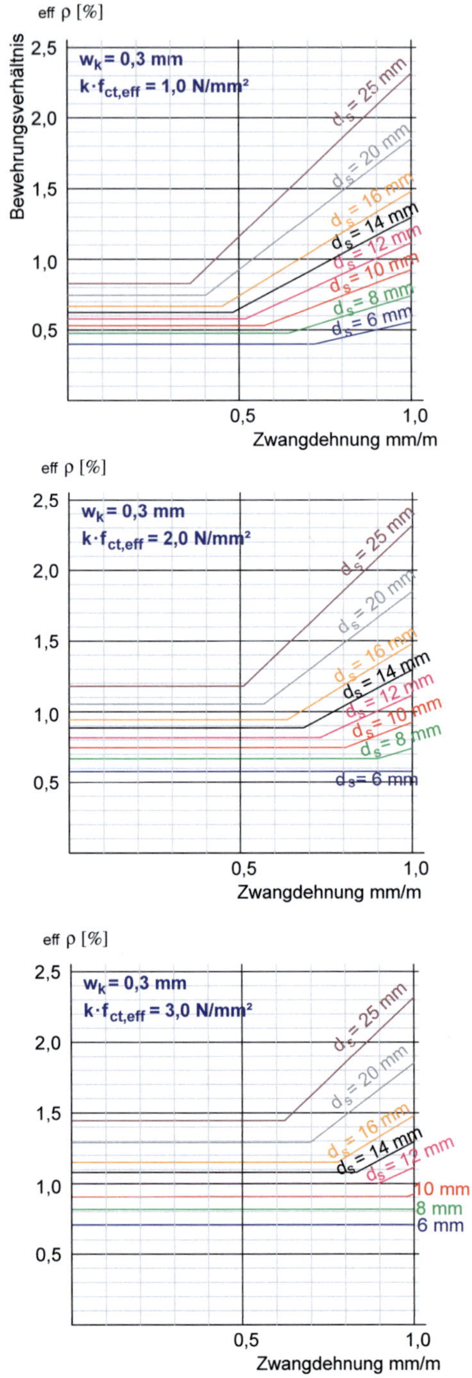

Bild 3.9 Bewehrungsverhältnis eff ρ für einen Rechenwert der Rissbreite w_k = 0,3 mm

Durch die Vereinfachungen ist der Rechenwert der Rissbreite proportional zur Zwangdehnung. Die Rechenwerte der Rissbreiten werden dadurch geringfügig größer als nach der genaueren Formel der DIN 1045-1.

Die Diagramme Bild 3.8 bis Bild 3.11 wurden mit den vereinfachten Gleichungen zur Ermittlung der Rechenwerte der Rissbreite berechnet. Sie haben den Vorteil der Anschaulichkeit und sind genügend genau für die Berechnung der Rissbreiten, der Mindestbewehrung und der Dehnungsgrenzen zwischen den Phasen der Einzelrissbildung und der abgeschlossenen Rissbildung.

Die Funktionen bestehen jeweils aus zwei Geraden, die sich in einem Punkt schneiden. Die horizontale Gerade gilt für die Einzelrissbildung. Die Zwangdehnung am Schnittpunkt der Geraden zeigt die Grenze zwischen Einzel- und abgeschlossener Rissbildung. Die Kurven sind bis auf die Form der Darstellung identisch mit den Kurven in Bild 3.5 bis Bild 3.7 für die Phase der Einzelrissbildung.

Die geneigten Geraden gelten für die abgeschlossene Rissbildung. In dieser Phase ist die Rissbreite der Bauteildehnung wegen der getroffenen vereinfachenden Annahmen proportional. Entsprechend steigt bei gleichem Stabdurchmesser die erforderliche Bewehrung, um eine bestimmte Rissbreite einzuhalten.

In der DIN 1045-1 sind nur die Rechenwerte der Rissbreite w_k = 0,2 mm, 0,3 mm und 0,4 mm enthalten. Für wasserundurchlässige Bauwerke aus Beton (WU-Bauwerke) gibt es nach der WU-Richtlinie des Deutschen Ausschusses für Stahlbeton [3.4] einen weiteren zulässigen Rechenwert der Rissbreite w_k = 0,1 mm. Auch dafür sollen die Diagramme aus Bild 3.11 angegeben werden.

Anschaulich ist in den Diagrammen zu sehen, dass mit wachsender Betonzugfestigkeit die erforderliche Bewehrungsfläche für einen vorgegebenen Rechenwert der Rissbreite wächst. Gleichzeitig verschiebt sich die Grenze zwischen Einzelrissbildung (horizontaler Zweig) und abgeschlossener Rissbildung (geneigte Geraden) vom Nullpunkt weg. Das bedeutet, dass die Phase der abgeschlossenen Rissbildung erst bei größerer

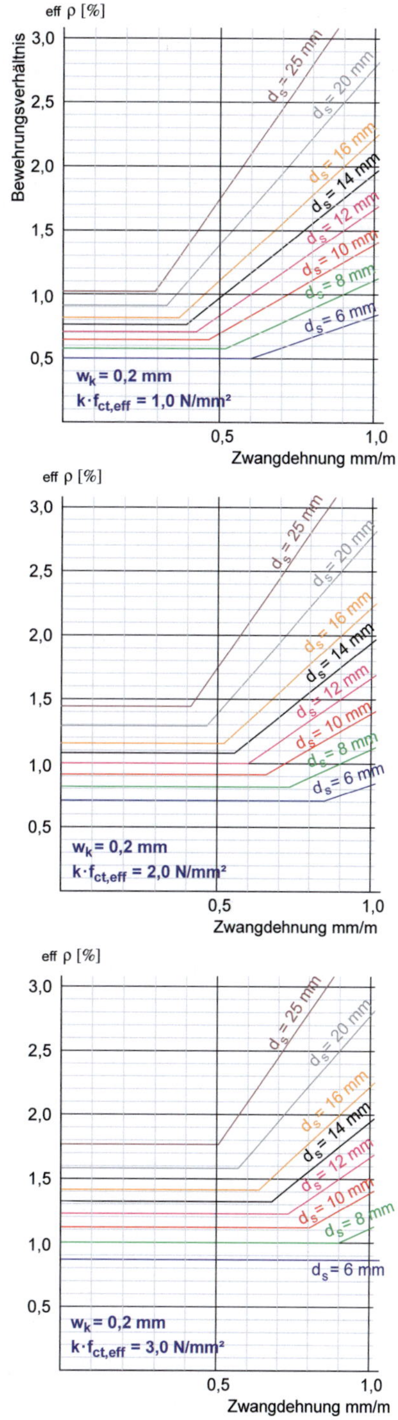

Bild 3.10 Bewehrungsverhältnis eff ρ für einen Rechenwert der Rissbreite w_k = 0,2 mm

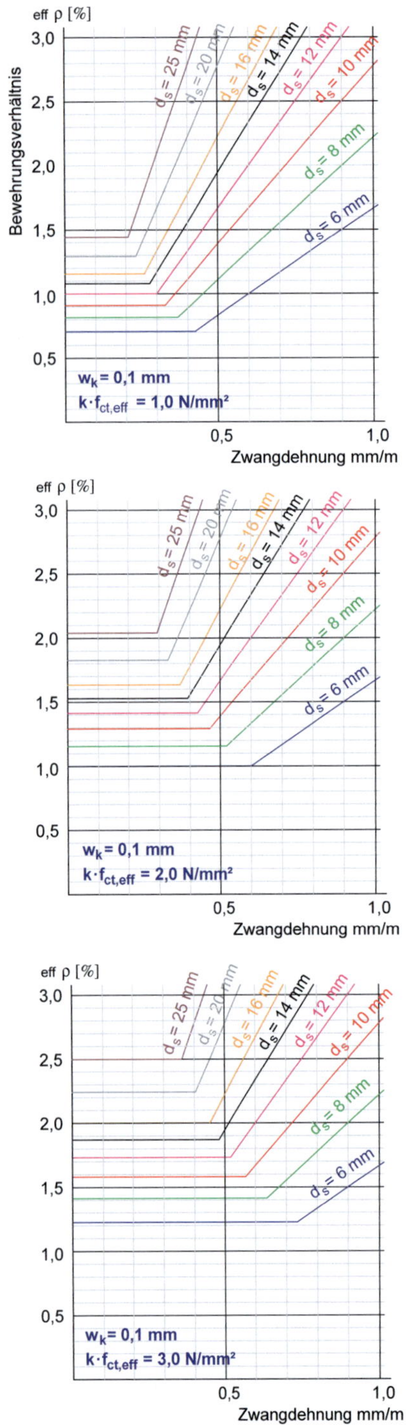

Bild 3.11 Bewehrungsverhältnis eff ρ für einen Rechenwert der Rissbreite w_k = 0,1 mm

Dehnung erreicht wird. Die Bewehrungsfläche ist direkt abhängig vom Bewehrungsdurchmesser. Je größer der Bewehrungsdurchmesser ist, umso mehr Bewehrung ist unter sonst gleichen Bedingungen für eine bestimmte Rissbreite notwendig. Die Diagramme gelten für jeweils eine Betonzugfestigkeit. Hinzuweisen ist auf die mit der Betonzugfestigkeit wachsende Mindestbewehrung, ausgedrückt durch den wirksamen Bewehrungsgrad eff $\rho = A_s/F_{ct,eff}$.

Die Grenzen zwischen den beiden Phasen der Rissbildung (Einzel- und abgeschlossene Rissbildung) sind aus den Diagrammen einfach abzuleiten, indem die Knickpunkte der einzelnen Kurven verbunden werden. Im Ergebnis sind 4 Diagramme entstanden (Bild 3.12). Sie zeigen, dass es eine feste Grenze zwischen den beiden Phasen der Rissbildung gibt. In den Diagrammen kann man eine eingetragene Zwangdehnung als jeweiligen Grenzwert ablesen. Er hängt von den angegebenen Parametern ab:

- **Rechenwert der Rissbreite w_k**
  Je kleiner der Rechenwert der Rissbreite ist, umso geringer ist die Zwangdehnung, die dem Grenzwert entspricht.
- **Betonzugfestigkeit $k \cdot f_{ct,\,eff}$**
  Je kleiner die wirksame Betonzugfestigkeit ist, umso kleiner sind die Risslast und der Grenzwert zwischen beiden Phasen der Rissbildung.
- **Stabdurchmesser der Bewehrung d_s**
  Je kleiner der Stabdurchmesser ist, umso größer wird der Grenzwert.
- **Bewehrungsverhältnis eff ρ**
  Je größer das Bewehrungsverhältnis eff ρ ist, umso kleiner wird der Grenzwert für die Zwangdehnung.

Bei kleinen Rechenwerten der Rissbreite von w_k = 0,1 mm und w_k = 0,2 sowie Betonzugfestigkeiten von 1,0 bis 3,0 N/mm² und für einen Stabdurchmesser von d_s = 10 mm betragen die Grenzwerte

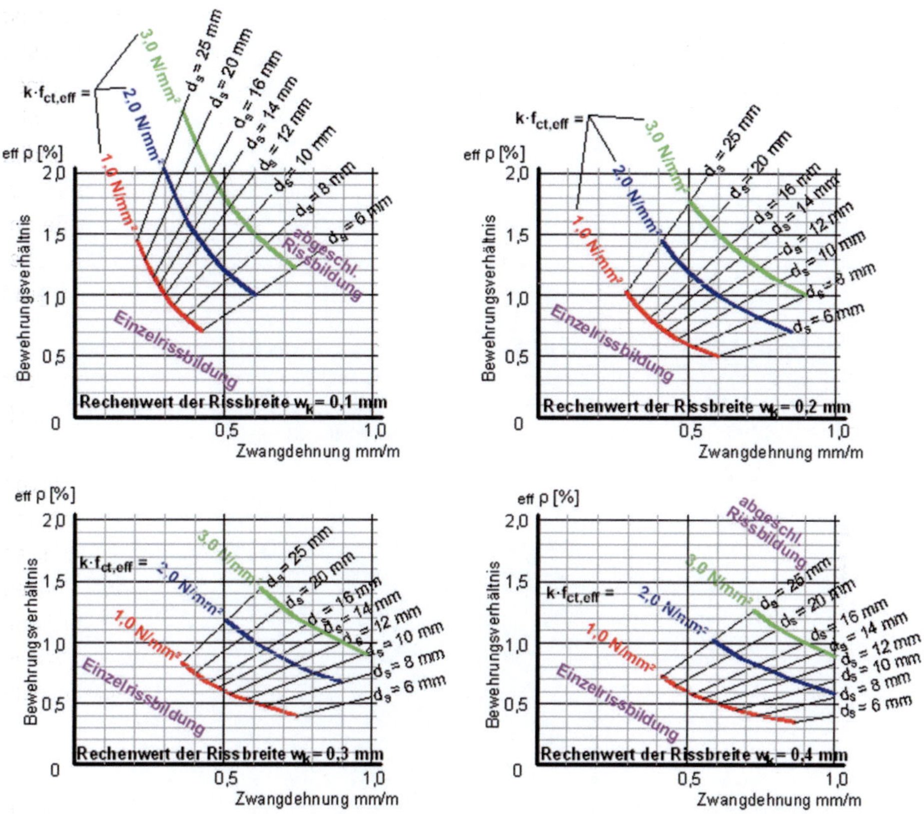

Bild 3.12 Grenzen zwischen den Phasen der Einzel- und der abgeschlossenen Rissbildung

$\varepsilon_{Zw,\,Grenz}$ = 0,3 bis 0,7 mm. Das sind Zwangdehnungen, die aus der Wirkung von Schwinden und Abkühlung auch real erreicht werden können. Wird der Grenzwert überschritten, dann ist nicht die Risslast, sondern die reale Zwangdehnung für die Ermittlung der Mindestbewehrung maßgebend. Das bedeutet, dass in solchen Fällen die für die Risslast berechnete Mindestbewehrung zu klein ist.

Für bestimmte Aufgaben kann eine andere Darstellung der Mindestbewehrung sinnvoll sein. Immer dann, wenn nicht die Risslast, sondern die berechnete Zwangschnittgröße für die Bemessung maßgebend ist, benötigt man die Mindestbewehrung für eine Betonzugfestigkeit, die kleiner als die mittlere Festigkeit nach der Norm ist. Gleichung (3.7) wird für diesen Zweck benutzt:

$$\text{eff}\,\rho = \sqrt{\frac{d_s \cdot k \cdot f_{ct,eff}}{6 \cdot w_k \cdot E_s}}\,.$$

Man erhält für die drei Stabdurchmesser von 8 mm, 10 mm und 12 mm die folgenden Diagramme:

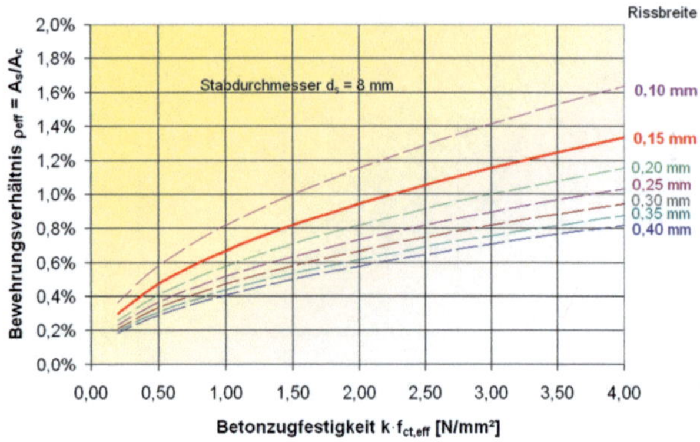

Bild 3.13 Mindestbewehrung in Abhängigkeit von der Betonzugfestigkeit für Stabdurchmesser d_s = 8 mm

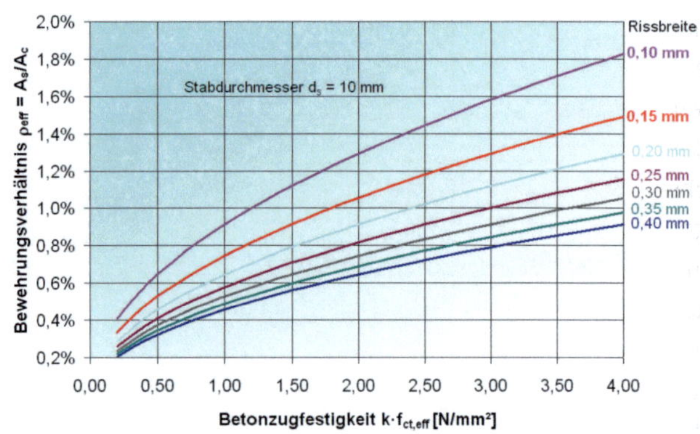

Bild 3.14 Mindestbewehrung in Abhängigkeit von der Betonzugfestigkeit für Stabdurchmesser d_s = 10 mm

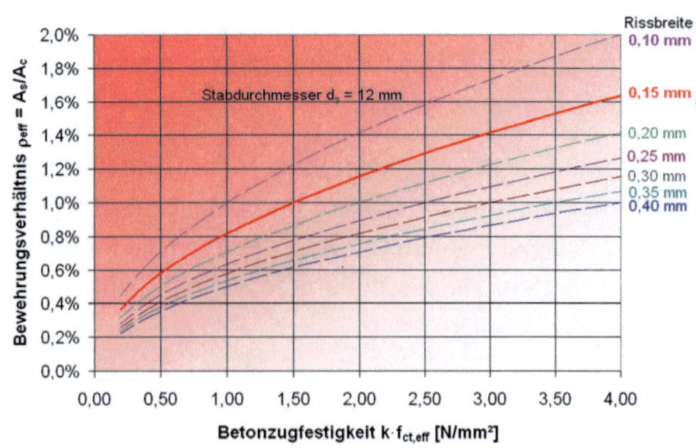

Bild 3.15 Mindestbewehrung in Abhängigkeit von der Betonzugfestigkeit für Stabdurchmesser d_s = 12 mm

4 Hilfsmittel zur Bestimmung der Rissbreite und der Mindestbewehrung in Elementdecken und -wänden rechtwinklig zu den Elementfugen

4.1 Besonderheiten der Elementdecken und -wände

Elementdecken und -wände haben im modernen Hochbau eine große Verbreitung erlangt. Das liegt an ihrer wirtschaftlichen Fertigung nahezu ohne Schalung und den Möglichkeiten, Bauzeit zu sparen. Sie unterliegen den gleichen Beanspruchungen wie monolithische Konstruktionen mit gleichen Abmessungen. Im fertigen Zustand unterscheiden sie sich von den monolithischen Bauteilen durch das Vorhandensein der Elementfugen, die i. d. R. 50 bis 60 mm tief sind und den Gesamtquerschnitt schwächen.

Wirken rechtwinklig zu diesen Fugen Zugkräfte, i. d. R. aus einer Zwangbeanspruchung, dann entstehen in den Schwachstellen Risse. Aus Bild 4.2 liest man, dass die Querschnittsschwächung bei üblichen Abmessungen für Decken 20 bis 35 % und für Wände 20 bis 55 % betragen kann. Das ist die Größenordnung, die für Scheinfugen in Betonfußböden gewählt wird, um den unvermeidlichen Riss in eine vorgegebene Linie zu zwingen. Auch bei Elementdecken und -wänden wirken derartige Kerben wie die Sollbruchstellen in einem Betonfußboden.

Bild 4.1 Elementwand nach der Montage; die Montagefugen sind durch Pfeile gekennzeichnet

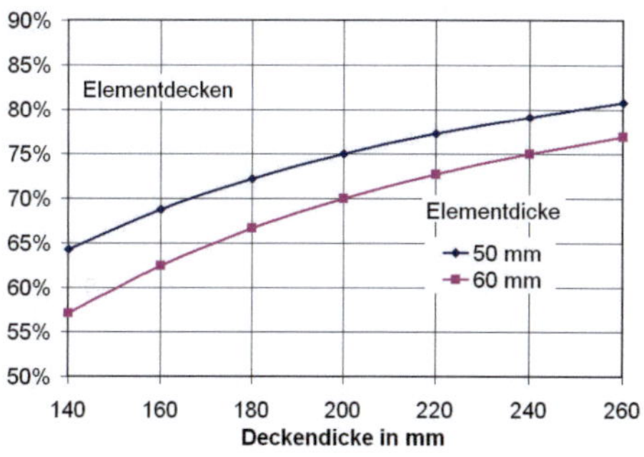

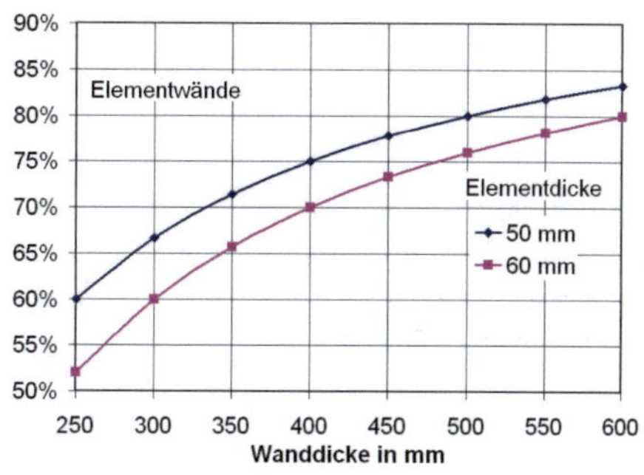

Bild 4.2 Verhältnis der zentrischen Risslast in der Kerbe zur Risslast des vollen Querschnitts für Elementdecken und -wände

Die Kerbstellen werden sowohl bei Decken als auch bei Wänden durch eine im Kernbeton verlegte Bewehrung überbrückt, die im Falle der Rissbildung die Rissbreite steuern muss (Bild 4.19). Diese Bewehrung darf nicht kleiner sein als die Mindestbewehrung für den ungeschwächten Querschnitt.

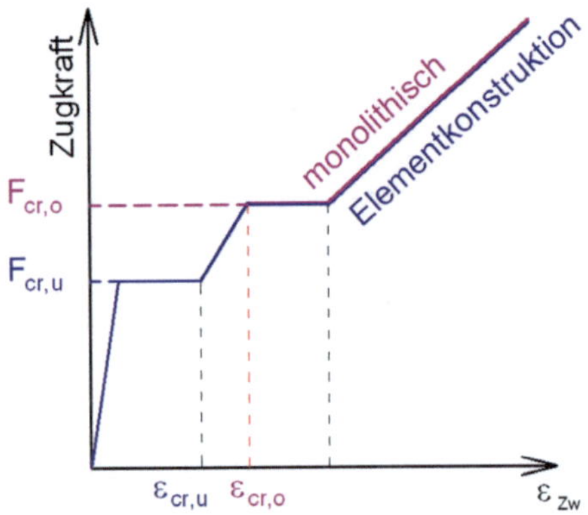

Bild 4.3 Vergleich der Arbeitslinien für monolithische Bauteile und Elementkonstruktionen bei Erstbelastung (Mindestbewehrung des Vollquerschnitts liegt auch im Kernbeton)

Die kleinere Querschnittsfläche des Kernbetons hat eine geringere Risslast gegenüber Zugbeanspruchung als die für den ungeschwächten Querschnitt. Sie soll als untere Risslast $F_{cr,u}$ bezeichnet werden. Bei ausreichender Zwangdehnung gibt es eine zweite Risslast für den Vollquerschnitt, die obere Risslast $F_{cr,o}$ (Bild 4.3). Bei Dehnungen unmittelbar nach Erreichen der beiden Risslasten verhält sich der Zugstab (Decke oder Wand unter Zugbeanspruchung) nach den Gesetzmäßigkeiten der Einzelrissbildung bis zum Übergang in die Phase der abgeschlossenen Rissbildung, die es hier zweimal gibt.

In Bild 4.3 sieht man den Vergleich der Arbeitslinien für das ungekerbte (monolithische) und das gekerbte Bauteil (Elementkonstruktion) unter der Voraussetzung, dass die Mindestbewehrung für den Vollquerschnitt auch im geschwächten Querschnitt eingelegt ist.

Die schräg ansteigende Gerade der Arbeitslinie gilt nur für den ungerissenen Zustand. Während für die beiden horizontalen Teile der Kurven die Gesetzmäßigkeiten der Einzelrissbildung unter Berücksichtigung der unterschiedlichen Querschnittsdicken gelten, sind die beiden oberen schrägen Abschnitte der Arbeitslinie nach den Gesetzmäßigkeiten der abgeschlossenen Rissbildung zu berechnen. Nach Erreichen der unteren Risslast gibt es sehr schnell eine abgeschlossene Rissbildung für den Kernbeton, wenn er in jeder Montagefuge gerissen ist. Die anschließende schräge Linie hat die Besonderheit, dass an der Bauteildehnung außer dem Rissbereich auch der ungerissene Beton zwischen den Kerben an der Dehnung beteiligt ist. Deshalb muss die Rissbreitenberechnung in diesem Bereich etwas modifiziert werden. In Bild 4.4 ist das im Schema dargestellt.

In der Phase zwischen der oberen und der unteren Risslast (vgl. Bild 4.3) verändert sich die Stahlspannung im Riss (in der Kerbe) mit der Zwangdehnung. Mit wachsender Zwangdehnung öffnet sich auch der vorhandene Riss etwa proportional zur Dehnung. Die Stahlspannung im Riss hängt nicht mehr von der Risslast des Kernbetons, sondern von der Zwangdehnung ab. Je nach der Menge der die Fuge kreuzenden Bewehrung stellt sich ein kleinerer oder größerer Wert für die Stahlspannung ein. Bei größerem Bewehrungsverhältnis sind Spannung und Dehnung kleiner, bei kleinem Bewehrungsverhältnis ist das umgekehrt. Die Betondehnung im ungerissenen Beton zwischen den Kerben stellt sich entspre-

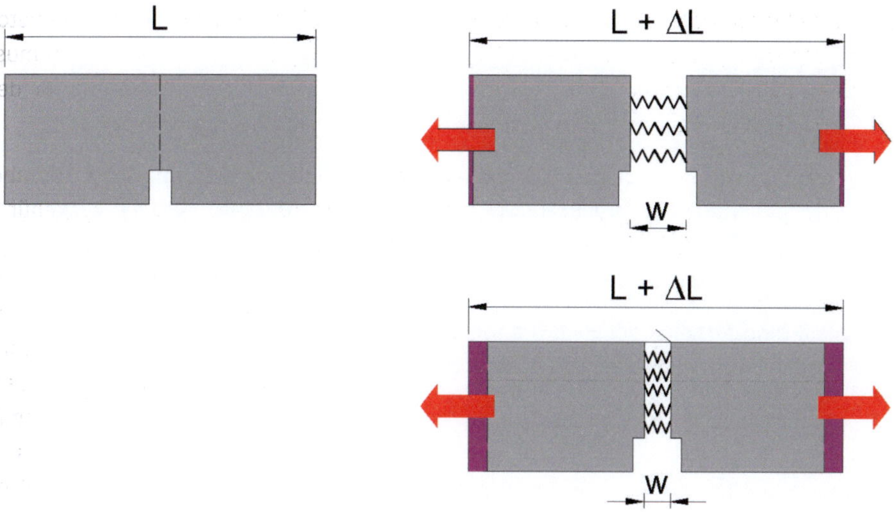

Bild 4.4 Modellvorstellung zur Berechnung der Bauteildehnung als Summe der Dehnungen von Bewehrung und Beton; die Bewehrungsstäbe sind als Federelemente dargestellt

chend der Zugkraft ein. Bei geringer Bewehrungsfläche ist sie klein, weil die Bewehrung dehnbarer ist und umgekehrt.

In Anlehnung an die Ansätze zur Rissbreitenberechnung in DIN 1045-1 [2.3] kann man durch eine Modifizierung der Formeln eine Mindestbewehrung für den Stoßbereich von Elementwänden und -decken für einen bestimmten Rechenwert der Rissbreite bzw. eine bestimmte Zwangdehnung ermitteln. Es genügt nicht, z. B. bei zentrischem Zugzwang, die Querbewehrung für die monolithische Decke unverändert auf die Elementdecke zu übertragen. Das ergibt bei Zwangzugkräften aus behinderter Schwind- und Temperaturverkürzung meist eine zu kleine Mindestbewehrung bzw. zu große Rechenwerte der Rissbreite (vgl. Bild 4.3 und die zugehörigen Erläuterungen).

4.2 Risslast und Bauteildehnung rechtwinklig zu den Elementfugen

Die Risslast eines gekerbten Bauteils ist parallel zu den Kerben genauso groß wie bei einem monolithischen Bauteil mit gleicher Geometrie. Rechtwinklig zu den Elementfugen (Kerben) ist sie wegen der Querschnittsschwächung kleiner als bei einer Wand mit Vollquerschnitt.

Bild 4.2 zeigt die Querschnittsschwächung in der Elementfuge von Bauteilen mit Decken- oder Wandelementen. Sie kann bei dünnen Bauteilen bis etwa 50 % betragen. Mit einer solchen Querschnittsschwächung ist der Kernbeton in den Elementfugen die vorbestimmte Stelle für die Zwangrissbildung. Die Risslast verhält sich im Vergleich zu einem Bauteil mit durchgehendem Querschnitt wie der geschwächte zum ungeschwächten Querschnitt.

Die Risslast für den Vollquerschnitt bei zentrischem Zug beträgt bei einer Wand oder Decke

$$F_{cr} = k \cdot f_{ct,eff} \cdot h \cdot b \tag{4.1}$$

mit F_{cr} Risslast des vollen Querschnitts für zentrischen Zug
$k \cdot f_{ct,eff}$ wirksame Zugfestigkeit des Betons, ggf. mit Abminderung $k < 1$ nach DIN 1045-1 bei früher Rissbildung in der Phase der Festigkeitsentwicklung
h Querschnittsdicke
b Querschnittsbreite, bei Platten und Wänden 1 m.

Die Risslast reduziert sich bei gekerbten Bauteilen mit Zwangzugspannungen rechtwinklig zu den Kerben (Fugen zwischen den Elementen):

$$F_{cr,kerb} = k \cdot f_{ct,eff} \cdot b \cdot h_k \tag{4.2}$$

$$F_{cr,kerb} = F_{cr} \cdot \frac{h_k}{h} \tag{4.3}$$

mit $F_{cr,kerb}$ Risslast des gekerbten Querschnitts für zentrischen Zug
$k \cdot f_{ct,eff}$ wirksame Zugfestigkeit des Kernbetons
h_k Dicke des Kernquerschnitts (Monolithbeton) nach Bild 4.19
h Querschnittsdicke des gesamten Bauteils.

Gleichung (4.3) zeigt, dass die Risslast des gekerbten Querschnitts proportional zur Querschnittsschwächung kleiner wird. In Bild 4.2 ist das Verhältnis der Risslasten für verschiedene Wand- und Deckendicken sowie Elementdicken von 50 mm und 60 mm angegeben. Bei den im Hochbau häufigen Wanddicken von 300 mm verringert sich die Risslast durch die Querschnittsschwächung auf 60 bis 67 % des ungeschwächten Querschnitts. Für dünnere Wände ist der Unterschied größer. Bei Elementdecken ist die Verringerung der Risslast etwas kleiner. Trotzdem ist sie groß genug, um den Riss an dieser Stelle und nicht im Vollquerschnitt zwischen den Elementfugen entstehen zu lassen.

Analog zu Bild 2.9 ist in Bild 4.5 (rechts) ein vergleichbares Schema für gekerbte Bauteile bei zentrischem Zug gezeichnet. Links ist zum direkten Vergleich das Schema aus Kapitel 2 mit aufgenommen worden. Beide Bilder haben drei wesentliche Unterscheidungsmerkmale:

- Die Risslast ist für den Kernbeton in der Kerbe kleiner als für den Vollquerschnitt.
- Die Phase der Einzelrissbildung ist im Kernbeton wegen der vorgegebenen Rissanzahl (Anzahl der Kerben) kürzer als im vergleichbaren Vollquerschnitt.
- Die Rissabstände sind wesentlich größer.

Im Zwangdehnungsbereich für den Kernbeton, der zwischen den beiden Endpunkten der Einzelrissbildung liegt ($\varepsilon_{cr,u}$ und $\varepsilon_{cr,o}$ nach Bild 4.3), wachsen im gekerbten Bauteil die Stahlspannungen im Riss nach Bildung der Risse in allen Montagefugen etwa proportional zur Dehnung. Dadurch öffnen sich die Risse mit der Zwangdehnung bei wachsender Zwangzugkraft. Im ungeschwächten Querschnitt bliebe die Stahlspannung bei wachsender Zwangdehnung (theoretisch) unverändert.

Mit dem Erreichen der oberen Risslast (für den Vollquerschnitt) beginnt eine zweite Phase der Einzelrissbildung, bei der Risse an jeder beliebigen Stelle des ungeschwächten Bauteils entstehen können. Dabei bleibt die Stahlspannung in den Rissen auf dem Niveau der oberen Risslast.

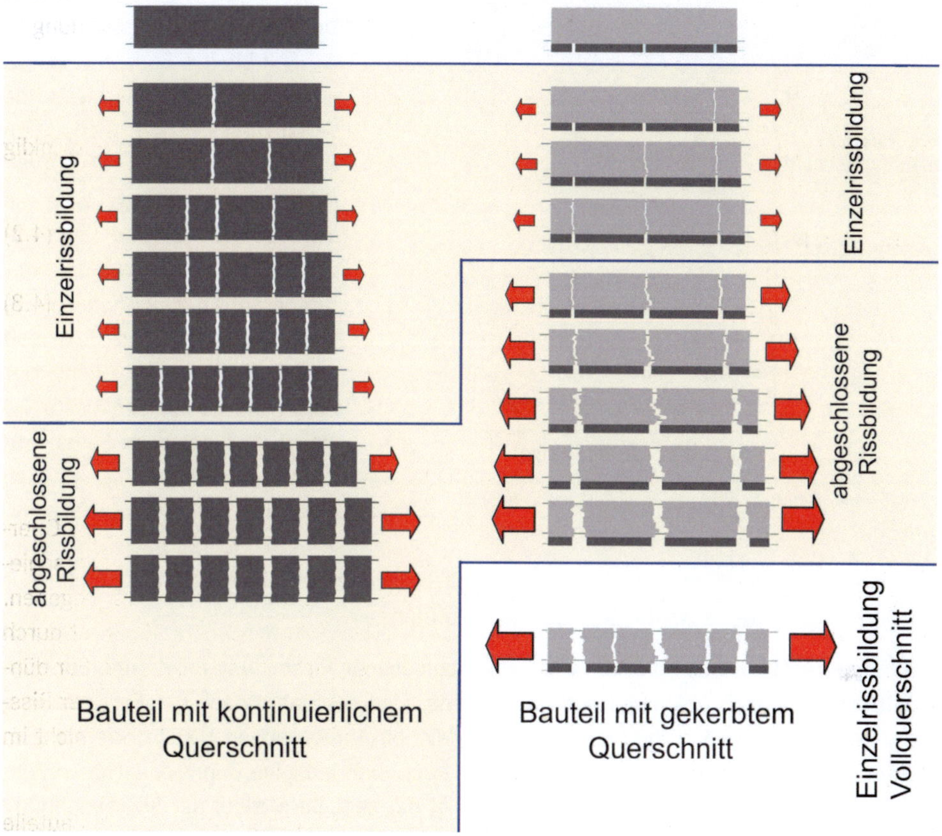

Bild 4.5 Rissentstehung und Bauteildehnung bei ungekerbten (links) und gekerbten Bauteilen (rechts)

Die Rissbreiten in gekerbten Bauteilen wachsen i. d. R. noch längere Zeit nach ihrer Entstehung. Erst wenn die Zwangdehnung eine Größe erreicht, bei der die Risslast des Vollquerschnitts überschritten wird (obere Risslast), endet das Wachstum der Rissbreite in den Kerben. Die Größe des Rissbreitenzuwachses hängt von der Größe der Querschnittsschwächung ab. Je kleiner der Kernquerschnitt im Vergleich zum Vollquerschnitt ist, umso größer ist der potenzielle Rissbreitenzuwachs.

Für beide Fälle gilt, dass die Arbeitslinie bei der Erstbelastung (Dehnung) anders verläuft als bei einer wiederholten Zwangdehnung. Vom einmal erreichten Dehnungs- und Lastniveau aus verläuft sie geradlinig bis zum Ursprung. Wenn sich bleibende Verformungen eingestellt haben (z. B. eine bleibende Schwindverkürzung), dann wird die Entlastungsgerade nicht zum Ursprung zurück verlaufen, sondern zu einem um die bleibende Verkürzung versetzten Ursprung (Bild 4.6).

Im Bild 4.6 besteht die Zwangdehnung aus einem Temperatur- und einem Schwindanteil. Während der Temperaturanteil bei Erwärmung völlig zurückgeht, bleibt der Schwindanteil bei Rückgang der Zwangdehnung erhalten. Das heißt, dass sich Risse i.d.R. nie wieder ganz schließen, weil die Schwinddehnung im Unterschied zur Temperaturdehnung nicht umkehrbar ist.

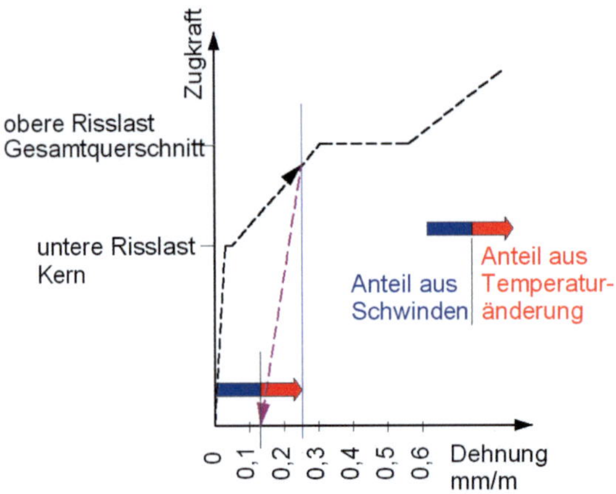

Bild 4.6 Idealisierte Arbeitslinie für einen gekerbten Zugstab

Der Schwindanteil wächst mit der Zeit bis das Endschwindmaß erreicht ist. Da er als bleibende Verkürzung ständig vorhanden ist, schließen sich die Risse nach einer gewissen Zeit nie mehr völlig. Während nach abgeschlossenem Schwinden der Temperaturanteil der Rissbreite je nach Jahres- und Tageszeit unterschiedlich ist, bleibt der Schwindanteil an der Rissbreite gleich. Das hat beim Füllen von Rissen eine Bedeutung, weil man möglichst den offenen Riss füllen soll. Gelingt das nicht, dann wird nur ein Teil des Risses, der gerade geöffnet ist, gefüllt. Der übrige Teil wird sich bei der nächsten Kälteperiode wahrscheinlich wieder öffnen.

Bemerkenswert ist, dass die Risse bei abgeschlossener Rissbildung im Kernbeton ihren Größtwert erst nach Abklingen des Schwindens, also erst Jahre nach der Fertigstellung erreichen. Bei monolithischen Bauteilen mit gleichen Abmessungen erhält der erste Riss seinen Größtwert bereits beim Entstehen. Er kann sich lediglich durch dauernd wirkende Lasten noch etwas vergrößern. In Bild 4.7 ist der zeitliche Verlauf der Bauteildehnung im Zusammenhang mit der Veränderung der Rissbreite **eines** Risses in der Bauteilkerbe dargestellt. Das Diagramm entspricht dem Diagramm Bild 2.13 für den ungekerbten Querschnitt.

4.3 Rissuferbewegung in den gekerbten Querschnitten

Die Rissuferverschiebung eines Risses ist im Bild 4.7 im unteren Diagramm dargestellt. Auch hier gilt die relative Aussage zur Rissbreite als Prozentzahl nur für einen beliebigen Riss des Rissbildes. Die Größenangabe 100 % ist die größte Rissbreite im Zustand der Einzelrissbildung, d.h. wenn der Kernbeton noch nicht in allen Fugen gerissen ist. Nach einer kurzen Phase der Einzelrissbildung mit dem Rissabstand »Elementbreite« ist das abgeschlossene Rissbild erreicht. Jede weitere Dehnung bedeutet eine Vergrößerung aller Rissbreiten proportional zur Dehnung.

Auch hier wird die größte Rissbreite nur in einem kurzen Zeitraum im Winter erreicht. In der übrigen Zeit des Jahres ist die Rissbreite kleiner. Die Rissbreiten werden allerdings in jedem Winter größer, solange das Endschwindmaß und die obere Risslast (für den Vollquerschnitt) noch nicht erreicht ist. Ein Vergleich der Rissbildung in den beiden Bauweisen »monolithisch« bzw. mit »zu ergänzenden Fertigteilschalen« ist in Tabelle 4.1 angegeben. Die Aussagen zur Elementbauweise beziehen sich auf die Zwangbeanspruchung in Querrichtung, in der die Elementfugen als Querschnittsschwächung wirken. In der Längsrichtung der Elemente, die bei einachsig gespannten Decken die Haupttragrichtung ist, verhalten sich Elementwände und -decken ähnlich wie monolithische Bauteile.

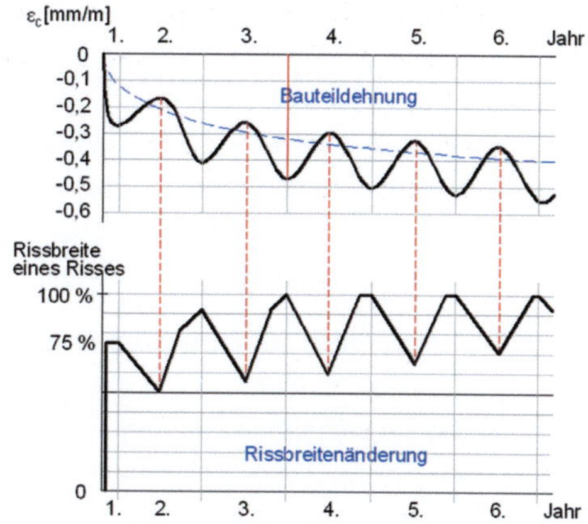

Bild 4.7 Rissbreite an einem Riss und Bauteildehnung in den ersten 6 Jahren – Elementkonstruktion, Riss in der Montagefuge

Aus der Betrachtung ist erkennbar, dass man die zu erwartende größte Rissbreite nach Abklingen der Schwindverkürzung aus Messwerten zu einem beliebigen Zeitpunkt mit genügender Genauigkeit ableiten kann. Dazu benötigt man die aktuelle Bauteildehnung (Temperatur, Schwinden) und die zu erwartende größte Dehnung nach Abklingen des Schwindens. Das wird i. d. R. ein Zeitpunkt im Winter sein.

Tabelle 4.1 Vergleich der Rissuferverschiebungen für Wände und Decken in monolithischer oder in Elementbauweise (Effekte durch dauernd wirkende Zwangzugkräfte werden vernachlässigt)

einzelner Riss	monolithische Bauweise	Elementbauweise quer zu den Elementfugen
Größtwert der Rissbreite	entsteht bei jeder neuen Rissbildung und später bei der tiefsten Bauteiltemperatur, er hat immer die gleiche Größe	Wird erst nach Beendigung des Schwindens bzw. bei Erreichen der oberen Risslast bei der tiefsten Bauteiltemperatur erreicht, er ist größer als bei der Rissentstehung
Kleinstwert der Rissbreite	entsteht in jedem Sommer, von Jahr zu Jahr mit dem Schwinden anwachsend	entsteht in jedem Sommer, von Jahr zu Jahr mit dem Schwinden anwachsend
neue Risse	entstehen immer nur bei einem neuen Minimalwert der Temperatur- und Schwinddehnung	entstehen nach Erreichen der oberen Risslast an beliebiger Stelle

4.4 Berechnung der Rissbreiten und der Mindestbewehrung über die Montagefuge hinweg

Die für die Rissbildung kritischen Bereiche - der Kernbeton im Bereich der Elementfugen - müssen eine geeignete Mindestbewehrung als Stoßbewehrung erhalten. Diese ist für die Rissbreitenbegrenzung in den Elementfugen notwendig und muss aus der Zwangdehnung, z. B. infolge behinderter Schwindverkürzung der Decke, bestimmt werden.

Im Unterschied zum ungekerbten Bauteil hängt die Rissbreite in der Kerbe von der Größe der Zwangdehnung ab. Will man die Rissbreite berechnen, muss man vorher die ungünstigste Zwangdehnung bestimmen. Solange die Zwangzugkraft kleiner als die Risslast des Vollquerschnitts ist, gelten andere mathematische Beziehungen als für den ungekerbten Querschnitt. Sie sollen hergeleitet und in Form von Diagrammen aufbereitet werden [3.5].

Mit den Formeln kann man die Mindestbewehrung bestimmen oder bei vorgegebener Bewehrung den Rechenwert der Rissbreite berechnen (z. B. bei Abweichungen der Zugfestigkeit gegenüber dem für die Bemessung angesetzten Wert). Wenn die Zwangbewehrung für den Vollquerschnitt richtig bemessen worden ist, kann der Rechenwert der Rissbreite nicht größer werden als beim Vollquerschnitt.

Beim unveränderlichen Querschnitt wird der Rechenwert der Rissbreite für den Zustand der abgeschlossenen Rissbildung abgeleitet. Das ist der Zustand, in dem die Bereiche mit Verbundstörung im Bauteil aneinander grenzen oder sich überschneiden. Bei gekerbten Bauteilen schließt an den Bereich mit Verbundstörung beiderseits der Querschnittsschwächung ein definierter Bereich mit ungestörtem Verbund an.

Bild 4.8 zeigt in Anlehnung an Bild 3.1 die Situation an der Stoßfuge der Elemente. Die Dehnung eines Wandabschnitts mit der Breite B eines Fertigteilelements wird durch zwei Anteile kompensiert:

- An den beiden Rändern links und rechts gibt es je eine Einleitungslänge l_{es}, in der zwischen Kernbeton und Stoßbewehrung ein Schlupf entsteht. Die Dehnungsdifferenz in diesen beiden Zonen entspricht der Rissbreite.
- Zwischen diesen beiden Zonen gibt es eine Zone ohne Schlupf mit der Länge $B - 2l_{es}$, in der eine gewisse Betondehnung ohne Rissbildung möglich ist. Der Verbund zwischen Stahl und Beton ist in diesem Bereich ungestört.

Die Länge L ist sowohl bei der Wand als auch bei der Decke der Abstand der Elementfugen. Die Einleitungslänge l_{es} (an beiden Seiten des Risses) kann nicht nach der DIN 1045-1 berechnet werden. Die dort angegebene Gleichung (137) gilt für ungekerbte Bauteile, bei denen der Größtwert der Einleitungslänge durch die Risslast begrenzt wird. Im vorliegenden Fall gibt es zwei Risslasten, eine für den Kernbeton und die zweite für den gesamten Querschnitt. Im Dehnungsbereich zwischen den beiden Risslasten, der praktisch allein von Interesse ist, ändert sich die Einleitungslänge in Abhängigkeit von der Stahldehnung. Sie wird aus der Gleichgewichtsbedingung abgeleitet, nach der die Stahlzugkraft in der Bewehrung gleich der Verbundkraft (Resultierende der Verbundspannungen im Einleitungs-

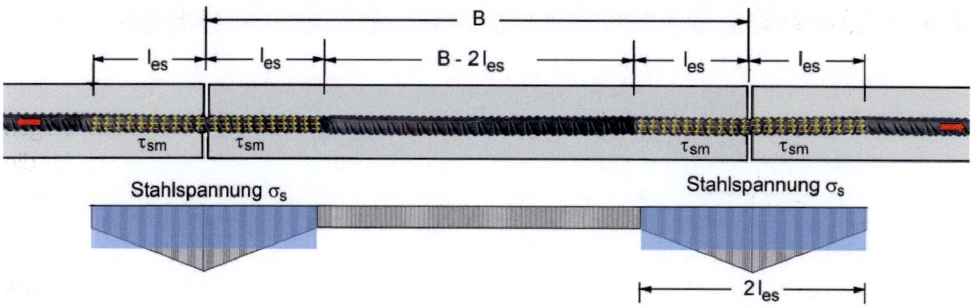

Bild 4.8 Horizontalschnitt durch eine Elementwand mit Zonen der Verbundstörung an den Elementfugen und des ungestörten Verbunds innerhalb des Elements (schematisch)

bereich) ist. Die Verbundspannung wird durch ihren Mittelwert τ_{sm} über die Einleitungslänge dargestellt.

$$\sigma_s \cdot A_s = \tau_{sm} \cdot u \cdot l_{es} \tag{4.4}$$

$$l_{es} = \frac{\sigma_s \cdot A_s}{\tau_{sm} \cdot u} = \frac{\sigma_s \cdot \pi \cdot d_s^2}{4 \cdot \tau_{sm} \cdot \pi \cdot d_s}$$

$$l_{es} = \frac{\sigma_s \cdot d_s}{4 \cdot \tau_{sm}} \tag{4.5}$$

mit
- σ_s Stahlspannung im Riss
- A_s Querschnittsfläche der Bewehrung über die Fuge hinweg
- τ_{sm} mittlere Verbundspannung zwischen Bewehrung und Kernbeton
- u Umfang der Bewehrungsstäbe
- l_{es} Einleitungslänge
- d_s Stabdurchmesser der Bewehrung.

Die mittlere Verbundspannung ist nach DIN 1045-1 der Betonzugfestigkeit proportional. Sie wird gemäß [1.2] als 1,8-facher Wert der mittleren Betonzugfestigkeit angesetzt. In Tabelle 4.2 sind die mittlere Zugfestigkeit f_{ctm} und die mittlere Verbundfestigkeit nach der DIN 1045-1 angegeben.

Tabelle 4.2 Betonzugfestigkeit und mittlere Verbundfestigkeit

Festigkeitsklasse	C20/25	C25/30	C30/37	C35/45	C40/50
Mittlere Zugfestigkeit f_{ctm} in N/mm²	2,2	2,6	2,9	3,2	3,5
Mittlere Verbundfestigkeit in N/mm²	4,0	4,7	5,2	5,8	6,3

Die Einleitungslänge l_{es} kann erst berechnet werden, wenn die Stahlspannung in der Bewehrung bekannt ist. Sie hängt von der Gesamtsteifigkeit des Bauteils einschließlich der Verbundstörung ab. Dazu wird die Modellvorstellung nach Bild 4.8 benutzt. Die Zwangdehnung für die Elementlänge wird aus den beiden Anteilen für den Beton (Gesamtquerschnitt) und die mittlere Stahldehnung im Einleitungsbereich gebildet.

Die Längenänderung eines Wandabschnitts mit der Länge L (zwei halbe Elementlängen und eine Elementfuge, Bild 4.8) beträgt unter einer Zwangdehnung ε_{Zw}

$$\Delta L = \varepsilon_{Zw} \cdot L$$

mit
- ΔL Längenänderung des Wandabschnitts mit der Länge L
- ε_{Zw} Zwangdehnung als äußere Einwirkung
- L Dehnungslänge von Elementmitte zu Elementmitte, i. d. R. die Elementlänge bei Wänden oder die Elementbreite bei Decken

Die Längenänderung ΔL besteht aus den beiden Anteilen des Betons (gesamter Querschnitt) sowie des Bewehrungsstahls quer zur Elementfuge (Bild 4.8). Mit l_{es} wird die Einleitungslänge bezeichnet, die für die Einleitung der Stahlzugkraft im Riss in den benachbarten Beton erforderlich ist. In diesem Bereich wird hier abweichend von der DIN 1045-1 eine dreieckförmige Spannungsverteilung angenommen (Bild 4.8).

$$\Delta L = \Delta L_c + \Delta L_s \tag{4.6}$$

$$\varepsilon_{Zw} \cdot L = \varepsilon_{c,G} \cdot (L - 2 \cdot l_{es}/2) + \varepsilon_{sm} \cdot 2 \cdot l_{es}$$

mit
- $\varepsilon_{c,G}$ Dehnungsanteil des gesamten Betonquerschnitts
- ε_{sm} mittlere Stahldehnung der Bewehrung im Einleitungsbereich
- l_{es} Einleitungslänge der Stahlzugkraft im Riss in den Beton beiderseits des Risses.

Als wirksame Betonlänge wird näherungsweise die Elementlänge L vermindert um zweimal die halbe Einleitungslänge benutzt (Bild 4.9). Damit wird für die Betonzugspannungen ebenfalls eine dreieckförmige Verteilung im Einleitungsbereich angesetzt (Völligkeitsbeiwert 0,5).

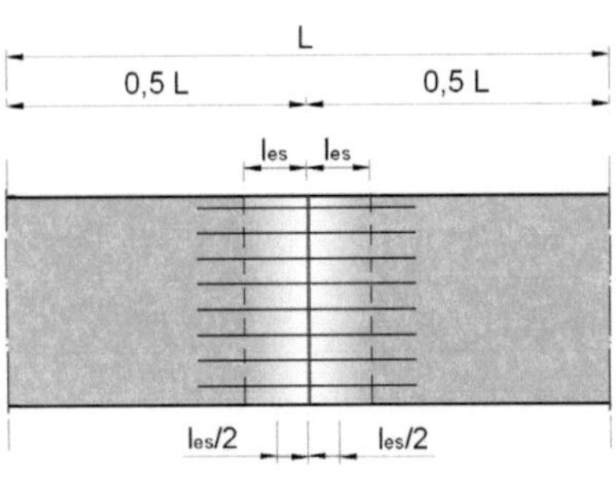

Bild 4.9 Element im Stoßbereich; für die Berücksichtigung der dreieckförmig verteilten Betondehnung wird auf beiden Seiten der Fuge die halbe Einleitungslänge abgezogen

Gleichung (4.6) kann man nach ε_{sm} bzw. $\varepsilon_{c,G}$ auflösen. Wenn diese beiden Anteile sowie die Einleitungslänge l_{es} bekannt sind, kann mit der mittleren Stahldehnung der Rechenwert der Rissbreite bestimmt werden.

$$\varepsilon_{Zw} = \varepsilon_{c,G} \frac{(L - l_{es})}{L} + \varepsilon_{sm} \cdot 2 \cdot \frac{l_{es}}{L}$$

$$\varepsilon_{sm} = \frac{L}{2 \cdot l_{es}} \cdot \left(\varepsilon_{Zw} - \varepsilon_{c,G} \cdot \frac{L - l_{es}}{L} \right) \text{ bzw.} \tag{4.7}$$

Als weitere Bedingung wird die Gleichgewichtsbedingung Stahlzugkraft im Riss = Betonzugkraft im ungerissenen Gesamtquerschnitt eingeführt.

$$A_s \cdot \sigma_s = A_{c,G} \cdot \sigma_{c,G}$$
$$A_s \cdot \varepsilon_s \cdot E_s = A_{c,G} \cdot \varepsilon_{c,G} \cdot E_c \quad (4.8)$$

mit A_s Bewehrungsfläche der die Elementfuge kreuzenden Bewehrung im Kernbeton

$A_{c,G}$ Querschnittsfläche der Wand (Gesamtquerschnitt)

σ_s Stahlspannung im Riss (Größtwert)

ε_s Stahldehnung im Riss (Größtwert)

E_s Elastizitätsmodul des Bewehrungsstahls

E_c Elastizitätsmodul des Betons, er wird für die Wand und die Fertigteilelemente gleich groß angenommen.

$\sigma_{c,G}$ Betonzugspannung im Gesamtbetonquerschnitt

$\varepsilon_{c,G}$ mittlere Betondehnung im Gesamtquerschnitt

Bei dreieckförmigem Verbundspannungsverlauf in der Einleitungslänge ist die mittlere Stahldehnung ε_{sm} gleich dem halben Wert der größten Stahldehnung im Riss:

$$\varepsilon_s = 2 \cdot \varepsilon_{sm} \quad (4.9).$$

Damit wird aus Gleichung (4.8)

$$A_s \cdot 2 \cdot \varepsilon_{sm} \cdot E_s = A_{c,G} \cdot \varepsilon_{c,G} \cdot E_c \text{ bzw.}$$

$$\varepsilon_{c,G} = 2 \cdot \varepsilon_{sm} \cdot \frac{A_s \cdot E_s}{A_{c,G} \cdot E_c}$$

$$\varepsilon_{c,G} = 2 \cdot \varepsilon_{sm} \cdot \rho \cdot \alpha_e \quad (4.10)$$

mit $\rho = A_s/A_{c,G}$ Bewehrungsverhältnis der Bewehrung im Kernbeton bezogen auf den Gesamtbetonquerschnitt

$\alpha_e = E_s/E_c$ Verhältnis der Elastizitätsmoduln von Stahl und Beton.

Die bezogene Betondehnung wird aus der Gleichung (4.10) berechnet:

Der Rechenwert der Rissbreite w_k ist:

$$w_k = \varepsilon_{sm} \cdot 2 \cdot l_{sm} \quad (4.11).$$

Für die Einleitungslänge gilt eine zweite Gleichung, die sich aus der Gleichgewichtsbedingung zwischen der einzuleitenden Kraft und der resultierenden Verbundkraft ableitet.

$$\sigma_s \cdot \pi \cdot d_s^2/4 = \tau_{sm} \cdot \pi \cdot d_s \cdot l_{es}$$

$$l_{es} = \frac{\sigma_s \cdot d_s}{4 \cdot \tau_{sm}}$$

Mit Gleichung (4.9) wird daraus

$$l_{es} = \frac{2 \cdot \sigma_{sm} \cdot d_s}{4 \cdot \tau_{sm}}$$

$$l_{es} = \frac{\sigma_{sm}}{2 \cdot \tau_{sm}} \cdot d_s \text{ bzw. } l_{es} = \frac{\varepsilon_{sm} \cdot E_s}{2 \cdot \tau_{sm}} \cdot d_s \tag{4.12}$$

mit σ_s Stahlspannung im Riss

σ_{sm} mittlere Stahlspannung im Einleitungsbereich

ε_{sm} mittlere Stahldehnung im Einleitungsbereich

τ_{sm} mittlere Verbundspannung an der Bewehrungsstaboberfläche.

Analog zu DIN 1045-1 beträgt die mittlere Verbundfestigkeit das 1,8-fache der mittleren Zugfestigkeit des Betons. Daraus folgt mit Gleichung (4.12)

$$l_{es} = \frac{\varepsilon_{sm} \cdot E_s}{3{,}6 \cdot f_{ctm}} \cdot d_s \tag{4.13}$$

Durch Verknüpfung der Gleichungen erhält man nach einigen Umformungen eine quadratische Gleichung für die Einleitungslänge l_{es}:

$$l_{es} = -\frac{\rho \cdot \alpha_e \cdot L}{2 \cdot (1-\rho \cdot \alpha_e)} + \sqrt{\left(\frac{\rho \cdot \alpha_e \cdot L}{2 \cdot (1-\rho \cdot \alpha_e)}\right)^2 + \frac{\varepsilon_{Zw} \cdot E_s}{7{,}2 \cdot f_{ctm} \cdot (1-\rho \cdot \alpha_e)} \cdot L \cdot d_s} \quad \text{oder}$$

$$\frac{l_{es}}{d_s} = -\frac{\rho \cdot \alpha_e \cdot L/d_s}{2 \cdot (1-\rho \cdot \alpha_e)} + \sqrt{\left(\frac{\rho \cdot \alpha_e \cdot L/d_s}{2 \cdot (1-\rho \cdot \alpha_e)}\right)^2 + \frac{\varepsilon_{Zw} \cdot E_s}{7{,}2 \cdot f_{ctm} \cdot (1-\rho \cdot \alpha_e)} \cdot \frac{L}{d_s}} \tag{4.14}$$

Damit wird die Einleitungslänge l_{es} betrachtet. Für die Anwendung ist die Kenntnis der mittleren Stahldehnung und der Betondehnung $\varepsilon_{c,G}$ erforderlich. Sie werden aus den Gleichungen (4.13) und (4.10) gewonnen:

$$\varepsilon_{sm} = \frac{3{,}6 \cdot f_{ctm}}{E_s} \cdot \frac{l_{es}}{d_s}$$

$$\varepsilon_{c,G} = 2 \cdot \rho \cdot \alpha_e \cdot \varepsilon_{sm}$$

Der Rechenwert der Rissbreite ist

$W_k = 2 \cdot l_{es} \cdot \varepsilon_{sm}$

In Bild 4.11 und Bild 4.12 sind die abgeleiteten Gleichungen in Form von Diagrammen aufbereitet. Die Parameter entsprechen denen in den Diagrammen Bild 3.13 bis 3.15 für die Einzelrissbildung. Allerdings wurde wegen der geringen Zahl von nur drei Bewehrungsdurchmessern (6 mm, 8 mm und 10 mm) eine andere Zuordnung gewählt.

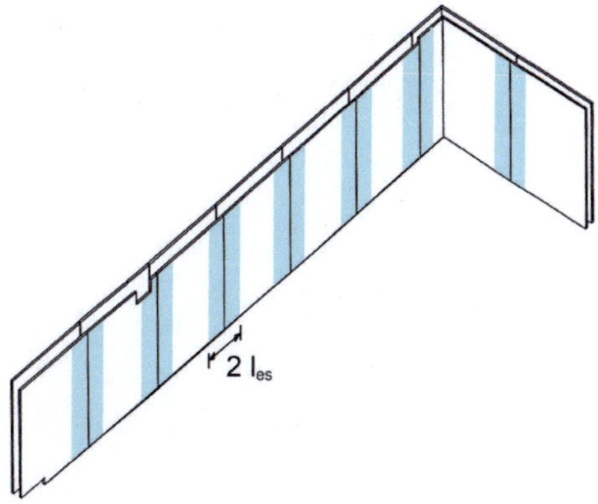

Bild 4.10 Elementwand mit farblich markierten Einleitungsbereichen 2 l_{es}, in denen der Schlupf zwischen Stahl und Beton entsteht (schematisch)

Die Gültigkeitsgrenzen der Berechnung werden durch die Streckgrenze der Bewehrung in der Elementfuge einerseits und durch die Risslast im Vollquerschnitt (Zugbruchdehnung rd. 0,1 mm/m) gesetzt. Die Streckgrenze in der Bewehrung über die Elementfuge hinweg wird bei geringen Bewehrungsverhältnissen und großen Elementbreiten (Fugenabstand) erreicht. Man erkennt das daran, dass die Kurven vor Erreichen der Diagrammbegrenzung enden.

Die andere Grenze - Erreichen der Risslast im Vollquerschnitt - wird bei kräftiger Bewehrung erreicht. Das betrifft die größeren Bewehrungsverhältniszahlen in allen Diagrammen. Bemerkenswert ist, dass die Bauteildehnung größer werden kann als die Zugbruchdehnung des Betons (≈ 0,1 mm/m).

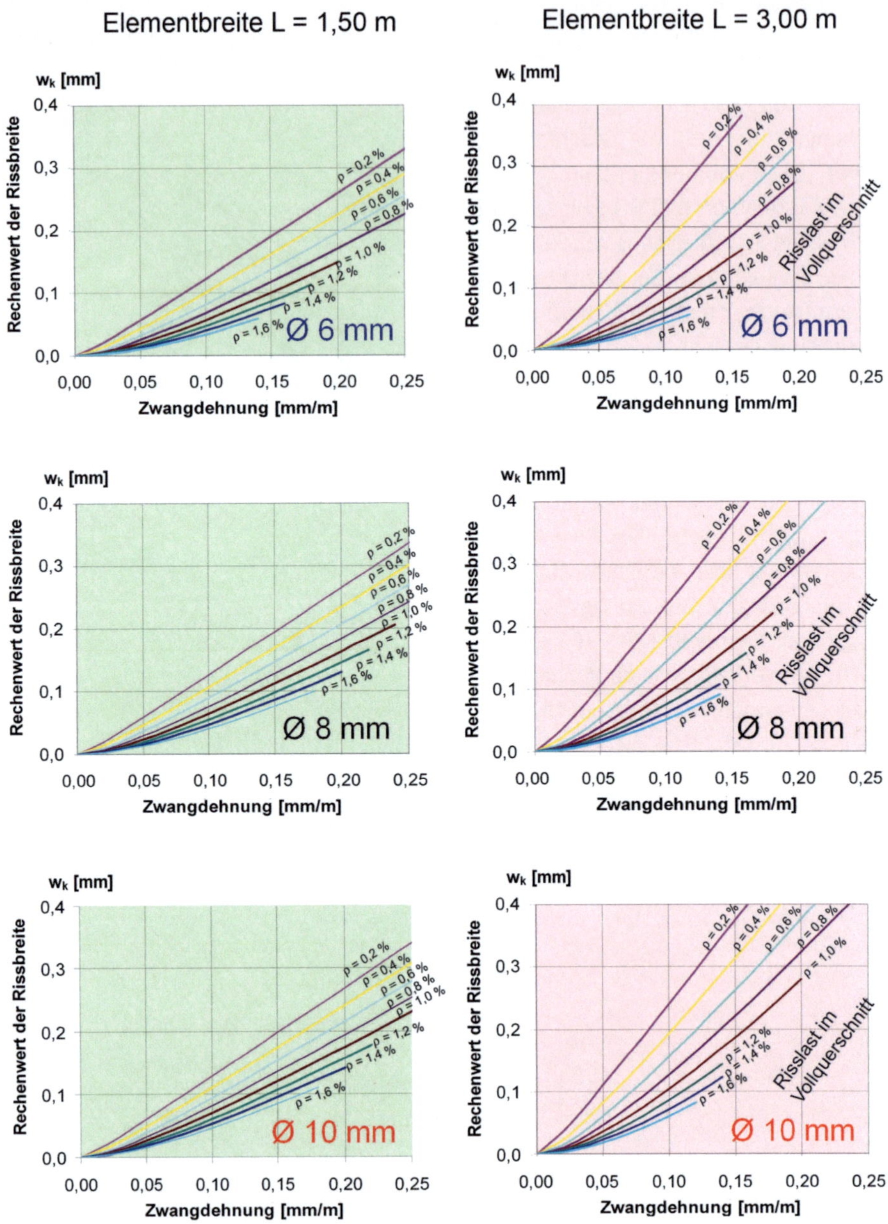

Bild 4.11 Rechenwerte der Rissbreite in den Elementfugen für Elementbreiten L = 1,50 m und L = 3,00 m

Aus den Diagrammen kann man folgende Schlussfolgerungen ziehen:

- Eine kleinere Elementbreite, also ein kleinerer Abstand der Elementfugen, bedeutet eine geringere Dehnsteifigkeit durch den größeren Dehnungsanteil eines Risses an der Bauteildehnung bezogen auf die Elementbreite (Fugenabstand). Das bedeutet

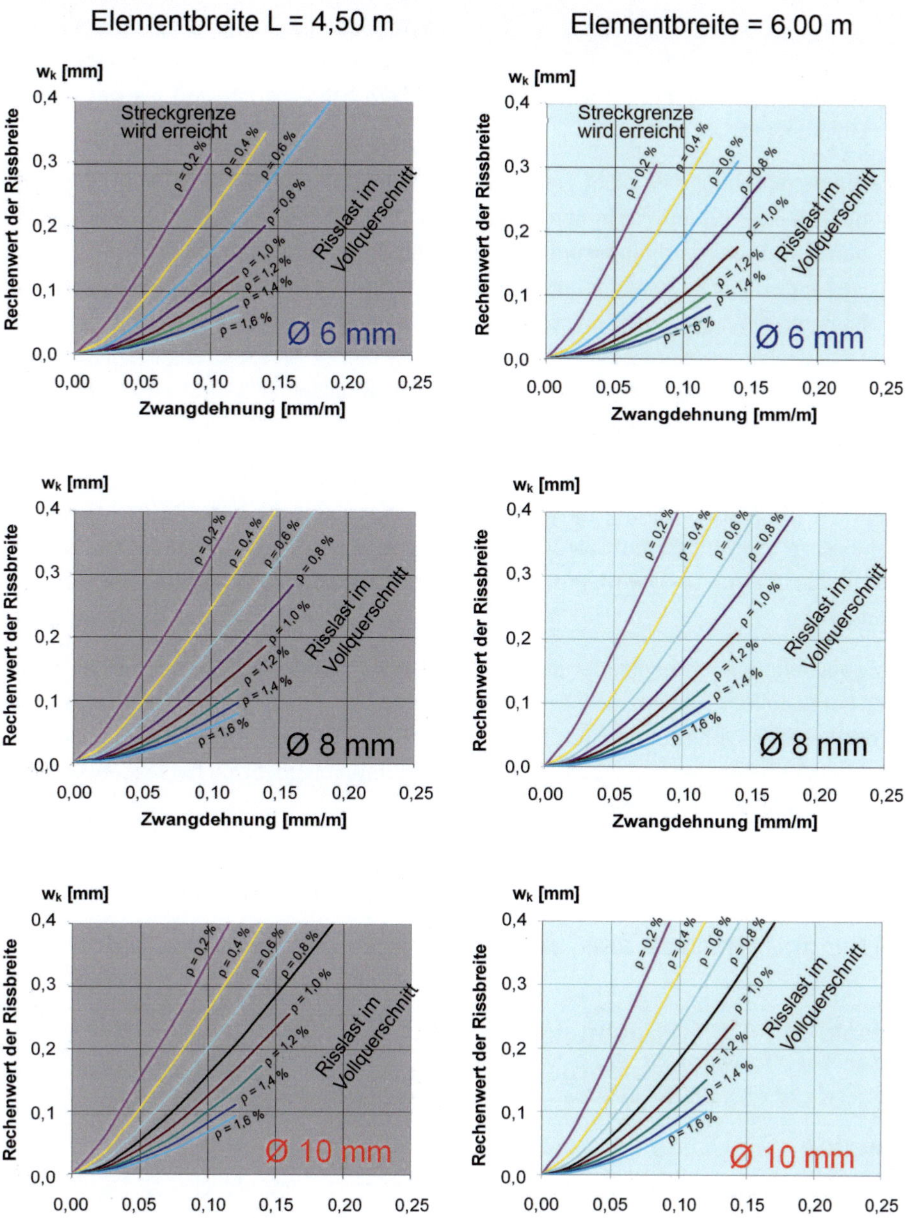

Bild 4.12 Rechenwerte der Rissbreite in den Elementfugen für Elementbreiten L = 4,50 m und L = 6,00 m

bei gleicher Zwangdehnung geringere Rissbreiten. Bei Wänden sind größere Fugenabstände möglich als bei Decken. Das erfordert eine sorgfältige Konstruktion der Bewehrung rechtwinklig zur Elementfuge.

- Der Einfluss des Bewehrungsdurchmessers ist für die drei betrachteten Durchmesser gering. Der kleinste Durchmesser von 6 mm erreicht die Streckgrenze eher als Stäbe mit größerem Durchmesser, weil die Einleitungslänge kleiner ist. Dadurch entstehen bei einer bestimmten Längenänderung größere Stahlspannungen als bei größerer Einleitungslänge.
- Die Betondehnung ist nicht gleich der Zwangdehnung. Andernfalls wären Betondehnungen über 0,1 mm/m in den Diagrammen nicht möglich. Tatsächlich sind bei kleinen Bewehrungsverhältnissen, wie sie bei der Bewehrung über die Elementfugen hinweg typisch sind, Zwangdehnungen bis über 0,2 mm/m hinaus möglich, ohne dass im Beton die Zugbruchdehnung von 0,1 mm/m erreicht wird. Das ist durch den hohen Dehnungsanteil einer schwachen Bewehrung an der Gesamtdehnung bedingt. Bei starker Bewehrung und größerer Dehnsteifigkeit nähert sich die Grenze der Zwangdehnung unmittelbar vor der Risslast im Vollquerschnitt der Grenze von 0,1 mm/m (vgl. die untere Reihe der Diagramme in Bild 4.11).

Wenn eine Mindestbewehrung für Zwang für die monolithische Variante rechtwinklig zu den Montagefugen berechnet worden ist und diese Mindestbewehrung für die Elementkonstruktion übernommen wird, erhält man für den Größtwert der Zwangdehnung das gleiche Ergebnis.

Die Zwangdehnung unterscheidet sich bei Elementwänden erheblich von der bei monolithisch hergestellten Wänden, weil der Einfluss der abfließenden Hydratationswärme gering und der Anteil des erhärtenden Betons an der gesamten Betonmenge viel kleiner ist als bei einer Monolithbetonwand. Die Schwindverkürzung unterscheidet sich bei beiden Konstruktionsarten nicht oder nur unwesentlich.

Bei monolithischen Wänden bestimmen die Zugspannungen aus abfließender Hydratationswärme i. d. R. die horizontale Mindestbewehrung im unteren Wandbereich.

Zwei Berechnungsbeispiele sollen die Handhabung der Hilfsmittel veranschaulichen.

Beispiel Nr. 4.1 Berechnungsbeispiel für die Zwangbewehrung einer Elementdecke im Bereich der Montagefugen

Situation

Für das Beispiel Nr. 6.2 »Trennrisse in einem Parkdeck mit Elementdecke auf Stahlrahmen« soll die Mindestbewehrung für einen Rechenwert der Rissbreite von 0,2 mm berechnet werden. Hier wird nur die Richtung rechtwinklig zu den Elementfugen betrachtet, die durch Schwinden und Temperaturänderung auf Zug beansprucht wird.

Die obere Parkfläche besteht aus einer Elementdecke. Sie liegt auf Stahlrahmen im Abstand von 2,40 m. Das ist die Stützweite der Durchlaufplatte. Die Fertigteilelemente sind 3,00 m breit. Das ist gleichzeitig der Abstand der Elementfugen (Bild 4.13). Die Platte besteht aus 65 mm dicken Fertigteilelementen und einer Monolithbetonergänzung von 55 mm und ist damit 120 mm dick (Bild 4.14).

Rissursache

Die Elementfugen waren bereits wenige Monate nach der Inbetriebnahme gerissen. Die Rissbreite wuchs in den nächsten Jahren noch an. Nach einer Instandsetzung mit einer rissüberbrückenden Beschichtung nach 6 Jahren schlugen die Risse wieder durch die Beschichtung durch. Ursache ist offensichtlich eine unzureichende Zwangbewehrung in der Nebenspannrichtung. Das soll zahlenmäßig abgeschätzt werden.

Abschätzung der Zwangbeanspruchung aus Temperaturänderung

Die in der Nebenspannrichtung fast 40 m lange, fugenlose Platte steht unter freiem Himmel und ist der Witterung ausgesetzt. In der nur 120 mm dicken Platte entsteht bei Abkühlung der Luft relativ schnell eine über die Plattendicke konstante Temperatur. Einen Temperaturgradienten muss man bei winterlichen Temperaturen nicht berücksichtigen. Die für das Beispiel anzusetzenden mittleren Bauteiltemperaturen sind in Bild 4.15 angegeben.

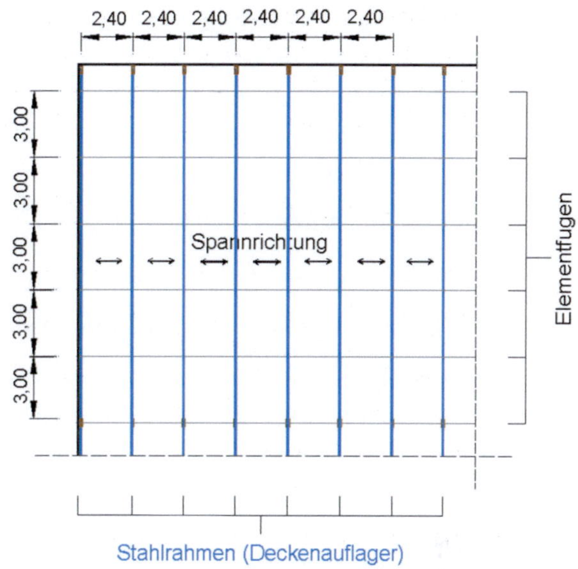

Bild 4.13 Ausschnitt aus dem Grundriss des Parkdecks

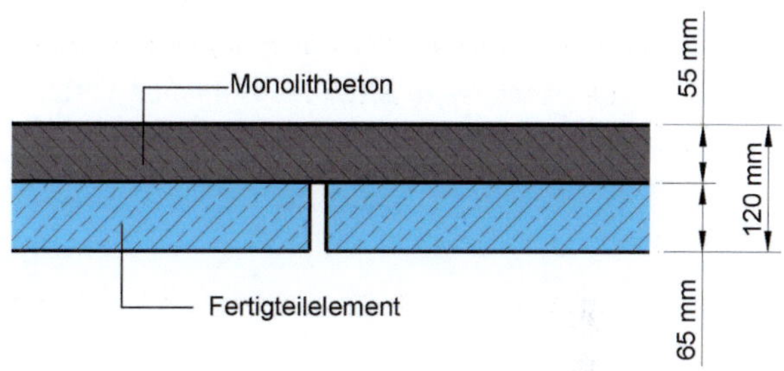

Bild 4.14 Vertikalschnitt durch die Decke

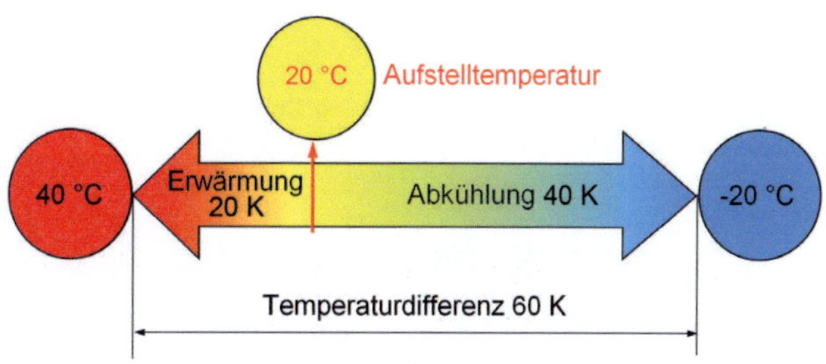

Bild 4.15 Extremwerte der Plattenmitteltemperatur

Abschätzung der Zwangbeanspruchung aus Schwindverkürzung

Die Platte ist beidseitig gut belüftet. Beide Betonschichten sind relativ dünn und werden nach anfänglicher Schwinddifferenz gemeinsam ähnlich wie eine 120 mm dicke, beidseitig belüftete Stahlbetonplatte schwinden. Die wirksame Bauteildicke ist nach Bild 1.10 gleich der Schichtdicke: h_0 = 120 mm. Folgende Daten sind notwendig:

Betonfestigkeitsklasse	C20/25 (f_{ck} = 20 N/mm²)
Zementfestigkeitsklasse	32,5R (Annahme)
relative Luftfeuchtigkeit	RH = 60 % (Annahme).

Mit Hilfe des Diagramms Bild 1.12 erhält man den Grundwert der Trocknungsschwinddehnung $\varepsilon_{cds\infty}$ = -0,62 mm/m gemäß der Verfahrensweise in Beispiel Nr. 1.1. Die Schrumpfdehnung wird aus Bild 1.17 bestimmt: ε_{cas} = -0,04 mm/m.

Das Endschwindmaß beträgt ε_c = -0,62 - 0,04 = -0,66 mm/m. Es ist überdurchschnittlich groß und bedeutet nennenswerte Verkürzungen für die bis über 30 m lange Platte. Bei Behinderung dieser Verkürzungen durch die feste Verbindung zwischen Decke und Stahlunterkonstruktion entstehen Zugkräfte in Längs- und Querrichtung.

Aus Bild 1.17 ist der Schwindverlauf in den ersten 10 Jahren zu entnehmen. Die wirksame Bauteildicke ist gleich der Deckendicke und beträgt für die beidseitig belüftete Decke h_0 = h = 120 mm. Bild 4.16 zeigt den zeitlichen Verlauf.

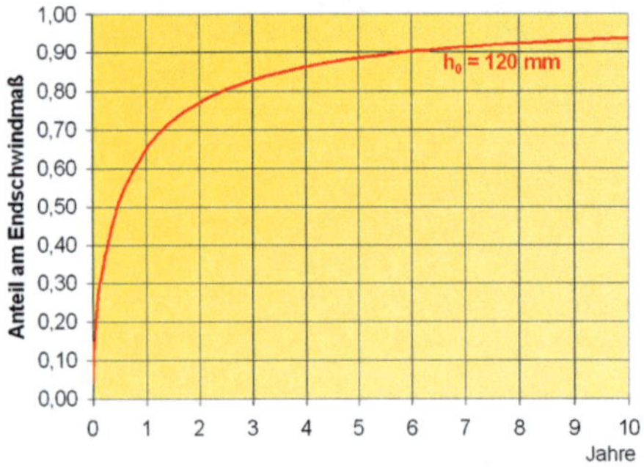

Bild 4.16 Schwindkurve für die Parkebene als einheitlicher Baukörper

Nach 10 Jahren ist für diese dünne Stahlbetonplatte das Schwinden nahezu abgeschlossen (rechnerisch zu 94 %). Nach dem ersten Jahr beträgt das Schwindmaß etwa zwei Drittel des Endwertes. Bereits nach zwei bis drei Jahren ist der jährliche Zuwachs des Schwindmaßes nur noch gering.

Abschätzung der Zwangbeanspruchung aus Temperatureinwirkung

Das Parkdeck ist ganzjährig der Witterung ungeschützt ausgesetzt. Die kälteste Lufttemperatur wird im Winter mit -20 °C geschätzt. Die höchste Oberflächentemperatur im Sommer kann bis zu 50 °C betragen. Sie ist für die Entstehung von Zugkräften ohne Bedeutung und wird deshalb nicht weiter betrachtet. Die Zwangzugkraft entsteht bei Abkühlung des Bauwerks gegenüber der Aufstelltemperatur. Das ist die Temperatur zu dem Zeitpunkt, bei dem erstmals eine Behinderung möglich ist. Das ist die Rohbaufertigstellung. Aus den Bauakten ist bekannt, dass das Parkdeck im Sommer gebaut wurde. Deshalb wird eine Aufstelltemperatur von + 20 °C als durchschnittliche Luft- und Bauteiltemperatur angenommen. Die Temperaturdifferenz zwischen Aufstelltemperatur und tiefster Jahrestemperatur beträgt damit - 40 Kelvin. Das entspricht einer rechnerischen temperaturbedingten Verkürzung der Betonplatte von 0,1 mm/(10 K · m) · 40 K/10 K = 0,4 mm/m.

Größte bezogene rechnerische Verkürzung:

durch Schwinden	0,66 mm/m nach etwa 10 Jahren
durch Abkühlung	0,4 mm/m bei jedem strengen, mehrtägigen Frost.
Gesamtdehnung	1,06 mm/m.

Die Behinderung dieser rechnerischen Verkürzung ist in Haupt- und Nebenspannrichtung unterschiedlich. In der Hauptspannrichtung mit einer Gesamtlänge von fast 39 m (vgl. Bild 6.14) liegt die Platte auf Stahlrahmen auf, die gegenüber Verschiebungen rechtwinklig zu ihrer Ebene relativ weich sind. Die Behinderung ist in der Mitte der Platte am größten (Zug von beiden Seiten), während die Behinderung zum Rand hin abnimmt.

In der Nebenspannrichtung (Länge 32,40 m) sind die Rahmen sehr steif, und die Behinderung der Deckenverformung beträgt in dieser Richtung etwa 80 bis 90 %. Die Nebenspannrichtung besitzt eine geringere Längsbewehrung und außerdem tiefe Einkerbungen durch die Fugen zwischen den Fertigteilen im Abstand von 3,00 m (vgl. Bild 4.14).

Die großen bezogenen Verkürzungen lassen Trennrisse in allen Fugen zwischen den Fertigteilen erwarten, was auch der Beobachtung vor Ort entspricht. Da nur die nach der Norm vorgeschriebene Mindestbewehrung von 20 % der Hauptbewehrung eingelegt wurde, können sich die Risse relativ weit öffnen. Allein durch das Schwinden (Endschwindmaß 0,66 mm/m) entstehen bei einer Verformungsbehinderung von 80 % Risse mit Rissbreiten von 0,8 · 3,00 m · 0,66 mm/m ≈ 2 mm. Dazu addiert sich im Winter noch ein etwas kleinerer Temperaturanteil. Er beträgt bis zu 0,8 · 3,00 m · 0,4 mm/m ≈ 1 mm.

Instandsetzung

Die zu erwartenden Dehnungen zeigen, dass eine dauerhafte Instandsetzung kaum möglich ist. Die Schwindverformung ist so groß, dass sich in der Zeit ihrer Wirkung die Risse immer wieder öffnen. Wenn man nach Abklingen des Schwindens das Parkdeck beschichtet, verbleibt eine temperaturbedingte Rissbreite von rund 1 mm, die zu überbrücken wäre. Das ist technisch kaum möglich. Im vorliegenden Fall wurden ohne Analyse der Bewegungen in der Deckenfläche mehrere erfolglose Nacharbeiten vorgenommen (Bild 4.17).

Bild 4.17 Mehrfache Nachbesserungen einer auf die Parkfläche relativ spät aufgebrachten Beschichtung zeigten nach spätestens einem Jahr immer wieder Schäden

Die richtige Lösung kann nur in der Planung umgesetzt werden

Eine technisch dauerhafte Lösung besteht im vorliegenden Fall in der richtigen Dimensionierung der Zwangbewehrung in der Nebenspannrichtung. Die normgemäße Querbewehrung von 20% der Hauptbewehrung kann die Zwangdehnung von 1,06 mm/m bzw. den behinderten Anteil von $0{,}80 \cdot 1{,}06 = 0{,}85$ mm/m nicht auf viele, feine Risse verteilen. Deshalb ist eine eigene Zwangbewehrung erforderlich.

Der obere Grenzwert für die Zwangbewehrung ist der Zugzwang für den Gesamtquerschnitt. Für einen Rechenwert der Rissbreite von $w_k = 0{,}3$ mm und eine Betonzugfestigkeit von 3 N/mm² erhält man aus Bild 3.7 bei einer Zwangdehnung von 0,85 mm/m und einem Bewehrungsdurchmesser von 12 mm den Bewehrungsgehalt eff $\rho = 1{,}3\%$. Nach Bild 3.9 gilt auch bei dieser großen Dehnung noch die Einzelrissbildung.

Die Zwangbewehrung für die 120 mm dicke Deckenplatte beträgt damit in der Nebenspannrichtung

$$A_s = 1{,}3\,\% \cdot 12\text{ cm} \cdot 100\text{ cm} = 15{,}6\text{ cm}^2\,.$$

Das entspricht für die Ober- und Unterseite je 7,8 cm²/m bzw. Ø 12, t = 145 mm. Das ist eine wesentlich größere Bewehrung als sie in der Hauptspannrichtung für die Abtragung der Lasten erforderlich ist. Auch für den erfahrenen Tragwerksplaner erscheint eine so große Bewehrung in der Nebentragrichtung als überdimensioniert. Das ist sie aber nicht. Eine Platte mit 30 bis 40 m Länge hat überdurchschnittliche schwind- und temperaturbedingte Verkürzungen von rund 30 mm in Risse von höchstens 0,3 mm (Rechenwert) umzusetzen. Das ist nur mit einer überdurchschnittlichen Bewehrung möglich.

Diese Bewehrung muss sowohl in den Fertigteilen (untere Deckenseite) als auch im Monolithbeton oben eingelegt werden. Über die Fugen hinweg ist sie ebenfalls als mittige Bewehrung oben und unten erforderlich.

Angesichts solcher Bewehrungsmengen sind Überlegungen zur Zwangreduzierung lohnenswert. Möglich sind Bewegungsfugen in der Platte oder eine partielle Verschiebbarkeit der Auflagerung in der Nebenspannrichtung.

Eine horizontale Stoßbewehrung in Wänden ist in der DIN 1045-1 geregelt. Sie ist im Sinne einer Mindestbewehrung zu verstehen. Für Lasten wäre sie im Regelfall entbehrlich, bei horizontalem Zwang muss sie berechnet und eingelegt werden. Je länger eine Wand ist, umso größer sind die Zwangverschiebungen, die an der Wandunterseite behindert werden. Das Beispiel Nr. 4.1 zeigt, wie groß Zwangverformungen bei Bauteilabmessungen von 30 bis 40 m werden können. Auch kleinere Abmessungen haben nennenswerte Zwangverformungen, die bei Behinderung eine Rissgefährdung darstellen. Bei Elementwänden ist der Fertigteilanteil am Gesamtquerschnitt größer als bei Elementdecken (vgl. Bild 4.2), wodurch der monolithische Kernquerschnitt um fast die Hälfte gegenüber dem Gesamtquerschnitt geschwächt wird. Dadurch ist die untere Risslast für den Kernquerschnitt bedeutend kleiner als die obere Risslast für den Gesamtquerschnitt.

Der sicherste Weg zur Begrenzung der Trennrissbreiten vertikaler Risse besteht darin, die Mindestzwangbewehrung für den Gesamtquerschnitt zu berechnen und als Stoßbewehrung einzulegen. Will man an der Stoßbewehrung sparen, dann muss man sowohl alle Möglichkeiten zur Verringerung der Zwangzugkräfte ausnutzen als auch eine Mindestbewehrung für den Bereich zwischen oberer (Gesamtquerschnitt) und unterer Risslast (Kernquerschnitt) ausrechnen und einlegen. Dazu können die in diesem Abschnitt angegebenen Formeln und Bemessungsdiagramme verwendet werden (Bilder 4.11 und 4.12). Diese Hilfsmittel gehen davon aus, dass nach der Rissentstehung in allen vertikalen Elementfugen der Zustand der abgeschlossenen Rissbildung für den Kernbetonquerschnitt erreicht ist. Das heißt, dass die notwendige Stahlmenge der Zwangdehnung angenähert proportional ist. Für die Bemessung ist - für den normalen Tragwerksplaner ungewohnt - nicht die Betonzugfestigkeit, sondern die Zwangdehnung maßgebend. Die Betonzugfestigkeit spielt bei der Begrenzung der Rissbreite im Kernbeton (Elementfugen) für Zwangdehnungen zwischen den beiden Risslasten praktisch keine Rolle.

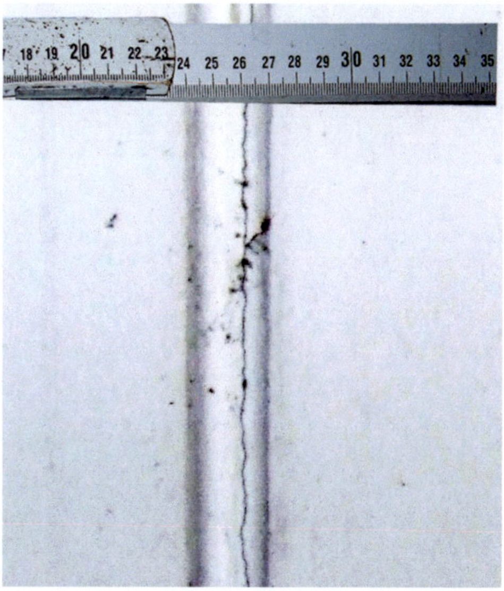

Bild 4.18 Riss in einer Elementfuge bei einer Elementwand

4.5 Konstruktionshinweise zur Bewehrung im Bereich der Querfugen

Die horizontale Stoßbewehrung wird entsprechend DIN 1045-1 i. d. R. als konstruktive Bewehrung ausgeführt. Von der in den Zulassungen eingeräumten Möglichkeit, die Stöße unter bestimmten Bedingungen nicht zu bewehren, sollte nur sehr zögernd Gebrauch gemacht werden. Elementwände werden zwar kaum Vertikalrisse aus abfließender Hydratationswärme bekommen, aber das Schwindverhalten einer Elementwand unterscheidet sich kaum von dem einer Monolithbetonwand. Schwindverkürzungen werden an der Aufstandsfläche einer Wand behindert, sodass horizontale Zugspannungen entstehen. Sie können zu vertikalen oder leicht geneigten Rissen führen, die bereits bei kleinen Zwangdehnungen in den Elementfugen im Kernbeton entstehen.

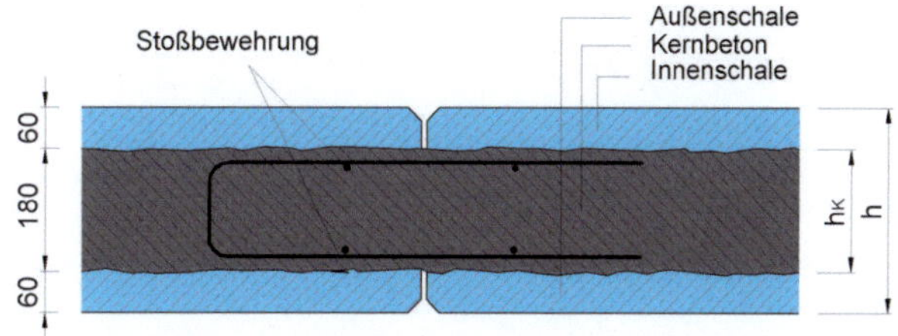

Bild 4.19 Horizontale Bewehrung im Stoßbereich einer Elementwand

Die Stoßbewehrung ist so auszubilden, dass die volle Verankerungslänge zur Verfügung steht. Um die Verbundstörung unmittelbar am Riss zu kompensieren, sind die Verankerungslängen mit einem Zuschlag von $5 \cdot d_s$ zu vergrößern (d_s = Stabdurchmesser). Ein Vorschlag für eine Wandstoßbewehrung ist in Bild 4.19 angegeben.

5 Typische Rissbilder in Beton- und Stahlbetonbauteilen und ihre Ursachen

5.1 Lastbedingte Risse in Stahlbetonbauteilen

Beton und Mauerwerk sind wegen ihrer im Vergleich zur Zugfestigkeit hohen Druckfestigkeit besonders für die Beanspruchung auf Druck geeignet. Zugkräfte werden vom Konstrukteur nach Möglichkeit vermieden. Ausnahmen, bei denen Zugkräfte bewusst in Kauf genommen werden, wurden z. B. bereits in den Bildern 1.2 und 1.3 gezeigt. Diese Anwendungen sind älteren Datums und würden heute durch Einsatz von Stahlzuggliedern oder vorgespannter Bewehrung besser gelöst. Die sehr häufig vorkommenden Biegezugspannungen, z. B. in Decken und Balken, werden durch Einlage von schlaffer Bewehrung aufgenommen.

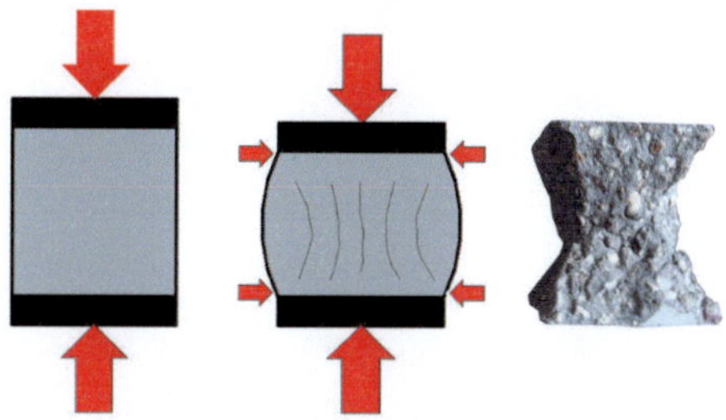

Bild 5.1 Bruchbild eines Probewürfels und seine Entstehung

Zugspannungen treten auch bei der Wirkung von Druckspannungen auf. Die Veranschaulichung dieser Tatsache sieht man am Bruchbild des Betonwürfels bei der Druckfestigkeitsprüfung (Bild 5.1). Der Würfel verliert seine Druckfestigkeit durch Überschreiten der Betonzugfestigkeit in Querrichtung. Im Bild sind der Ausgangszustand, die Verformung im Bruchzustand und das Foto eines Prüfkörpers dargestellt. Weil die Reibung an den beiden Lastplatten die Querdehnung an der Ober- und der Unterfläche behindert, gibt es als Bruchbild den charakteristischen Doppelkegel.

Bei schlankeren Prüfkörpern hat diese Behinderung nur noch einen geringen Einfluss und es entstehen vertikale Risse durch den Querzug bei der Prüfung mit vertikalen Druckkräften. Bild 5.2 zeigt einen solchen Prüfkörper nach der Prüfung, bei der die zuverlässige Einleitung einer großen Vorspannkraft nachzuweisen war. Die Lastplatte ist kleiner als die Betonfläche, weshalb die Risse an der Oberseite des Prüfkörpers zur Lastausbreitung leicht geneigt sind.

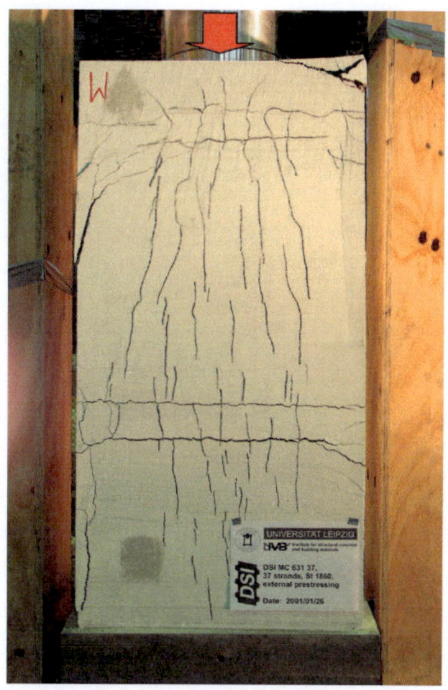

Bild 5.2 Prüfkörper zur Verankerung eines großen Spannglieds mittels einer Stahlplatte (oben) nach dem Versagen, Risse nachgezeichnet

In Bild 5.3 sind die Spannungstrajektorien für den Fall der Wirkung einer Einzellast angegeben. Wegen der Lastausbreitung entstehen Querzugspannungen, deren resultierende Größe bei Beton und auch bei

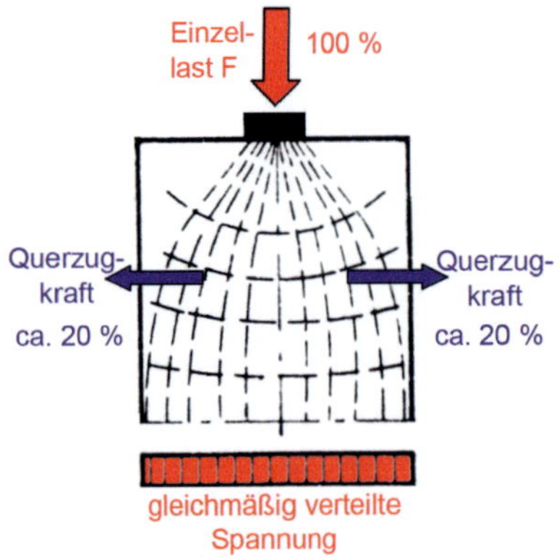

Bild 5.3 Querzugspannungen entstehen bei Lastumlenkungen; hier: Lastausbreitung unter einer Einzellast

Mauerwerk ca. 20% der Druckkraft beträgt. Immer dort, wo Lasten umgelenkt werden, entstehen Querzugspannungen, die zu Rissen führen können. Ein bekanntes Beispiel ist die Prüfung der Spaltzugfestigkeit, bei der ein solcher Spannungszustand künstlich hervorgerufen wird, um damit die Betonzugfestigkeit zu messen.

Querzugspannungen treten auch bei dem verwandten Fall auf, dass Stahlzugkräfte eines Bewehrungsstabes durch Verbundspannungen in den Beton einzuleiten sind (Bild 5.6). Am markantesten ist das im Spannbetonbau, wo relativ große Kräfte in den Beton eingeleitet werden, die sich in einer vorher berechneten Weise im Bauteil ausbreiten und dabei Querzug erzeugen.

Ein eindrucksvolles Beispiel für die ausnahmsweise Nutzung der Betonzugfestigkeit in hochwertigen Betonerzeugnissen sind die Spannbetonschwellen, die in den letzten Jahrzehnten in sehr großer Zahl in Deutschland und in anderen Ländern verlegt worden sind.

Beispiel Nr. 5.1 Lastbedingte Längsrisse in Spannbetonschwellen

Situation

In Spannbetonschwellen B 70 traten gehäuft Schadensfälle auf, bei denen ein einzelner Längsriss durch den Verankerungsbereich der 4 Spanndrähte zum Verlust der Vorspannung und damit der Tragfähigkeit geführt hat (Bild 5.4). Die betroffenen Schwellen mussten ausgewechselt werden. Auffällig war, dass die schadhaften Schwellen aus einem zusammenhängenden Produktionszeitraum und nur aus einem Werk stammten.

Bild 5.4 Schadhafte Schwelle mit einem Längsriss im Verankerungsbereich der Spanndrähte

Rissursache

Da der Längsriss im Verankerungsbereich der Spanndrähte entsteht, war ein Zusammenhang mit der Krafteinleitung der Vorspannung und den damit entstehenden Querzugspannungen zu vermuten.

Die gesamte Bewehrung der Schwelle besteht aus vier vorgespannten Längsdrähten mit 9 mm Durchmesser. In Querrichtung, in der die Zugspannungen wirken, liegt keine Bewehrung. Die Querzugspannungen sind allein durch die Betonzugfestigkeit aufzunehmen. In Bild 5.5 ist die Bewehrung im vorgespannten Zustand zu sehen (die Schwellen-Vierlingsform ist gleichzeitig das Spannbett). Man erkennt die weißen Kunststoffeinlagen für die Schienenbefestigung, die etwas schräg in die Form gesteckt werden analog zu Bild 5.6. Sie stellen schräge zylindrische Querschnittsschwächungen dar, die am Ende der Einleitungslänge der Vorspannkraft liegen (Bild 5.6). In Bild 5.6 ist der Schwellenkopf mit der Einleitungslänge der Vorspannkraft dargestellt. In diesem Bereich entstehen zwei sich überlagernde Querzugspannungen:

- Querzugspannungen aus der Einleitung der Vorspannkraft in den Beton. Sie wirken als ringförmige Zugspannung um jeden der vier Spanndrähte (im Bild unten dargestellt);
- Querzugspannungen infolge der Umlenkung der Längsvorspannung um die Dübellöcher für die Schienenbefestigung. Die Dübellöcher mit 32 mm Durchmesser sind eine Störstelle im Kraftfluss in Längsrichtung, durch die die Längsspannungen aus der Vorspannung umgelenkt werden müssen. Dabei entstehen zusätzliche Querzugspannungen.

Die Superposition der Zugspannungen ergibt als Spitzenwert Betonzugspannungen, die etwa der doppelten Betonzugfestigkeit entsprechen. Sie wirken als ausgeprägte Spitze unmittelbar am Dübelloch und führen dort zu einem Anriss in Längsrichtung (Bild 5.7). Aus dem Anriss entsteht allmählich unter den ständig wirkenden Zugspannungen mit Unterstützung des Zugkriechens und durch Erreichen der Dauerstandsfestigkeit ein unerwünschter Längsriss, der in diesem Fall den Verlust der Tragfähigkeit bedeutet (Bild 5.4). Die Schwelle wird unbrauchbar und muss ausgewechselt werden.

Die Ursache für die Rissbildung, die bei den in Querrichtung unbewehrten Schwellen den Bruch bedeutet, besteht in der zu geringen Betonzugfestigkeit zum Zeitpunkt der Vorspannung. Sie war indirekt über die Beton-

Bild 5.5 Steife Vierlingsform der Schwellen mit vier Spanndrähten je Schwelle, die als Spannbett genutzt wird; die Oberseite der Schwellen liegt in der Fertigung unten

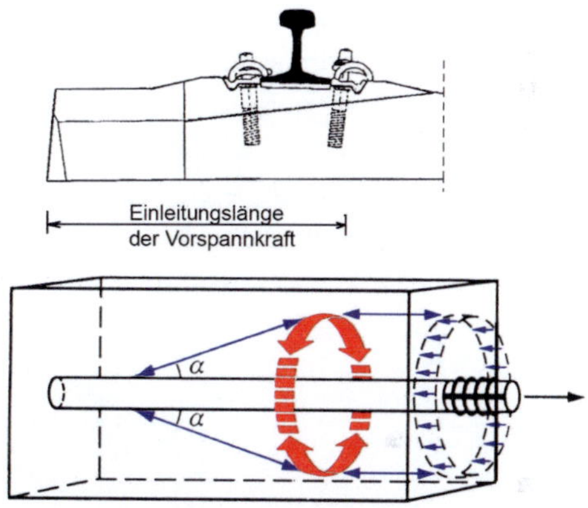

Bild 5.6 Schwellenkopf mit Schienenbefestigung und Eintragungslänge der Vorspannkraft, darunter: Ringzugkräfte im Verankerungsbereich

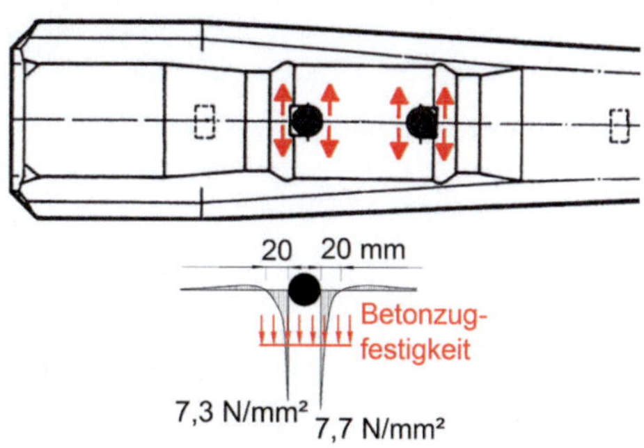

Bild 5.7 Draufsicht auf den Schwellenkopf mit Querzugspannungen am Dübelloch mit 32 mm Durchmesser (nur an einem Loch dargestellt)

druckfestigkeit von 45 N/mm² nach einem vorgegebenen Prüfregime gefordert. Die Qualitätskriterien wurden daraufhin entsprechend verändert.

Instandsetzung

In Auswertung der Schäden hat man das Prüfregime präzisiert und die geforderte Betondruckfestigkeit zum Vorspannzeitpunkt deutlich vergrößert. Das in Bild 5.4 abgebildete typische Rissbild hat sich nach diesen Maßnahmen nicht mehr eingestellt.

Ebenfalls durch die Wirkung von Querzugkräften sind im folgenden Beispiel überraschende Risse aufgetreten.

Beispiel Nr. 5.2 Abplatzungen durch unplanmäßige Lastkonzentration

Situation

An einer Schallschutzwand für eine Autobahn zeigten sich schon kurz nach der Montage der Stahlbetonfertigteile an der Unterseite der Wand schalenförmige Abplatzungen, für die eine Erklärung gesucht wurde (Pfeil in Bild 5.8). Die Wände werden aus vorgefertigten Wandscheiben auf der Baustelle montiert. Der untere Wandteil in natürlicher Betonfärbung wird zwischen zwei Pfähle gesetzt, in die eine Führung für die oberen, eingefärbten Wandteile eingesetzt ist. Weil diese Konstruktion einfach und der Kräfteverlauf überschaubar ist, waren die Abplatzungen zunächst rätselhaft.

Bild 5.8 Abplatzung an einer unplanmäßigen Auflagerung der oberen Platte auf der unteren Platte (zu große Fertigungstoleranzen)

Bild 5.9 Detail der Abplatzung

Rissursache

Durch Fertigungs- und/oder Montageungenauigkeiten wurde die Eigenlast der oberen Platten nicht wie geplant auf beiden Seiten in die Pfähle abgegeben, sondern wie im Bild 5.8 kurz vor dem rechten Auflager direkt in die untere Platte geleitet (Pfeil in Bild 5.8). Die Lasteinleitungspunkte waren deshalb nahezu punktförmig und lagen nur wenige Zentimeter von der Seitenfläche entfernt. So entstanden eine hohe vertikale Betondruckspannung und damit zusammenhängend Querzugspannungen. Der Beton versagte auf Querzug. Der

Riss, der die Abplatzung einleitete, verläuft rechtwinklig zur Richtung der Querzugspannungen, also annähernd vertikal und annähernd parallel zur vertikalen Betonoberfläche.

Instandsetzung

Da die Rissursache mit der Abplatzung praktisch beseitigt ist, kann der Schaden durch eine Spachtelung und anschließende farbliche Behandlung beseitigt werden. Die Platte sollte vorher etwas angehoben und in dieser Lage arretiert werden.

5.2 Zwangbedingte Risse in Bodenplatten aus Beton und Stahlbeton

Zwangbeanspruchungen in Bodenplatten

Bodenplatten werden bei kleinen Grundrissabmessungen - wie z. B. für Einfamilienhäuser - nur wenig beansprucht. Da sie ihre Lasten direkt in den Baugrund abgeben, ist die Pressung zwischen Platte und Baugrund nicht größer als die ertragbare Bodenpressung, die viel kleiner ist als ertragbare Spannungen im Beton. Allerdings entstehen i. d. R. auch Biegespannungen, die Biegerisse verursachen können. Bei größeren Grundrissabmessungen gibt es außer Last- auch Zwangbeanspruchungen. Sie bedeuten keine Gefahr für die Standsicherheit und bleiben in statischen Berechnungen häufig unbeachtet. Die beiden Zwangeinwirkungen, die praktisch bei jeder Bodenplatte auftreten, sind schwind- und temperaturbedingte Längenänderungen. Beide Arten von Einwirkungen können als gleichmäßig über den ganzen Querschnitt verteilte Dehnung (das ergibt bei Behinderung zentrischen Zug und Trennrisse) oder als Dehnung an einer Bauteilseite und Stauchung an der anderen Seite auftreten (das ergibt bei Behinderung Biegung und Biegerisse). Bei rechteckigen Platten kann man die Beanspruchungen in den beiden orthogonalen Richtungen getrennt betrachten. Behinderte Bauteildehnung und -krümmung verursachen Trenn- bzw. Biegerisse.

- Verkürzung der Bodenplatte insgesamt in beiden Hauptrichtungen:
  Sie hängt für das Schwinden von den Austrocknungsbedingungen und der Konstruktionsdicke ab und beträgt etwa 0,3 bis 0,5 mm/m. Eine 40 m lange Bodenplatte wird sich so z. B. um 0,3 mm/m · 40 m = 12 mm verkürzen. Man kann davon ausgehen, dass sich die Verkürzung von den Plattenrändern aus in Richtung Plattenmitte vollzieht. Das bedeutet für das Beispiel eine Verschiebung der gegenüberliegenden Ränder um jeweils 6 mm! Die notwendige Bewegung, die nach den Rändern zunimmt, aktiviert Reibungskräfte zwischen Bodenplatte und Untergrund, die die Verkürzung behindern. Durch die Reibung entsteht eine Zugbeanspruchung in der Platte, die bei Erreichen der Risslast zu Trennrissen führt (Bild 5.10). Bei einer

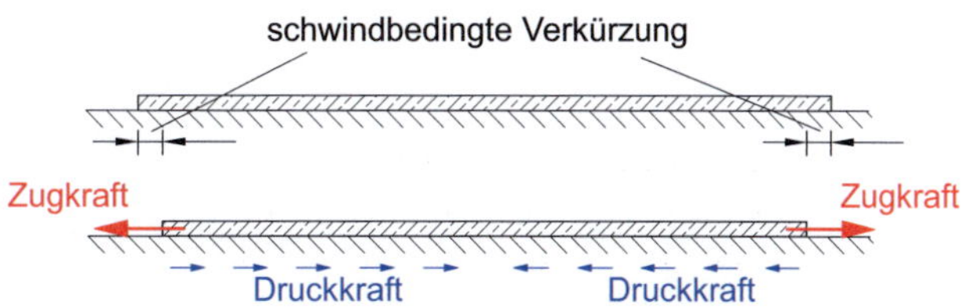

Bild 5.10 Zugkraft in einer Bodenplatte bei durch Bodenreibung behinderter Schwind- oder temperaturbedingter Verkürzung

Abkühlung der Bodenplatte entsteht die gleiche Verformung. Sie ist meist etwas kleiner und beträgt je nach Aufstelltemperatur z. B. 0,2 mm/m. Die Reibungskräfte und damit die Zugspannungen in der Platte kann man durch reibungsmindernde Maßnahmen verringern. Die bessere Gleitfähigkeit der Platte bedeutet eine geringere Behinderung und damit geringere Zwangbeanspruchungen. Solche Maßnahmen sind Trennschichten und Gleitfolien zwischen Untergrund und Platte in Verbindung mit erhöhten Ebenheitsanforderungen.

- Krümmung der Bodenplatte durch schnelleres Austrocknen der Oberfläche als der Unterfläche (größeres Schwindmaß oben) oder durch Abkühlung der Plattenoberfläche. Dadurch verkürzt sich die Oberfläche gegenüber der auf dem Boden aufliegenden Unterfläche und die Platte hebt sich an ihren Rändern vom Untergrund ab. So wird die Eigenlast der Platte vom Rand her anwachsend wirksam, die durch Biegezug an der Oberseite der Platte Biegerisse in einer bewehrten Platte erzeugt (Bild 5.11). Ist die Platte unbewehrt, dann entstehen Trennrisse, weil nennenswerte Zugspannungen von der unbewehrten Platte an der Oberseite nicht aufnehmbar sind und damit kein Gleichgewichtszustand möglich ist. Die Biegewirkung entsteht durch die Eigenlast der Platte und ggf. durch Lasten auf der Platte, wie z. B. Wände oder abgelegte Baumaterialien. Bei der Temperaturwirkung tritt die gleiche Verformung bei einer Abkühlung der Oberfläche gegenüber der Unterfläche auf.

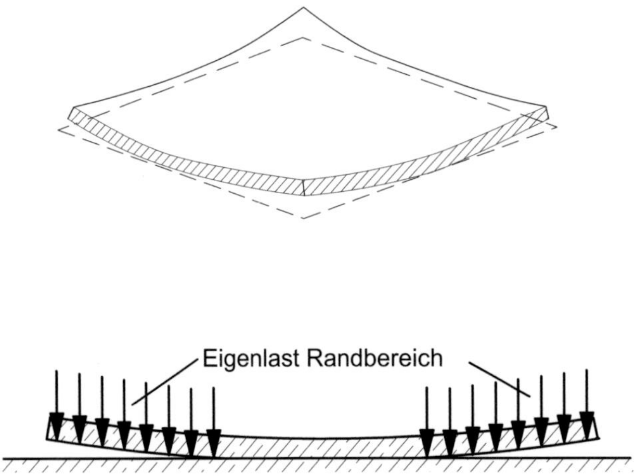

Bild 5.11 Krümmung der Bodenplatte durch schnellere Austrocknung und Verkürzung der Oberfläche; die Eigenlast erzeugt in Randnähe Biegemomente

Bei der Erwärmung der Plattenoberfläche entsteht ein Verformungsbild, das es beim Schwinden nicht gibt. Wenn sich die Oberfläche der Platte durch Sonneneinstrahlung erwärmt, vergrößert sie sich und versucht sich aufzuwölben. In Bild 5.12 ist dieser Fall dargestellt. Bei kurzen Platten ist eine völlige Aufwölbung des mittleren Bereichs möglich. Dadurch wird die Eigenlast der Platte wirksam, und es entsteht an der Plattenunterseite (kalte Seite) Zug, ggf. mit einer Rissbildung. Bei langen Platten, z. B. für ein großes Becken auf einer Kläranlage, ist die Wirkung der Eigenlast so groß, dass sich die Platte nur an den Rändern aufwölben kann. Die inneren Bereiche werden unter der eigenen Last nach unten gedrückt. In ihnen entsteht ein konstanter Biegezustand in beiden Hauptrichtungen der Platte ggf. mit Rissbildung an der unteren (kalten) Seite. Allerdings ist ein solcher Spannungszustand bei Platten in Bauwerken nur während der Bauarbeiten möglich. Wenn die Temperaturänderungen während der Bauarbeiten so groß sind, dass eine Rissgefahr besteht, dann sollte die Bodenplatte durch wärmedämmende Abdeckungen geschützt werden.

Die Zwangzugkraft in der Platte ist gleich der Reibungskraft. Vermindert man die Reibung durch konstruktive Maßnahmen, verringert sich auch die Zwangzugkraft. Die Platte muss auf dem Untergrund gleiten können, um möglichst wenig Widerstand und damit geringere Zugkräfte und möglichst wenig Risse zu bekommen. Deshalb soll eine Bodenplatte eine ebene Unterfläche besitzen, wenn sie wenig oder keine Risse haben darf. Solche Bodenplatten können, z. B. bei einer weißen Wanne, ca. 50 m lang werden oder auch etwas länger, ohne dass der Reibungswiderstand so groß wie die Risslast wird. Das hängt vor allem von der Größe des Reibungsbeiwertes ab. Insbesondere bei weißen Wannen, bei denen Trennrisse wegen der Dichtigkeitsfunktion der Außenhülle unerwünscht sind, werden auch gern Maßnahmen zur Reibungsverminderung getroffen, wie eine besonders glatte und feste Sauberkeitsschicht ggf. mit Folienzwischenlage oder eine reibungsvermindernde Untergrundvorbereitung.

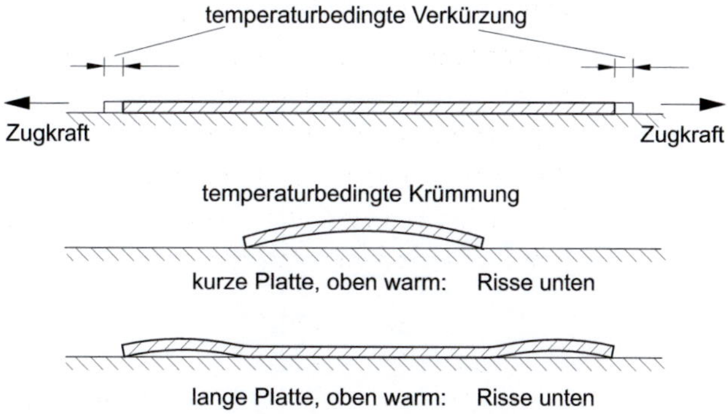

Bild 5.12 Temperaturbedingte Verformungen der Platte; oben: durch behinderte Verkürzung entsteht eine Zugkraft; Mitte und unten: Einseitige Erwärmung und Aufwölbung einer kurzen und einer langen Platte

Umgekehrt fördern Unebenheiten an der Plattenunterseite, wie Verstärkungen der Platte unter Stützen und Wänden, Doppelparkergruben, Pumpensümpfe usw., die Reibung und damit die Rissgefahr (Bild 5.13). Mit besonderen Vorkehrungen kann man solche ungünstigen Wirkungen vermindern. Z. B. sind vertikal vor das Bauwerk gegen den Baugrund gestellte Schaumstoffplatten so weich, dass nennenswerte Schwindverkürzungen nur ganz wenig behindert werden (vgl. Beispiel Nr. 5.3).

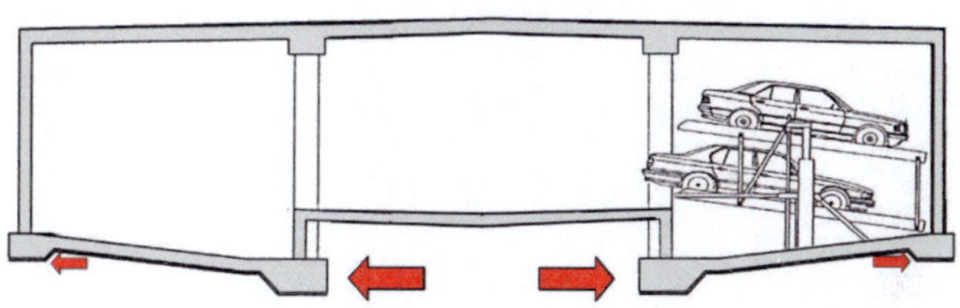

Bild 5.13 Doppelparkergruben in Tiefgaragen bieten größere Widerstände gegen eine Verkürzung infolge Schwindens (rote Pfeile)

Um die Reibungskräfte von Bodenplatten möglichst zu begrenzen, werden Platten mit ebener Unterfläche und mit zusätzlichen Hilfsmitteln eingesetzt. In Tabelle 5.1 sind einige Möglichkeiten für die Gestaltung von Gleitschichten mit den zugehörigen Reibungsbeiwerten angegeben.

Tabelle 5.1 Rechenwerte von Reibungsbeiwerten μ [5.1]

	Untergrund	Gleitschicht	erste Verschiebung		Wiederholte Verschiebung	
			min.	max.	min.	max.
	1	2	3	4	5	6
1	Mineralgemisch (Kies)	keine	1,4	2,1	1,3	1,5
2	Sandbett	keine	0,9	1,1	0,6	0,8
3	Unterbeton	2 Lagen PE-Folie	0,6	1,0	0,3	0,75
4	Unterbeton	PTFE-beschichtete Folie	0,2	0,5	0,2	0,3
5	Unterbeton	Bitumen B45-B80	0	0	0	0

Dass die Praxis manchmal auch anders ist als die Theorie, kann man Bild 5.14 und Bild 5.15 entnehmen. Bild 5.14 zeigt einen Bohrkern aus einer mit Stahlfasern bewehrten, nachträglich aufgebrachten Betonschicht in einem Nachklärbecken. Zur Reibungsverminderung wurden zwei Folien auf den Unterbeton gelegt und darauf betoniert. Schon beim Betonieren im Freien gab es Probleme mit den leichten Folien, die sich unter Windeinwirkung immer wieder aufwölbten und nicht zuverlässig fixiert werden konnten. Dass unter diesen Umständen nur mit größter Sorgfalt erfolgreich zu arbeiten ist, zeigt das Bild. Der Beton ist teilweise unter die Folien gelangt und schafft dadurch zusätzliche Reibungswiderstände und eine Querschnittsschwächung der Platte. Möglicherweise hängt die Rissbildung an dieser Stelle damit zusammen.

Bild 5.14 Bohrkern aus einer nachträglich in einem Nachklärbecken eingebauten Stahlfaserbetonschicht auf doppellagiger Folie. Der Riss in der Deckschicht beginnt an der dünnsten Stelle der Schicht über der Falte

In Bild 5.15 ist ein Bohrkern aus einer Bodenplatte abgebildet. Hier wurde direkt ohne Zwischenlage auf den Unterbeton betoniert mit dem Ergebnis, dass die Bodenplatte und der Unterbeton so gut aneinander haften, dass eine etwas dickere gemeinsame Bodenplatte entstanden ist. Die Reibung entsteht nicht - wie wahrscheinlich in der Berechnung angenommen - an der ebenen Plattenunterseite, sondern an der viel raueren Unterfläche des Unterbetons. Sie bewirkt eher eine unbeabsichtigte Verzahnung mit dem Untergrund, wodurch größere Reibungskräfte entstehen. Eine zuverlässige Trennung von Unterbeton und Konstruktionsbeton sollte in den Fällen immer gewährleistet werden, in denen es auf eine geringe Reibung und damit begrenzte Rissbildung ankommt. An die Ebenheit des Unterbetons sind höhere Anforderungen zu stellen.

Bei der Reibungsbehinderung der Plattenverformung infolge Temperaturänderungen oder Schwinden sind zwei verschiedene Fälle möglich (Bild 5.17). Entweder ist die Reibungskraft größer als die Risslast der Bodenplatte. Dann entstehen Trennrisse, vorzugsweise im mittleren Bereich der Platte. Oder die Reibungskraft ist kleiner als die Risslast. Dann entstehen theoretisch keine Risse. Praktisch ist eine Rissbildung jedoch nie ganz auszuschließen. Für diesen Fall ist nach DIN 1045-1 eine Bewehrung einzulegen, die nicht für die Risslast, sondern für die berechnete Schnittgröße (Reibungskraft) unter Einhaltung der Forderungen der Rissbreitenbegrenzung zu bemessen ist.

Die Schnittgröße berechnet man vereinfacht meist nach dem Coulombschen Gesetz

$$R = \mu \cdot F \tag{5.1}$$

mit R Reibungskraft

F vertikale Auflast

μ Reibungsbeiwert nach Tabelle 5.1.

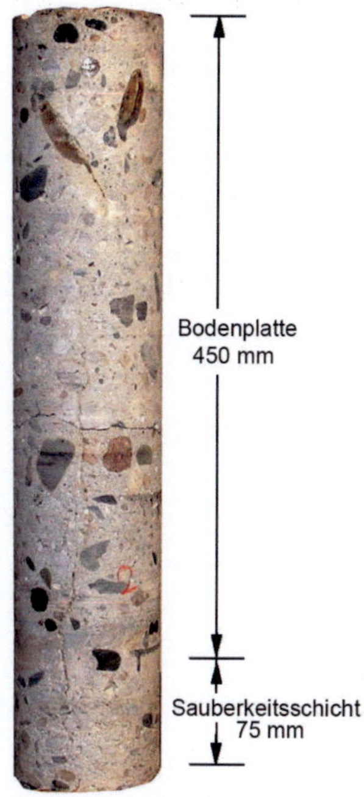

Bild 5.15 Bohrkern aus einer Bodenplatte mit fest anhaftender Sauberkeitsschicht

Reibung bei Rechteckplatten

Die Gleichung (5.1) kann für die Bodenplatte unter Eigenlast etwas weiter aufbereitet werden. Das Koordinatensystem wird dafür in die Mitte der Platte gelegt (Bilder 5.16 und 5.17).

Als vertikale Last wirkt nur die Eigenlast der Platte, die mit wachsender Entfernung vom Rand zur Mitte hin linear anwächst. Im Punkt $x = x_1$ (Bild 5.16) ist die zu bewegende vertikale Auflast für einen Plattenstreifen mit der Breite b

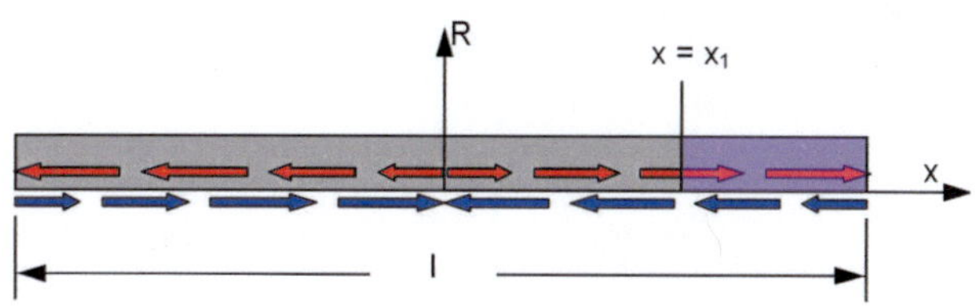

Bild 5.16 Koordinatensystem zur Berechnung der Reibungskraft

$$F(x_1) = (l/2 - x_1) \cdot b \cdot h \cdot \gamma_c \tag{5.2}$$

mit $F(x_1)$ vertikale Kraft im Punkt $x = x_1$ (Eigenlast im Bereich $x = x_1$ bis zum Rand)

b Breite der Platte

h Dicke der Platte

γ_c Rohdichte des Betons.

Die Reibungskraft beträgt im Punkt $x = x_1$:

$$R(x_1) = \mu \cdot F(x_1) = \mu \cdot (l/2 - x_1) \cdot b \cdot h \cdot \gamma_c \qquad (5.3).$$

Die Zugspannung im Beton errechnet sich zu

$$\sigma_c = R(x_1)/(b \cdot h)$$
$$\sigma_c = \mu \cdot (l/2 - x_1) \cdot \gamma_c \qquad (5.4).$$

In Plattenmitte (x = 0) beträgt der größte Zugspannungswert

$$\sigma_c = \mu \cdot \gamma_c \cdot l/2 .$$

Die horizontale Zugspannung aus Reibungswirkung ist für die Eigenlast der Platte als Auflast von der Plattendicke unabhängig. Mit dem größten Reibungsbeiwert aus Tabelle 5.1 von μ = 1,5 erhält man beispielsweise für eine 40 m lange Stahlbetonplatte unter ihrer Eigenlast eine zentrische Zugspannung in der Plattenmitte von

σ_{cmax} = 1,5 · 25 kN/m³ · 40 m/2 = 750 KN/m² bzw. 0,75 N/mm².

Das ist eine Zugspannung weit unterhalb der Betonzugfestigkeit. In diesem Falle ist die Bewehrung nicht für die Risslast, sondern für eine Betonzugfestigkeit von 0,75 N/mm² zu bemessen (Bild 5.17). Im Beispiel ist allein die Wirkung der Eigenlast der Platte vorausgesetzt. Tatsächlich sind sowohl im Bauzustand (abgelagerte Materialien und Geräte) als auch im Endzustand durch die Eigen- und Verkehrslast, z. B. eines Gebäudes, höhere Lasten wirksam. Damit werden auch die notwendigen Fugenabstände kleiner als die hier berechnete Länge. Zur Verminderung der Reibung und damit zur Verringerung der Mindestbewehrung in Bodenplatten gibt es ein einfaches aber wirksames Hilfsmittel.

In Bild 5.17 sind zwei Möglichkeiten zum Verlauf der Reibungskräfte in der Bodenplatte dargestellt.

- Unter a) wächst die Betonzugspannung durch die Reibungskraft linear bis zum Erreichen der Betonzugfestigkeit an (gelb unterlegt). Weiter kann sie nicht anwachsen, weil das der Risslast entspricht, die nach der Theorie wegen der konstant angenommenen Betonzugfestigkeit konstant ist. Im mittleren Bereich der Platte (orange unterlegt), in dem die rechnerische Betonzugspannung konstant ist, entstehen Risse rechtwinklig zur Zugspannung. Der Randbereich bleibt (theoretisch) rissfrei.
- Unter b) ist die Reibung so gering, dass die Betonzugspannung die Betonzugfestigkeit nicht erreicht. In diesem Fall müsste die Platte rissfrei bleiben. Leider beschreibt die Theorie die Realität nur unvollkommen. Man weiß natürlich, dass die konstant angenommene Betonzugfestigkeit stark streut. Deshalb ist nicht auszuschließen, dass an der Stelle eines unteren Streuwertes der Betonzugfestigkeit ein Riss entsteht, weil die Zugspannung aus dem Reibungswiderstand an dieser Stelle so groß ist, dass die verminderte Zugfestigkeit erreicht wird. Die an dieser Stelle verminderte Risslast führt dann zum Riss. Auch dieser Riss muss den Anforderungen an den Rechenwert der Rissbreite entsprechen. Das wird erreicht, indem die Mindestbewehrung für die

rechnerische Reibungskraft an dieser Stelle berechnet wird. Die gleiche Verfahrensweise gilt auch für die Randbereiche im Fall a), die gelb unterlegt sind.

Gegenüber einer Mindestbewehrung für die Risslast hat die Bemessung der Mindestbewehrung für die reale (kleinere) Schnittgröße ein beträchtliches Einsparpotenzial. Die gefärbten Flächen entsprechen der Bewehrung, die technisch notwendig ist. Verzichtet man auf die nach DIN 1045-1 zulässige Abminderung der Mindestbewehrung, dann gilt die Risslast als Bemessungsgrundlage.

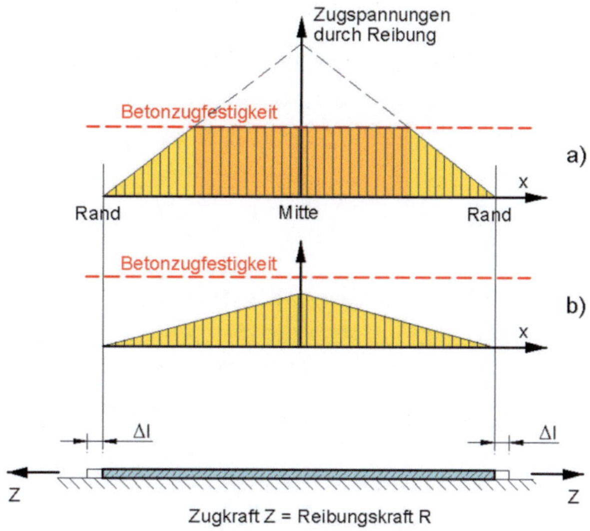

Bild 5.17 Zwei Fälle der Reibungsbehinderung
a) die Risslast wird in der Platte nicht erreicht (geringe Reibung)
b) die Risslast wird erreicht

Reibung bei kreisrunden Bodenplatten

Häufig sind Bodenplatten kreisrund, wie z. B. bei Becken mit unterschiedlicher Zweckbestimmung auf Kläranlagen. In runden Platten entsteht ein zentralsymmetrischer Spannungszustand mit gleich großen Zugspannungen in radialer und in tangentialer Richtung. Die Berechnung der Reibungsbehinderung muss gegenüber den Rechteckplatten etwas modifiziert werden (Bild 5.18).

Dazu wird ein Rundschnitt mit dem variablen Radius r gelegt, in dem die Zwangzugspannungen entstehen. Die grau eingefärbte äußere Kreisringfläche ist der zu bewegende Teil der Platte, der die radialen Zugspannungen im Rundschnitt verursacht. Die Vertikallast des zu bewegenden Plattenrings beträgt

$$F = \pi \cdot (R^2 - r^2) \cdot h \cdot \gamma_c \quad (5.5)$$

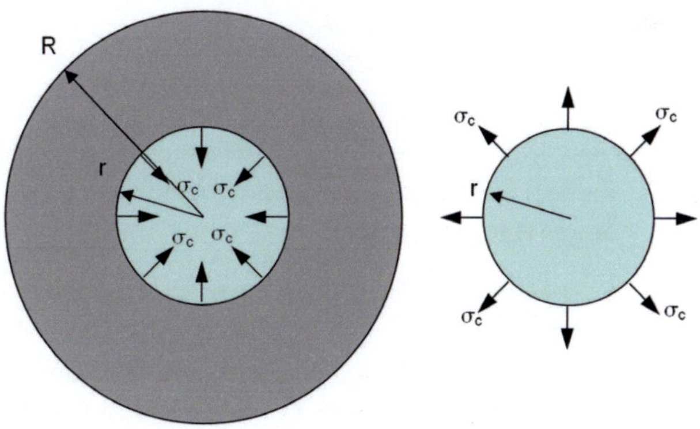

Bild 5.18 Bodenplatte im Grundriss; Rundschnitt zur Berechnung der Radialspannungen in der Bodenplatte infolge Reibung

mit F vertikale Last des anteiligen Plattenstreifens

R Radius der Platte

r Polarkoordinate

h Plattendicke

γ_c Rohdichte des Betons der Platte.

Die zentrische Zugspannung berechnet sich aus dieser Last, dividiert durch die Fläche des Ringschnitts ($A_c = 2 \cdot \pi \cdot r \cdot h$)

$$\sigma_c = 0{,}5 \cdot \mu \cdot r \cdot \left(\left(\frac{R}{r} \right)^2 - 1 \right) \cdot \gamma_c \qquad (5.6).$$

Die Zugspannungen in der Platte entlang des Radius verlaufen nicht linear wie bei der rechteckigen Bodenplatte (Bild 5.17), sondern steigen zum Mittelpunkt hin überproportional an. Im Zentrum gibt es rechnerisch einen singulären Punkt, weil die horizontal gezogene Betonfläche in diesem Punkt theoretisch gleich Null ist. In Bild 5.19 sind der Verlauf der radialen Zugspannungen und die abgestufte Mindestbewehrung dargestellt.

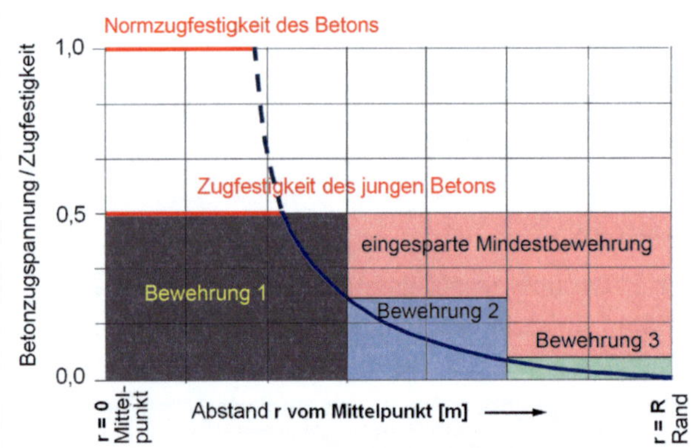

Bild 5.19 Zugspannungsverlauf in radialer Richtung

Im Randbereich ergibt sich eine Kreisringfläche, bei der die radialen und tangentialen Zugspannungen die Zugfestigkeit nicht erreichen. In diesem Bereich wird die Mindestbewehrung nicht für die Betonzugfestigkeit, sondern für eine kleinere Spannung infolge der Zugkraft bemessen. Im Bild 5.19 wurde die Mindestbewehrung in 3 Abstufungen ausgebildet. Die innere Kreisfläche wird ohne Abminderung bemessen. Der vorliegende Fall gilt für abfließende Hydratationswärme, bei der der junge Beton erst die Hälfte seiner Normzugfestigkeit erreicht hat. Viele Tragwerksplaner verzichten auf die abgeminderte Bewehrung in dem Bereich, wo die Risslast durch den Reibungswiderstand nicht erreicht wird. Das Bauwerk wird dadurch nur teurer aber nicht besser.

Im Beispiel nach Bild 5.19 darf man für den Bereich der Platte zum Rand hin die Mindestbewehrung weiter abmindern. Theoretisch entstehen in diesem Bereich keine Risse. Es kann aber die Situation eintreten, dass an einer Stelle die Betonzugfestigkeit als »Ausreißer« so niedrig ist, dass unter Wirkung der dort vorhandenen Zugspannung trotzdem ein Riss entsteht. Auch in diesem Ausnahmefall soll ein bestimmter Rechenwert der Rissbreite eingehalten werden. Deshalb ist bei weiterer Abminderung der Mindestbewehrung immer die berechnete Schnittgröße für die Bemessung der Mindestbewehrung maßgebend.

Reibungsvermindernde Maßnahmen lohnen sich besonders dort, wo es auf Rissfreiheit ankommt bzw. möglichst wenige Risse zugelassen sind. Das sind insbesondere wasserundurchlässige Bauwerke aus Beton, bei denen durch Trennrissbildung Leckstellen entstehen können. In Tabelle 5.1 sind Möglichkeiten für reibungsvermindernde Maßnahmen angegeben.

Ein Beispiel soll die Bemessung der Mindestbewehrung für eine runde Bodenplatte veranschaulichen, bei der der Verlauf der Reibungskräfte etwa dem Bild 5.19 entspricht.

Beispiel Nr. 5.3 Berechnung der Mindestbewehrung für die runde Bodenplatte eines Nachklärbeckens

Situation

Ein Nachklärbecken mit den Hauptabmessungen nach Bild 5.20 besitzt eine Bodenplatte mit 36,90 m Durchmesser (1069 m²). Für die Bodenplatte soll die Mindestbewehrung bestimmt werden. Maßgebend ist die Zwangbeanspruchung aus abfließender Hydratationswärme. Es wird mit einer Höchsttemperatur der Platte im Abbindeprozess von 35 °C gerechnet. Die Umgebungstemperatur wird mit 15 °C angesetzt. Die Zwangdehnung beträgt unter diesen Bedingungen bei einer Temperaturdifferenz von 20 K ε_{Zw} = 0,2 mm/m (Verkürzung). Das ist eine Größenordnung, bei der durch die Reibungsbehinderung Trennrisse entstehen können. Die Platte liegt auf einer 100 mm dicken Sauberkeitsschicht aus Beton C12/15, die wiederum auf einer 300 mm dicken Kiesschicht liegt. Zwischen Sauberkeitsschicht und Beckensohle liegen zwei PE-Folien zur Reibungsverminderung. Die Bodenplatte besteht aus Beton C30/37.

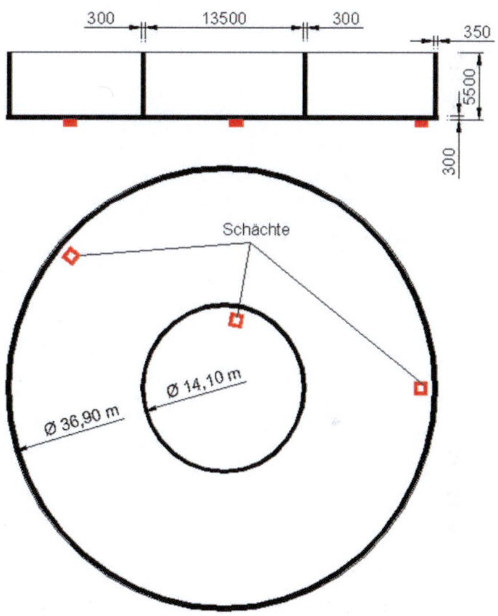

Bild 5.20 Belebungsbecken als Beispiel

Im Beckenboden sind drei Schächte mit äußeren Abmessungen von 1,10 m x 1,10 m angeordnet. Ihre Unterfläche liegt 600 mm unter der Unterfläche der Beckensohle. Sie behindern die Bewegung der Bodenplatte bei der Verkürzung und werden gesondert behandelt.

Lösung

Zunächst wird die Zugspannung infolge der Bodenreibung bestimmt. Nach Gleichung (5.6) errechnet sich die Betonzugspannung:

$$\sigma_c = 0{,}5 \cdot \mu \cdot r \cdot \left(\left(\frac{R}{r} \right)^2 - 1 \right) \cdot \gamma_c \,.$$

Der Reibungsbeiwert beträgt für die Lagerung der Bodenplatte auf 2 Lagen PE-Folie und Unterbeton $\mu = 0{,}6$ bis 1,0 (Tabelle 5.1). Gewählt wird $\mu = 0{,}6$. Der Radius beträgt 18,45 m. Damit lautet die Funktion für die radiale und tangentiale Betonzugspannung σ_c ($\gamma_c = 25\,\text{kN/m}^2$):

$$\sigma_c = 0{,}5 \cdot 0{,}6 \cdot r[(18{,}45/r)^2 - 1] \cdot 25$$

$$\sigma_c = 2553/r - 7{,}5 \cdot r.$$

Im Mittelpunkt ist σ_c für $r = 0$ nicht definiert (Division durch 0). Am Rand beträgt $\sigma_c = 0$ für $r = R$. Die Kurve ist in Bild 5.21 dargestellt. Für die Mindestbewehrung ist die Betonzugfestigkeit zum Zeitpunkt der Erstrissbildung maßgebend. Für Erstrissbildung durch abfließende Hydratationswärme wird die Betonzugfestigkeit mit der halben Normzugfestigkeit angesetzt. Das ist ein Wert von $f_{ct,eff} = 1{,}45\,\text{N/mm}^2$. Größer können die Betonzugspannungen nicht werden, weil dann die Risslast erreicht ist.

Die rechnerischen Betonzugspannungen in der Platte sind nur in Nähe des Zentrums höher als die Betonzugfestigkeit, etwa innerhalb eines Kreises mit einem Radius von 1,80 m. Nur in diesem Bereich ist die Betonzugfestigkeit für die Bemessung der Mindestbewehrung maßgebend, weil dort Risse entstehen können. Wegen einer sinnvollen Abstufung der Bewehrung wurde für diese Fläche ein etwas größerer Radius von 2,60 m gewählt. Die so gewählte Fläche von 21 m² (2 % der Gesamtfläche) erhält die Mindestbewehrung nach Risslast.

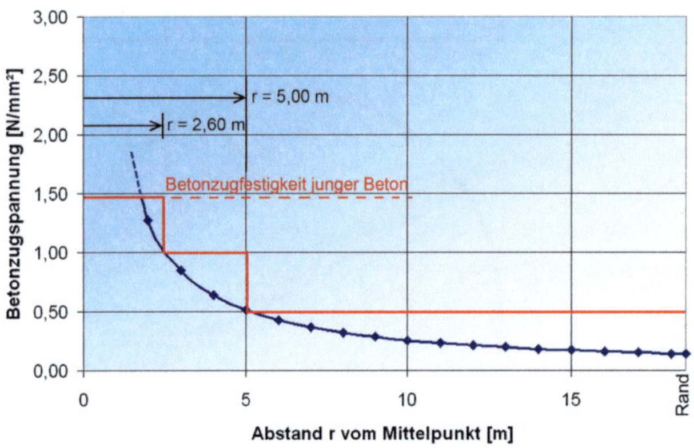

Bild 5.21 Kurve der Betonzugfestigkeit in der Bodenplatte (Zahlenbeispiel)

Die beiden anderen Bereiche – in Bild 5.21 mit einer roten Stufengeraden umhüllt – mit der äußeren Begrenzung bei r = 5 m (5 % der Fläche) bzw. r = 18,45 m (Rand, 93 % der Fläche) erhalten eine kleinere Mindestbewehrung für eine abgeminderte Betonzugfestigkeit nach der berechneten Zugspannung von 1,00 N/mm² bzw. 0,50 N/mm².

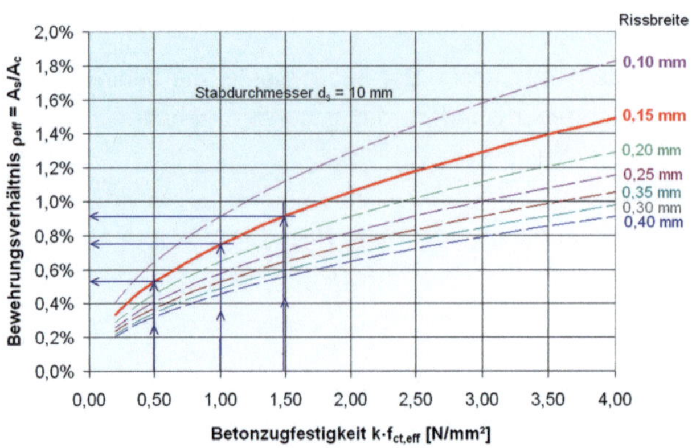

Bild 5.22 Bestimmung der Mindestbewehrung mit dem Diagramm Bild 3.14

Für die Bestimmung der Mindestbewehrung in allen drei Bereichen wird das entsprechende Diagramm Bild 3.13 bis Bild 3.15 herangezogen. Als zulässiger

Rechenwert der Rissbreite wird w_k = 0,15 mm und als Stabdurchmesser d_s = 10 mm gewählt. Dafür gilt das Diagramm Bild 3.14.

In Bild 5.22 ist dieses Diagramm mit den Hilfslinien für das Zahlenbeispiel wiedergegeben. Man liest ab:

für Betonzugfestigkeit	$f_{ct,eff} = 1{,}49\ N/mm^2$	$\rho_{eff} = 0{,}93\,\%$
für Betonzugfestigkeit	$f_{ct,eff} = 1{,}00\ N/mm^2$	$\rho_{eff} = 0{,}75\,\%$
für Betonzugfestigkeit	$f_{ct,eff} = 0{,}50\ N/mm^2$	$\rho_{eff} = 0{,}53\,\%$.

Die Zugbeanspruchung in der runden Bodenplatte verläuft in gleicher Größe radial und tangential. In der gleichen Richtung müsste die Bewehrung gelegt werden. Man kann aber auch eine orthogonale Bewehrung als Matten verlegen. Insbesondere in der Mitte der Platte wird man aus Platzgründen die orthogonale Bewehrung bevorzugen.

Das entspricht für eine 300 mm dicke Platte folgenden Bewehrungsflächen für den Querschnitt

Innenkreis	$A_s = 0{,}93\,\% \cdot 100\ cm \cdot 30\ cm = 27{,}9\ cm^2/m$
mittlere Kreisringfläche	$A_s = 0{,}75\,\% \cdot 100\ cm \cdot 30\ cm = 22{,}5\ cm^2/m$
äußere Kreisringfläche	$A_s = 0{,}53\,\% \cdot 100\ cm \cdot 30\ cm = 15{,}9\ cm^2/m$.

Die errechneten Flächen sind je zur Hälfte an der Ober- bzw. Unterseite einzubauen. In Bild 5.23 sind die Flächen sowie die zugehörige Bewehrung eingetragen.

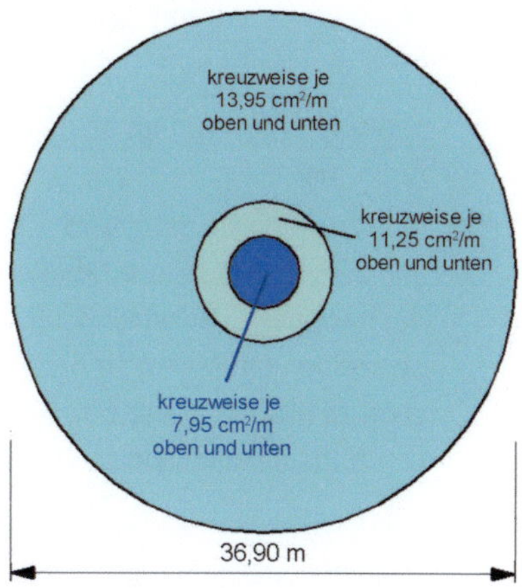

Bild 5.23 Zahlenbeispiel: Mindestbewehrung in der Bodenplatte für Stabdurchmesser d_s = 10 mm

Unebene Unterflächen

Es gehört zu den anerkannten technischen Regeln, dass die Unterflächen von Bodenplatten eben auszubilden sind, damit die Reibung möglichst wenig behindert wird. Das gilt insbesondere für fugenlose Bauwerke oder große Fugenabstände. In diesen Fällen ist mit Verschiebungen der Bodenplatten zu rechnen, die mittige Zugkräfte in der Platte hervorrufen und damit eine Rissbildung begünstigen. Da solche Risse Trennrisse sind, sind sie bei wasserundurchlässigen Bauwerken aus Beton besonders unangenehm. Die Forderung nach Ebenheit der Unterfläche bedeutet in erster Linie, dass die ebene Bodenplatte alle Lasten in den Baugrund ableiten kann, ohne dass punkt- oder linienförmige Verstärkungen oder Fundamente (Vertiefungen) erforderlich sind.

Etwas anders ist das bei kleineren Vertiefungen wie sie z. B. als Pumpensumpf oder Schacht in vielen Bauwerken gebraucht werden. Unter welchen Bedingungen kann man sie unberücksichtigt lassen? Wo liegen die Grenzen? Mit den folgenden Ausführungen sollen Ansätze zur Beantwortung dieser Fragen dargelegt werden.

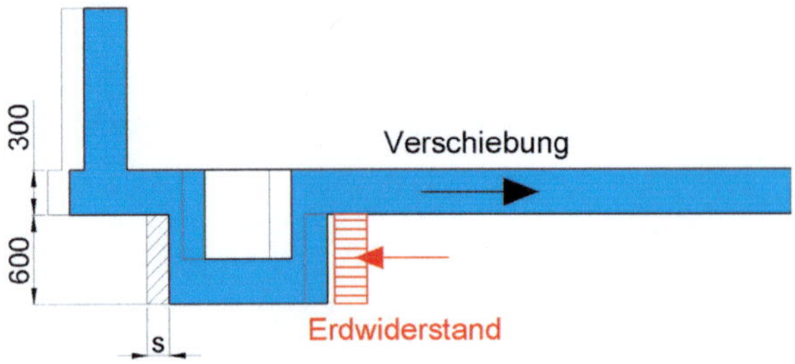

Bild 5.24 Randbereich einer Beckensohle mit Schacht

Als Beispiel wird eine runde Beckensohle mit drei Schächten nach Bild 5.20 untersucht. Unebenheiten der Beckensohle wirken sich erst dann auf die Beanspruchung der Sohle aus, wenn sie sich verschiebt. Eine Verschiebung tritt z. B. dann ein, wenn sich die Bodenplatte durch abfließende Hydratationswärme oder durch Schwinden des Betons verkleinert. Dann bildet sich ein Ruhepunkt heraus, auf den die Bewegung aller Punkte der Platte gerichtet ist. Bei der ebenen Platte ist der Mittelpunkt der Ruhepunkt. Je weiter ein Punkt vom Ruhepunkt entfernt ist, umso größer ist die Verschiebung. In Bild 5.24 ist ein Teil einer Bodenplatte im Randbereich dargestellt, in dem sich ein Schacht befindet.

Bei einer horizontalen Verschiebung um den Betrag s in Richtung Plattenmittelpunkt baut sich vor der Schachtwand, die dem Ruhepunkt zugewandt ist, allmählich ein Erdwiderstand auf. Er wächst mit zunehmender Verschiebung.

Im Beispiel Nr. 5.3 wurde mit einem Temperaturunterschied von 20 K beim Abkühlen des Betons nach der Hydratation gerechnet. Die Seite des Schachtes, auf der der Erdwiderstand wirkt, ist vom Mittelpunkt der Platte 16,50 m entfernt. Die absolute Verschiebung beträgt daher (ohne Behinderung)

$$s = 0{,}2\,\text{mm/m} \cdot 16{,}50\,\text{m} = 4{,}95\,\text{mm} \approx 5\,\text{mm}.$$

In DIN 4085-10 Baugrund - Berechnung des Erddrucks [5.2] ist im Anhang B *Erläuterungen zum Erddruck* die Tabelle BBB.1 enthalten, in der Anhaltswerte für die zur Erzeugung der passiven Erddruckkraft (Erdwiderstand) erforderlichen Wandbewegungen (s_p) für einen nichtbindigen Boden zu finden sind. Bei einer Parallelverschiebung der Wand (hier: Stirnseite des Schachtes) beträgt die bezogene Wandbewegung $s_p/h = -0{,}08 \cdot D + 0{,}12$ (für $D > 0{,}3$). Beispielsweise wird hier die Lagerungsdichte mit $D = 0{,}45$ angenommen. Dann gilt

$$s_p/h = -0{,}08 \cdot 0{,}4 + 0{,}12 = 0{,}09.$$

Mit h = 600 mm beträgt die für die Aktivierung des Erdwiderstands notwendige Verschiebung

$$s_p = 0{,}09 \cdot 600\,\text{mm} = 5{,}4\,\text{mm} > s = 4{,}95\,\text{mm}.$$

Die tatsächliche Verschiebung des Schachtes liegt mit rund 5 mm in der Größenordnung, die für die Aktivierung des Erdwiderstandes notwendig ist. Deshalb wird empfohlen, vor dem Verfüllen der Baugrube eine leicht verformbare Platte (z. B. aus Kunststoffschaum) an die vertikale Wand zu stellen, an der der Erdwiderstand entsteht. Sie soll in der Lage sein, sich leicht um 5 mm zusammen drücken zu lassen. Dadurch können zusätzliche behindernde Kräfte vermieden oder begrenzt werden. So kann man die Mindestbewehrung so berechnen, als wenn der oder die Schächte nicht vorhanden wären.

Größere Bodenplatten wie im Beispiel Nr. 5.3 mit einem Durchmesser von 36,90 m und einer Dicke von 300 mm haben ein so großes Betonvolumen, dass sie nicht ohne Arbeitsunterbrechungen hergestellt werden. Im vorliegenden Beispiel beträgt das Betonvolumen der Platte rund 320 m³. Die Herstellung der Platte in mehreren Abschnitten mildert die Rissgefahr, weil die Bauteillängen und damit die Reibungskräfte für den Fall der abfließenden Hydratationswärme kleiner werden als im Endzustand. Unter diesen Umständen ist es möglich, dass der Erstriss nicht bei abfließender Hydratationswärme, sondern später entsteht. Bei der Erstrissbildung zu einem späteren Zeitpunkt werden sich zunächst die Arbeitsfugen öffnen, in denen die Betonzugfestigkeit so klein ist, dass man sie gleich Null setzen muss. Das bedeutet, dass für die Rissbildung in der Arbeitsfuge praktisch keine Risslast existiert.

In der Arbeitsfuge ist die gleiche Mindestbewehrung einzulegen wie in der restlichen Platte bzw. wie in der Umgebung der Arbeitsfuge. Dann kann sich die Arbeitsfuge nicht weiter öffnen als Risse in ihrer Umgebung. Bild 5.25 zeigt ein schlechtes Beispiel für eine Arbeitsfuge in der Bodenplatte einer Tiefgarage. Sie hat sich soweit geöffnet, dass sogar die rissüberbrückende Beschichtung gerissen ist.

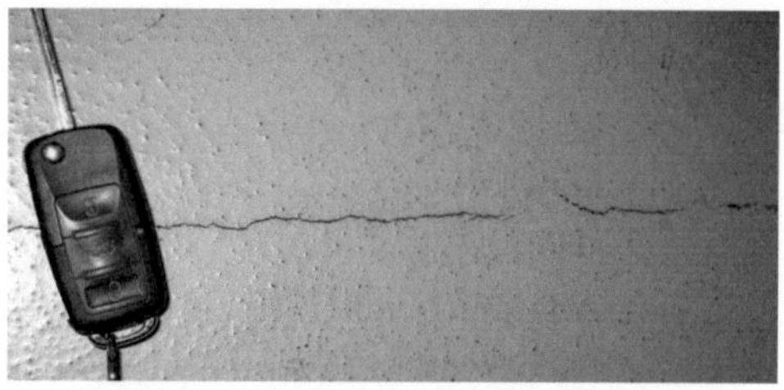

Bild 5.25 Sich abzeichnende Arbeitsfuge in der Bodenplatte einer Tiefgarage

Hallenfußboden mit Scheinfugen

Wenn die zu erwartenden Bewegungen einer Bodenplatte so groß werden, dass man sie konstruktiv nicht beherrscht, dann kann man die Platte durch Anordnung von Fugen in mehrere kleinere Abschnitte unterteilen, die jeweils beherrschbar sind. Eine solche Verfahrensweise ist bei Hallenfußböden verbreitet. Sie werden häufig aus Stahlfaserbeton auf Trennfolie als eine durchgehende Fläche gebaut, die unmittelbar nach der Erhärtung durch eingeschnittene Scheinfugen in Felder mit etwa 6 m Seitenlänge unterteilt wird. Dadurch kann sich jedes Feld in Abschnitten von rund 6 m x 6 m unabhängig bewegen, was ohne Rissbildung in den Teilflächen möglich ist. Die Scheinfugen haben zunächst die Breite des Schneidwerkzeugs und öffnen sich im Laufe der Zeit etwas. Als Beispiel zur Bestimmung der zu erwartenden Fugenöffnung soll eine Bodenplatte in einer Druckereihalle behandelt werden. Für sie liegen Messwerte über den Schwindverlauf vor, die einen Vergleich mit den Rechenwerten gestatten.

Beispiel Nr. 5.4 Monolithischer Hallenfußboden mit eingeschnittenen Scheinfugen

Situation

Der 150 mm dicke Fußboden mit einem Anteil von 20 Kg/m³ Stahlfasern wurde in einem Zug betoniert. Die Scheinfugen wurden in den noch jungen Beton 50 mm tief eingeschnitten (Querschnittsschwächung 33 %). Der geringe Anteil von Stahlfasern hat praktisch keinen Einfluss auf die Festigkeits- und Verformungseigenschaften des Betons.

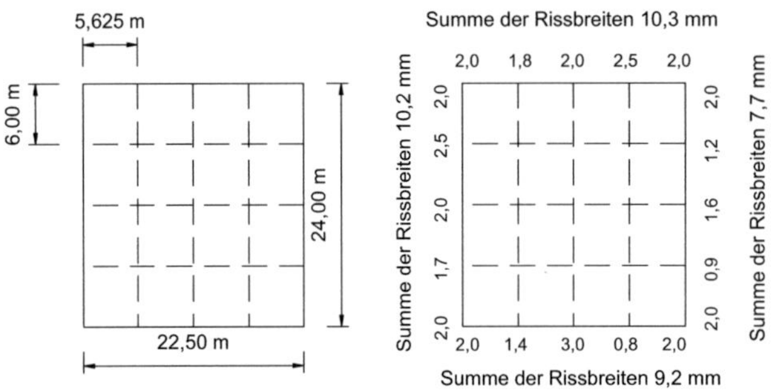

Bild 5.26 Grundriss einer Halle mit im Betonfußboden eingeschnittenen Scheinfugen. Links: Scheinfugenraster; rechts: Öffnung der Scheinfugen nach zwei Jahren (Rissbreiten in Millimeter)

Das Raster von 6 m in einer Richtung und 5,625 m rechtwinklig dazu ist im Grundriss Bild 5.26 dargestellt. Die nahezu quadratischen Felder (insgesamt 4 · 4 = 16 Felder) konnten sich nach Überwindung der Zugfestigkeit an den Sollrissstellen infolge Schwindens verkürzen. Die Öffnung der Scheinfugen wurde nach zwei Jahren gemessen. Die Messergebnisse sind in Bild 5.26 angegeben. Die beabsichtigte Wirkung, dass sich alle Platten unabhängig voneinander verkürzen können, ist eingetreten, wie die Öffnung aller Fugen zeigt.

Die bezogenen Verkürzungen betragen	9,2 mm/22,5 m	= 0,40 mm/m
bzw.	10,3 mm/22,5 m	= 0,46 mm/m.
In der anderen Richtung sind die Werte	10,2 mm/24,0 m	= 0,42 mm/m
bzw.	7,7 mm/24,0 m	= 0,32 mm/m.

Zum Vergleich der Messwerte mit den Rechenwerten nach der DIN 1045-1 sollen folgende Angaben dienen:

Aufstelltemperatur:	Spätsommer 1993, Lufttemperaturen durchschnittlich 20 °C
Lufttemperatur (Tagesmittel):	nahezu konstant 20 °C. Aus der Temperaturänderung sind deshalb keine Verformungsanteile der Bodenplatte zum Untersuchungszeitpunkt zu berücksichtigen.
Beton:	Zusammensetzung nicht bekannt. B 25 nach alter DIN 1045 mit geschätztem f_{ck} = 20 N/mm² (Die Tabellen der DIN 1045-1 beziehen sich auf die am Zylinder festgestellte charakteristische Festigkeit, die kleiner ist als die Würfelfestigkeit nach der alten DIN 1045).

Zementfestigkeit: nicht bekannt; Annahme: 32,5 R bzw. 42,5.

relative Luftfeuchtigkeit: während der Nutzung ca. 50 %.

Schwindverformung

Die wirksame Bauteildicke $h_0 = 2A_c/u$ beträgt $h_0 = 2 \cdot$ Bauteildicke $= 2 \cdot 150 = 300$ mm.

Aus dem Diagramm der DIN 1045-1 (Bild 5.27) erhält man mit diesen Werten bzw. Annahmen das Endschwindmaß für das Trocknungsschwinden mit $\varepsilon_{cds} = -0{,}63$ mm/m. Nach zwei Jahren ist das Endschwindmaß noch nicht erreicht. Nach Bild 1.17 beträgt der Anteil am Endschwindmaß für $h_0 = 300$ mm, nach 2 Jahren etwa 45 %. Das entspricht einem Wert von $0{,}45 \cdot (-0{,}63) = -0{,}28$ mm/m.

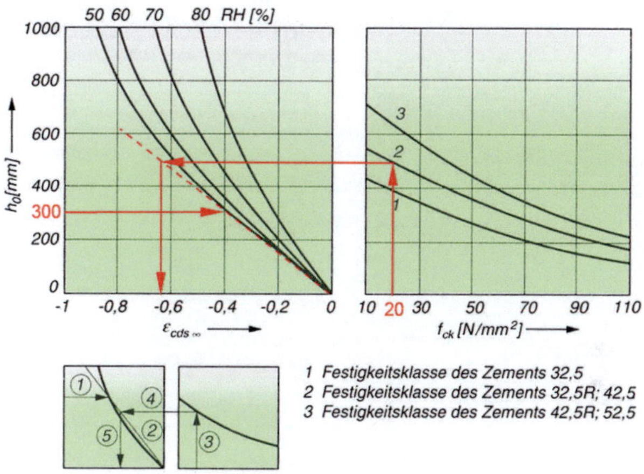

Bild 5.27 Ermittlung des Endschwindmaßes des Trocknungsschwindens für das Beispiel. Ergebnis $\varepsilon_{cds} = -0{,}63$ mm/m

Der Anteil der Schrumpfdehnung ist nach Bild 1.8 gering. Er beträgt -0,05 mm/m und ist nach zwei Jahren praktisch abgeschlossen.

Rechnerisch ergibt sich nach DIN 1045-1 folgendes Schwindmaß für den Zustand nach zwei Jahren:

aus Trocknungsschwindverformung - 0,28 mm/m

aus Schrumpfdehnung nach zwei Jahren - 0,05 mm/m

aktuelles Schwindmaß nach zwei Jahren - 0,33 mm/m.

Diese Abschätzung stimmt gut mit den Messwerten überein, die zwischen 0,32 mm/m und 0,46 mm/m liegen. Sie lässt eine Prognose für die weitere Schwindverformung zu:

Endschwindmaß Trocknungsschwinden - 0,63 mm/m

aus Schrumpfdehnung - 0,05 mm/m

Endschwindmaß - 0,68 mm/m

Differenz zum aktuellen Schwindmaß - 0,35 mm/m.

Das Endschwindmaß wird frühestens nach 10 bis 15 Jahren erreicht und wird zusätzlich etwa die gleiche Scheinfugenöffnung bewirken, wie sie bisher eingetreten ist. Die Scheinfugen werden sich dann in ihrer Breite von durchschnittlich 1,8 mm auf 3,5 bis 4 mm erweitern.

Risse können in unbewehrten Bodenplatten nur dann vermieden werden, wenn die Flächen durch Fugen unterteilt werden. Dann kann sich die Bewegung durch Schwinden und Temperaturänderungen in den Fugen vollziehen, ohne dass in den Teilflächen Risse entstehen. Dass dabei der richtige Fugenabstand zu wählen ist, zeigt das folgende Beispiel.

Beispiel Nr. 5.5 Zu großer Fugenabstand führt zu Rissen in unbewehrten Betonflächen

Bild 5.28 Deutliche Einzelrisse in der Betonplatte, die mit 100 mm Dicke als Fahrbahnbelag dient

Situation

Das Dach über einem Einkaufsmarkt ist als Parkplatz ausgebildet worden. Über der Stahlbetondachkonstruktion liegt auf einer Dampfsperre ein Gefälleestrich auf 80 mm Polyurethan-Dämmplatten und Dachdichtung. Als obere Schicht wurden 100 mm dicke monolithische Betonplatten, bewehrt mit Kunststofffasern, auf zwei Lagen Trennfolie aufgebracht. Sie werden durch ein Scheinfugenraster von 5 m x 5 m gebildet. Die Bewehrung des Betons mit Kunststofffasern hat im erhärteten Beton keine Wirkung und kann vernachlässigt werden. In der Planung war ein Fugenabstand von 2,5 m x 2,5 m vorgesehen. Die Bauleitung hat den Fugenabstand aus Kostengründen in Absprache mit dem Bauherrn auf 5 m x 5 m verdoppelt. Schon bald nach der Inbetriebnahme der Fläche sind die ersten Risse entstanden (Bild 5.28).

Der Vergleich der Risskartierung für die gesamte Fläche nach 1 ½ Jahren und nach 4 Jahren zeigt, dass in dieser Zeit nach und nach in fast allen Feldern Risse entstanden sind (Bild 5.29). Es handelt sich um auffällige Einzelrisse, die etwa in Plattenmitte parallel zu

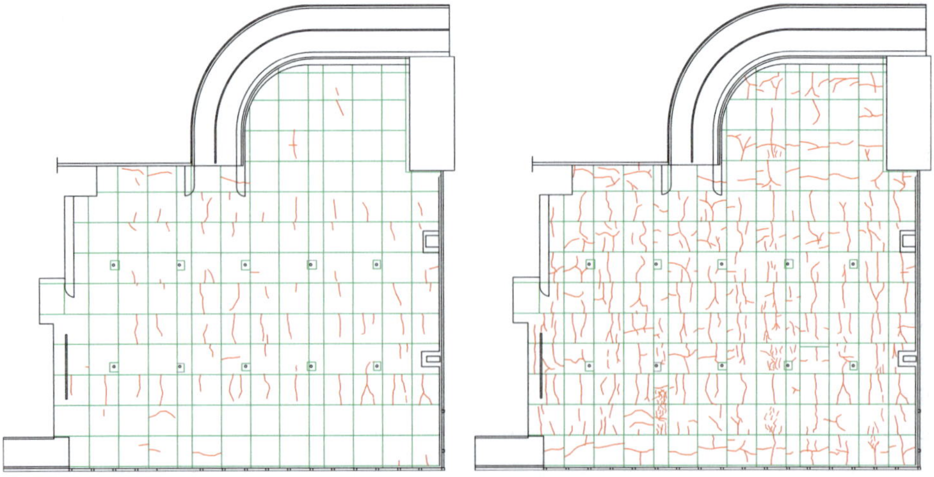

Bild 5.29 Rissbilder der Fläche nach 1 ½ (links) und nach 4 Jahren (rechts)

zwei Rändern verlaufen und Rissbreiten bis zu 4 mm haben. An den Rändern der Fläche sind Verschiebungen der Betonplatten nach außen sichtbar (Bild 5.30). Die große Rissbreite verwundert nicht, weil die Fläche unbewehrt ist und dadurch keine Rückstellkräfte gegenüber der Rissöffnung wirksam sind.

Bild 5.30 Deutliche Verformungen der Fugenmasse an den Randfugen deuten auf eine Verschiebung der Ränder der gesamten Fläche hin

Rissursache

Die Plattenfelder sind im erhärteten Zustand praktisch unbewehrt, weil die Kunststofffasern nur für den Frischbeton eine Bewehrungswirkung besitzen. Es gibt mehrere Rissursachen, die erst in der Summe zum Schaden führten. Primäre Ursache ist das sogenannte »Aufschüsseln« der 100 mm dicken Platten durch ungleichmäßiges Schwinden (schnellere Austrocknung an der Luftseite) unterstützt durch niedrige Oberflächentemperaturen. Zunächst reißen die Scheinfugen relativ schnell auf, wodurch sich jedes Plattenfeld unabhängig bewegen kann. Parallel dazu stellt sich eine konkave Plattenkrümmung durch schnelleres Schwinden der Oberfläche ein, die nur durch die Platteneigenlast behindert wird. Die Plattenränder heben sich etwas an. Das Biegemoment des angehobenen Plattenrandes aus Eigenlast ist nicht groß genug, um die Biegezugfestigkeit des Betons zu erreichen. Wenn ein PKW den Plattenrand befährt und nach unten drückt, vergrößert sich die Kragarmlänge auf der anderen Seite. Dadurch wird das Eigenlastmoment größer, die Platte bricht ab, und der angehobene Plattenteil fällt nach unten (Bild 5.31).

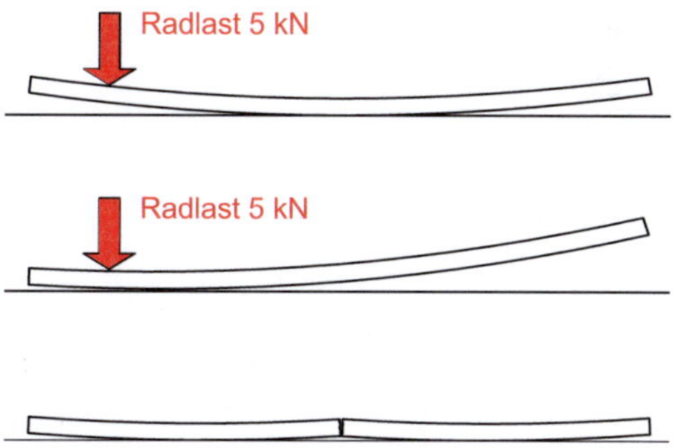

Bild 5.31 Aufschüsselung der Plattenränder und Belastung durch PKW-Rad

In den unbewehrten Betonplatten bedeutet jeder Riss ein Durchbrechen der Platte, weil Biegerisse wegen der fehlenden Zugzone nicht möglich sind. Der Prozess verläuft allmählich über mehrere Jahre, weil die Schwindverformung nur langsam wächst und der Temperatureinfluss das Aufschüsseln nur im Winter unterstützt. Der PKW-Verkehr auf der Fläche unterliegt Zufälligkeiten, sodass die Risse nur allmählich entstehen. So bekommen nach und nach alle Platten ihren Riss. Offensichtlich ist die Beanspruchung der Platten nach dem Riss überwiegend in Plattenmitte nicht mehr so groß, dass die Platten weitere Risse bekommen. Das zeigt, dass das ursprüngliche Fugenraster von 2,50 m x 2,50 m richtig gewählt war. Durch die Verdopplung der Feldgröße von 2,50 m Seitenlänge auf 5 m wurden die Platten bei Randbelastung am anderen Rand angehoben und brachen dann durch ihre Eigenlast und die PKW-Radlast ab.

Die Scheinfugen und auch die entstandenen Risse öffnen sich durch die Schwindverkürzung und durch Abkühlung im Winter. In die geöffneten Scheinfugen gelangt Schmutz, der die Fuge allmählich soweit füllt, dass eine temperaturbedingte Verengung der Fuge nicht mehr möglich ist. So »wächst« die gesamte Fläche allmählich, vergrößert ihre Außenabmessungen (Bild 5.30) und drückt auf die Vergussfugen am äußeren Abschluss und natürlich auch auf die Attika. So hat sich der in der Planung ursprünglich vorgesehene Scheinfugenabstand von 2,50 m von selbst eingestellt. Allerdings sieht man die Scheinfuge nun als unregelmäßig verlaufenden Riss und nicht als geradlinige Scheinfuge.

Die Hauptursache des Schadens war die nachträgliche Vergrößerung des Fugenabstands von geplant 2,50 m auf 5,00 m. Dadurch haben sich die Plattenränder viel stärker angehoben als es beim geplanten Fugenabstand der Fall gewesen wäre. Im Beispiel Nr. 2.2 sind die zu erwartenden Krümmungen der Oberfläche für beide Fugenabstände abgeschätzt worden. Der Plattenrand hebt sich nach Bild 5.32 allein aus Schwinden rechnerisch

bei einem Fugenabstand von 2,50 m um w = 1,6 mm,

bei einem Fugenabstand von 5,00 m um w = 6,2 mm.

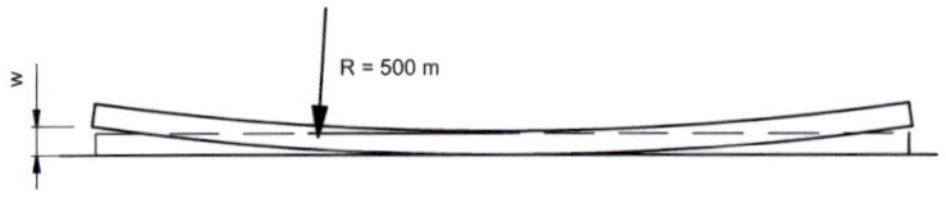

Bild 5.32 Maß w für das Abheben des Plattenrandes

Bei dem vergrößerten Fugenabstand von 5 m heben sich die Plattenränder durch die Schwinddifferenz zwischen Ober- und Unterseite rund viermal so viel an wie bei dem planmäßigen Fugenabstand von 2,50 m. Damit ist die Gefahr der Beschädigung der Platten beim Befahren mit PKW bedeutend größer als nach der ursprünglichen Planung.

Instandsetzung

Die unbewehrte Betonfläche ist irreparabel beschädigt. Ein früherer Instandsetzungsversuch mit einer kraftschlüssigen Verpressung, der ohne Sachverstand durchgeführt wurde, hat keinen Erfolg gebracht (Bild 5.33). Vermutlich wurden durch die hohen Injektionsdrücke die Platten auf der reibungsarmen Folie nur noch etwas auseinander geschoben. In die Risse sind durch die Nutzung Verschmutzungen eingedrungen, die nach der temperaturbedingten Rissöffnung kein Zusammenziehen bei Erwärmung mehr zuließen. Der erfolglose Sanierungsversuch ist der beste Beweis dafür, dass die Fläche irreparabel beschädigt ist und ausgewechselt werden muss.

Bild 5.33 Spuren eines sinnlosen Sanierungsversuches mit einer kraftschlüssigen Rissverpressung

Die für das Füllen von Rissen entwickelten Techniken sind hier nicht angebracht, weil das Problem nur mit einer Verstärkung der Platte oder einem engeren Fugenabstand lösbar ist. Man kann eine unbewehrte Betonplatte weder durch eine kraftschlüssige Rissinjektion noch auf andere Art verstärken. Der Fugenabstand darf wie geplant 2,50 m nicht übersteigen. Eine Alternative ist das Betonverbundpflaster, das wegen seiner geringen Konstruktionsdicke und Eigenlast sowie einer gewissen Flexibilität hier gut geeignet ist.

Bodenplatten werden nur bei Verkehrsflächen durch nennenswerte Vertikallasten beansprucht. In Kellern kann eine Vertikalbelastung mit umgekehrtem Vorzeichen durch Auftrieb eintreten. Es kommt relativ häufig vor, dass ein Bauwerk in zeitweilig stauendem Sickerwasser steht und dieser Umstand bei der Festlegung des Bemessungswasserstandes nicht berücksichtigt worden ist. Dadurch erhält die Platte während der Nutzung unplanmäßig Auftriebskräfte. Eine Überbeanspruchung kann bereits dadurch eintreten, dass der Auftrieb nur wenige Stunden oder Tage wirkt. Solche Situationen werden in der Planung manchmal unterschätzt und der Keller nicht für dieses zeitweilig drückende Wasser ausgebildet. Die Folge sind Biegerisse an der Oberfläche durch die Auftriebswirkung und Undichtigkeiten. An den beiden folgenden Beispielen soll das erläutert werden.

Beispiel Nr. 5.6 Risse durch eine erst nachträglich festgestellte Auftriebswirkung

Situation

In einem Kellerraum einer ansonsten nicht unterkellerten Produktionshalle hat sich ein annähernd gerade verlaufender Riss parallel zu den Längswänden gebildet, durch den Wasser in den Keller eindringt (Bild 5.34). Nach Baugrundgutachten liegt der Grundwasserspiegel zeitweilig unter der Gründungssohle.

Rissursache

Die falsche Einschätzung des Bemessungswasserspiegels - hier wäre ein zeitweilig stauender Sickerwasserspiegel maßgebend - hat zu einer unplanmäßigen Beanspruchung durch Auftrieb geführt, die die Bodenplatte nach oben gedrückt hat. Die Bodenplatte war nicht für den Auftrieb bemessen und ist deshalb auch bei einem geringen Grundwasserstand von ca. 0,80 m über Unterfläche Bodenplatte gerissen. Auftrieb kann erst dann gefährlich werden, wenn seine Wirkung größer ist als die Eigenlast der Platte. Das entspricht einer Wasserspiegelhöhe über der Unterfläche der Platte von mehr als der 2,5-fachen Plattendicke. Bei 200 mm Plattendicke genügt ein Wasserspiegel von $2{,}5 \cdot 200 = 500$ mm über Unterfläche der Bodenplatte, um ihre Eigenlast zu kompensieren - die Platte »schwebt«, weil Eigenlast und Auftrieb im Gleichgewicht stehen. Steigt der Wasserspiegel weiter an, dann wirkt der Auftrieb als Last von unten auf die

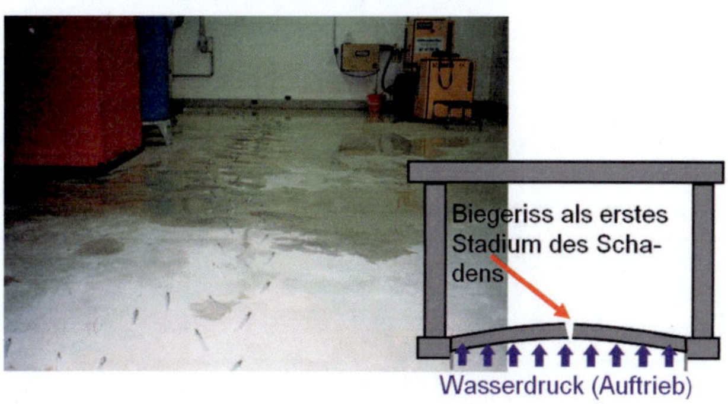

Bild 5.34 Längsriss in einem Keller durch Auftriebswirkung bei zeitweilig aufgestautem Sickerwasser

Bodenplatte und die Rissgefahr steigt. In Bild 5.34 ist die Situation schematisch dargestellt. Man erkennt auch, dass die Vorgänge durch Setzung der Fundamente unterstützt werden können, wenn die Bodenplatte mitgenommen und auf den Untergrund gedrückt wird.

Instandsetzung

Eine Nachbesserung erfordert die Verstärkung der Bewehrung in der Platte oder eine größere Plattendicke, was praktisch auf einen Ersatz der vorhandenen Platte hinausläuft. Wenn die Raumhöhe einen Aufbeton zulässt, ist auch eine Verstärkung durch eine nachträgliche Betonschicht möglich. Sie muss kraftschlüssig mit der alten Platte verbunden und in das Tragsystem eingebunden werden.

Beispiel Nr. 5.7 Aus Biegerissen können durch Lasten mit wechselndem Vorzeichen Trennrisse entstehen

Situation

Eine Tiefgarage für eine Wohnanlage wurde teilweise als Kellergeschoss und teilweise als unterkellerte Hoffläche oberhalb des Grundwasserspiegels gebaut. Die Gründung besteht aus Einzelfundamenten für die Stützen und Streifenfundamenten für die Wände (Bild 5.35). Die Bodenplatte hat nur eine geringe konstruktive Bewehrung (Matten Q221 oben und unten), weil mit trockenem Baugrund gerechnet wurde. Noch in der Rohbauphase zeigten sich auffällig viele Risse in der Bodenplatte, die z.T. wasserführend waren. Darauf hin hat man die Bodenplatte in den Fundamenten verankert und die Randfugen zwischen Bodenplatte und Wänden bzw. Streifenfundamenten als Vergussfuge abgedichtet. Die Abdichtung war durch die Schwindverkürzungen der Platte nach wenigen Wochen unwirksam und die Zahl der wasserführenden Risse nahm nach der Inbetriebnahme zu. Das Rissbild ist in Bild 5.35 angegeben. Kurze Risse, die von den Ecken der Stützenfundamente ausgehen, wurden in der Zeichnung weggelassen, weil sie durch die Schwindverkürzung und deren Behinderung an den Fundamentecken entstanden sind. Auffällig ist, dass die Risse im häufiger befahrenen Eingangsbereich besonders zahlreich sind.

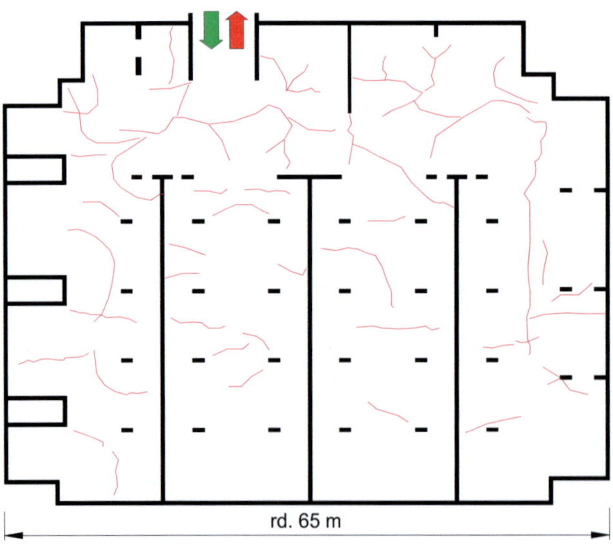

Bild 5.35 Grundriss einer Tiefgarage mit eingezeichneten unregelmäßigen Rissen in der Bodenplatte

Rissursache

Der Bemessungswasserspiegel wurde ohne Berücksichtigung von zeitweilig stauendem Sickerwasser zu niedrig festgelegt. In der statischen Berechnung wurde deshalb keine Auftriebsbeanspruchung berücksichtigt. Obwohl die trockene Baugrube diese Annahme zu bestätigen schien, ist bei dem wenig durchlässigen Baugrund immer mit zeitweilig stauendem Sickerwasser zu rechnen. Das traf auch im vorliegenden Fall zu. Die zeitweilige Auftriebswirkung des unplanmäßigen drückenden Wassers hat die Platte von unten belastet und an der Oberfläche sichtbare Biegerisse verursacht. Die Auftriebwirkung war am Eingangstor auch daran spürbar, dass am Tor etwas Höhe fehlte und es schwer zu öffnen und zu schließen war.

Der zeitweilig wirkende Auftrieb verursacht negative Biegemomente, in den Feldern entstehen an der Oberseite Zugspannungen und dadurch bedingt oben offene Biegerisse. Außer dem Auftrieb wirken die Fahrzeuglasten auf die Bodenplatte. Wahrscheinlich ist die Platteneinsenkung unter den Radlasten auf dem durchweichten Planum größer als ohne das äußere, zeitweilig drückende Wasser. Dadurch biegt sich die Platte unter den Radlasten nach unten durch, an der Unterseite entstehen unten offene Risse. Die Wahrscheinlichkeit ist groß, dass die unten offenen und die oben offenen Risse sich vereinigen und damit zu Trennrissen werden. So kann durch die ursprünglichen Biegerisse Wasser in das Innere gelangen. In Bild 5.37 sind die beiden Lastfälle schematisch dargestellt.

Die Tiefgarage taucht etwa 800 mm in den Stauwasserspiegel ein. Dem zeitweilig wirkenden Auftrieb von $0{,}80\,m \cdot 10\,KN/m^3 = 8\,KN/m^2$ steht die Eigenlast der 250 mm dicken Platte von $0{,}25\,m \cdot 25\,KN/m^3 = 6{,}25\,KN/m^2$ gegenüber. Die Bodenplatte erhält eine Flächenlast von unten in Höhe von $8{,}0 - 6{,}25 = 1{,}75\,kN/m^2$, die an der Oberseite Biegezugspannungen erzeugt. Als Zugbewehrung wirkt eine ohne Berechnung konstruktiv gewählte Matte Q 221.

Die Druckzonenhöhe und damit die Risstiefe können für den Rechteckquerschnitt mit elementaren Mitteln der Theorie des Stahlbetons bestimmt werden. Da es sich um Beanspruchungen im Gebrauchszustand und nicht im Grenzzustand der Tragfähigkeit handelt, kann man eine dreieckförmige Spannungsverteilung in der Druckzone ansetzen. Zu bestimmen ist die Nulllinienlage, ausgedrückt durch die Druckzonenhöhe x. Dafür gibt es zwei Bedingungen:

- die Gleichgewichtsbedingung Stahlzugkraft Z_s ist gleich der Betondruckkraft D_c
- das Verhältnis der Randspannungen wird unter der Annahme ermittelt, dass die Dehnungen proportional zum Abstand von der Nulllinie wachsen.

Die Bezeichnungen sind aus Bild 5.36 zu entnehmen [5.3].

$$D_c = \sigma_c \cdot b \cdot x/2$$

$$Z_s = \sigma_s \cdot A_s.$$

$$\sigma_c \cdot b \cdot x/2 = \sigma_s \cdot A_s$$

$$\sigma_c \cdot b \cdot x/2 = \sigma_s \cdot A_s$$

$$\sigma_c = \sigma_s \cdot \frac{2 \cdot A_s}{b \cdot x} \tag{5.7}$$

Das Verhältnis der Randspannungen σ_c/σ_s lässt sich nach Bild 5.36 auch aus den geometrischen Bedingungen unter der Voraussetzung des Ebenbleibens des gerissenen Querschnitts ableiten:

$$\frac{\sigma_c}{\sigma_s \cdot /(E_s / E_c)} = \frac{x}{d - x} \text{ oder } \sigma_c = \frac{\sigma_s}{\alpha_e} \cdot \frac{x}{d - x} \tag{5.8}$$

mit $\alpha_e = \frac{E_s}{E_c}$

$$\sigma_c = \sigma_s \cdot \frac{2 \cdot A_s}{b \cdot x}.$$

Durch Gleichsetzen der Gleichungen (5.7) und (5.8) ergibt sich

$$\frac{\sigma_s}{\alpha_e} \cdot \frac{x}{d - x} = \sigma_s \cdot \frac{2 \cdot A_s}{b \cdot x}$$

oder

$$\frac{x}{d - x} = \alpha_e \cdot \frac{2 \cdot A_s}{b \cdot x} \text{ bzw.}$$

$$b \cdot x^2 = -\alpha_e \cdot 2 \cdot A_s \cdot x + \alpha_e \cdot 2 \cdot A_s \cdot d$$

$$x^2 + \frac{2 \cdot \alpha_e \cdot A_s}{b} \cdot x - \frac{2 \cdot \alpha_e \cdot A_s \cdot d}{b} = 0.$$

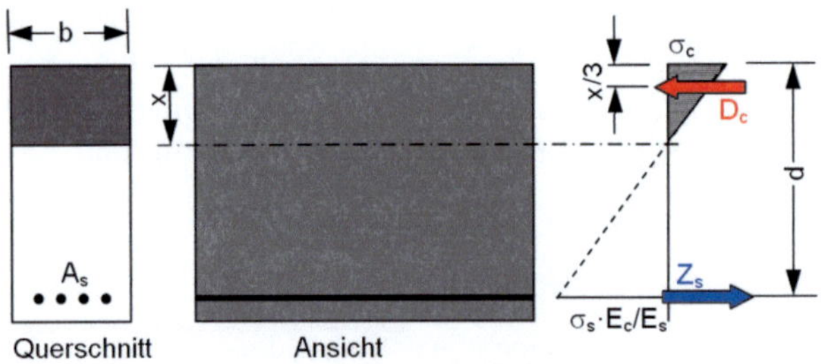

Bild 5.36 Rechteckquerschnitt mit reiner Biegung, gerissene Zugzone, dreieckförmige Spannungsverteilung im Gebrauchszustand

Die Lösung der quadratischen Gleichung lautet

$$x = \alpha_e \cdot \frac{A_s}{b} \cdot \left[-1 + \sqrt{1 + \frac{2 \cdot b \cdot d}{A_s \cdot \alpha_e}} \right] \tag{5.9}$$

mit α_e Verhältnis der E-Moduln von Stahl und Beton $\alpha_e = E_s/E_c$

σ_c Betonrandspannung (Druck)

b Querschnittsbreite, bei Platten üblicherweise 1 m

x Höhe der Druckzone

σ_s Stahlspannung in der Zugbewehrung

A_s Stahlfläche.

Für Biegung mit Längskraft und für doppelte Bewehrung werden die Gleichungen etwas aufwändiger [5.3]. Bemerkenswert ist, dass die Druckzonenhöhe nicht von der Beanspruchung abhängt, sondern nur von den Baustoffeigenschaften und den Querschnittsabmessungen einschließlich der Bewehrungsgeometrie. Grundsätzlich gilt, dass eine geringe Bewehrung (schwache Zugzone) nur eine kleine Druckzone mit geringerer Druckzonenhöhe erfordert. Entsprechend groß ist bei geringer Bewehrung die Risstiefe.

Für den geschilderten Fall werden folgende Werte benutzt:

Dicke der Bodenplatte	$h = 250\,\text{mm}$
Nutzhöhe	$d = 210\,\text{mm}$
Stahlfläche (Q 221) jeweils oben und unten	$A_s = 2{,}21\,\text{cm}^2$
Elastizitätsmodul des Betons	$E_c = E_{cm} = 30\,000\,\text{N/mm}^2$
Elastizitätsmodul des Stahls	$E_s = 200\,000\,\text{N/mm}^2$.

Mit diesen Zahlen erhält man bei Vernachlässigung der Bewehrung in der Druckzone

$x = 23\,\text{mm}$.

Das bedeutet, dass der Riss bis zu einer Tiefe von 250 – 23 = 227 mm aufreißt, was einem Anteil an der Plattendicke von 91 % entspricht. Nach der WU-Richtlinie wäre hier eine Druckzonenhöhe notwendig von

bei einem Größtkorn von 16 mm	$x \geq 30\,\text{mm}$
bei einem Größtkorn von 32 mm	$x \geq 32 \cdot 1{,}5 \approx 50\,\text{mm}$.

Fährt nun ein PKW mit einer Masse von 1 bis 2 Tonnen über das Feld mit dem Biegeriss an der Oberseite, dann kehrt sich die Beanspruchung um. An der Unterseite entsteht Zug und der Querschnitt reißt wieder bis fast an die Oberseite auf (227 mm von unten). Es ist sehr wahrscheinlich, dass der neue Riss an der Unterseite die Schwachstelle des bereits bestehenden Risses findet. Dabei wird der erste Biegeriss an der Oberseite überdrückt. Hat sich der PKW entfernt, überwiegt wieder der Wasserdruck von unten. Er öffnet den ursprünglichen Riss an der Oberseite, und muss dabei die frühere Zugzone überdrücken. Aus den Rissflanken brechen feine Partikel heraus, die einen wasserdichten Verschluss des überdrückten Risses nicht mehr zulassen: Nach mehreren Lastspielen ist der ursprüngliche Biegeriss ein wasserführender Trennriss (Bild 5.37).

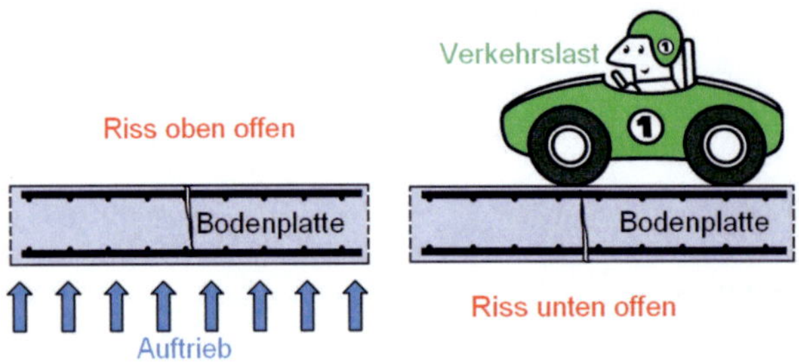

Bild 5.37 Entstehung eines Trennrisses aus wechselnder Biegebeanspruchung (Auftrieb bzw. Verkehrsbelastung)

Instandsetzung

Eine Instandsetzung ist nur durch Verstärkung der Bodenplatte oder durch Ableitung des Wassers mit einer Dränage möglich. Die erste Lösung bedeutet entweder eine Vergrößerung der Plattendicke mit entsprechender Bewehrung oder eine Auswechslung der Bodenplatte.

5.3 Risse in tragenden Stahlbetonwänden durch abfließende Hydratationswärme (Monolithbeton)

Wände aus Stahlbeton gehören zu den häufig vorkommenden Bauteilen. Bei ordnungsgemäßer Bemessung sind aus Lastwirkungen keine ungewöhnlichen Rissbildungen zu erwarten. Ein nur mit hohem Aufwand lösbares Rissproblem gibt es beim Betonieren von monolithischen Wänden auf eine bereits früher betonierte Bodenplatte bzw. auf ein Fundament. Der Beton entwickelt bei der Hydratation Wärme - die Oberflächentemperaturen können bei normalen Lufttemperaturen bis weit über 30 °C ansteigen. Solange der frische Beton noch plastisch formbar ist, kann er sich unter dieser Wärmeentwicklung ohne Behinderung ausdehnen.

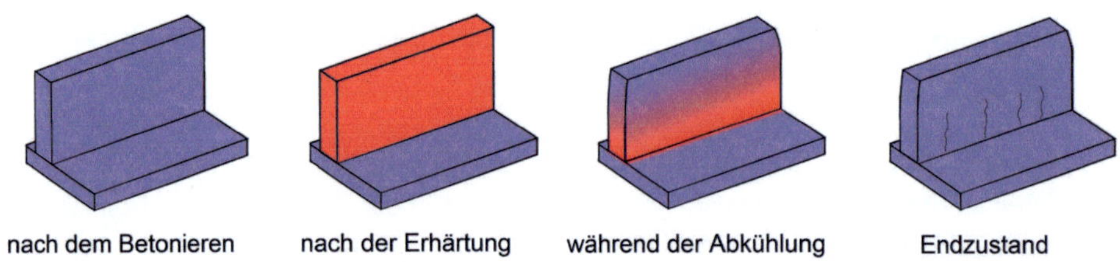

Bild 5.38 Trennrisse in einer Wand durch behinderte Verkürzung infolge abfließender Abbindewärme. Die Erwärmung ist durch rote Färbung dargestellt

Anders ist das beim Abkühlen, nachdem die Wärmeentwicklung ihren Höhepunkt erreicht und überschritten hat. Der Beton ist nach der Erstarrung nicht mehr beliebig verformbar und kann sich wegen der Behinderung an der Arbeitsfuge zur Bodenplatte nicht so verkürzen, wie das die Abkühlung auf die Umgebungstemperatur erfordert. An der Wandunterseite entstehen wegen der Behinderung der Wandverkürzung horizontale Zugspannungen, die über die Wanddicke gleichmäßig verteilt sind. Sie verursachen vertikale Trennrisse in der Wand. In Bild 5.38 sind die Vorgänge schematisch dargestellt. Eine umfassende Behandlung dieser Erscheinung ist in [5.4], [5.5] und [5.6] enthalten.

Die Erwärmung des erhärtenden Zements beim Abbinden ist ein objektiver Vorgang, der beeinflusst, aber nicht unterdrückt werden kann. Durch den Wärmeabfluss entsteht ein Temperaturgefälle zwischen der frisch betonierten Wand und der Bodenplatte mit Umgebungstemperatur. Je größer der Temperaturunterschied - besser: der Dehnungsunterschied - zwischen den beiden Bauteilen ist, umso größer sind die Verformungsbehinderung beim Abfließen der Hydratationswärme und die Rissgefahr. Die Temperaturdifferenz beträgt je nach den konkreten Bedingungen bis 25 K. Das entspricht einem Dehnungsunterschied von 0,25 mm/m, der größer ist als die Bruchdehnung des erhärteten Betons von rund 0,1 mm/m. Selbst wenn man plastische Verformungen und einen damit verbundenen Abbau der Zugspannungen berücksichtigt, ist der Dehnungsunterschied groß genug, um zu Rissen gemäß Bild 5.38 zu führen.

Möglichkeiten zur Beeinflussung des Temperaturverlaufs wurden in [5.4] und [5.5] untersucht. Die Ergebnisse sind in Bild 5.39 bis Bild 5.43 in Form von Diagrammen dargestellt.

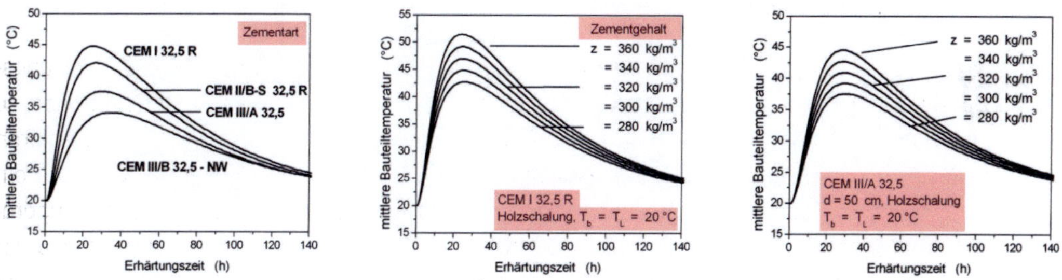

Bild 5.39 Einfluss von Zementart und -gehalt auf den Temperaturverlauf

Mit der Wahl der Zementart sowie der Zementmenge kann die Bauteiltemperatur ganz erheblich beeinflusst werden. In Bild 5.39 (links) sieht man, dass der Zement CEM III/B 32,5 - NW die niedrigste Temperatur entwickelt, während Portlandzement CEM I 32,5 R eine hohe Wärmeentwicklung besitzt. Beides korrespondiert mit der Entwicklung der Druckfestigkeit. Betone, die Hochofenzement enthalten, binden langsamer ab. Es ist deshalb gebräuchlich, für den Nachweis der Normfestigkeit bei solchen Betonen ein Alter von 56 Tagen zu vereinbaren. Der Zementgehalt hat einen etwas geringeren Einfluss auf die Temperaturdifferenz. Die Bauteiltemperatur steigt mit wachsendem Zementgehalt (Bild 5.39 Mitte und links).

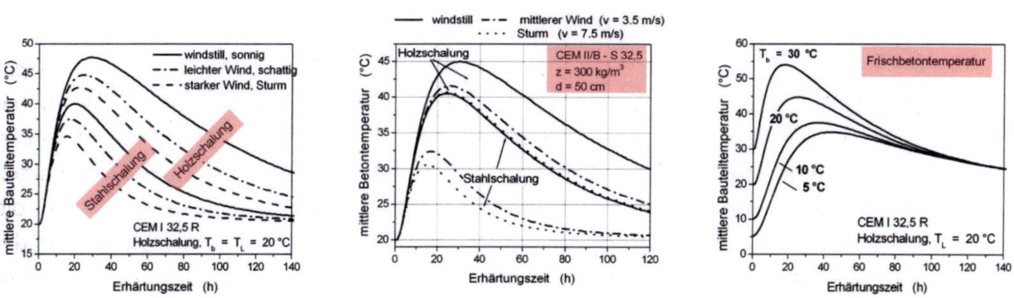

Bild 5.40 Einfluss der Art der Schalung und der Frischbetontemperatur auf den Temperaturverlauf

Der Abfluss der Hydratationswärme wird maßgeblich von den Dämmeigenschaften des Schalungsmaterials und dem Luftaustausch an der Schalungsaußenfläche bestimmt. Das ist in Bild 5.40 (links und Mitte) dargestellt. Eine Stahlschalung leitet die Wärme schneller ab als eine Holzschalung. Mit zunehmender Windgeschwindigkeit kühlt der Beton schneller aus.

In Bild 5.40 rechts ist die größte Beeinflussbarkeit zu sehen: die Frischbetontemperatur. Mit der Absenkung der Frischbetontemperatur kann die Wandtemperatur am wirksamsten beeinflusst werden. Allerdings ist das auch die teuerste Methode, weil sie mit elementaren Mitteln nicht realisierbar ist. Eine wirksame Abkühlung der Frischbetontemperatur erfordert, z. B. in den Sommermonaten, die Zugabe von Eis oder flüssigem Stickstoff. Das wird nur dort realisierbar sein, wo es auf Rissfreiheit ankommt und der Bauherr bereit ist, die hohen Kosten zu tragen.

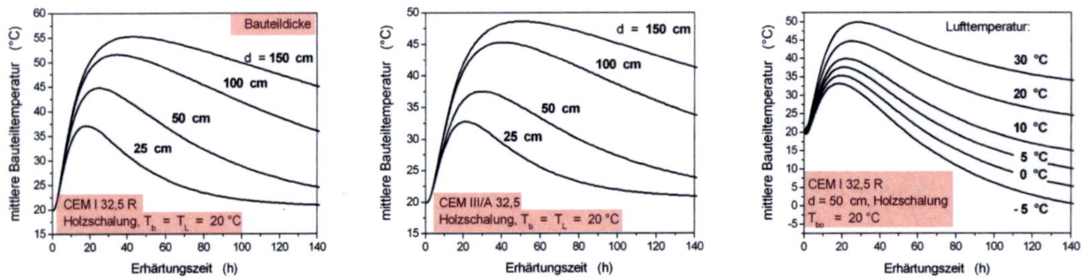

Bild 5.41 Einfluss der Bauteildicke und der Lufttemperatur auf den Temperaturverlauf

Bild 5.41 (links und Mitte) zeigt den Einfluss der Bauteildicke auf den Temperaturverlauf beim Abfließen der Hydratationswärme. Dicke Bauteile entwickeln eine höhere Temperatur als dünne. Die Bauteildicke kann jedoch i. d. R. nicht verändert werden. Deshalb sind vor allem die oben geschilderten Möglichkeiten zur Herabsetzung der Bauteiltemperaturen zu nutzen. In Bild 5.41 rechts ist der Einfluss der Lufttemperatur dargestellt, der indirekt auch die Frischbetontemperatur beeinflusst.

Durch geeignete Wahl des Betonierzeitpunktes kann die Frischbetontemperatur ohne zusätzliche Maßnahmen um einige Kelvin niedriger gehalten werden. Das ist im konkreten Fall unter den jeweiligen Umständen abzuwägen. Man kann allgemein davon ausgehen, dass die tiefsten Lufttemperaturen in der Nacht herrschen. Wenn man diese Zeit nutzen kann, dann ist das für die Entwicklung der Hydratationswärme von Vorteil. Z. B. lässt sich bei einer Lufttemperatur von 20 °C eine um ca. 6 K niedrigere Bauteiltemperatur (im gewählten Beispiel) erreichen als bei einer Lufttemperatur von 30 °C.

Da beim Betonieren einer Wand auf ein bereits vorher betoniertes Fundament immer eine Rissgefahr besteht, wählt man eine horizontale Mindestbewehrung, mit der gewisse Rechenwerte der Rissbreite nicht überschritten werden sollen. Die Rechenwerte der Rissbreite sind entweder aus der zutreffenden Expositionsklasse der DIN 1045-1 (für die Dauerhaftigkeit) oder aus der WU-Richtlinie [3.5] zur Erfüllung der Dichtigkeitsanforderung auszuwählen.

Diese Mindestbewehrung ist nur bei einer Wand im jungen Alter von bis zu sieben Tagen notwendig. Danach tritt die Beanspruchung aus der abfließenden Abbindewärme nicht mehr auf. Deshalb liegt es nahe, nur das unbedingte Minimum an Bewehrung für einen nur einmal auftretenden Lastfall zu wählen. Die Mindestbewehrung wird so gewählt, dass die Risslast bei Einhaltung eines Rechenwertes der Rissbreite in die Bewehrung umgeleitet werden kann. Sie ist deshalb der Betonzugfestigkeit proportional. Eine hohe Betonzugfestigkeit erfordert mehr Bewehrung als eine geringe. Da es sich hier um noch jungen Beton handelt, kann man auch mit einer geringeren als der Normfestigkeit nach 28 Tagen rechnen. Die DIN 1045-1 trägt diesem Umstand Rechnung und erlaubt für die Bestimmung der Mindestbewehrung eine Abminderung der Betonzugfestigkeit auf 50 %, oder es wird ein vorher gemessener Wert benutzt. Diese Abminderung der Betonzugfestigkeit auf 50 % erscheint angesichts häufig zu beobachtender Rissbreiten über 0,4 oder gar 0,5 mm etwas zu gering angesetzt. Man sollte die Festigkeitsentwicklung im Zweifelsfall, z. B. anhand von Literaturangaben oder mit Hilfe eines Rechenprogramms, genauer untersuchen. Zu beachten ist, dass die Zugfestigkeit im jungen Beton rascher wächst als die Druckfestigkeit.

Die Längsspannungen in einer monolithisch gefertigten Wand infolge des Abfließens der Hydratationswärme verlaufen ähnlich wie in Bild 5.42 dargestellt. In einer mathematischen Simulation wurden die Spannungen aus dem Lastfall »abfließende Hydratationswärme« für vorher gewählte Abmessungen und andere Bedingungen berechnet. Deswegen ist Bild 5.42 nicht allgemein gültig, sondern als Beispiel anzusehen. Die Längsspannungen sind in der Wand zwar symmetrisch, aber sehr ungleichmäßig verteilt. Das Zugspannungsmaximum liegt in der Wandmitte an der Unterseite, dort, wo auch die Behinderung am größten ist. An der Wandkrone entstehen nennenswerte Druckspannungen, die in abnehmender Größe bis etwa zur halben Wandhöhe hinabreichen.

Je nach dem Verhältnis von Wandhöhe zu Wandlänge enden die Risse innerhalb der Wand oder reichen bis an die Wandkrone. Das ist darauf zurückzuführen, dass die Zugkraft an der Wandunterseite in die Wand eingeleitet wird und sich dort über die Höhe ausbreitet. Bei kurzen Wänden ist das nur unvollkommen möglich, bei langen erreicht man in der Mitte der Wand nach einer gewissen Einleitungslänge eine nahezu gleichmäßige Spannungsverteilung über die Wandhöhe.

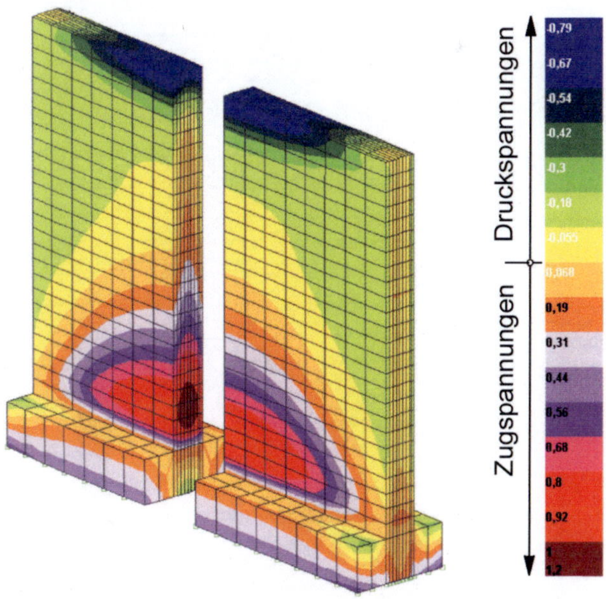

Bild 5.42 Längsspannungsverteilung einer Wand [N/mm²] sieben Tage nach dem Betonieren [5.7] (in der Mitte zur Veranschaulichung aufgeschnitten)

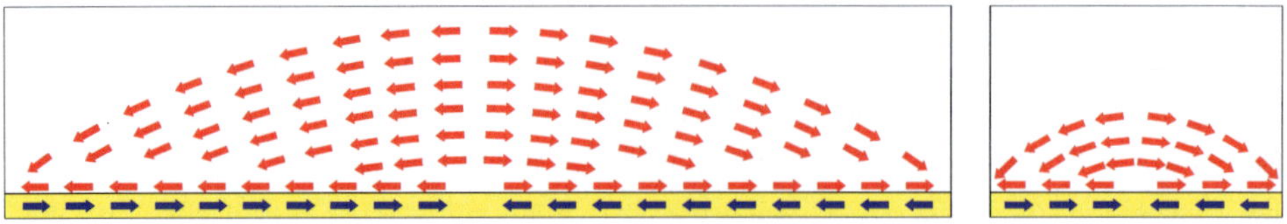

Bild 5.43 Ausbreitung der Zugkraft (schematisch) in einer langen (links) und kurzen Wand (rechts)

Aus der schematischen Darstellung in Bild 5.43 sieht man, dass sich die Zugspannungen bei langen Wänden im mittleren Bereich bis zur Wandkrone ausbreiten können, während eine kurze Wand hauptsächlich an der Wandunterseite auf Zug beansprucht wird. In Bild 5.44 ist der Verlauf der Längszugspannungen für unterschiedlich lange Wände auf einer vorher betonierten, starren Betonunterlage angegeben. Im Bild ist das so dargestellt, dass man die lange Wand durch Fugen in jeweils gleich lange Abschnitte unterteilt hat. So kann man die Wirkung von Bewegungsfugen für diesen Beanspruchungsfall erkennen. Die berechneten Längsspannungen bestätigen den in Bild 5.43 qualitativ angegebenen Verlauf der Längsspannungen. Je länger eine Wand im Vergleich zu ihrer Höhe ist, umso gleichmäßiger verlaufen die Längszugspannungen im mittleren Wandbereich über die Höhe. Beim Verhältnis von Wandlänge/Wandhöhe = 1 entstehen geringe Druckspannungen in Wandmitte am oberen Rand.

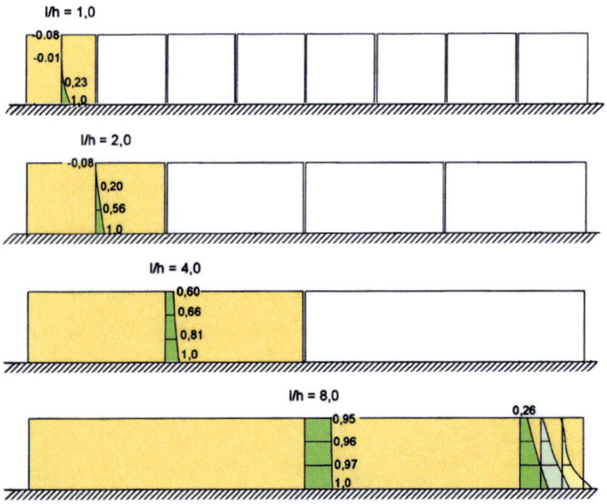

Bild 5.44 Horizontale Zwangspannungen in Wänden in Abhängigkeit vom Verhältnis Wandlänge/Wandhöhe (z. B. durch Fugenteilung) [2.3]

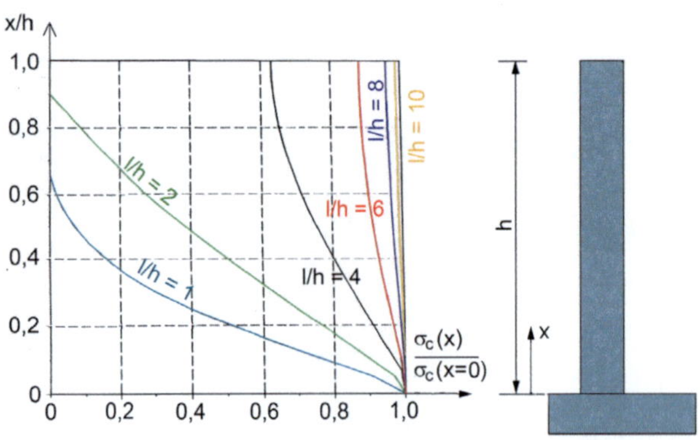

Bild 5.45 Bezogene Zugspannung über die Wandhöhe in Wandmitte [2.3]

Die Spannungsdiagramme, die in Bild 5.44 angegeben sind, kann man an der Stelle der halben Wandlänge aus Bild 5.45 entnehmen. Das Diagramm wurde für ein starres Fundament berechnet und liefert damit etwas zu große Spannungswerte. Es gibt Anhaltspunkte für die Verteilung einer Mindestbewehrung über die Wandhöhe. Außerdem kann man es zur Wahl von Fugenabständen benutzen. Es kann auch nützlich sein, wenn man Betonierabschnitte einer langen Wand festlegt. Mehrere kurze Betonierabschnitte mit Arbeitsfugen können einen Beitrag zur Verringerung der Rissbildung in langen Wänden leisten.

In Bild 5.46 ist abzulesen, wie der für die Wand verbleibende Anteil der Zwangdehnung ausgehend von der Verursachung am Wandfuß nach oben hin abnimmt. Bei einem Verhältnis Wandlänge/Wandhöhe von l/h = 1 ist bei einer Höhe von 65 % der Wandhöhe keine Zwangdehnung mehr vorhanden. Bei einem Verhältnis l/h = 10 ist die Zwangdehnung an der Wandkrone praktisch genauso groß wie am Wandfuß.

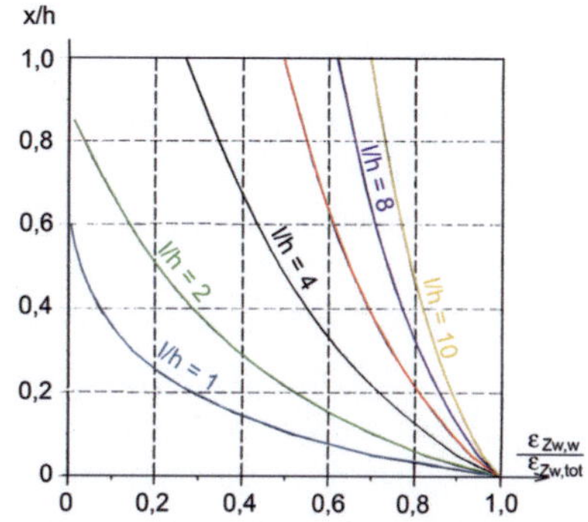

Bild 5.46 Abnahme des Zwangdehnungsanteils der Wand mit dem Abstand von der Bodenplatte (Ordinate x/h wie in Bild 5.45) [3.1]. Die Werte beziehen sich auf die Wandmitte

Das Problem der behinderten Verkürzung von aneinander betonierten Bauteilen unterschiedlichen Alters besteht auch bei anderen Bauteilen wie z. B. Decken und Bodenplatten (Bild 5.47).

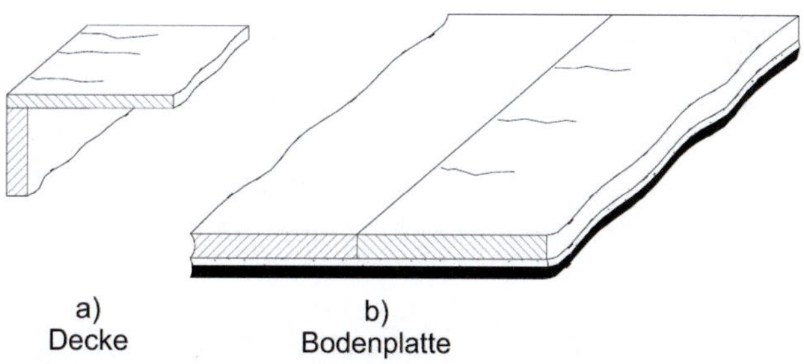

Bild 5.47 Trennrisse durch behinderte Verkürzung bei der Abkühlung des erhärtenden Betons (schematisch)

Beispiel Nr. 5.8 Vertikale Wandrisse in einer Tiefgarage durch abfließende Hydratationswärme

Situation

In den Wänden einer Tiefgarage sind noch während der Bauzeit vertikale wasserführende Risse entstanden. Die typische Risssituation ist in Bild 5.48 für die Rampe in das 2. Untergeschoss dargestellt. Die vertikalen Trennrisse haben ihren Ausgangspunkt am Wandfuß und enden je nach den geometrischen Verhältnissen in einer bestimmten Höhe über der Bodenplatte. An den feuchten Rissen sieht man, dass es sich um Trennrisse handelt.

Bild 5.48 Vertikale, wasserführende Trennrisse in einer Tiefgaragenwand

Rissursache

Die Wand wurde an einem heißen Hochsommertag betoniert. Der Betongang fiel in eine Hitzeperiode, wodurch die Temperatur der Ausgangsstoffe und damit die des Frischbetons schon hoch war. Die hohe Frischbetontemperatur führte zu einem sehr hohen Temperaturanstieg in der frisch betonierten Wand und einer hohen Temperaturdifferenz zur Bodenplatte. Die Temperaturdifferenz zwischen Wand und Bodenplatte hat zu einer Behinderung der Verkürzung des Wandfußes durch die abfließende Hydratationswärme geführt und die Risse verursacht. Die hohe Luft- und auch Frischbetontemperatur hat die Betonerhärtung beschleunigt und die Betonzugfestigkeit schneller anwachsen lassen, als das angenommen wurde. Dadurch ist die Risslast größer als in der statischen Berechnung angesetzt, und die Risse haben sich weiter geöffnet als rechnerisch vorgesehen. Die Undichtigkeit aller Risse bestätigt das. Durch die zu optimistische Annnahme der Betonzugfestigkeit war die Mindestbewehrung für eine bestimmte Rissbreite – hier: $w_k \leq 0{,}15$ mm – zu gering bemessen. Deshalb gab es keine Selbstdichtung der Trennrisse.

Instandsetzung

Da die Rissursache nach wenigen Tagen nicht mehr existiert und nie wieder auftreten kann, kann man die Risse noch während der Bauzeit durch Injektionen mit Kunstharz (z. B. Polyurethanharz) dauerhaft verschließen. Das Füllen der Risse wenige Tage nach dem Ausschalen ist unproblematisch, weil danach die Rissursache nie mehr wirken kann.

Beispiel Nr. 5.9 Risse oder Bewegungsfugen?

Die in Bild 5.43 und Bild 5.44 dargestellten Gesetzmäßigkeiten treffen gleichermaßen auf Beton und Mauerwerk zu. Im folgenden Vergleich wird deshalb eine Mauerwerks- mit einer Betoneinfriedung verglichen.

Situation

Eine ca. 1,10 m hohe Einfriedungsmauer wurde über eine Länge von ca. 35 m fugenlos gebaut. In der Wand sind zwei vertikale Risse entstanden, die durch die Kalkfahnen als Trennrisse erkennbar sind (rote Pfeile und Detail in Bild 5.49).

Bild 5.49 Einfriedungsmauer für ein Grundstück

Rissursache

Die Wand steht oben im Freien und ist unten mit ihrem Fundament gegenüber der Witterung etwas geschützt. So wird die Wandverkürzung durch Abkühlung an der Unterseite behindert. Das Verhältnis von Höhe zu Länge von 1,1 : 35 ≈ 30 bedeutet nach Bild 5.44 nahezu konstante Zugspannungen über fast die gesamte Wandlänge. Der Rissabstand ist etwa doppelt so groß wie die Wandhöhe. Im Vordergrund fehlt eigentlich noch ein Vertikalriss. Die Gründe dafür sind nicht bekannt. Vermutlich war die Zugfestigkeit in diesem Wandabschnitt größer als im gerissenen Bereich oder die Zwangdehnung reichte für diesen Riss nicht aus.

Bild 5.50 Betoneinfriedung mit Bewegungsfugen

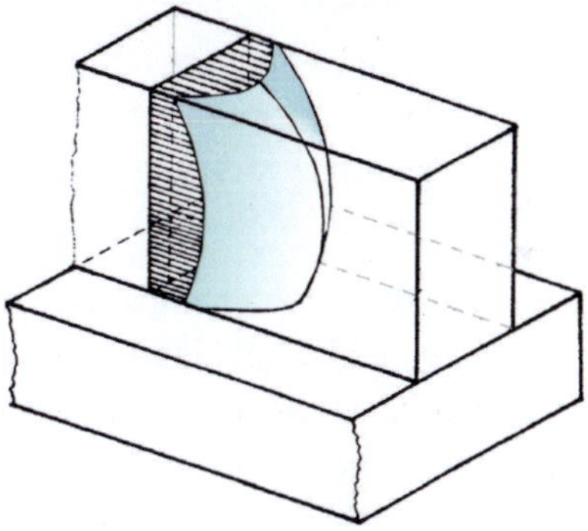

Bild 5.51 Temperaturfeld beim Abkühlen einer dicken Stahlbetonwand (schematisch)

Instandsetzung

Da die Temperaturverformungen während der gesamten Nutzungszeit des Bauwerks wirken, ist die wirksamste Art der Instandsetzung die nachträgliche Einarbeitung von Bewegungsfugen in die Wand. Dadurch wird die erforderliche Temperaturverformung nur teilweise behindert, sodass der Zwang weitgehend reduziert wird.

Bild 5.50 zeigt eine ähnliche Wand aus Stahlbeton, bei der offene Bewegungsfugen eingebaut worden sind. Diese Fugen sind »planmäßige Risse«, die die notwendige Bewegung ermöglichen.

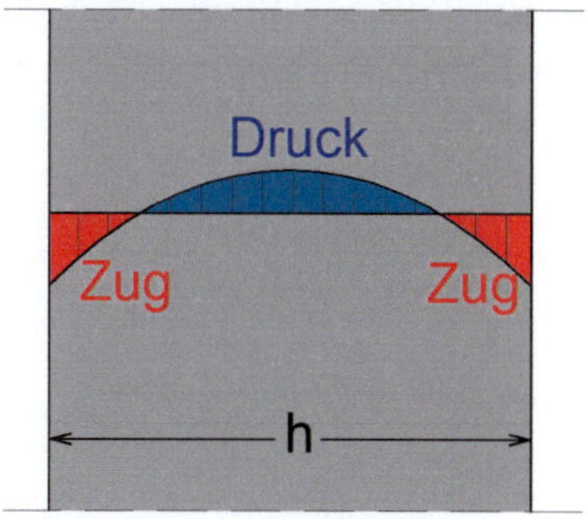

Bild 5.52 Verteilung der Eigenspannungen über die Wanddicke h: außen Zug und innen Druck

Besonderheit der dicken Wand

Dicke Wände entwickeln beim Abbinden wegen ihrer größeren Masse mehr Wärme als dünne, und diese Wärme fließt wegen der größeren Abmessungen langsamer und ungleichmäßiger ab. Dabei entsteht eine Temperaturdifferenz zwischen Kern und Oberfläche, die zu Querschnittsverwölbungen im Bauteil führt (Bild 5.51).

Die größte Temperatur herrscht etwa im unteren Drittel der Wandhöhe im Kern. Dort sind die Bedingungen für den Wärmeabfluss am ungünstigsten. Das nicht lineare Temperaturgefälle vom wärmeren Kern zur kälteren Oberfläche bedeutet eine Krümmung der Querschnittsfläche mit Zwangspannungen im Beton. An der kürzeren Außenseite entstehen Zug- und im Kern Druckspannungen. Die Spannungen stehen in sich im Gleichgewicht und haben etwa den Verlauf gemäß Bild 5.52.

Diese Zugspannungen addieren sich zu den Zugspannungen im unteren Wandbereich aus der behinderten Verkürzung des Wandfußes infolge abfließender Hydratationswärme. Dadurch ist der untere Wandbereich besonders rissgefährdet, was in Bild 5.58 gut zu erkennen ist. Dieser Spannungsüberlagerung hat die DIN 1045-1 dadurch Rechnung getragen, dass bei der Berechnung der Mindestbewehrung die Zugspannungen aus den Eigenspannungen unberücksichtigt bleiben. Ersatzweise wird die für die Ermittlung der Mindestbewehrung anzusetzende Betonzugfestigkeit in Abhängigkeit von der Bauteildicke abgemindert (vgl. Bild 3.2).

Beispiel Nr. 5.10 Risse in dicken Wänden bei einer Wehranlage

Situation

Für eine Wehranlage waren Wände von 1,50 m und 3,00 m Dicke auf einer Sohle von 0,75 m Dicke zu betonieren (Bild 5.53). Nach dem Betonieren der beiden Außenwände mit einer Dicke von je 1,50 m wurden an beiden Wandseiten vertikale Risse mit Rissbreiten bis 1 mm festgestellt (Bild 5.54).

Der Baubetrieb hatte keine Erfahrungen mit Wasserbauwerken und war von den unerwarteten, auffälligen Rissen überrascht. Gipsmarken zeigten etwa 6 Monate nach dem Betonieren nur noch geringe Bewegungen an. Bild 5.54 zeigt die Rissbilder der beiden Wände, die »aufgeklappt« dargestellt sind. Die Rissbreiten wurden in einer größeren Zahl von Einzelmessungen mit 0,3 bis 1,0 mm festgestellt.

Rissursache

Die Risse sind Trennrisse. Man sieht das daran, dass sie auf beiden Wandseiten fast an der gleichen Stelle liegen. Sie sind mit großer Wahrscheinlichkeit beim Abfließen der Hydra-

Bild 5.53 Dicke Wände einer Wehranlage auf einer 0,75 m dicken Bodenplatte

tationswärme der dicken Wände entstanden. Der Beton war mit einem relativ hohen Anteil von 390 kg/m³ Hochofenzement hergestellt worden. Obwohl dieser Zement eine unterdurchschnittliche Hydratationswärmeentwicklung besitzt, wird dieser Vorteil durch die große Zementmenge wieder aufgehoben. Die wenig geeignete Betonrezeptur hat die Wärmeentwicklung und damit die Entstehung von Zwangzugkräften begünstigt. Diese führte beim Abfließen zu behinderten Verkürzungen der Wände mit der Bildung von Trennrissen. Bei den 1,50 m dicken Bauteilen fließt die Wärme ungleichmäßig ab. Es entsteht ein Temperaturfeld, wie in Bild 5.51 schematisch dargestellt. Bei einem Verhältnis von Wandlänge/Wandhöhe ≈ 4 müssten nach Bild 5.44 Zugspannungen bis an die Wandkrone entstehen, was mit dem Rissbild nicht übereinstimmt. Die Wände besitzen Risse vor allem an ihrer Unterseite. Sie reichen meist nicht bis in die halbe Wandhöhe. Das ist dadurch bedingt, dass die Wände in Betonierabschnitten von drei Metern betoniert wurden. Ein solcher Abschnitt hat nur ein Verhältnis von Wandlänge/Wandhöhe ≈ 1, bei dem die Zugspannungen nicht bis zur Wandkrone verlaufen. Bis der nächste Betongang vorbereitet war, war die Hydratationswärme des letzten Betonierabschnitts überwiegend oder vollständig abgeflossen und hat keine Zwangspannungen mehr verursacht.

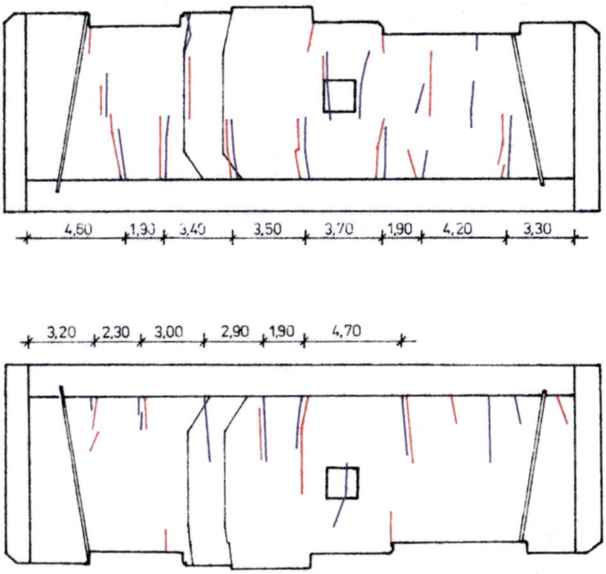

Bild 5.54 Rissbilder der beiden 1,50 m dicken Außenwände. Die roten Linien sind Risse an den Innenseiten, die blauen Risse an den Außenseiten (beide Wände sind »aufgeklappt« dargestellt)

Instandsetzung

Da die Risse hauptsächlich aus der Wirkung der Hydratationswärme entstehen, ist die Rissursache nach ihrem Abfließen nicht mehr wirksam. Sie wird sich auch nie mehr wiederholen. Die Risse können wenige Wochen nach dem Betonieren durch Injektionen mit Kunstharz oder Feinzement verschlossen werden.

Wärmeeinwirkungen an Wänden können auch durch die Nutzungseinwirkungen entstehen. Das nächste Beispiel erläutert einen solchen Fall.

Beispiel Nr. 5.11 Vertikale Wandrisse in einem Gärfuttersilo

Situation

Gärfuttersilos sind einfache Bauwerke, die aus einer Bodenplatte und Längswänden bestehen, zwischen denen die befahrbaren Kammern liegen. An den Giebelseiten sind sie offen. Die Silos werden bis zum Spätsommer mit dem Silagegut gefüllt und abgedeckt (Bild 5.55). Im anschließenden längeren Gärprozess entsteht Wärme bis zu 35 °C. Der Silagesickersaft baut einen geringen Flüssigkeitsdruck von wenigen Dezimetern auf. Er ist sauer (pH-Wert bis 3,5) und greift den Beton an, der deshalb durch eine Beschichtung geschützt werden muss. Das Bauwerk ist durch quer angeordnete Bewegungsfugen im Abstand von 6,50 m in sieben Abschnitte unterteilt. Die 300 mm dicken Wände sind mit der ebenfalls 300 mm dicken Bodenplatte biegesteif verbunden. Die vom Silagegut berührten Betoninnenflächen sind mit einer speziellen, rissüberbrückenden Beschichtung vor dem chemischen Angriff des Silagesickersaftes geschützt. Die Wände sind 2,90 m hoch.

In den Wänden des Silos sind von der Oberseite ausgehend vertikale Risse entstanden, die auch durch die Beschichtung verlaufen. Diese Risse sind oben offene Trennrisse, in die Niederschlagswasser eindringt. Der Beton ist im Bereich der Risse ungeschützt dem Säureangriff ausgesetzt. Allerdings steigt der Silagesickersaft kaum höher als 300 mm - ein Bereich, in den die von oben ausgehenden Risse nur selten hinabreichen.

Bild 5.55 Gärfuttersilo mit zwei Kammern

Bild 5.56 Mittlere Wand des Gärfuttersilos mit einem Vertikalriss. Er verläuft von oben bis etwa in Höhe des unteren Pfeils

Rissursache

Die Vertikalrisse im oberen Wandbereich sind in Bild 5.57 im Grundriss eingetragen. Es fällt auf, dass in der Mittelwand die Anzahl der Risse etwa doppelt so groß ist wie an der zugänglichen Außenwand. Das kann nur mit der Wärmeeintragung durch das Silagegut zusammenhängen. Die Wärmewirkung ist an der Mittelwand bei Befüllung beider Silos größer als an den Außenwänden. Dadurch erwärmt sich dieser Bereich und dehnt sich aus. Im Unterschied zum vorhergehenden Beispiel erwärmen sich hier Bodenplatte und Wand gemeinsam.

Die Wand will sich als Scheibe krümmen, die Bodenplatte würde sich ohne die Behinderung durch die Wand konvex aufwölben. Beide Bauteile sind monolithisch miteinander verbunden, wodurch eine andere Verformung erzwungen wird, in deren Folge die vertikalen Risse im oberen Wandbereich entstehen. In Bild 5.58 ist das schematisch dargestellt. Man erkennt auch, dass an der Unterseite der Bodenplatte Biegerisse entstehen, die für die Nutzung allerdings ohne Bedeutung sind.

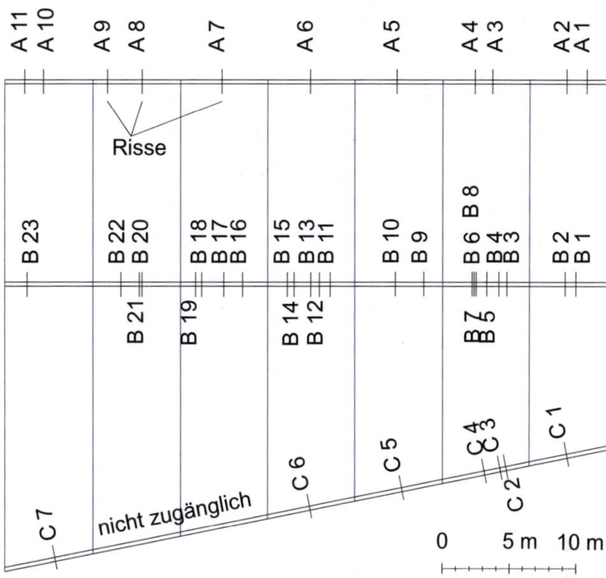

Bild 5.57 Grundriss des Silos mit den eingetragenen Wandrissen. Der Abstand der Bewegungsfugen (blau) beträgt 6,50 m

Beim Betonieren der Wände muss es auch hier wie im Beispiel Nr. 5.8 zu unterschiedlichen Wärmedehnungen zwischen Wand und Bodenplatte gekommen sein. Die Zwangbeanspruchung aus abfließender Hydratationswärme kann nicht allzu groß gewesen sein. Das Verhältnis Wandlänge zu Wandhöhe beträgt für ein Segment zwischen zwei Bewegungsfugen

$$l/h = 6{,}50\,m/2{,}90\,m = 2{,}24.$$

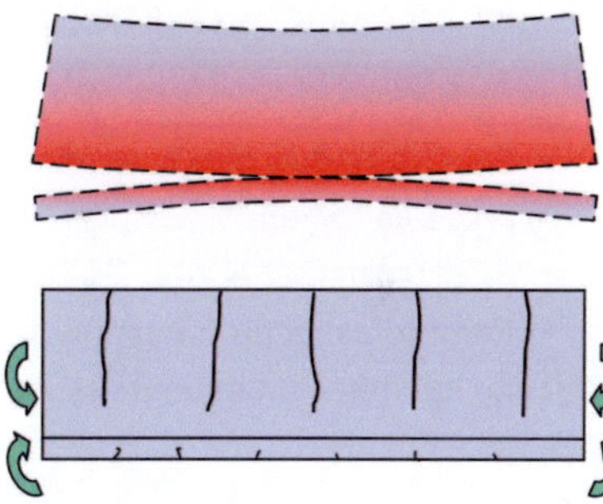

Bild 5.58 Verformungsbild ohne gegenseitige Behinderung (oben) und im realen Zustand mit Rissen (unten)

Das bedeutet nach Bild 5.45 eine annähernd dreieckförmige Zugspannungsverteilung mit dem Maximalwert an der Unterseite und einem Auslaufen an der Wandoberseite auf den Wert Null. Deshalb ist das Aufreißen der Wand von oben her nicht durch die behinderte Verkürzung beim Abfließen der Hydratationswärme zu erklären. Viel wahrscheinlicher ist die Wärmebeanspruchung aus dem Gärprozess. Sie fällt in die Herbstmonate, wodurch auch nennenswerte Temperaturunterschiede im Vergleich mit der Lufttemperatur zu erwarten sind.

Die horizontale Wandbewehrung ist im vorliegenden Fall ohne Rissbreitenbegrenzung gewählt worden. Das Aufreißen der Beschichtung über den Rissen zeigt an, dass das Rissüberbrückungsvermögen der Beschichtung (nach Herstellerangaben 0,2 mm) nicht ausreicht, um die auftretenden Rissbreiten zu überbrücken. Deshalb ist auch künftig damit zu rechnen, dass es immer wieder zu Rissen in der Beschichtung kommen wird.

Instandsetzung

Da die Rissursache – die Wärmedehnung von Wänden und Bodenplatte infolge des Gärprozesses – immer wiederkehrt, kommt nur eine rissüberbrückende Beschichtung in Frage. Durch den robusten Betrieb beim Be- und Entladen der Silos entstehen Beschädigungen an der Beschichtung, die eine laufende Instandhaltung erfordern. Im Rahmen solcher Instandhaltungsarbeiten können die Innenflächen der Wände in bestimmten Intervallen an den Schadstellen teilweise oder ganz neu beschichtet werden.

5.4 Zwangbedingte Biegerisse in einer zylindrischen Behälterwand

In Flüssigkeitsbehältern kommt es häufig vor, dass sich die Flüssigkeitstemperatur von der Temperatur der Wandaußenfläche unterscheidet. Dadurch entsteht in der Behälterwand und in der Bodenplatte ein Temperaturgefälle, unter dessen Wirkung sich die Bauteile krümmen wollen. Das ist wegen der Rotationssymmetrie der Wand nicht möglich, sodass durch die vollständige Behinderung (Behinderungsgrad 100 %!) Biegemomente in vertikaler und in Ringrichtung entstehen. Zugspannungen entstehen an der kalten Seite. Die Biegemomente sind bei konstantem Temperaturgefälle in beiden Hauptrichtungen konstant. Nur an den Rändern ist eine gewisse Verformung möglich, an einem freien Rand (Bild 5.59) wird eine Verformung nicht behindert.

Die Größe des Biegemoments wird bei völliger Behinderung nach Gleichung (2.6) berechnet. Das folgende Beispiel behandelt vertikale Trennrisse an der Wandkrone eines offenen Flüssigkeitsbehälters. Durch die zylindrische Wand sind bis auf den oberen und unteren Rand (elastische Einspannung in die Bodenplatte) keine Krümmungen der Wand möglich. Es handelt sich bis auf die Ränder um eine 100 %-ige Behinderung der Krümmung.

Beispiel Nr. 5.12 Vertikale Risse in der Stahlbetonwand eines zylindrischen oben offenen Behälters

Situation

In einem oben offenen Stahlbetonbehälter sind in der Wandkrone vertikale Risse entstanden, die bis zu 1 m lang sind. Die Risse sind über den gesamten Umfang verteilt und außen mit Kalziumkarbonatfahnen markiert. Das deutet darauf hin, dass es sich um Trennrisse handeln muss, in die von oben Niederschlagswasser eindringt, das seitlich unter Bildung von Kalkfahnen herausfließt. Die Risse sind in Bild 5.59 zu sehen. Sie setzen sich in der Wandkrone fort (Bild 5.60).

Nach einer Wandverstärkung mit Ringvorspannung traten die Risse bald wieder an den gleichen Stellen auf.

Rissursache

Die Risse sind auf den Temperaturunterschied zwischen der Innen- und Außenfläche der Wand zurückzuführen. Der ständige Wasserwechsel im offenen Behälter ist so groß, dass der Betrieb auch im Winter ohne Abdeckung möglich ist. Das Wasser hat deshalb einen bestimmten Temperaturbereich, bei dem es im Sommer kühler und im Winter wärmer als die Außenluft ist. Wegen der geringen Verweildauer im Behälter hat es kaum Gelegenheit, sich zu erwärmen bzw. abzukühlen. Die Innentemperatur der Wand verändert sich im Jahresgang nur wenig, während die Außentemperatur der Wand mit der Lufttemperatur viel stärker schwankt.

Bild 5.59 Risse in der Wandkrone eines oben offenen Behälters aus Stahlbeton

Bild 5.60 Die Risse setzen sich in der Wandkrone fort, einige Risse im Vordergrund sind nachgezeichnet

Im Winter ist die Wandinnenseite wärmer als die Außenseite. Das Temperaturgefälle in der Wand will die Innenfläche ringförmig und vertikal vergrößern und die Außenfläche verkleinern. Da eine solche Verformung durch die Rotationssymmetrie des Bauwerks nicht möglich ist, entsteht bis auf die Ränder oben und unten eine vollständig behinderte Zwangbeanspruchung durch Biegemomente in vertikaler und in Ringrichtung. Die Biegespannungen aus dem Temperaturgefälle errechnen sich nach Gleichung (2.8):

$$\sigma_T = \frac{1}{2} \cdot E \cdot \alpha_T \cdot \Delta T$$

mit

σ_T	Biegespannung, im Winter außen Zug, innen Druck
E	Elastizitätsmodul des Betons (zweckmäßig E_{cm} nach DIN 1045-1, Tabelle 9)
α_T	Wärmedehnzahl des Betons
ΔT	Temperaturgefälle zwischen der äußeren und der inneren Oberfläche.

Für ein Temperaturgefälle von ΔT = 10 K beträgt die Biegespannung mit E_{cm} = 30 000 N/mm², α_T = 0,01 mm/(m · K)

$$\sigma_T = 0{,}5 \cdot 30\,000 \cdot 0{,}01 \cdot 10^{-3} \cdot 10 = 1{,}5\ \text{N/mm}^2.$$

Diese grob abgeschätzte Biegezugspannung reicht nicht aus, um Risse in der Behälterwand zu verursachen. Solche Risse müssten dann auch über die gesamte Wandhöhe auftreten und nicht nur am oberen Rand.

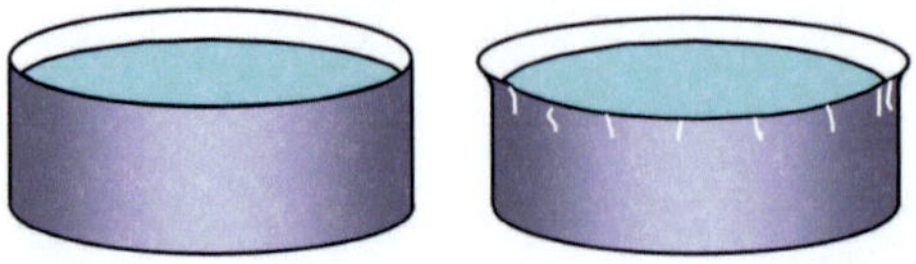

Bild 5.61 Die Verwölbung des oberen Randes durch die wärmere Innenseite verursacht kurze vertikale Trennrisse

Was ist am oberen Rand anders als in der übrigen Wandfläche? Es ist die Verformungsmöglichkeit des oberen Randes. Dort ist im Unterschied zu allen anderen Stellen in der Behälterwand eine Verdrehung des freien Randes möglich (Bild 5.61).

Dieses Umstülpen des oberen Randes nach außen wird in Ringrichtung durch die Behälterform selbst begrenzt. Mit der Vergrößerung des oberen Durchmessers entstehen Zugkräfte in Ringrichtung, die ihr Maximum am oberen Rand besitzen und schnell nach unten abklingen. Sie bewirken die kurzen vertikalen Trennrisse. Im Sommer ist es umgekehrt. Wenn die Behälterwand außen wärmer ist als innen, dann entstehen am oberen Rand aus dem gleichen Grund aber mit umgekehrtem Vorzeichen Druckkräfte. Sie sind ohne Interesse, weil sie keine Risse verursachen und zahlenmäßig nicht größer als die Zugspannungen im Winter sind.

Instandsetzung

Eine Instandsetzung ist schwierig, weil die Rissursache immer weiter besteht. Das wirksamste Mittel ist eine ausreichend bemessene Ringvorspannung, die den oberen Rand direkt erfassen muss. Eine bereits früher vorgenommene Vorspannung mit Einzelspanngliedern war vermutlich nicht weit genug oben angesetzt worden.

5.5 Rissursache unterbrochene Bewegungsfugen in Wänden, Decken und Bodenplatten

Bewegungsfugen haben den Zweck, Bauwerke oder Bauteile bewegungsunabhängig voneinander zu trennen, um Bauwerksverformungen durch Unterteilung in Abschnitte zu verringern. So kann eine Bewegung in kleinere Anteile geteilt werden, die dann an mehreren Stellen auftreten und dadurch konstruktiv besser beherrschbar sind. Ist die beabsichtigte Bewegung eingeschränkt oder verhindert, dann entstehen Zwangkräfte an Stellen im Bauwerk, die dafür nicht ausgelegt sind. Die Folge sind Risse. Ein nicht so seltener Fehler ist das Abknicken einer Fugenführung um 90° und die Weiterführung in einem angrenzenden Bauteil. Dabei entstehen manchmal Fehler, die die Bewegungsmöglichkeit der Fuge be- oder verhindern. Im DBV-Merkblatt »Parkhäuser und Tiefgaragen« [5.8] ist deshalb gefordert:

> »Alle Bewegungsfugen (Dehnfugen) in den horizontalen oder geneigten Flächen müssen in die Wände oder Stützen übernommen und weitergeführt werden. Ein Versatz oder Versprung in den senkrechten Flächen führt überwiegend zu unkontrollierbaren Spannungen und Rissen und ist deshalb zu vermeiden.«

Anerkannte Regel ist, möglichst wenige Bewegungsfugen anzuordnen. Nur wenn Fugen unvermeidbar sind, sind sie so zu planen, dass sie die beabsichtigte Bauteilbewegung weitgehend ohne Behinderung ermöglichen. Bei versetzten Bewegungsfugen entstehen aus den verschiedensten Gründen immer wieder Schäden. Deshalb sollte man ein Risiko vermeiden und immer eine gerade Fugenführung ohne Versatz bevorzugen.

Fugenbewegungen lassen sich einfach abschätzen, wenn man die Ursachen der Bewegung kennt. I. d. R. sind es Schwind- und Temperaturverformungen. Von einer aufwändigen Berechnung ist abzuraten, weil die erwartete höhere Genauigkeit durch unvermeidliche Annahmen mit ihren Ungenauigkeiten ohnehin nicht erreicht wird. Für die Ermittlung von planmäßigen Verschiebungen aus Schwinden und Temperaturänderungen gelten die Ansätze aus den Abschnitten 1.2 und 1.3.

Eine Dehnung von 0,1 mm/m entsteht bei

- einem Schwindmaß von 0,1 mm/m
- einer Temperaturänderung von 10 K.

Beispiel Nr. 5.13 Abschätzung der Fugenbewegung eines Stahlbetonbauwerks

Situation

Eine Stadiontribüne mit einer Länge von rund 105 m (Bild 5.62) ist durch zwei Bewegungsfugen in drei Abschnitte gemäß Bild 5.63 unterteilt. Die zu erwartenden Fugenbewegungen sollen ermittelt werden. Das Bauwerk ist in ständigem Kontakt mit der Außenluft. Deshalb wird die mittlere Temperatur des Bauwerks und seiner Bauteile in gedämpfter Form den Lufttemperaturen folgen.

Bild 5.62 Stahlbetontribüne eines Stadions mit zwei Bewegungsfugen (Pfeile) quer durch das gesamte Bauwerk

Lösung

Wegen des abschätzenden Charakters der Betrachtung wird vereinfachend angenommen, dass jeweils die Hälfte der Abschnittslänge einen Beitrag zur Verschiebung der Fugenflanken liefert. Die Längen betragen

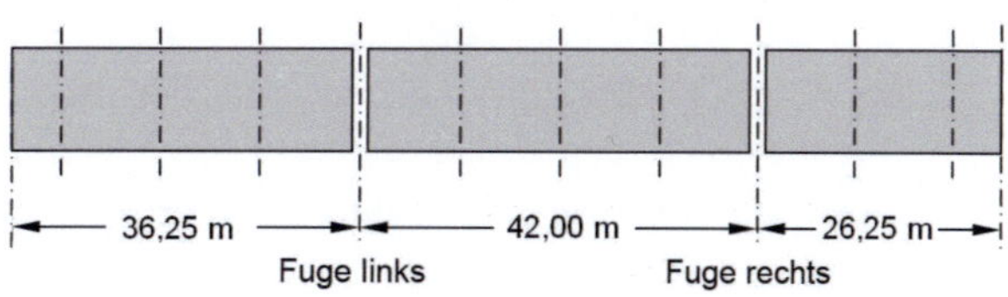

Bild 5.63 Schemazeichnung der Fugeneinteilung

- für die linke Fuge 0,5 · (36,25 + 42,0) = rd. 39 m
- für die rechte Fuge 0,5 · (42,0 + 26,25) = rd. 34 m.

Folgende Einwirkungen sind in einer Dimensionierung der Fugen anzusetzen:

- Änderung der Bauteiltemperatur (Temperatur in Bauteilmitte, nicht an der Oberfläche)
  Aufstelltemperatur +5 °C
  Maximaltemperatur +25 °C
  Minimaltemperatur -15 °C
  Daraus erhält man die größte Erwärmung des Bauteils zu 25 − 5 = 20 Kelvin
  entspricht 0,2 mm/m
  die größte Abkühlung des Bauteils zu 5 - (- 15) = 20 Kelvin
  entspricht 0,2 mm/m
- Schwinden des Betons der Tribüne
  Endschwindmaß geschätzt mit 0,4 mm/m.

Für die Abschätzung wird nur die im Bild 5.63 linke Fuge betrachtet, weil sie etwas größere Werte ergibt als die andere Fuge. Die Fugenspaltbreite soll im Rohbau 20 mm betragen.

Rechnerische **Änderungen** der Fugenspaltbreite:

nach Abschluss des Schwindens	0,4 mm/m · 39 m =	16 mm (Spaltvergrößerung)
größte Erwärmung	0,2 mm/m · 39 m =	8 mm (Spaltverkleinerung)
größte Abkühlung	0,2 mm/m · 39 m =	8 mm (Spaltvergrößerung).

Die Fuge ist als Vergussfuge mit 20 mm Spaltbreite ausgebildet worden. Die Spaltbreite vergrößert sich von ursprünglich 20 mm

- auf 36 mm nach dem Erreichen des Endschwindmaßes,
- um zusätzlich 8 mm im Winter auf 44 mm;
- im Sommer verringert sich die Spaltbreite um das gleiche Maß auf 28 mm.

Die rechnerischen Fugenspaltmaße wären dann

Fugenspaltbreite bei Fertigstellung		20 mm
größte Fugenspaltbreite ohne Temperatureinfluss	20 + 16 =	36 mm
größte Fugenspaltbreite im Winter nach Schwinden	36 + 8 =	44 mm
kleinste Fugenspaltbreite im Sommer nach Schwinden	36 − 8 =	28 mm.

Bild 5.64 zeigt die Fuge, die nachträglich wie die umgebende Fläche mit Gussasphalt überbaut wurde, zwei Jahre nach der Fertigstellung bei einer Bauteiltemperatur ähnlich der Aufstelltemperatur im Bauzustand. Die Verformung ist deshalb ausschließlich auf die Schwindverkürzung zurückzuführen. Die Fuge ist nunmehr 30 bis 40 mm breit. Da das Schwinden noch nicht abgeklungen ist, wird sie sich noch weiter öffnen. Sie zeichnet sich in der Gussasphaltschicht durch feine Risse ab und muss durch eine andere Fugenkonstruktion ersetzt werden. Die Vergussfuge ist bei einem Fugenspiel von insgesamt 16 mm ungeeignet. Das Fugenspiel von 28 bis 44 mm wird auch künftig wirksam sein.

Das Beispiel zeigt, dass die Fugenbewegungen ansprechende Größen erreichen können. Wenn sie durch fehlerhafte Konstruktion behindert werden, können ganz erhebliche Kräfte entstehen. Da sich die Behinderung von Fugenbewegungen meist an nur einer Stelle auswirkt, ist nicht die Risslast für die Rissbreite maßgebend, sondern die behinderte Verformung. Risse mit mehreren Millimetern Breite sind in solchen Fällen normal. Das folgende Beispiel veranschaulicht das.

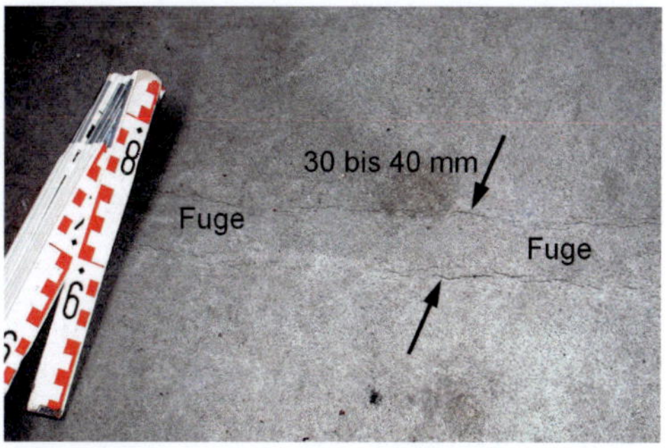

Bild 5.64 Die Fugenränder zeichnen sich im Fußbodenbelag ab

Beispiel Nr. 5.14 Riss in einer Brüstungswand aus Stahlbeton durch eine teilweise fixierte Bewegungsfuge (vgl. auch Beispiel Nr. 5.13)

Situation

Die gleiche Tribüne eines Sportstadions wie in Beispiel Nr. 5.13 hat außen angeordnete Zugänge, von denen aus man das Innere in unterschiedlichen Höhen erreichen kann. Die insgesamt rund 105 m lange Tribüne ist durch zwei Bewegungsfugen in drei Abschnitte unterteilt (Bild 5.63). An den Bewegungsfugen zeigten sich noch vor der Inbetriebnahme Risse, die das Erscheinungsbild im Eingangsbereich beeinträchtigten und nicht zu akzeptieren sind.

Bild 5.65 Bewegungsfuge in einer Stadiontribüne mit unbeabsichtigter Rissbildung

Die Fuge verläuft in abgeknickter Form. Während sie hinter der Brüstung außen an der Querwand liegt (in Bild 5.65 links in den Hintergrund verlaufend) und mit einseitig verschieblichen Querkraftdornen überbrückt wird, wird sie in der Brüstung zweimal rechtwinklig abgewinkelt und endet in der Fassade genau in der Mitte der unterstützenden Wand (Achse). In Bild 5.66 ist der Fugenverlauf geöffnet so dargestellt, dass man beide Fugenflächen erkennen kann. Die flächige Auflagerung im abgeknickten vorderen Teil der Fuge wurde durch ein Elastomerlager realisiert. Das Schadensbild stellte sich noch in der Bauphase ein und hat sich später deutlicher ausgeprägt.

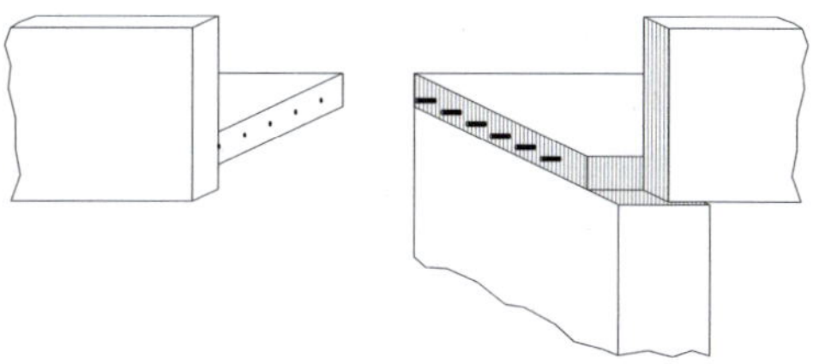

Bild 5.66 Fugenverlauf hinter und in der Brüstung (vereinfacht dargestellt)

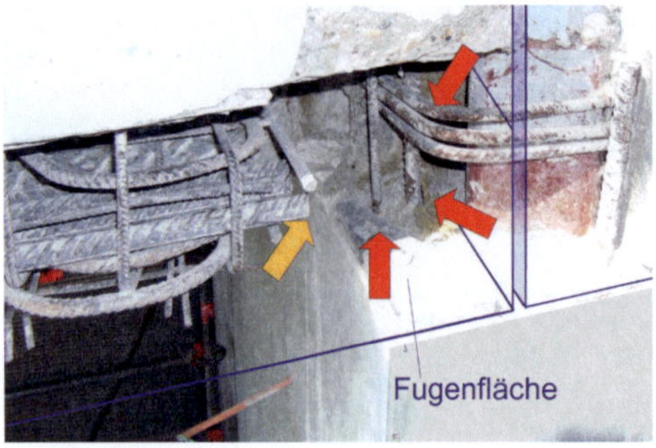

Bild 5.67 Geöffneter Fugenbereich, die blauen Linien geben die Originalkonturen an

Rissursache

Die Bewegungsmöglichkeit der Fuge war nicht gegeben, weil durch die Fugenfläche rechtwinklig zur Bewegungsrichtung die Bewehrung verlief. Das war erst nach der Öffnung des Fugenbereichs in vollem Ausmaß erkennbar (Bild 5.67). Mehrere Bewehrungsstäbe kreuzten die Fugenfläche (rote Pfeile) und verhinderten die erforderliche Bewegung. Andererseits war die unten liegende Hauptbewehrung der Brüstung (∅ 25 mm) direkt vor dem Auflager abgeschnitten (gelber Pfeil). Das deutet darauf hin, dass bei der Verlegung der Bewehrung die Funktion dieses Details nicht verstanden und dass durch eigenmächtige Veränderungen der Bewehrung auf der Baustelle der Schaden potenziert wurde.

Instandsetzung

Die falsch gebauten Fugenbereiche wurden geöffnet, die blockierende Bewehrung entfernt und die fehlende Bewehrung ergänzt. Danach wurde der Bereich wieder so hergerichtet, wie das ursprünglich beabsichtigt war, damit eine gegenseitige Verschiebung der beiden Bauteile möglich ist.

Auch in diesem Beispiel hing der Fehler mit einer horizontal abgeknickten Fuge zusammen wie im folgenden Beispiel. Dort wird eine Bewegungsfuge horizontal und vertikal abgeknickt, wobei ein Konstruktionsfehler entstanden ist. Die Fuge wurde fixiert und lässt folglich keine Bewegung mehr zu.

Beispiel Nr. 5.15 Vertikaler Wandriss durch eine teilweise fixierte Bewegungsfuge

Situation

In einer großen Tiefgarage traten bereits während der Bauzeit vertikale Wandrisse auf, durch die Wasser von außen in die Tiefgarage eindrang. Schnell durchgeführte abdichtende Injektionen der Risse und der Arbeitsfuge Bodenplatte/Wand lösten das Problem nur für wenige Tage. Dann drang durch die verpressten Risse erneut Wasser in die Tiefgarage ein (Bild 5.68).

Rissursache

Die Bewegungsfuge zwischen zwei Abschnitten war abgeknickt geplant. Die Bodenfuge verlief ca. 1,20 m parallel zu einer Innenwand. Dort wo sie auf die Außenwand stößt, sollte die Fuge im rechten Winkel abgeknickt und bis zur Ecke geführt werden, wo die vertikale Wandfuge anschließen sollte. Der Knick wurde fehlerhaft ausgeführt, wodurch die Fuge auf einer Länge von 1,20 m durch Bewehrung fixiert war. Die Schwindverkürzung der Wand beginnt unmittelbar nach dem Betonieren und dauert längere Zeit, hier etwa 4 bis 6 Jahre. Der vertikale Riss in der Wand hat sich dann in Verlängerung der Bodenfuge gebildet, um die unvermeidliche Bewegung zu ermöglichen. Er ist auf dem Foto als grober Riss unterhalb der Stellplatznummer 16 deutlich sichtbar.

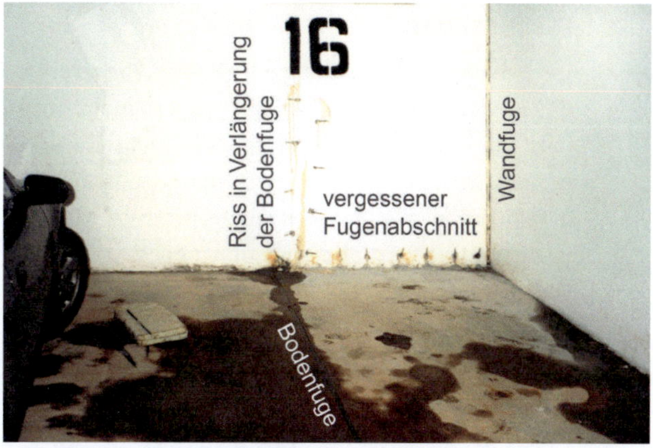

Bild 5.68 Versatz einer Bewegungsfuge in einer Tiefgarage

Instandsetzung

Auf dem Foto ist zu sehen, dass sowohl der Wandriss als auch der fixierte Fugenabschnitt mit Injektionen abgedichtet worden sind. Diese Abdichtung war ohne Kenntnis der Rissursachen durchgeführt worden und in diesem Falle wegen der noch andauernden Rissöffnung durch die Schwindverkürzung wirkungslos. Da die Tiefgarage vor der Inbetriebnahme dicht sein sollte, kam hier nur eine Gelschleierabdichtung in Frage (vgl. Abschnitt 10). Sie bedeckt die undichten Bereiche von außen und erfordert keine punktgenaue Lokalisierung der Leckstellen. Außerdem ist sie auch nach noch zu erwartenden Bewegungen der Risse wirksam.

Beispiel Nr. 5.16 Risse durch eine fehlerhaft ausgeführte Bewegungsfuge

Situation

In einer Industriehalle mit einer Tragkonstruktion aus vorgefertigten Stützen und Bindern aus Stahlbeton traten schon bald nach der Inbetriebnahme Risse an einigen Stützenköpfen auf. Die Stützenköpfe sind gabelförmig ausgebildet, sodass der schlaff bewehrte Binder im Endzustand in der Gabel liegt. Einige der Stützen waren rissfrei (Bild 5.69 links) und einige andere hatten einen annähernd vertikalen Riss in beiden »Zinken« der Gabel (rechts im Bild). Die Rissufer liefen von oben nach unten aus. Oben besaßen sie die größte Rissbreite und traten etwas aus der Oberfläche heraus.

Bild 5.69 Auflagerung eines Stahlbetonbinders auf einer am Kopf gabelförmig ausgebildeten Stahlbetonstütze; links: planmäßige Ausführung mit Bewegungsfuge, rechts: zugespachtelte Fuge behindert die Bewegung und führt zum Riss

Rissursache

Die gabelartige Ausbildung des Binderauflagers wie im Bild 5.69 links lässt eine Verdrehung des Binderauflagers zu, die sich bei einem Balken auf zwei Stützen zwangsläufig unter Last einstellt. Durchbiegungen solcher Binder mit 20 m Stützweite von $^{1}/_{500}$ der Stützweite sind normal. Das entspricht einer Durchbiegung in Feldmitte von 20 000 mm/500 = 40 mm und einem Drehwinkel am Auflager von tan α = 0,008. Bei einer Risslänge von rund 800 mm verschiebt sich die Oberseite des Binders gegenüber der Gabel um 800 mm · 0,008 ≈ 6 mm. Das entspricht etwa der Beobachtung vor Ort.

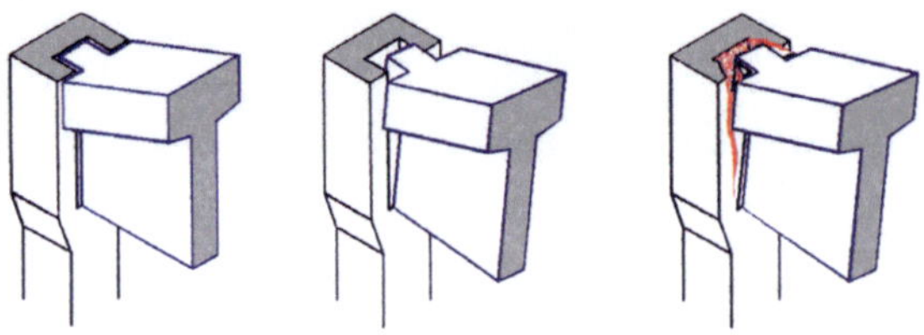

Bild 5.70 Skizze zur Erläuterung der Auflagerverdrehung

Die Skizze Bild 5.70 zeigt die Auflagerverdrehung im Schema. Links im Bild ist der Ausgangszustand dargestellt, in der Mitte die Verformung bei ordnungsgemäßer Fuge und rechts bei fehlender Bewegungsfuge. Wenn die Bewegung (Drehung) durch Verspachteln des Fugenspaltes behindert wird, dann bewegt sich der Binder trotzdem unter Bildung von Rissen links und rechts in den seitlichen Wangen der Gabel. Es entstehen die beobachteten Risse. Ein einfacher handwerklicher Fehler ist die Rissursache.

Instandsetzung

Die fehlerhafte Fuge muss ausgeräumt und so hergerichtet werden, wie das in den Planunterlagen vorgegeben ist. Die durch die Risse abgetrennten Betonteile an der Stütze sind mit einem Betonersatz wieder aufzubauen.

5.6 Risse in Monolithbetondecken

Decken werden planmäßig durch vertikale Lasten (Eigen- und Verkehrslasten) auf Biegung beansprucht. Sie gehören zu den ältesten Bauteilen, die aus Stahlbeton gefertigt werden. Die erste Bemessungsformel im Stahlbeton aus dem Jahr 1886 »für die Berechnung der Stärke der Monierschen Cementplatten« von Koenen galt für Deckenplatten. Deshalb liegen jahrzehntelange Erfahrungen mit monolithischen Decken vor. Lastbeanspruchungen bewirken in Stahlbetondecken Biegerisse. In den Deckenfeldern liegen sie an der Unterseite und über den Unterstützungen (Wände, Balken) an der Oberseite. In einer fehlerfreien statischen Berechnung werden die Lastwirkungen so erfasst, dass die zu erwartenden lastbedingten Risse die in den Normen akzeptierten Grenzen nicht überschreiten.

Erst mit dem Bau von Stahlbetondecken mit größeren Abmessungen zeigte sich, dass außer Biegerissen auch Trennrisse durch Zwangbeanspruchungen entstehen können. Zwangbeanspruchungen aus behinderten Schwind- oder Temperaturverformungen werden in den statischen Berechnungen meist nicht erfasst, vermutlich weil sie kein Standsicherheitsproblem darstellen. Sie können Trennrisse verursachen, die wegen des Deckenaufbaus meist nur an der Unterseite sichtbar sind. Bei Zwischendecken in Parkhäusern sind solche Risse besonders unangenehm, weil durch sie eingeschlepptes Wasser in die untere Etage tropft und dort Lackschäden an abgestellten PKW verursachen kann, wenn die Fläche nicht rissüberbrückend beschichtet ist.

Stahlbetondecken werden i.d.R. als monolithische Decken geplant, dann aber häufig als Elementdecken ausgeführt. Die Konstruktion der Elementdecke wird i.d.R. vom Fertigteilwerk auf der Grundlage der statischen Berechnung für die monolithische Decke neu angefertigt. Hinsichtlich der Standsicherheit sind beide Decken gleichwertig. In Bezug auf die zu erwartenden Zwangbeanspruchungen unterscheiden sie sich erheblich. Dadurch unterscheiden sich auch die Rissbilder an monolithischen bzw. Elementdecken bei gleichen Abmessungen und Beanspruchungen.

Decken unterliegen wie andere Stahlbetonbauteile den lastunabhängigen Verformungen infolge von Temperaturänderungen und Schwinden. Da Decken auf Wänden aufliegen, wird die Verkürzung der Decken immer mehr oder weniger durch die Wände behindert. Bei Mauerwerkswänden ist das weniger feste Material die gemauerte Wand. Deshalb entstehen zwangbedingte Risse in diesem Fall in den Wänden oder in der Kontaktfuge zwischen Decke und Wand. Anders ist das bei Stahlbetonwänden. In diesem Fall sind Wände und Decke aus dem gleichen Baustoff, und es stellt sich ein anderes Rissbild ein. Nur dieser Fall soll in diesem Abschnitt behandelt werden. Die Stahlbetondecke auf Mauerwerkswänden ist Gegenstand des Kapitels 7.

Arten der Behinderung

Die für eine Zwangrissbildung maßgebende Verformung ist die Verringerung der Deckenabmessungen durch Abkühlung und Schwinden. Wenn Betonwände und Decke ohne nennenswerte Unterbrechung gebaut werden, dann sind die Unterschiede im Schwindverlauf solange ohne Bedeutung, wie gleiche Verdunstungsbedingungen vorhanden sind. Das lässt sich kaum verwirklichen. Sowohl für Stahlbetonwände als auch für Decken können im gleichen Bauwerk unterschiedliche Temperatur- und Schwindbedingungen wirksam sein. Das gilt besonders für Gebäudeteile unterhalb des Geländeniveaus. Bauteile, die im Kontakt mit dem Baugrund stehen, haben andere mittlere Temperaturen als luftberührte Bauteile.

Während z.B. eine Kellerdecke die mittlere Raumtemperatur annimmt, sind die Kellerwände kühler. Da für Zwangabschätzungen die mittleren Temperaturen im Bauteil maßgebend sind, haben Kellerwände immer geringere mittlere Temperaturen als Kellerdecken. In Bild 1.27 sind zur Orientierung für Zwangabschätzungen Bodentemperaturen in Abhängigkeit von der Tiefe im Jahresgang angegeben. Wenn es genauere Werte gibt, sind sie diesen Kurven vorzuziehen. Danach ist z.B. in 4 m Tiefe mit einer äußeren Wandtemperatur zwischen Sommer und Winter von 6 bis 14 °C zu rechnen. Bei einer mittleren Raumtemperatur von 20 °C beträgt die mittlere Wandtemperatur 13 bis 17 °C. Die mittlere Deckentemperatur wird sich bei 20 bis 22 °C im Sommer wie im Winter einstellen, sodass ein Temperaturunterschied zwischen Wänden und Decke bis zu 16 K entsteht. Das entspricht einer Dehnungsdifferenz von 0,16 mm/m, was bei annähernd starrer Behinderung bereits zu Rissen in der Decke führen kann.

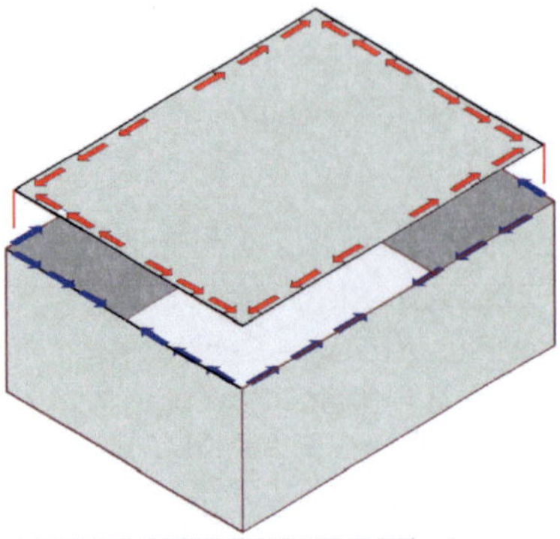

Bild 5.71 Zwangkräfte bei größerem Deckenschwindmaß oder größerer Abkühlung gegenüber den Stahlbetonwänden (schematisch)
rote Pfeile: Zugkräfte
blaue Pfeile: Druckkräfte

Ähnlich ist die Behinderung durch unterschiedliche Schwindverkürzungen von Decke und Wand. Klassisches Beispiel ist die Tiefgarage mit mindestens einer Zwischendecke. Die Decke ist sowohl an der Ober- als auch an der Unterseite direkt belüftet. Dadurch verläuft der Austrocknungsprozess schneller als in den Wänden. Die Außenwände können ihre Baufeuchte nur nach innen abgeben, wodurch der Schwindprozess langsamer verläuft als im Deckenbeton. Zwischen Wänden und Decke entsteht eine Schwinddifferenz (Bild 5.71). Die Schwindverkürzung der Decke ist größer als die der Wände. Die Deckenverformung wird an ihren Auflagerlinien behindert und in der Decke entstehen dadurch zentrische Zugspannungen. Die Folge sind Trennrisse in den Zwischenebenen von Tiefgaragen, durch die die eingeschleppte Feuchtigkeit nach unten tropfen kann (Bild 5.74). Abhilfe ist fast nur durch eine rissüberbrückende Beschichtung der Decke in Verbindung mit der Begrenzung der Rissbreiten durch eine geeignete Bewehrung möglich.

Trennrisse sind charakteristisch für Zwischenebenen in Parkdecks und Tiefgaragen aus Stahlbeton. In [5.9] sind 10 mindestens 10 Jahre alte Tiefgaragen bzw. Parkhäuser bezüglich Verschleißerscheinungen und Dauerhaftigkeit untersucht worden. Alle untersuchten Objekte hatten Trennrisse in den Zwischenebenen, durch die chloridhaltiges Wasser in die Konstruktion gelangen und die Dauerhaftigkeit des Stahlbetons gefährden kann.

Beispiel Nr. 5.17: Trennrisse in der Zwischenebene einer großen Tiefgarage

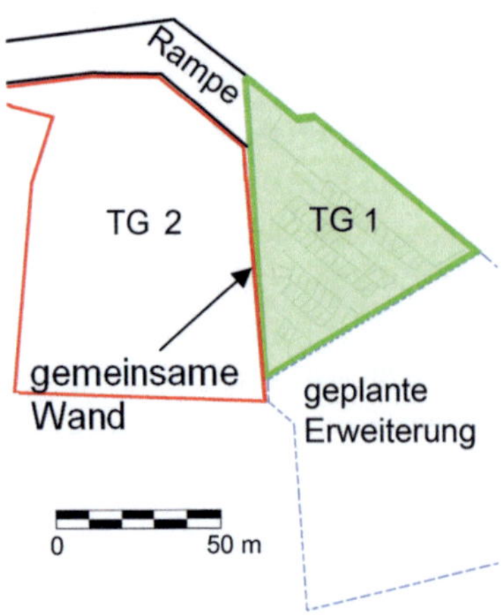

Bild 5.72 Grundriss der beiden Tiefgaragen; die Tiefgarage TG 1 ist die mit den beschriebenen Schäden

Situation

Eine im Grundriss dreieckförmige Tiefgarage mit zwei Parkebenen (TG1) grenzt an eine andere Tiefgarage (TG2) mit nur einer Parkebene (Bild 5.72). Beide Tiefgaragen haben eine gemeinsame, einen Meter dicke Stahlbetonwand (Bild 5.73). Im oberen Geschoss teilt sich die Wand in zwei 300 mm dicke Wände mit einem 20 mm breiten Spalt zwischen beiden Wänden, die jeweils die Außenwand der beiden benachbarten Tiefgaragen bilden.

Die eingeschossige Tiefgarage TG2 wurde als erste gebaut. Dabei erhielt die spätere gemeinsame Außenwand gleich die endgültige Form (Bild 5.73) mit der tieferen Gründung. Die beiden Tiefgaragen sind relativ große Anlagen. Die Grundrissabmessungen betragen rechtwinklig zur gemeinsamen Wand (Höhe des Dreiecks) auf der Seite der Tiefgarage TG 1 rund 66 m und auf der Seite der Tiefgarage TG 2 rund 70 m. Bei solchen Deckenabmessungen, die fugenlos ausgeführt wurden, ist mit nennenswerten Zwangverformungen zu rechnen, die durch die Außenwände teilweise behindert werden und dadurch Trennrisse verursachen.

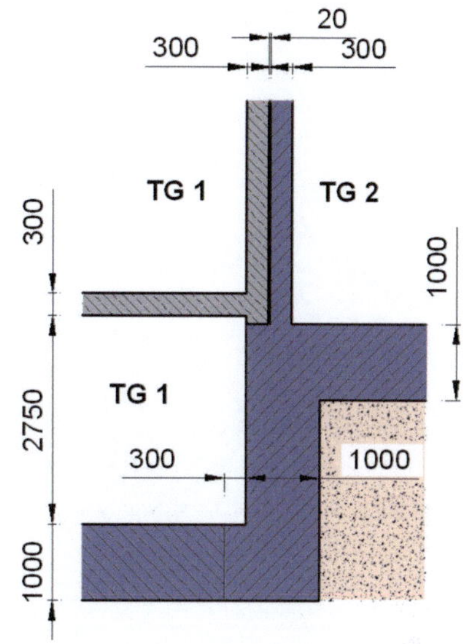

Bild 5.73 Gemeinsame Wand zwischen den beiden Tiefgaragen TG 1 (zwei Ebenen) und TG 2 (eine Ebene)

Ursprünglich war eine Erweiterung der Tiefgarage TG 1 geplant (Bild 5.72 unten), die aber nach Fertigstellung der Baugrube gestoppt wurde, sodass die angrenzende Wand der Tiefgarage TG 1 nicht hinterfüllt worden ist. Sie ist im Unterschied zu den anderen Außenwänden provisorisch verschlossen worden und bereits seit mehreren Jahren den atmosphärischen Einwirkungen der Außenluft ausgesetzt.

In der Tiefgarage TG 1 gab es bald nach der Inbetriebnahme Rissbildungen, die vom Bauherrn beanstandet wurden. Besonders unangenehm waren Trennrisse in der Zwischenebene, weil an den darunter abgestellten Fahrzeugen Tropfspuren von kalkhaltigem Wasser entstanden und Lackschäden befürchtet wurden (Bild 5.74).

Bild 5.74 Tropfspuren im unteren Geschoss durch undichte Trennrisse

Außerdem war der Bewehrungsstahl der Zwischendecke durch eingeschleppte Chloride gefährdet. Die Zwischenebene ist nicht beschichtet worden. Beide Tiefgaragen sind ohne jede Fuge gebaut worden. Auch die Übergänge zu den Ein- und Ausfahrtrampen besitzen keine Bewegungsfuge. Die Zwischenebene ist vorbeugend mit einer Grundbewehrung für Trennrisse mit einem Rechenwert der Rissbreite von 0,15 mm (alte DIN 1045) bemessen worden. Gemessen wurden mit dem Vergleichsmaßstab Rissbreiten bis zu 0,4 mm (Bild 5.75). Das deutet darauf hin, dass der Beton eine Überfestigkeit besaß, die in der statischen Berechnung nicht berücksichtigt werden konnte.

Das Rissbild der am meisten betroffenen Zwischenebene zeigt drei Gruppen von Rissen sowie gerissene Arbeitsfugen zwischen den Betonierabschnitten (Bild 5.75):

- **Rissgruppe 1**: Risse in der Ecke gegenüber der gemeinsamen Wand zur Tiefgarage TG 2. Diese Risse verlaufen parallel zur gemeinsamen Wand. Rissursache: Zwangkräfte in Richtung grüne Pfeile;
- **Rissgruppe 2**: Risse rechtwinklig zur gemeinsamen Wand mit der benachbarten Tiefgarage 2, etwa in Wandmitte. Rissursache: Zwangkräfte in Richtung der violetten Pfeile;

- **Rissgruppe 3**: Risse an der Einfahrtsrampe. An dieser Stelle hat die Deckenplatte die kleinste Abmessung im Grundriss wie bei einer Einschnürung. Rissursache: Zwangkräfte in Richtung der gelben Pfeile.

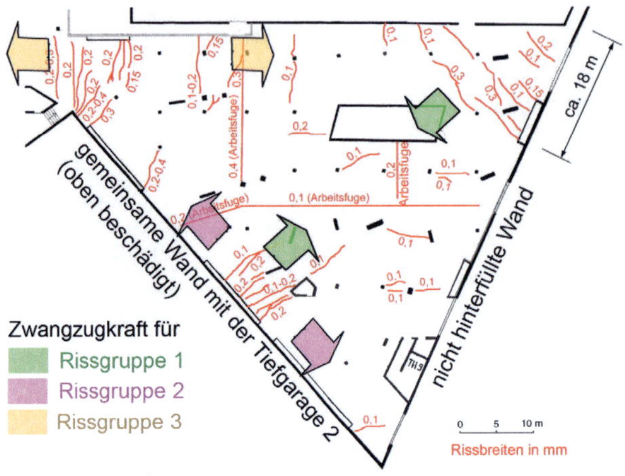

Bild 5.75 Trennrisse in der Zwischendecke (Grundriss) mit den drei Rissgruppen. Die gemeinsame Wand zur benachbarten Tiefgarage ist die linke, im Grundriss schräge Wand

Alle Risse in der Zwischenebene sind vertikale Trennrisse, die nur aus behinderten horizontalen Verformungen entstanden sein können (Zwang). Dafür kommen behinderte Schwind- und temperaturbedingte Verkürzungen der Decke in Frage. Außerdem gab es Abplatzungen am Wandkopf der gemeinsamen Wand zwischen den beiden Tiefgaragen, die unmittelbar unter der Decke bis in eine Tiefe von 150 mm (halbe Wanddicke) reichten (Bild 5.76). Sie sind ebenfalls Ergebnis der behinderten Zwangverformungen der Zwischendecke. In Bild 5.75 sind die Zwangkräfte durch Pfeilpaare eingetragen, die die Ursachen für die drei Rissgruppen angeben. Die gemessenen Rissbreiten in der Zwischenebene sind für ein solches Stahlbetonbauwerk kaum zu beanstanden. Sie beeinträchtigen jedoch als Trennrisse die Nutzung und die Dauerhaftigkeit des Bauwerks und sind aus dieser Sicht als kritisch zu bewerten.

Rissursache Rissgruppe 1

Die Zwischendecke in der zweigeschossigen Tiefgarage hat in der gemeinsamen Wand mit der benachbarten Tiefgarage 2 praktisch ein linienförmiges Festlager, an dem die Deckenplatte fixiert ist. Das ist einerseits durch die 1 m dicke gemeinsame Wand, aber vor allem durch die auf der anderen Wandseite angrenzende Bodenplatte mit einer Dicke von 1 m bedingt. Durch dieses steife Gebilde kann sich die Decke entlang des Linienauflagers an dieser Wand praktisch nicht verschieben.

Zwangverschiebungen können im Wesentlichen nur im rechten Winkel zu dieser Wand verlaufen. Schwindverkürzungen und temperaturbedingte Längenänderungen finden - als Differenz zwischen Decken- und Wandverformung - auf der der gemeinsamen Wand gegenüber liegenden Seite eine sehr steife spitzwinklige Ecke als Auflager vor. Das sind gute Voraussetzungen für die Entstehung von Rissen.

Die Zwischendecke ist im Unterschied zu allen anderen Bauteilen außer den Innenstützen allseitig von Luft umgeben und ändert daher ihre mittlere Temperatur mehr und schneller als die Wände und die Bodenplatte. Die an den Außenseiten einseitig erdberührten Wände erwärmen sich langsamer und auch nicht so stark wie die Zwischendecke. Dadurch ist ihre Ausdehnung bzw. Verkürzung geringer als die der Decke. Die Deckenbewegung wird deshalb durch die kühleren Umfassungswände behindert, die direkt ans Erdreich grenzen. Die Lufttemperaturen in der Tiefgarage wurden mit einer Schwankungsbreite zwischen 25 und 0 °C gemessen. Das sind auch etwa die mittleren Temperaturen der Zwischenebene. Das entspricht einer Längenänderung (unbehindert) von 0,25 mm/m. Die Schwindverkürzung der Decke lässt sich in gleicher Weise abschätzen und ist mindestens genau so groß wie die temperaturbedingte Bauteilverkürzung. Die Decke hat wegen der günstigeren Austrocknungsbedingungen ein größeres Schwindmaß als die Wände (geschätzt 0,4 bis 0,5 mm/m), die die Deckenbewegung dadurch ebenfalls behindern. Da die Wände die Verformungen in gleicher Weise aber in etwas abgemilderter Form erfahren, ist die behinderte Verformung etwas kleiner.

In Bild 5.75 ist die Richtung der horizontalen Zwangzugkräfte in der Decke für die drei Rissgruppen eingetragen. Man sieht, dass in der Dreiecksspitze rechts oben (grüner Pfeil) die Risse etwa rechtwinklig zur Kraftrichtung, d. h. parallel zur gemeinsamen Wand mit der benachbarten Tiefgarage verlaufen. Sie enden ca. 18 m von der Spitze entfernt, weil dann die Zwangzugkraft nicht mehr ausreicht, um den in Zugkraftrichtung immer größer werdenden Betonquerschnitt aufzureißen. Die Rissbreiten werden mit dem wachsenden Querschnitt und der damit wachsenden Risslast nicht größer, weil auch die Bewehrungsfläche wächst und damit alle für die Rissbreite bestimmenden Faktoren in der Relation gleich bleiben.

Wenn mit wachsender Zwangverformung in der Decke kein weiterer Riss mehr entsteht, dann muss die Verformung an anderer Stelle ermöglicht werden. Um die Schwind- oder Temperaturverkürzung zu ermöglichen, entstehen Risse an einer schwächeren Stelle: an der gegenüber liegenden gemeinsamen Wand zur benachbarten Tiefgarage in Form des herausgerissenen Wandkopfes der 1 m dicken gemeinsamen Wand (Bild 5.76).

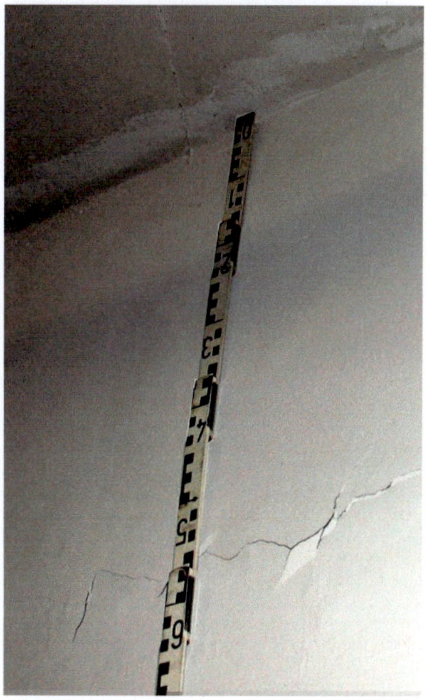

Bild 5.76 Abplatzungen ca. 500 mm unter der Decke. Der Teil oberhalb des Risses ist durch die Verankerung mit den Dollen aus seiner Ebene herausgezogen worden. Die Betonierfuge zwischen Decke und Wand liegt 100 mm unter der Deckenunterfläche

Die Decke zieht horizontal am Wandkopf der 1 m dicken Wand. Wenn der Widerstand hier kleiner ist als die Risslast für einen weiteren Riss in der Decke mit größerem Betonquerschnitt (und damit größerer Risslast), dann bricht ein Teil der Wand heraus. In Bild 5.76 sieht man, dass der obere Teil der Wand um mehrere Millimeter in das Rauminnere gezogen wurde. Wand und Decke sind mit kurzen vertikalen Stäben von 20 mm Durchmesser (Querkraftdollen) verbunden (Bild 5.77), die die Zugkraft in die Wand leiten. Von dieser Einleitungsstelle ausgehend wurde die Wand oben aufgerissen und damit die notwendige Verformung erzwungen. Als Bruchbild bildete sich ein ca. 600 mm hoher Keil aus, der oben in der Mitte der 300 mm dicken Wand beginnt und schräg nach unten ausläuft (Bild 5.77).

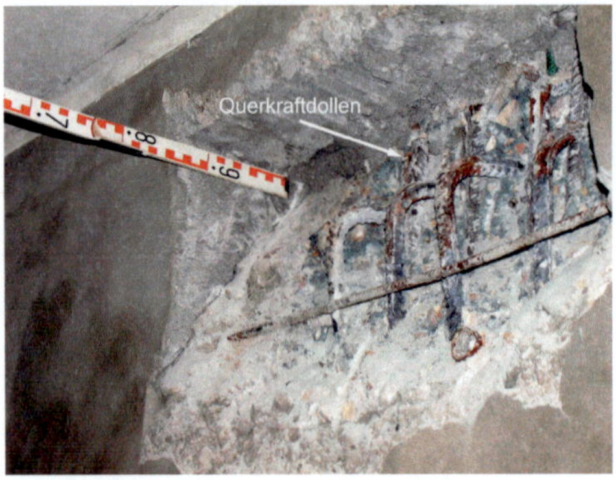

Bild 5.77 Geöffneter Wand-Deckenknoten

Rissursache Rissgruppe 2

Die Rissgruppe 2 (Bild 5.75) deutet auf eine Zugkraft parallel zur gemeinsamen Wand mit der Tiefgarage TG 2 hin. Sie ist ebenfalls auf schwind- und hauptsächlich auf temperaturbedingte Längenänderungen zurückzuführen, die an der gemeinsamen, in Längsrichtung sehr steifen Wand zur benachbarten Tiefgarage behindert werden. Die angrenzende, noch nicht verfüllte Wand ist den äußeren Lufttemperaturen direkt ausgesetzt (Bild 5.78). Bei winterlicher Abkühlung wird sie und damit auch ein Teil der Zwischendecke und der angrenzenden gemeinsamen Wand zur Tiefgarage TG 2 wesentlich stärker abgekühlt als die restlichen Wände. Die damit verbundenen Längenänderungen werden vor allem in der Mitte der Wand zur benachbarten Tiefgarage am stärksten behindert. An der gegenüber liegenden Einfahrtseite kommen die Außentemperaturen wegen einer sehr langen Rampe in gedämpfter Form an und kühlen diese Seite etwas weniger ab.

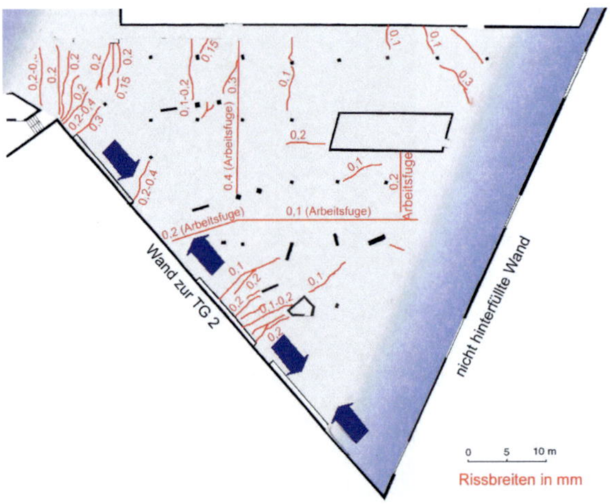

Bild 5.78 Von der noch nicht hinterfüllten Wand (rechts) und von der Einfahrtrampe kommt im Winter kalte Luft in die Tiefgarage

Die Anordnung der Risse deutet auf die Rissursache abfließende Hydratationswärme hin, wie sie in Bild 5.47 dargestellt ist. Diese Ursache existiert nach wenigen Wochen nicht mehr.

Die Risse der Rissgruppe 2 werden von behinderten Schwindverkürzungen der Decke durch die bereits früher betonierte gemeinsame Wand unterstützt. Die Schwinddifferenz ist nach wenigen Jahren abgeklungen und in der Zukunft nicht mehr wirksam. Die Temperaturänderungen wirken so lange, wie die benachbarte Baugrube nicht verfüllt wird. Danach sind Temperaturänderungen nur noch in abgeschwächter Form zu erwarten.

Rissursache Rissgruppe 3

Die Ursache für die Trennrisse im Einfahrtbereich besteht ebenfalls in behinderten Deckenverkürzungen durch Abkühlung und Schwinden. Die durch die Behinderung entstehende Zwangzugkraft führt in dem verengten Einfahrtbereich zur Häufung von Rissen. Dort addieren sich die Zwangverformungen und finden einen relativ kleinen Betonquerschnitt vor. Deshalb entstehen dort viele Risse rechtwinklig zur Kraftrichtung. Der enge Rissabstand deutet auf das hier in der Querschnittsverengung zu erwartende abgeschlossene Rissbild hin.

Instandsetzung

Die Schwindverkürzungen der Decke wirken nur einige Jahre in spürbarer Größenordnung. Sie klingen nach wenigen Jahren ab, hinterlassen aber Risse mit unveränderlicher Rissbreite. Die temperaturbedingten Verkürzungen sind während der gesamten Nutzungszeit der Tiefgarage wirksam. Sie verändern ihre Rissbreite im Jahresgang in jedem Jahr in annähernd gleicher Größe. Eine Instandsetzung muss das berücksichtigen.

Instandsetzung Rissgruppe 1

Die Decke wäre am günstigsten verschieblich auf der Wand zur Tiefgarage TG 2 aufzulagern, um die nie aufhörenden Temperaturverformungen annähernd zwängungsfrei zu ermöglichen. Eine korrekte Instandsetzung wäre daher nur durch eine nachträglich hergestellte Bewegungsfuge zwischen Decke und Wand möglich (z. B. durch ein Elastomerlager), was wegen der zeitweiligen Lastumlagerung schwierig und teuer ist. Man kann die beiden Teile soweit entkoppeln, dass die Bewegung in der bisherigen Weise ermöglicht wird. Der Rissbereich muss dann durch eine Leiste abgedeckt werden, um ggf. weitere kleine, unschädliche Abplatzungen zu verdecken. Die Decke muss in jedem Fall eine rissüberbrückende Beschichtung erhalten, um das Herabtropfen von eingeschleppter Nässe in die untere Etage zu verhindern.

Instandsetzung Rissgruppe 2

Mit der Verfüllung der offenen Baugrube bzw. dem geplanten Anbau einer weiteren Tiefgarage gibt es die Rissursache nicht mehr. Bis dahin sollte man sie ohne Veränderung in Kauf nehmen. Die Beschichtung bedeutet das Füllen der Risse.

Instandsetzung Rissgruppe 3

Eine korrekte Instandsetzung wäre nur durch nachträgliche Herstellung einer Bewegungsfuge direkt im Einfahrtbereich möglich. Dazu muss die Decke einschließlich der Bewehrung völlig durchgetrennt werden, um eine Bewegungsfugenkonstruktion einzubauen. Befahrbare und dichte Bewegungsfugeneinbauten sind z. B. in [5.8] beschrieben. Ob ein nachträglicher Trennschnitt in der Decke möglich ist, ohne ihre Standsicherheit zu beeinträchtigen, muss vorher untersucht werden. Wahrscheinlich genügt aber bereits die rissüberbückende Beschichtung, die ohnehin auf der gesamten Zwischenebene als wirksamste Instandsetzungsmaßnahme aufzubringen ist.

5.7 Sonderfall einer Verbunddecke mit einer Unstetigkeit

Parkhäuser werden oft als leichte Stahlbauwerke gebaut, in denen dünne Stahlbetondecken als Abstell- und Verkehrsflächen benutzt werden. Auch bei solchen leichten Tragwerken ist auf eine rissarme Konstruktion zu achten. Das soll am folgenden Beispiel erläutert werden.

Beispiel Nr. 5.18 Risse in einem Parkdeck durch sprungartige Steifigkeitsänderung

Situation

In einem Parkhaus, das als leichte Stahlkonstruktion mit nur 80 mm dicken Stahlbetonplatten als Teile von Verbunddecken und als Verkehrs- und Abstellflächen gebaut wurde, häuften sich über den Plattenauflagern Risse im Beton. Es handelte sich um Biegerisse. Die Stelle war vorsorglich reichlich bewehrt worden, was sich aber als nicht ausreichend erwiesen hat (Bilder 5.79 und 5.80).

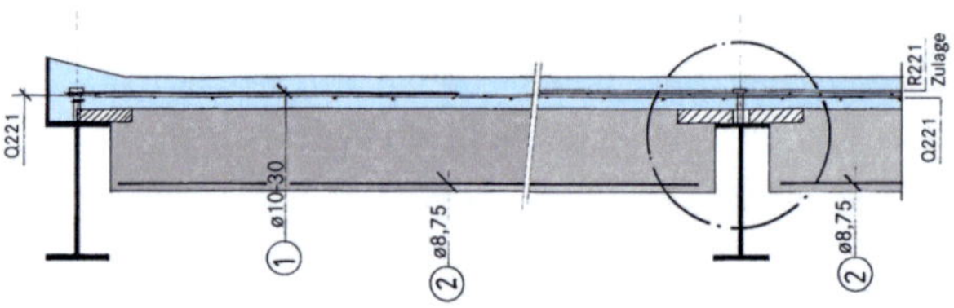

Bild 5.79 Schnitt in Spannrichtung der Decke, blau: bewehrter Beton; grau: Trapezprofil

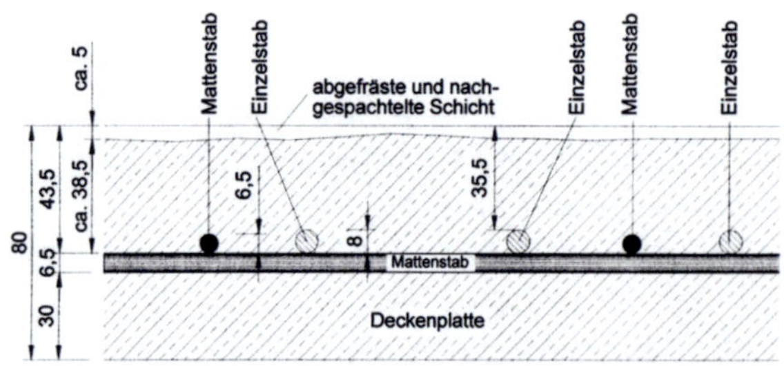

Bild 5.80 Bewehrung in der nur 80 mm dicken Stahlbetonplatte

Die Verbunddecken aus Trapezprofilen und der Betonplatte sind im Feld wesentlich steifer als am Auflager ausgebildet worden (Bilde 5.81 und 5.82). Über den Auflagern sind die Trapezprofile unterbrochen. Dort wird die Durchlaufwirkung nur der dünnen Stahlbetonplatte zugewiesen.

Rissursache

Es ist normal, dass eine durchlaufende Stahlbetonplatte über den Auflagerlinien Risse erhält, weil dort die größten Zugspannungen an der Oberfläche auftreten. Im vorliegenden Fall ist – bedingt durch die Konstruktion – der Deckenquerschnitt am Deckenauflager abrupt verändert worden, wodurch sich die Biegesteifigkeit der Decke sprungartig verändert. Bild 5.80 zeigt das Deckenauflager mit der extremen Steifigkeitsänderung. Die Trapezprofile sind ausgeklinkt worden und die Durchlaufwirkung wird allein der Betonplatte zugewiesen. In Bild 5.79 sind die geometrischen Verhältnisse maßstäblich dargestellt.

Bild 5.81 Deckenunterseite mit den Trapezblechen, die vor dem Auflager ausgeklinkt sind

Bild 5.82 Untersicht des Deckenauflagers mit starker Einschnürung des statisch wirksamen Querschnitts

Bild 5.83 Riss in der Beschichtung

Die plötzliche Verringerung der Biegesteifigkeit bewirkt eine sehr große Krümmung der Biegelinie über den Auflagern, die die konzentrierte Rissbildung in diesem Bereich verursacht hat. Die Krümmung der Biegelinie über dem Auflager ist nur wenig kleiner als der Knick, der bei Einfeldträgern an dieser Stelle entstehen würde. In dem kurzen Bereich der Querschnittsschwächung über der Auflagerlinie entsteht bereits mit wenigen Rissen ein abgeschlossenes Rissbild. Bei jeder zusätzlichen Dehnung können keine neuen Risse entstehen, d. h. die bestehenden Risse öffnen sich soweit, wie das die Krümmung erfordert.

Instandsetzung

Den ursächlichen Fehler - die plötzliche Steifigkeitsänderung - kann man nachträglich nicht beseitigen. Deshalb ist hier eine leistungsfähige, rissüberbrückende Beschichtung die einzige Möglichkeit zur Instandsetzung. Dass auch damit ein solches Problem nur mit einem gewissen Erfolgsrisiko lösbar ist, zeigt Bild 5.83. Es wurde mehrere Jahre nach der Beschichtung aufgenommen. Im Bereich der Deckenauflager gibt es nach mehrjähriger Nutzung bereits wieder vereinzelt Risse, aber nun auch in der Beschichtung.

5.8 Risse durch Rostsprengung

Beton verändert auch nach Jahren noch seine chemischen Eigenschaften. Durch atmosphärische Einwirkungen setzt sich das Kalziumhydroxid im Zementstein allmählich in Kalziumkarbonat um. Dieser Prozess der **Karbonatisierung** hebt den passiven Korrosionsschutz der Bewehrung auf. Wenn der Korrosionsschutz der in den Beton eingebetteten Bewehrung nicht mehr gegeben ist, dann beginnt der Bewehrungsstahl zu rosten, wenn Feuchtigkeit und Sauerstoff an den Stahl gelangen können. Rostprodukte haben ein Mehrfaches des Volumens ihrer Ausgangsstoffe und üben dadurch eine Sprengwirkung auf den Beton aus. Die Bewehrungsstäbe liegen fast immer in der Nähe der Oberfläche, wodurch relativ schnell Risse durch Abplatzungen entstehen, die auch an der Oberfläche sichtbar sind. Ein Beispiel zeigt Bild 5.84 an einem dünnwandigen Spannbeton-Schalendach. Es ist 1960 gebaut worden, als noch eine Betondeckung von 10 oder 15 mm ohne Unterscheidung nach Nennmaß und Mindestmaß üblich war. Die falsche Blecheinfassung der Stirnseite - das Blech müsste die Stirnseite völlig bedecken und unten noch etwas überstehen - hat ständig Wasser an die tiefste Stelle der Welle geführt, das schnell wieder abgetrocknet ist. Der ständige Wechsel von Feuchtigkeit und Trockenheit hat im Laufe der Zeit zur Korrosion der nur gering überdeckten Bewehrung geführt. Der Beton hatte die Betongüte B 225, der heute einer Festigkeitsklasse C 12 / 15 zuzuordnen wäre. Die Karbonatisierungsfront muss in diesem Beton relativ schnell bis zur Bewehrung vorgedrungen sein. Damit waren alle Voraussetzungen für die Korrosion gegeben:

- kein passiver Korrosionsschutz
- die chemischen Elemente Eisen, Sauerstoff und Wasser.

Der entstandene Rost hat die Betondeckung über der Bewehrung abgesprengt, wodurch der Korrosionsprozess noch beschleunigt worden ist. Im rechten Teil des Bildes ist der Zustand nach der Instandsetzung abgebildet.

Bild 5.84 Korrosionsschaden mit Abplatzungen an einem dünnwandigen Schalendach, vor (links) und nach der Instandsetzung (rechts)

Ein weiteres Beispiel ist in Bild 5.85 abgebildet. An den Zuggliedern einer Stahlbetonbogenbrücke ist die Vertikalbewehrung korrodiert. Die abgesprengte Betondeckung ist ein Schaden, der langsam zur Zerstörung der Längsbewehrung und damit zum Verlust der Standsicherheit führt. Längsrisse über der Bewehrung sind ein sicheres Zeichen für rostenden Bewehrungsstahl (Bild 5.86).

Eine Instandsetzung solcher Schäden ist nur im Anfangsstadium möglich. Wenn die Abrostung zu groß geworden ist, dann kann die Standsicherheit beeinträchtigt sein. Anzuwenden sind die Regeln der Betoninstandsetzung, wie sie z. B. in der Richtlinie *Schutz und Instandsetzung von Betonbauteilen* des Deutschen Ausschusses für Stahlbeton detailliert beschrieben sind [5.10].

Bild 5.85 Bewehrungskorrosion an den Zuggliedern einer Stahlbetonbogenbrücke, die Betondeckung ist abgesprengt worden, wodurch der vertikale Riss entstanden ist

Bild 5.86 Der Längsriss in einem Betonpfahl zeigt die Korrosion der Bewehrung an

6 Risse in Elementdecken und -wänden

6.1 Unterschiedliche Eigenschaften von Fertigteil- und Ortbeton können Zwang durch Verformungsdifferenzen verursachen

Bei Elementdecken und -wänden werden Fertigteile auf der Baustelle durch Ortbeton zum endgültigen Bauteil ergänzt. Die im Verbund liegenden Betonschichten - bei der Decke zwei und bei der Wand drei Schichten - haben unterschiedliche Eigenschaften, die auf unterschiedliche Betonzusammensetzung und Erhärtungsgeschichte zurück zu führen sind. Sie unterscheiden sich durch

- die Betonrezeptur: Der Fertigteilbeton hat meist eine größere Frühfestigkeit, einen höheren Elastizitätsmodul und ein größeres Schwindmaß.
- das Alter: Der Fertigteilbeton ist älter als der Ortbeton. Dadurch ist der Elastizitätsmodul des Fertigteilbetons im jungen Alter der Decke höher als der der Monolithbetonschicht.
- unterschiedliches Schwindverhalten: Die dünnen Fertigteile schwinden mehr und schneller als der Ortbeton, solange sie noch nicht einbetoniert sind. Nach der Betonage der Decke oder Wand können sie nur noch an der Außenseite Feuchtigkeit abgeben, was zu einer Verringerung des verbleibenden Schwindmaßes und zur Verlangsamung des Schwindens führt. Je geringer der Altersunterschied der beiden Betone ist, umso größer ist bei üblichen Bedingungen die Schwinddifferenz in den ersten Monaten und Jahren. Auch im eingebauten Zustand verläuft das Schwinden schneller als beim Ortbeton (Bild 6.1).

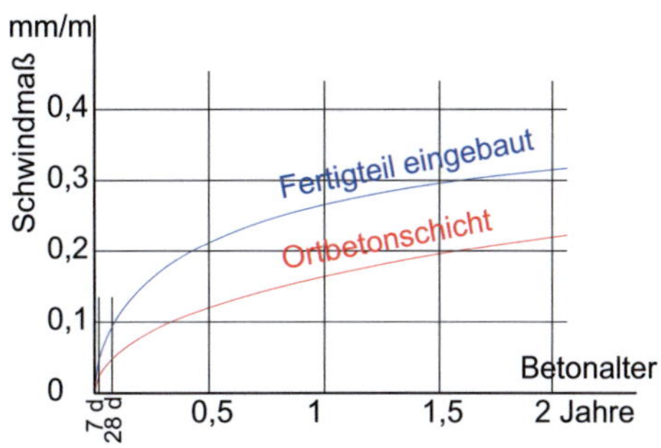

Bild 6.1 Schwindkurven für die Teile einer Elementdecke: Fertigteil im eingebauten Zustand und Ergänzungsschicht aus Ortbeton

In Bild 6.1 sind dazu zwei Schwindkurven für die Dauer der ersten zwei Jahre angegeben. Die blaue Kurve bezieht sich auf ein 60 mm dickes Fertigteil im eingebauten Zustand (nur die Unterseite hat Kontakt zur Luft). Die rote Kurve bezieht sich auf eine 140 mm dicke Ortbetonschicht, ebenfalls eingebaut (nur die Oberseite der Decke hat Kontakt zur Luft). Nach dem Einbau verdunstet das überschüssige Zugabewasser für beide Schichten jeweils vorwiegend an der Ober- bzw. Unterfläche. Alle Kurven wurden nach den in der Stahlbetonnorm DIN 1045-1 angegebenen Regeln für durchschnittliche Bedingungen berechnet. Die Kurven sagen aus, dass das Fertigteil in den ersten Monaten einen größeren Zuwachs an Schwindverkürzung hat. Wegen seiner geringen Bauteildicke kann es schneller austrocknen als die dickere Ortbetonschicht. In den ersten Wochen stellt sich eine Differenz der Schwindmaße von rund 0,1 mm/m für das Beispiel ein. Das ist eine Größenordnung, die im Beton bereits allein einen Riss verursachen kann. Im Zusammenwirken mit anderen Zugbeanspruchungen wird die Risslast eher erreicht.

Die Auswirkungen der Schwinddifferenz sind für eine Elementdecke in Bild 6.2 dargestellt. Die beiden Schichten mit unterschiedlichem Schwindmaß und Schwindverlauf wirken im Verbund und können sich auch daraus nicht lösen. So entstehen interne Zwangspannungen. Die Betonschicht mit dem größeren Schwindmaß wird gezogen und die mit dem geringeren Schwindmaß gedrückt. Die internen Spannungen hängen von der Größe der Schwinddifferenz ab und werden teilweise durch Betonzugkriechen abgebaut. Für nennenswerte plastische Verformungen im gedrückten Teil sind die Spannungen zu gering. Beim Zugkriechen kann man mit einer Spannungsverminderung von 30 bis 50% rechnen [2.2].

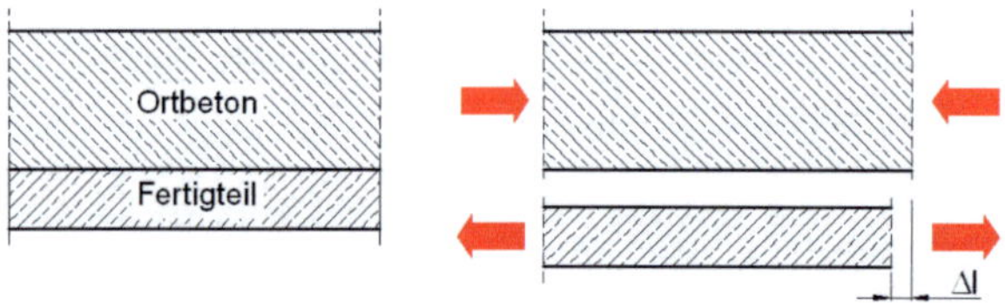

Bild 6.2 Elementdecke vor und nach dem Entstehen einer Schwinddifferenz (idealisiert)

Zur Veranschaulichung sind im Bild 6.2 rechts beide Schichten unabhängig voneinander gezeichnet. Das Fertigteil will sich mehr verkürzen als der Ortbeton. Weil das wegen des Verbundes zwischen den beiden Schichten nicht möglich ist, wirkt eine Kraft Z, die den Ortbeton staucht und das Fertigteil dehnt. Stauchung und Dehnung müssen unter der gleich großen Zug- bzw. Druckkraft so groß sein, dass die Längendifferenz erreicht wird. Benutzt man an Stelle der Längenänderung die bezogene Dehnung ε (Dimension mm/m), dann gilt mit Absolutzahlen:

$$\Delta\varepsilon_{Zw} = \varepsilon_o + \varepsilon_F \tag{6.1}$$

mit $\Delta\varepsilon_{Zw}$ Differenzschwindmaß

ε_O Dehnung des Ortbetons

ε_F Dehnung des Fertigteilbetons.

Gleichung (6.1) wird in Spannungen umgeformt:

$$\Delta\varepsilon_{Zw} = \frac{Z}{h_1 \cdot b \cdot E_{cF}} + \frac{Z}{(h - h_1) \cdot b \cdot E_{cO}}$$

$$Z \cdot \left(1 + \frac{h_1}{h - h_1} \cdot \frac{b}{b} \cdot \frac{E_{cF}}{E_{cO}}\right) = \Delta\varepsilon_{Zw} \cdot h_1 \cdot b \cdot E_{cF}$$

$$Z = \Delta\varepsilon_{Zw} \cdot h_1 \cdot b \cdot E_{cF} \cdot \frac{1}{1 + \frac{h_1}{h - h_1} \cdot \frac{E_{cF}}{E_{cO}}}.$$

Die auf eine Breite von 1 m bezogene Zugkraft beträgt

$$\frac{Z}{b} = \Delta\varepsilon_{Zw} \cdot h_1 \cdot E_{cF} \cdot \frac{1}{1 + \frac{h_1}{h - h_1} \cdot \frac{E_{cF}}{E_{cO}}} \qquad (6.2).$$

Die Zwangzugspannung im Ortbeton errechnet sich mit Gleichung (6.2)

$$\sigma_{cO} = \frac{Z}{b \cdot (h - h_1)}$$

$$\sigma_{cO} = \Delta\varepsilon_{Zw} \cdot E_{cF} \cdot \frac{h_1}{(h - h_1)} \cdot \frac{1}{1 + \frac{h_1}{h - h_1} \cdot \frac{E_{cF}}{E_{cO}}} \qquad (6.3).$$

Die Zwangzugspannung aus dem Differenzschwinden wird durch Relaxation teilweise abgebaut, zu deren Größe bei relativ jungem Beton und den Bedingungen einer Elementdecke oder -wand bisher keine systematischen Untersuchungen bekannt sind.

In Bild 6.3 ist der Bereich der Elementfuge vor und nach der Rissbildung dargestellt. Da das Fertigteil im Abstand der Elementbreite durch den unbewehrten Stoß unterbrochen ist, muss die Zugkraft aus dem Differenzschwinden an jedem Stoß neu in das Fertigteil eingetragen werden. Dadurch entstehen im Stoßbereich im Ortbeton lokal Zugkräfte direkt in der Querschnittsschwächung. Diese Zugkräfte aus dem Differenzschwinden addieren sich zu den anderen Zwangzugkräften aus behinderten Schwind- und Temperaturverkürzungen rechtwinklig zu den Elementfugen. Erst dadurch wird in vielen Fällen die Risslast im Ortbeton der Fugenschwächung erreicht.

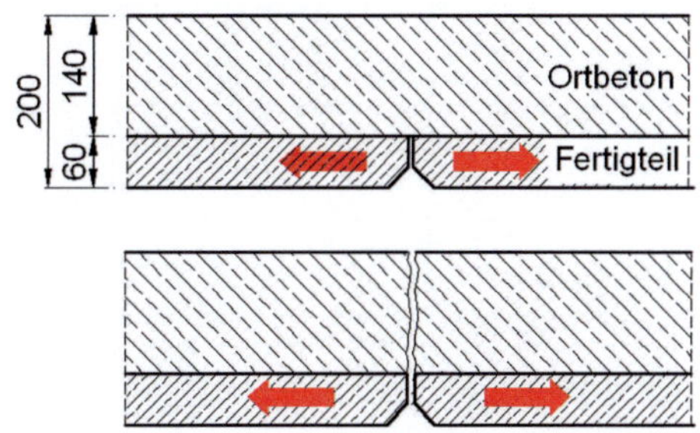

Bild 6.3 Schnitt in Querrichtung durch die Elementdecke im Bereich der Stoßfuge vor und nach der Rissbildung mit Angabe der Zugkräfte

In Bild 6.4 ist die Gleichung (6.3) als Diagramm für Elementdecken mit üblichen Deckendicken aufbereitet worden. Man sieht, dass bei gebräuchlichen Dicken nennenswerte Zugspannungen im Monolithbeton im Fugenbereich entstehen.

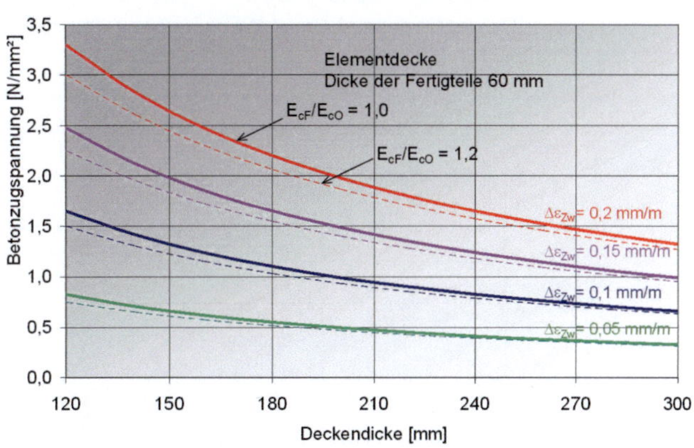

Bild 6.4 Betonzugspannungen im Kern einer Elementdecke in Abhängigkeit von der Schwinddifferenz $\Delta\varepsilon_{Zw}$ für gleichen Elastizitätsmodul beider Betone; die gestrichelten Linien gleicher Farbe gelten für ein Verhältnis $E_{cF}/E_{cO} = 1{,}2$

Bei Elementwänden ist der Anteil des Fertigteilbetons doppelt so groß wie bei Decken. In Gleichung (6.3) ist für Wände die Elementdicke h_1 durch die zweifache Elementdicke $2h_1$ zu ersetzen. Die Gleichung (6.3) lautet dann für die Elementwand:

$$\sigma_{cO} = \Delta\varepsilon_{Zw} \cdot E_{cF} \cdot \frac{2 \cdot h_1}{(h - 2 \cdot h_1)} \cdot \frac{1}{1 + \dfrac{2 \cdot h_1}{h - 2 \cdot h_1} \cdot \dfrac{E_{cF}}{E_{cO}}} \qquad (6.3a).$$

In Bild 6.5 ist diese Gleichung als Diagramm aufbereitet. Man erkennt, dass die Wirkung der Schwinddifferenz bei der Elementwand wegen des Fertigteilbetons größer ist als bei der Elementdecke (Bild 6.4).

Die Schwinddifferenz zwischen den beiden Betonschichten in der Decke oder Wand ist umso kleiner, je älter die Fertigteile beim Betonieren der Decke sind. Die Fertigteile schwinden wegen ihrer geringen Dicke und der großen Fläche schneller und mit einem größeren Endschwindmaß als die Ortbetonschicht. Das veranschaulicht Bild 6.6. In Bild 1.17 ist die Verlaufsfunktion der Schwindverkürzung für verschiedene wirksame Bauteildicken dargestellt. Die steilste Kurve ist die für eine wirksame Bauteildicke von 60 mm. Das entspricht der noch nicht eingebauten Fertigteilschale einer Elementdecke. Durch den steilen Verlauf der Schwindkurve in den ersten Tagen und Wochen ist bei einem späten Betoniertermin (im Bild 6.6 nach 28 Tagen) die Schwinddifferenz zur Ortbetonschicht erheblich geringer geworden.

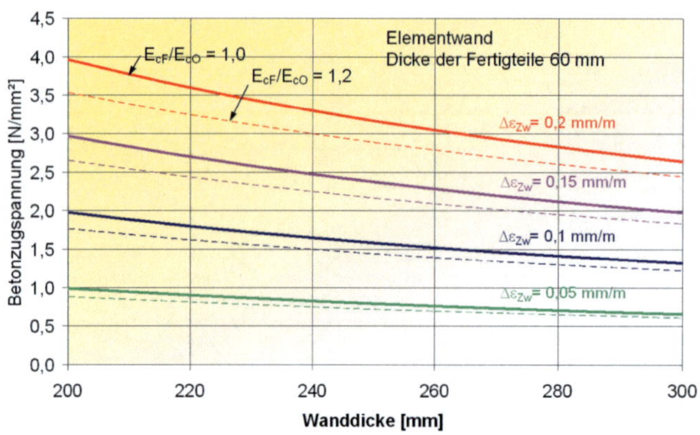

Bild 6.5 Betonzugspannungen im Kern einer Elementwand in Abhängigkeit von der Schwinddifferenz $\Delta\varepsilon_{Zw}$ für gleichen Elastizitätsmodul beider Betone; die gestrichelten Linien gleicher Farbe gelten für ein Verhältnis E_{cF}/E_{cO} = 1,2

Bild 6.7 zeigt die vermörtelte Fuge einer Elementdecke von unten. Als rote Pfeile sind die zusätzlichen Zugkräfte aus der

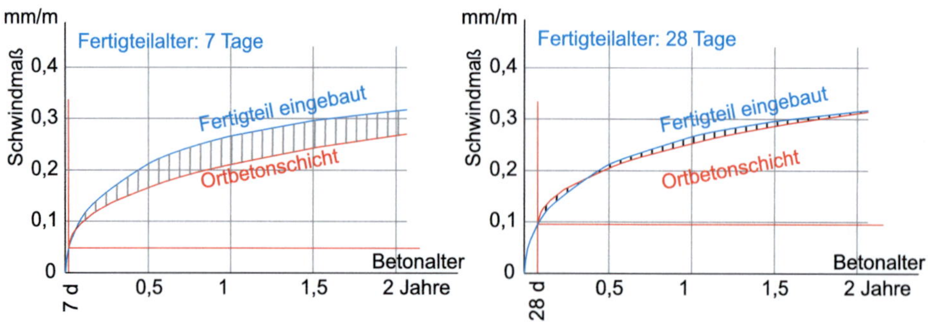

Bild 6.6 Schwindkurven für Fertigteil und Monolithbetonergänzung; links: Fertigteilalter 7 Tage bei der Betonage der Decke, rechts Fertigteilalter 28 Tage

Schwinddifferenz von Fertigteil und Ortbeton angegeben. Die Fuge hat einen feinen Trennriss mit einer Rissbreite von 0,2 bis 0,3 mm, der in normalen Stahlbetonbauteilen nicht zu beanstanden ist. Im vorliegenden Fall handelt es sich um die Zwischendecke in einer Tiefgarage. Eingeschleppte Nässe kann durch den Trennriss nach unten fließen, wie das die Nässespuren entlang des Risses im Bild zeigen.

Die beschriebene Schwinddifferenz wirkt natürlich auch in der Spannrichtung der Decke. Auch dort gibt es unbewehrte Stöße zwischen den Elementen. Sie liegen jedoch immer auf einer Wand auf und befinden sich für die Wirkung von Eigen- und Nutzlasten bei einer statisch durchlaufenden Decke in der unten liegenden Druckzone. Risse werden deshalb gar nicht erst entstehen oder ggf. durch vorhandene Druckspannungen überdrückt und nicht sichtbar sein.

Bild 6.7 Untersicht einer Elementdecke mit einem feinen Riss in der Fuge, durch den bereits Wasser an die Deckenunterseite gelaufen ist; die Zwangzugkräfte sind rot eingezeichnet

Die geschilderte Überlagerung von Zwangzugspannungen aus Schwinden und Temperaturänderungen einerseits für die Decke als Scheibe und andererseits aus Differenzschwinden für Deckenflächen, die durch die Fertigteile begrenzt werden, ist eine Besonderheit, die es bei monolithischen Decken nicht gibt. Sie kann höhere Zugspannungen an der Querschnittsschwächung »Elementstoß« in Querrichtung verursachen, was zu Trennrissen bevorzugt in den Stößen führt. Wenn man die Rechenwerte der Rissbreite in den Fugen begrenzen will, muss man das für den Zustand der abgeschlossenen Rissbildung nach Erreichen des Endschwindmaßes machen.

Bei Mauerwerksbauten mit Stahlbetondecken entstehen i. d. R. nur in den gemauerten Wänden Risse durch Zwangbeanspruchungen. Wenn Elementdecken zum Einsatz kommen, dann können auch in Stahlbetondecken bei solchen Bauwerken Risse entstehen. An den zwei folgenden Beispielen soll das veranschaulicht werden.

6.2 Risse in Elementdecken

Elementdecken sind wegen ihrer Vorteile auf der Baustelle heute so verbreitet, dass sie z. B. im Hochbau die bestimmende Bauweise für Stahlbetondecken geworden sind. Sie bestehen aus dünnen vorgefertigten Stahlbetonelementen, die als Schalung dienen. Die Bewehrung liegt überwiegend in den dünnen Stahlbetonschalen bzw. besteht aus speziellen Gitterträgern, die eine bauaufsichtliche Zulassung benötigen. Die Elementfugen rechtwink-

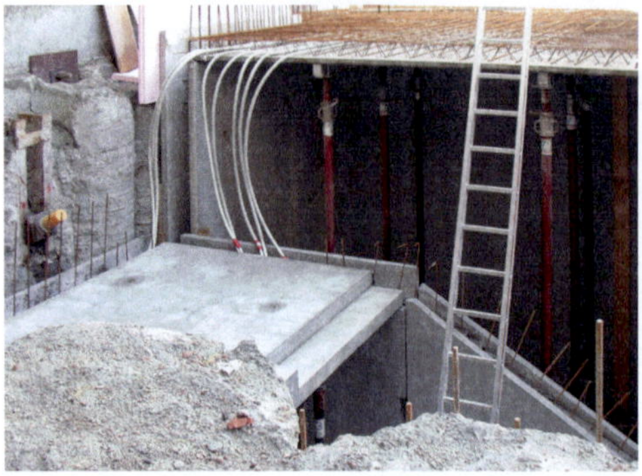

Bild 6.8 Elementdecke und Elementwand

lig zur Spannrichtung der Decke erhalten auf der Baustelle eine quer über sie im Ortbeton verlegte Bewehrung.

In Bild 6.8 ist eine Elementdecke vor dem Betonieren dargestellt. Die Anwendung des gleichen Konstruktionsprinzips auf Wände - die Elementwand - ist im Vordergrund an einer Treppe zu sehen. In der Tragwerksplanung werden die Decken zunächst als monolithische Decken berechnet und bewehrt. In der Bauphase werden sie meist vom beauftragten Fertigteilwerk in eine Elementdecke umkonstruiert. Die Elementdecke ist der monolithischen Decke hinsichtlich der Standsicherheit gleichwertig. Bezüglich ihres Verhaltens durch Zwangbeanspruchungen (Schwinden, Temperatur) unterscheidet sie sich wesentlich von der Monolithdecke.

Die Unterschiede sind in drei Besonderheiten zu sehen:

- Während in der Spannrichtung der Decke (Längsrichtung) der volle Querschnitt wie bei der Ortbetondecke wirkt, ist der Deckenquerschnitt in der Querrichtung im Abstand der Elementbreite durch eine unbewehrte Elementfuge geschwächt. Ihre Tiefe entspricht der Elementdicke, also meistens 60 mm. Das wirkt sich besonders bei Zugspannungen quer zur Haupttragrichtung aus, die durch behinderte Verformungen entstehen können. Nur eine Monolithbetonschicht läuft in Querrichtung durch. Z. B. besitzt eine 200 mm dicke Elementdecke (60 mm Fertigteil und 140 mm Monolithbeton) in Querrichtung, im Abstand von z. B. 3 m, Fugen von 60 mm Tiefe, die bei einer Zugbeanspruchung in Querrichtung als Schwachstellen wirken und die bevorzugten Rissstellen sind. Wenn in jeder Elementfuge der Decke ein Riss entstanden ist, gelten die Gesetzmäßigkeiten der abgeschlossenen Rissbildung. Das bedeutet auch, dass die Diagramme zur Berechnung der Mindestbewehrung (z. B. [3.2]) für diesen Deckentyp nicht ohne weiteres anwendbar sind.

- Die Betoneigenschaften der vorgefertigten Elemente unterscheiden sich i. d. R. von denen des Monolithbetons. Der Beton der meist nur 50 oder 60 mm dicken Fertigteile ist ein in der Vorfertigung üblicher schnell erhärtender Beton, der eine hohe Anfangsfestigkeit und ein größeres Schwindmaß besitzt als der Ortbeton. Das Schwinden verläuft bei den dünnen plattenförmigen Elementen schneller als bei der dickeren Ergänzung aus Monolithbeton. Deshalb kann es zu Schwinddifferenzen zwischen beiden Betonschichten der Decke kommen, die die Ursache von Rissen in den Elementfugen sein können oder die Rissbildung unterstützen.

- Die Risse in den Elementfugen vergrößern ihre Rissbreite mit zunehmendem Fortschritt der Schwindverkürzungen und erreichen die größte Rissbreite erst nach Jahren (vgl. Tabelle 4.1). Die Risse in einer Wand aus Monolithbeton erreichen die größte Rissbreite sofort bei ihrer Entstehung.

Beispiel Nr. 6.1 Breite Risse in der Kellerdecke (Elementdecke) eines Wohnhauses

Situation

Ein Mehrfamilienhaus mit den Grundrissabmessungen 12,36 m x 14,86 m besteht aus gemauerten Wänden (porosierte Hochlochziegel) und Elementdecken aus Stahlbeton (Erdgeschossdecke in Bild 6.9). Die Decke ist insgesamt 180 mm dick, davon 120 mm Ortbeton B 25 nach alter DIN 1045 und 60 mm Fertigteil.

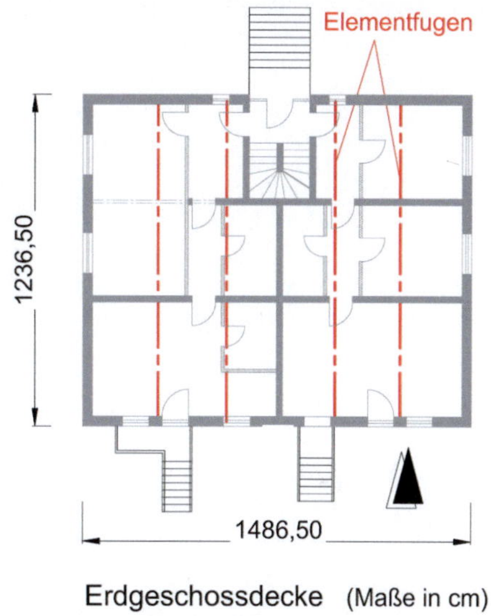

Bild 6.9 Erdgeschossgrundriss des Hauses mit Angabe der Elementfugen (rote Linien) rechtwinklig zur Spannrichtung der Decke

In den Decken und Wänden haben sich auffällige Risse gebildet (Bild 6.10), die Anlass zu einem Rechtsstreit waren. Die Fugen zwischen den Deckenelementen haben sich parallel zur Deckenspannrichtung in ungewöhnlich auffälliger Weise geöffnet, und die Risse setzen sich teilweise in den Innenwänden von den Decken ausgehend als vertikale Risse fort (Bild 6.11). In den Außenwänden gibt es nur Horizontalrisse unter der Keller- und der Erdgeschossdecke, aber keine Vertikalrisse. An den Innenseiten der Außenwände sieht man, dass sich die Decke verkürzt und nach innen bewegt hat (Bild 6.12). Der horizontale Riss unter der Decke befindet sich nicht direkt im Deckenauflager, sondern in einer Lagerfuge unterhalb der Decke, weil die Verzahnung des Betons mit den Hochlochziegeln in der Lagerfuge zwischen Decke und oberer Schicht intensiver ist als die Haftung in einer Lagerfuge unterhalb des Deckenauflagers.

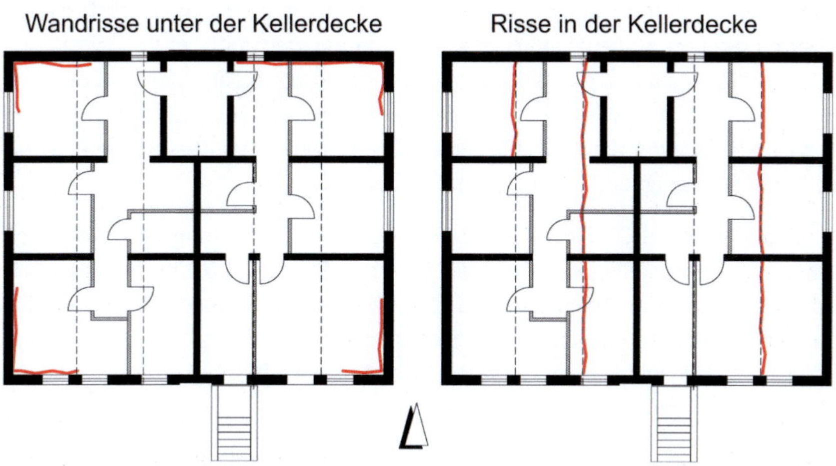

Bild 6.10 Rissbilder in Kellerdecke und -wand

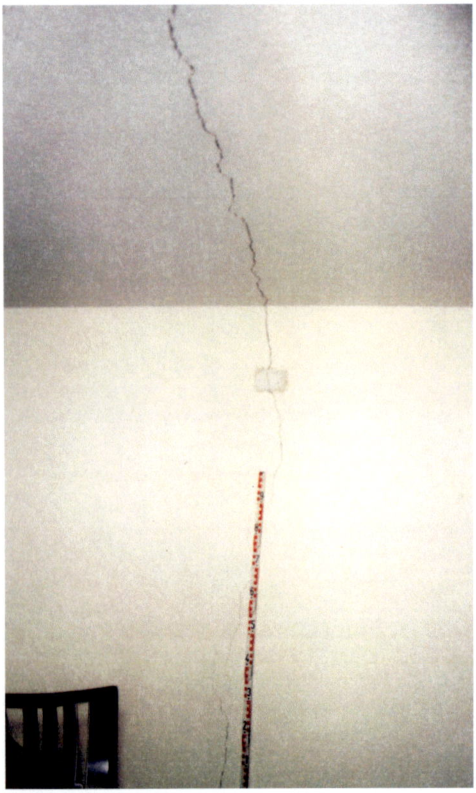

Bild 6.11 Kellerinnenwand und Kellerdecke. Die Elementfugen haben sich geöffnet und in den Innenwänden setzen sie sich als vertikale Risse fort. Rissbreiten 0,3 bis 2,0 mm

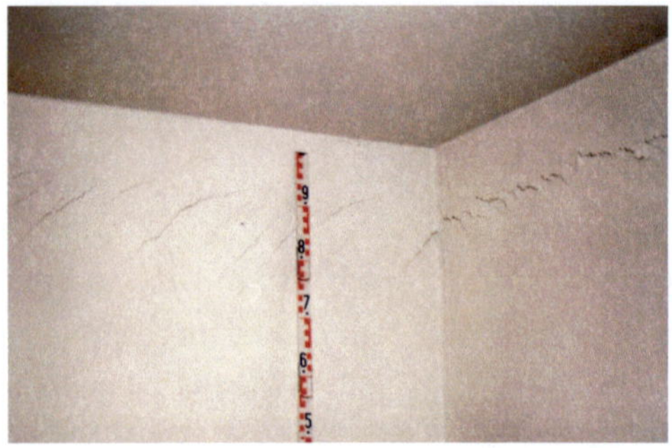

Bild 6.12 Horizontalrisse unter der Kellerdecke. Die Decke ist mit dem Mauerteil oberhalb des Risses nach innen verschoben worden

Rissursache

Es gibt zwei mögliche Rissursachen:

a) Behinderte Schwindverkürzung der Decke

Wie jedes Stahlbetonbauteil schwindet die Decke als ganzes Bauteil mit einer Länge von 14,86 m und einer Breite von 12,36 m. Die unbehinderte Schwindverkürzung beträgt bei einem Endschwindmaß von 0,5 mm/m rund 7 mm in der Längs- und 6 mm in der Querrichtung. Ein Teil dieser Verschiebung ist in Bild 6.12 an der Innenseite der Außenwände zu sehen. Ein anderer Teil ist die Ursache für die Fugenöffnung in Querrichtung. Die Elementfugen in Querrichtung wirken statisch als Kerbstellen, in denen die Risslast für zentrischen Zug kleiner als im ungeschwächten Querschnitt ist. So können sich nur fünf Risse in fünf Querfugen ausbilden. Die sechste Querfuge, die in der Hausmitte unter einer Wand liegt, kann sich wahrscheinlich durch die Wandauflast nicht oder nicht so weit öffnen. Die Rissbreiten werden in diesem Fall nicht wie bei der Einzelrissbildung durch die Betonzugfestigkeit bestimmt, sondern durch die Größe der Zwangdehnung (abgeschlossenes Rissbild). Mit wachsender Zwangdehnung wachsen auch die Rissbreiten.

Durch die planmäßigen Querschnittsschwächungen in Querrichtung haben wir nach dem Entstehen des fünften Risses ein abgeschlossenes Rissbild. Im Unterschied zur Einzelrissbildung bedeutet das Anwachsen der Schwinddehnung eine proportional wachsende Rissbreite (vgl. auch Abschnitt 1.7). Wegen der geringen Zahl von fünf Rissen haben sie sich bei der beachtlichen Schwinddehnung besonders weit geöffnet und sind auf den Fotos ohne besondere Hervorhebung gut zu erkennen.

Die horizontalen Risse unter der Decke in den Außenwänden (Bild 6.10 und Bild 6.12) zeigen die Verkürzung der Seitenabmessungen der Decke als gesamte Scheibe an. Diese

Risse treten an allen vier Gebäudeecken und nur an den Außenwänden auf und verlaufen in Richtung zur Wandmitte der jeweiligen Außenwand (vgl. Bild 7.34). Sie sind durch die Deckenverschiebung ausgehend von den Rändern entstanden und bei so großen Deckenabmessungen kaum zu vermeiden. Die auffallend großen Risse in den Elementfugen haben eine zusätzliche Ursache.

b) Differenz zwischen dem Schwindverlauf der Fertigteilelemente und dem der Monolithbetonschicht

Im vorliegenden Fall war die Schwinddifferenz besonders groß. Das ist auf das Differenzschwinden zwischen Fertigteilschale und Monolithbetonergänzung zurückzuführen. Die Fertigteile sind in einem sehr jungen Alter eingebaut worden. Zwischen der Anfertigung der statischen Berechnung im Fertigteilwerk und dem Betonieren der Decke lagen drei Tage. Die Fertigteile waren daher beim Betonieren der Decke noch ungewöhnlich jung. Die Schwinddifferenz zwischen Fertigteil und Ortbeton ist deshalb besonders groß. Sie hat im vorliegenden Fall (abgeschätzt mit den verfügbaren Angaben) etwa 0,15 bis 0,20 mm/m betragen. Da der Anteil der Fertigteile an der Querschnittsfläche mit 60 mm von 180 mm genau ein Drittel beträgt, ist der Verformungseinfluss der Schwinddifferenz auf den Monolithbeton ganz erheblich. Die Zugkraft im Ortbeton in den Elementfugen gemäß Bild 6.3 ist daher besonders groß, wenn sich die beiden Zwangzugkräfte aus Schwinden der Decke und aus Differenzschwinden zwischen Fertigteil- und Monolithbeton addieren. Das ist in Querrichtung in den Elementfugen der Fall. Auch eine teilweise plastische Verformung durch Zugkriechen vermag daran nichts Wesentliches zu ändern.

Die Rissbildung und -öffnung in den Elementfugen ist nur deshalb möglich, weil es eine gute Verbindung zwischen der Decke und den Außenwänden gibt. Die Wandauflast auf den Deckenrändern hält die Decke fest und behindert so die Deckenverformung in ihrer Ebene infolge des Schwindens. Nur in den Randbereichen kam es auch zwischen Wand und Decke zu geringen Verschiebungen, die die horizontalen Risse unter der Decke verursacht haben. Die Innenwände, auf denen die Decke aufliegt, konnten der Zwangverformung in Querrichtung nicht widerstehen und sind deshalb am Kopf vertikal eingerissen (Bild 6.13). Die Risse traten sowohl ober- als auch unterhalb der Decke auf.

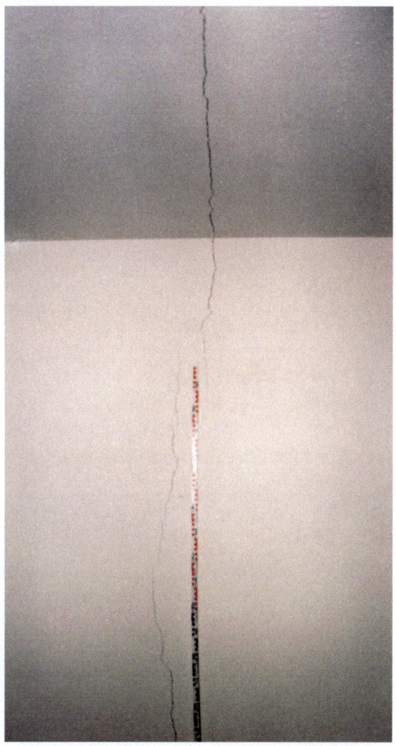

Bild 6.13 Sehr breiter Riss in einer Elementdecke; die Innenwand ist mit gerissen

Derartig breite Risse sind nur dadurch zu vermeiden, dass man zwischen Herstellung der Fertigteilelemente und der Decke möglichst viel zeitlichen Abstand lässt, auch wenn sich dadurch die Bauzeit verlängern kann. Die rechtzeitige Bestellung der Elemente und ggf. Zwischenlagerung auf der Baustelle hilft, derartige Risse zu vermeiden. Der nachträgliche Zeitaufwand, der nach dem Schaden für alle Beteiligten entsteht, ist viel größer und unangenehmer. Außerdem kann das durch eine geschickte Bauablaufplanung zum Teil oder ganz ausgeglichen werden.

Instandsetzung

Eine Instandsetzung solcher Risse ist erst dann sinnvoll, wenn die Zunahme der Schwindverkürzungen nur noch gering ist. Im vorliegenden Fall ist das ein Zeitraum von mehreren Jahren. Dann können die Risse einfach verspachtelt werden, ohne sie aufwändig zu injizieren. Die Rissursache - Schwindverkürzungen - existiert zu einem solchen Zeitpunkt praktisch nicht mehr und kann sich auch nicht wiederholen.

Beispiel Nr. 6.2 Trennrisse in einem Parkdeck mit Elementdecke auf Stahlrahmen

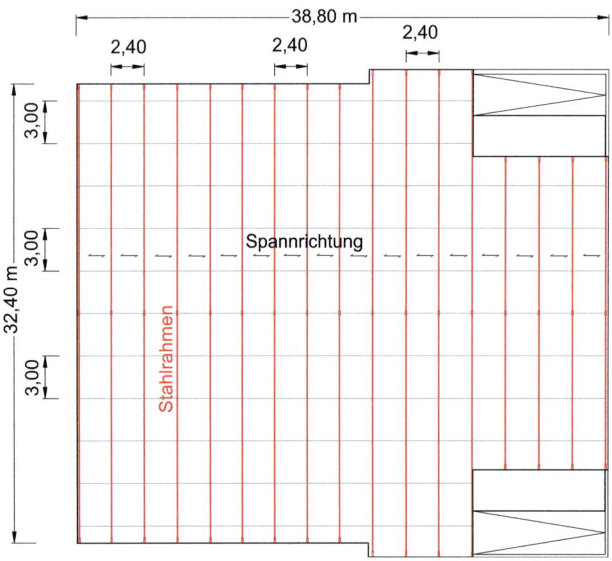

Bild 6.14 Grundriss des Parkdecks mit eingezeichneten Element-Deckenplatten und Rahmenunterkonstruktion

Bild 6.15 Blick in die untere Parkebene mit der Tragkonstruktion für die obere Ebene in Form von Stahlrahmen

Situation

Das zweigeschossige Parkdeck in einem Wohngebiet besteht aus parallel nebeneinander gestellten dreistieligen Stahlrahmen, auf die eine Elementdecke aufgelegt wurde (Bild 6.14). Eine Parkebene befindet sich unter der Decke und die andere auf ihr. Die Stahlrahmen stehen im Abstand von 2,40 m und tragen eine 120 mm dicke Elementdecke als Durchlaufplatte, die rechtwinklig zu den Rahmen gespannt ist. Die Abmessungen der Platte betragen 32,40 m in Längsrichtung der Rahmen und 38,80 m in Querrichtung (Bild 6.14), die der Fertigteilelemente 2,40 m in Spannrichtung und 3,00 m rechtwinklig dazu. Die Platte ist nicht durch Fugen unterteilt. Bild 6.15 zeigt einen Blick in die untere Ebene, in Bild 6.16 ist die obere Ebene zu sehen.

Das planmäßige Gefälle der oberen Ebene sollte 0,5 % betragen. Es ist schwer, eine so große fugenlose Fläche mit einem so geringen Gefälle als Betonfläche so eben herzustellen, dass sie einwandfrei entwässert wird. Im Straßenbau, wo das gleiche Problem auftritt, geht man von einem Mindestgefälle von 2,5 % aus. Das wäre auch hier notwendig gewesen, um Pfützenbildungen zu vermeiden. Die in der Mitte (quer zu den Rahmen) angeordneten Einläufe werden vom Wasser nicht von allen Punkten aus erreicht (Bild 6.16).

Durch Trennrisse in der oberen Ebene tropfte kalkangereichertes Wasser nach unten auf die dort abgestellten PKW und verunzierte den Lack. Es gab Beschwerden der Anwohner mit der Aufforderung zur Nachbesserung.

Bei dem geringen Rahmenabstand von 2,40 m waren die Stützweiten der durchlaufenden Elementplatte nur klein, und es genügte eine Deckendicke von 120 mm. Die Decke besteht aus 65 mm dicken vorgefertigten Elementen, die durch eine 55 mm dicke Monolithbetonschicht ergänzt wurden (Bild 6.18).

Rissursache

Die Rissursache ist auch hier in behinderten Zwangverformungen zu suchen. Schwinden und Temperaturänderungen rufen bei den großen Plattenabmessungen und der direkten Sonneneinstrahlung beträchtliche Längenänderungen hervor.

Bild 6.16 Blick auf die obere Parkebene mit Einläufen (Pfeile) in der Mitte der Fläche und mit unplanmäßigen Pfützen

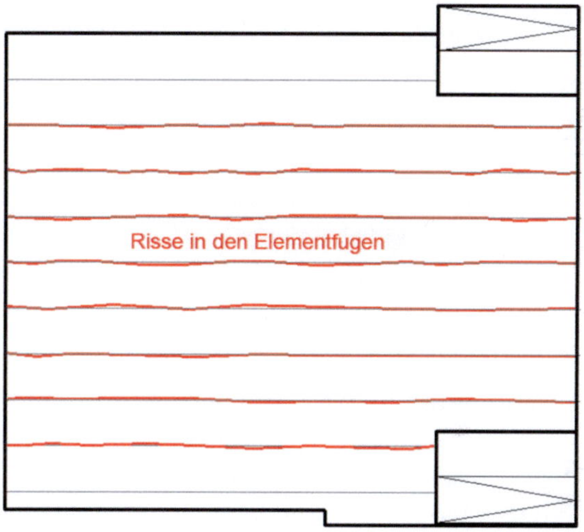

Bild 6.17 Rissbild der Stahlbetonplatte; in den Elementfugen in Querrichtung entstandene Risse (rot gezeichnet), die in Spannrichtung der Decke verlaufen

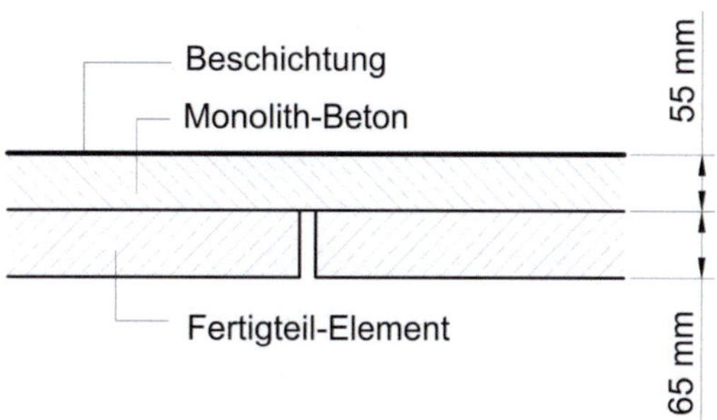

Bild 6.18 Querschnitt durch die 120 mm dicke Decke im Bereich der Elementfugen; sie besteht aus 65 mm vorgefertigtem und 55 mm Ortbeton

Die Längenänderungen können folgendermaßen abgeschätzt werden:

- für Schwinden 0,40 mm/m
- für Abkühlung von der angenommenen Aufstelltemperatur von + 15 °C auf - 15 °C im Winter: Differenz = 30 K
  Dehnung 0,01 mm/(m · K) · 30 K = 0,30 mm/m.

Bei den angegebenen Grundrissabmessungen müsste sich die Platte ohne Behinderung folgendermaßen verkürzen:

in Längsrichtung der Rahmen mit einer Plattenlänge von 32,40 m:

aus Schwinden:	32,40 · 0,4 ≈	13 mm
aus Abkühlung:	32,40 · 0,3 ≈	10 mm

in Querrichtung der Rahmen mit einer Plattenlänge von 38,80 m:

aus Schwinden:	38,80 · 0,4 ≈	15 mm
aus Abkühlung:	38,80 · 0,3 ≈	12 mm.

Diese Verkürzung würde sich je zur Hälfte an den gegenüberliegenden Rändern vollziehen, wenn sie nicht behindert würde. Die Behinderung quer zu den Rahmen ist etwas geringer als in der Richtung rechtwinklig dazu, weil die Rahmensteifigkeit in dieser Richtung geringer ist. Außerdem liegt die Hauptbewehrung der Platte in dieser Richtung, die für wesentlich höhere Beanspruchungen aus Lasten bemessen ist als die Bewehrung in Querrichtung.

In Querrichtung schwächen die unbewehrten Fugen zwischen den Betonelementen den Querschnitt um 54 % (65 mm von 120 mm) und sind bei Zugbeanspruchungen potenzielle Rissstellen. Bei der sehr großen Querschnittsschwächung entsteht schnell ein abgeschlossenes Rissbild für acht Risse (in acht Fugen). Das bedeutet, dass nach dem Entstehen der Risse bei weiterer Dehnung kein neuer Riss mehr entstehen kann, sondern sich die vorhandenen Risse proportional zur Dehnung öffnen. Dadurch sind größere Rissbreiten möglich, als sie nach einer regelgerechten Bemessung nach DIN 1045-1 zulässig wären. Das erschwert auch die Instandsetzung der Fläche.

Das Schadensbild zeigt Trennrisse in den Elementfugen quer zu den Rahmen (Bild 6.17). Für die Deckenplatte sind das die Fugen parallel zur Spannrichtung, die zwar eine Bewehrung in der Monolithbetonschicht zur Lastverteilung haben, die aber nicht für Zugkräfte rechtwinklig zur Fuge bemessen ist.

Instandsetzung

Solche Rissschäden sind ganz schwer nachträglich zu beheben, weil sich die Rissbreiten durch die direkte atmosphärische Einwirkung mit dem Jahresgang erheblich verändern. Die nur 120 mm dicke Platte folgt mit geringer Verzögerung den Lufttemperaturen. Die Schwindverkürzung von bis zu 15 mm ist etwas größer als die temperaturbedingte Verkürzung. Nach mehreren Jahren ist sie soweit abgeklungen, dass sie keine Bauteilverkürzung mehr bewirkt. Die Platte ist um diesen Betrag dauerhaft kürzer. Erst zu diesem Zeitpunkt ist eine wirksame Instandsetzung sinnvoll. Der dann noch mögliche Verformungsanteil von 10 bis 12 mm Verkürzung infolge von Temperaturänderungen ist bei der Instandsetzung auf jeden Fall zu berücksichtigen.

Bild 6.19 Auch nach einer Sanierung sind die Risse nach mehreren Jahren wieder durch die Beschichtung durchgeschlagen

Die Risse sind zunächst durch die irreversible Schwindverkürzung dauerhaft um ein gewisses Maß geöffnet. Der Temperaturwechsel zwischen Sommer und Winter bedeutet eine Verengung oder Erweiterung des Rissspalts. Die mögliche Einlagerung von Schmutzpartikeln behindert die Annäherung der Rissufer im Sommer bis zu einem gewissen Grad. Das kann sich in jedem Jahr wiederholen und den Riss zusätzlich weiter öffnen. Das hat Auswirkungen auf eine Beschichtung. Wenn man annimmt, dass die Hälfte der temperaturbedingten Zwangverformung zu Rissbreitenänderungen führt (entspricht etwa 5 mm), dann bedeutet das bei acht Rissen im Durchschnitt 0,6 bis 0,7 mm pro Riss. Eine solche Rissüberbrückung ist mit handelsüblichen Beschichtungssystemen nicht möglich. Deshalb ist eine dauerhafte Füllung solcher Trennrisse besonders schwierig.

Im vorliegenden Fall, der Gegenstand einer gerichtlichen Auseinandersetzung war, hat man die Beschichtung insgesamt erneuert. Als nach längerer Zeit die Risse wieder sichtbar wurden, hat man die nahezu geradlinigen Risse noch einmal streifenartig mit einer Beschichtung versehen, die nach weiteren Jahren erneut gerissen ist (Bild 6.19). Die sich ständig wiederholenden temperaturbedingten Längenänderungen sind so groß, dass die verwendeten Beschichtungen für eine dauerhafte Lösung ungeeignet sind.

Ein Beschichtungssystem OS 11a nach Richtlinie *Schutz und Instandsetzung von Betonbauteilen (SIB)* des Deutschen Ausschusses für Stahlbeton [5.10] kann wahrscheinlich das Problem lösen helfen (vgl. Bild 10.9). Durch die direkte Luftberührung und Sonneneinstrahlung sind die ständigen Verformungen jedoch so groß, dass ein gewisses Risiko verbleibt.

Wie kann ein solcher Schaden bereits in der Planung vermieden werden? Wenn man fugenlos bauen will, dann gibt es zwei Möglichkeiten, die Trennrissbildung zu vermeiden oder auf ein unschädliches Maß (Rissüberbrückung der Beschichtung) zu reduzieren:

- Man ermöglicht die notwendige Bewegung durch eine geschickte Auflagerung der Platte. Sie braucht einen Festpunkt, der möglichst in der Mitte liegen soll. Die übrigen Auflager der Decke - hier Linienlager - müssen verschieblich sein. Die Platte muss so bewehrt sein, dass nur sehr feine Risse mit einem Rechenwert der Rissbreite von $w_k \leq 0{,}2$ mm entstehen. Ob das mit einer Elementdecke mit ihren linienförmigen Schwachstellen und der dadurch festgelegten Rissanzahl möglich ist, muss am konkreten Fall abgeschätzt bzw. berechnet werden. Das ist Aufgabe des Tragwerksplaners. Besser geeignet ist eine monolithische Platte, die ein kontinuierliches und feineres Rissbild ermöglicht.
- Die Auflagerung erfolgt so, wie sie am Objekt gebaut wurde. In diesem Fall benötigt man wesentlich mehr Bewehrung zur Sicherung einer geringen Rissbreite in den vorgegebenen Fugen-Rissstellen, weil die Behinderung größer ist als bei der ersten Variante. In diesem Fall ist die Mindestbewehrung für die zu erwartende Dehnung in einem abgeschlossenen Rissbild zu bemessen. Auch hier ist zu entscheiden, ob das mit einer Elementdecke überhaupt möglich ist oder ob eine Monolithplatte besser geeignet ist. Bei den großen Abmessungen ist eine fugenlose Bauweise wahrscheinlich nicht möglich.

Beide Möglichkeiten lassen erwarten, dass man eine monolithische Decke in die Betrachtung einbeziehen muss. In einer Monolithbetondecke kann man das Rissbild und die Rissbreiten besser beeinflussen, weil die Querschnittsabmessungen unveränderlich sind und bei der Einzelrissbildung die Rissbreite wirksamer beeinflusst werden kann.

Die scheinbar wirtschaftlichere Elementdecke ist nur partiell bei den Schalungs- und Bewehrungsarbeiten wirtschaftlicher. Wenn man den zu erwartenden Schaden und die technisch nahezu unmögliche Instandsetzung dagegen setzt, dann wird die bessere Lösung die monolithische Platte sein. Eine rissüberbrückende Beschichtung kann nur dann helfen, wenn sie ordnungsgemäß eingebaut worden ist. Andernfalls kann es zu Ablösungen kommen, bei denen der Beton der Parkfläche ungeschützt der Witterung und der salzhaltigen eingeschleppten Feuchtigkeit ausgesetzt ist (Bild 10.10). Dazu ist die Richtlinie des Deutschen Ausschusses für Stahlbeton *Schutz und Instandsetzung von Betonbauteilen* (Instandsetzungsrichtlinie [5.10]) maßgebend. Sie enthält unterschiedliche Oberflächenschutzsysteme, die den verschiedensten Einwirkungen angepasst sind.

6.3 Risse in tragenden Stahlbetonwänden - Elementwände

Elementwände werden wie Elementdecken aus vorgefertigten dünnen Betonelementen hergestellt, die als Schalung dienen und i. d. R. die Wandbewehrung enthalten. Der zwischen den beiden Schalen verbleibende Raum wird auf der Baustelle mit Ortbeton ausgefüllt, nachdem eine Bewehrung an den Stoßstellen verlegt worden ist. Elementwände haben sich in den letzten Jahren stark verbreitet, weil die Vorteile insbesondere für den Bauablauf und die Baukosten groß sind. Sie werden auch für WU-Bauwerke verwendet, wenn entsprechende Abdichtungsmaßnahmen an den Arbeitsfugen in der Aufstandsfläche und zwischen den Fertigteilelementen vorgenommen werden (Bild 6.21). Statisch sind sie den monolithischen Wänden mit gleichen Abmessungen gleichwertig. Gegenüber Zwangbeanspruchungen unterscheiden sie sich erheblich von ihnen.

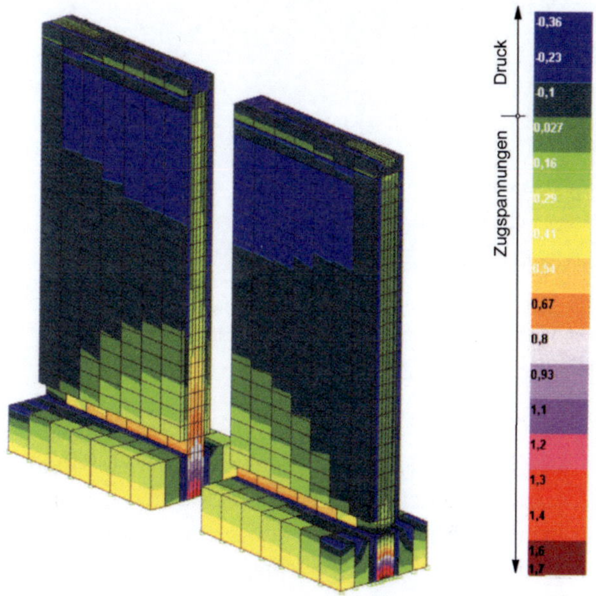

Bild 6.20 Längsspannungen in N/mm² in einer Elementwand 7 Tage nach Einbringen des Ortbetons (vgl. Bild 5.42)

Die Rissgefahr bei behinderten Verkürzungen durch abfließende Hydratationswärme ist bei Elementwänden wesentlich geringer als bei monolithischen Wänden mit gleichen Abmessungen. Das ist darauf zurückzuführen, dass je nach Wanddicke ein beträchtlicher Betonanteil bereits erhärtet ist und keine Hydratationswärme mehr entwickelt. Bei einer 300 mm dicken Wand und Elementen mit 60 mm Wanddicke entwickeln nur 60 % des Betonvolumens Wärme (180 mm von 300 mm). In Bild 6.20 ist die Längsspannungsverteilung in einer Elementwand sieben Tage nach dem Betonieren des Kerns im Vergleich zu Bild 5.42 angegeben. Zu beachten ist, dass die Skalierung mit den Farbleisten in beiden Bildern unterschiedlich gewählt wurde. Während in der Elementwand sieben Tage nach dem Betonieren ein Maximalwert der Längsspannungen von 0,67 N/mm² angegeben wird, beträgt der Maximalwert bei der Monolithbetonwand 1,2 N/mm², also fast das Doppelte. Die Werte gelten für das Berechnungsbeispiel aus [5.7].

Durch die geringere Wärmeentwicklung ist eine geringere horizontale Mindestbewehrung in der Elementwand erforderlich als in einer Monolithbetonwand mit gleichen Abmessungen [5.7]. Im Abschnitt 1.9 wurde gezeigt, dass das im Bereich der Elementfugen leider so nicht zutrifft.

Bild 6.21 Blick auf eine montierte Elementwand, die noch mit Ortbeton auszufüllen ist. An den Elementfugen sind Fugenbleche eingelegt

Die vorgefertigten Elemente wirken für den erhärtenden Beton außerdem wie eine Wärmedämmung, die den Abfluss der Hydratationswärme verzögert (in dieser Zeit wächst die Betonzugfestigkeit). Der Verbund zwischen den Elementen und dem Monolithbeton behindert die Verkürzung des Monolithbetons wirksam, ähnlich wie durch eine beidseitige Bewehrung.

Elementwände haben bei der Entstehung von Zwangkräften einige Besonderheiten gegenüber Monolithbetonwänden. Der Kernbeton, der vor Ort auf der Baustelle eingebracht wird, hat sehr ungünstige Austrocknungsbedingungen, sodass sein Schwindmaß gering ist und der Schwindprozess langsamer verläuft. Die vorgefertigten Elemente haben meist ein viel größeres Schwindmaß und wegen ihrer geringen Dicke einen schnellen Schwindverlauf. Das bedeutet eine Differenz der Schwindverkürzung zwischen Kernbeton und Elementbeton, nachdem der Ortbeton erhärtet ist. Das meist sehr junge Fertigteilelement mit größerem Endschwindmaß schrumpft praktisch auf den erhärteten Ortbeton auf und trägt Druckkräfte in den Ortbeton ein. Der Eintrag der horizontalen Druckkräfte beginnt an jeder vertikalen Elementfuge, und zwar von beiden Seiten der Fuge gegenläufig. Dadurch entstehen im Monolithbeton im Bereich der Vertikalfugen Zugspannungen, die Risse in der Fuge verursachen können.

Diese Möglichkeit wird durch sehr frühzeitigen Einbau der Fertigteile gefördert. Im Fertigteilwerk ist man wie auf fast allen Baustellen an kurzen Fertigungsfristen interessiert. Deshalb wird häufig ein schnell abbindender Zement benutzt, der auch ein höheres Schwindmaß für den Beton besitzt. Die schnelle Auslieferung der Elemente sowie die unmittelbar anschließende Montage und Komplettierung mit Monolithbeton bedeuten unterschiedliche Schwindmaße zwischen Kernbeton und Außenschalen. Je kürzer die Frist zwischen Herstellung und Komplettierung der Wand ist, umso größer ist die Differenz des Schwindverlaufs.

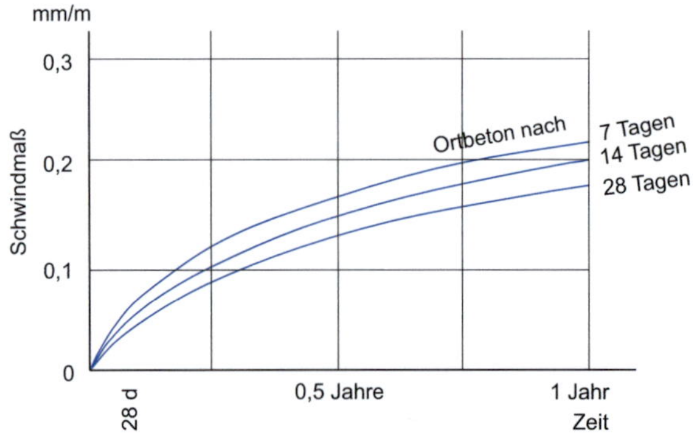

Bild 6.22 Verlauf der Schwindkurven für eine 60 mm dicke Fertigteilschale

Ein Beispiel soll das erläutern. Zur Ermittlung der Schwindkurven werden die Hilfsmittel der DIN 1045-1 und die ergänzenden Ausführungen im Heft 525 des Deutschen Ausschusses für Stahlbeton [1.2] benutzt. Ein 60 mm dickes Fertigteil hat ein rechnerisches Endschwindmaß von -0,41 mm/m, wenn es eingebaut und dadurch die Verdunstung nur nach einer Seite möglich ist. Die Schwinddifferenz zum gut gegen Verdunstung geschützten Ortbeton ist je nach dem Alter des Fertigteils zum Betoniertermin unterschiedlich. In Bild 6.22 sind drei Kurven für unterschiedliche Betonierzeitpunkte der Elementwand angegeben.

Welche Auswirkung hat diese Differenz der Schwindmaße zwischen Elementschale und Kernbeton? Die Differenz der Schwindmaße führt im Bereich eines Fertigteilelements zu horizontalen Zwangzugkräften in den Schalen und Druckkräften im Kernbeton. Da sich die Zugkräfte an jeder Vertikalfuge neu aufbauen müssen, entsteht im Kernbeton an jeder Elementfuge eine Zugkraft (Bild 6.23). Ihre Größe hängt von der Differenz der Schwindmaße und den Querschnittsanteilen des Fertigteil- und des Monolithbetons ab.

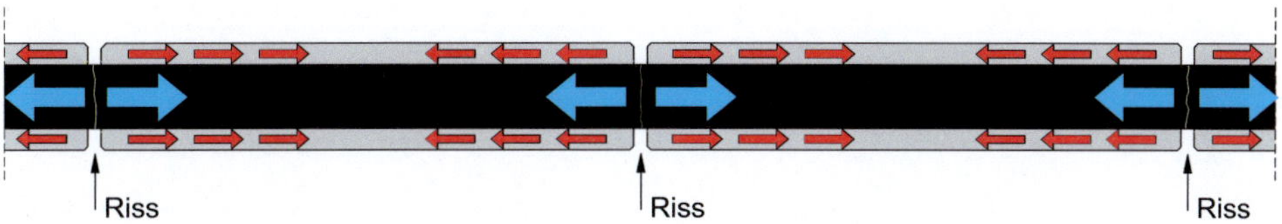

Bild 6.23 Horizontalschnitt einer Elementwand mit Angabe des Kraftverlaufs in den Elementen und im Monolithbeton durch die Differenz der Schwindmaße und des Schwindverlaufs zwischen Kernbeton und Fertigteil

Bei einer Wanddicke von 240 mm und einem Anteil der Fertigteile am Querschnitt von 2 · 60 = 120 mm teilt sich die Dehnungsdifferenz zu gleichen Teilen auf die Fertigteile und auf den Monolithbeton auf. Ohne Berücksichtigung von möglichen Relaxationswirkungen wird die Bruchdehnung von 0,1 mm/m erst nach Monaten, manchmal auch aus dieser Wirkung allein niemals erreicht. Wenn sie erreicht wird, entstehen Risse im Monolithbeton in den Fugen zwischen den Elementen.

Bild 6.24 Zwangbedingte Trennrisse in den vertikalen Fugen einer Elementwand; bei zeitweilig stauendem Sickerwasser sind sie wasserführend

Meist wirken außerdem noch behinderte Zwangverkürzungen der gesamten Wand, z. B. durch das Schwinden. Dann addieren sich die entstehenden Zwangspannungen aus der Gesamtverformung der Wand und die lokalen Zugspannungen aus der behinderten Verkürzung der Fertigteilelemente im Bereich der Elementfuge, was bereits in den ersten Wochen nach dem Betonieren zu Rissen in den

Elementfugen führen wird (Bild 6.24). Die Differenz der Schwindmaße baut sich mit wachsendem Zeitabstand vom Betoniertermin allmählich ab und ist je nach Alter der Fertigteilschalen beim Betonieren nach Wochen oder Monaten praktisch nicht mehr wahrnehmbar.

In Elementwänden ist der Anteil des Fertigteilbetons an der gesamten Wanddicke größer als bei Elementdecken. Die Querschnittsschwächung durch die Elementfugen ist deshalb größer als bei Decken.

7 Typische Rissbilder in Mauerwerk und ihre Ursachen

7.1 Lastbedingte Risse in Mauerwerk

Mauerwerkswände sind frei von sichtbaren Rissen, wenn sie keine Berührung mit anderen Bauteilen haben. Mauerwerk ist durch seine Kleinteiligkeit und die Ausgangsstoffe - Mauersteine und Mörtel - gegenüber Zugspannungen nicht ganz so spröde wie Beton und kann daher kleine Verformungen rissfrei vollziehen. Erst bei größeren Verformungen entstehen Risse. Bei Rissen in Mauerwerk, dessen Verformungen nicht durch andere Bauteile behindert werden, handelt es sich dann meist um lastbedingte Risse.

Mauerwerk versagt bei Druckbelastung wie Beton (vgl. Bild 5.1 und Bild 5.2) durch Querzugspannungen. Durch unterschiedliche Stein- und Mörtelarten sind die Bruchformen vielfältiger als bei Beton.

Bild 7.1 zeigt einen Prüfkörper aus Ziegelmauerwerk nach dem Bruchversuch. Man erkennt die vertikalen Risse, die den Bruch einleiteten. Sie sind weit vor dem Versagen des Prüfkörpers entstanden. Vertikale Risse entstehen unter Vertikallast bei fast allen Mauerwerksarten weit vor Erreichen der Bruchlast und zeigen hohe Druckspannungen an. Man kann solche Risse auch unter konzentrierten Lasten finden, wenn die Stein- bzw. Mörtelfestigkeit den höheren Beanspruchungen in solchen Bereichen nicht angepasst wurden (z. B. Bild 7.9).

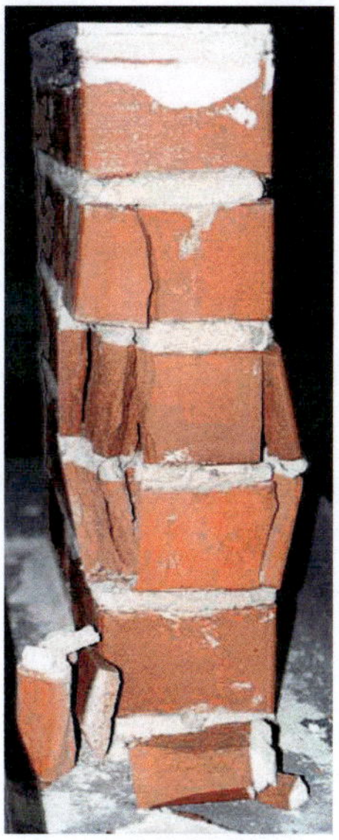

Bild 7.1 Bruchbild eines Mauerwerksprüfkörpers nach einer vertikalen Belastung

Natürlich entstehen Risse in Mauerwerk auch bei der Wirkung von Zugkräften. Ein Beispiel dafür ist in Bild 7.2 abgebildet. Die gemauerte Halbkuppel der Apsis einer alten Klosterkirche hat etwa in ihrer Symmetrieachse einen Riss in Meridianrichtung. Solche Risse entstehen durch horizontale Ringzugkräfte in der dünnen Kuppelschale, die durch die Wirkung der Eigen- und Schneelast verursacht werden. Derartige Kuppeln sind meist mit Mauerziegeln als Flachschicht gebaut, ihre Dicke beträgt je nach Format meist weniger als 100 mm. An der Halbkuppel sieht man ein Charakteristikum von Mauerwerksrissen. Sie entstehen meist als Einzelrisse, die sich bei erneuter Beanspruchung weiter öffnen. Die Auflagerung auf der gemauerten Wand hätte einen Zugring erfordert, der hier nicht gebaut wurde. Wegen der geringen Eigenlasten besteht keine Gefahr für die Standsicherheit.

Zugspannungen entstehen häufig aus der Umlenkung von Kräften. Eine typische Situation gibt es an Öffnungen in tragenden Wänden. Für die Vertikallasten ist eine Öffnung eine Störung im Kraftfluss. Die vertikale Last aus Dach und ggf. Obergeschossen verteilt sich

Bild 7.2 Riss in Meridianrichtung einer gemauerten Halbkuppel durch Ringzugspannungen (Pfeile)

zunächst gleichmäßig über die Wandlänge. Bei einer Fensteröffnung muss der gleichmäßige Kraftfluss unterbrochen werden. Die Kraftfeldlinien werden um die Öffnung herum gelenkt und müssen dabei ihre Richtung ändern (Bild 7.3 links). Jede Richtungsänderung eines Kraftflusses erfordert aus Gleichgewichtsgründen Kräfte in Querrichtung, die in Bild 7.3 links als blaue Pfeile eingezeichnet sind. Durch diese annähernd horizontalen Zugkräfte entstehen vertikale Risse unter oder auch über Öffnungen. Je größer die Auflast ist, umso größer sind die entstehenden Querzugkräfte und umso größer ist die Rissgefahr. Solche Risse entstehen wegen der größeren Auflast vorzugsweise in den unteren Geschossen.

Die Rissgefährdung richtet sich vor allem nach der Auflast, die unter der Fensteröffnung umzuleiten ist, und natürlich nach den Materialeigenschaften des Mauerwerks. In Bild 7.4 sind eine Tür- und eine Fensteröffnung abgebildet, bei denen im Bogenscheitel ein vertikaler Riss endet, der durch die Umleitung der Lasten aus den oberen Geschossen entstanden ist. Er hat sich nur im Erdgeschoss gebildet, wo die Auflast am größten ist und durch die Umlenkung der Vertikallasten die größten Querzugspannungen entstehen.

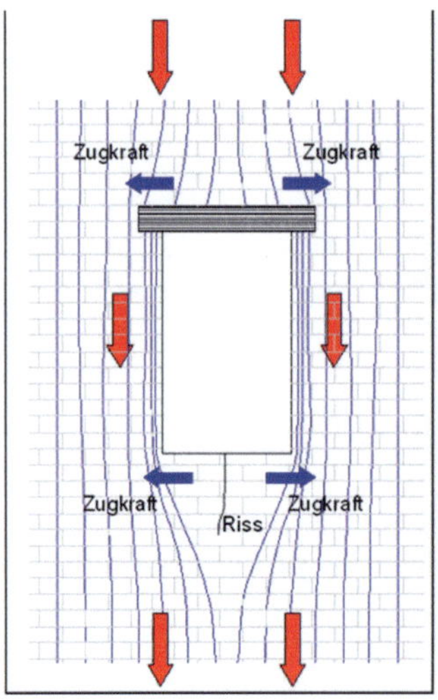

Bild 7.3 Lastumlenkung um Fenster bewirkt einen Vertikalriss unter dem Fenster; an der Oberseite ist ein Fenstersturz, der die Zugkräfte ohne Riss aufnimmt

Bild 7.4 Vertikaler Riss oberhalb einer Tür- und einer Fensteröffnung

Bild 7.5 Vertikalriss unter und über einem Kirchenfester, bereits verspachtelt

Solche Risse sind sehr fein, weil nach einer geringen Verschiebung der Bogenkämpfer wieder ein Gleichgewichtszustand erreicht wird. Sie sind nur zu beanstanden, wenn sie wie in Bild 7.4 auf weißem, glattem Putz auffällig sind und das Erscheinungsbild der Fassade unter einem üblichen Betrachtungsabstand beeinträchtigen.

Ein ähnliches Rissbild ist in Bild 7.5 zu sehen. Die Außenwand einer Kirche ist mit einem Rundbogenfenster durch die Querzugkräfte praktisch gespalten worden. Das Bild ist nach dem Verspachteln der Risse entstanden und zeigt damit den Rissverlauf besonders deutlich.

Bemerkenswert ist, dass in allen Fotos zu diesen Risserscheinungen immer nur ein Riss zu sehen ist, der sich je nach Erfordernis - hier je nach der horizontalen Zugkraft - öffnet. Der Einzelriss ist ein charakteristisches Merkmal von Mauerwerksrissen.

Lastbedingte Risse entstehen auch bei plötzlichen Lastwechseln in einer Wand. Zwei Beispiele sollen das verdeutlichen.

Beispiel Nr. 7.1 Lastdifferenzen durch mehrere Fensteröffnungen

Bild 7.6 Lastbedingter Schrägriss in einer Fassade (Risse nachgezeichnet)

Situation

In der Fassade eines zweigeschossigen Geschäftshauses hat sich in einer Wand ein Schrägriss gebildet, der von einer Fensterecke ausgeht und schräg nach unten ausläuft (Bild 7.6). Er ist auch an der Innenseite sichtbar, ist also ein Trennriss. Das Mauerwerk besteht aus Leichthochlochziegeln mit einer 1 bis 3 mm dicken Lagerfuge und nicht vermörtelten Stoßfugen. Die Decken bestehen aus monolithischem Stahlbeton.

Ein kräftiger Ringbalken zwischen Fenster und Dach, der auch als Fenstersturz genutzt wird, steift das Gebäude wirksam aus. Er trägt die Dachlast als Linienlast in die Wände ein. Von dort werden sie in die Fundamente geleitet. Im Obergeschoss ist die Wand durch sieben Fensteröffnungen geschwächt (Bild 7.6). Die Fensterstürze werden vom Ringbalken gebildet.

Rissursache

Die vom Dach über den Ringbalken in die Wand geleitete Last ist eine nahezu konstante Linienlast, die in der Wand gleichmäßige Druckspannungen verursacht. Die abgebildete Wand ist am Giebel ungeschwächt, während im anschließenden Bereich mehrere Fensteröffnungen die belastete Fläche spürbar reduzieren. In den gemauerten Pfeilern zwischen den Fenstern entstehen wegen der kleineren Querschnittsfläche höhere Druckspannungen und damit auch höhere Stauchungen als im linken ungeschwächten Teil der Wand. Das Brüstungsmauerwerk unter dem kleinen Fenster oben links erhält auf der rechten Seite eine größere Stauchung als auf der linken, sodass die Brüstung in der unteren Fensterecke abreißt und sich im Uhrzeigersinn dreht. Der Riss besitzt dementsprechend an der Fensterecke seine größte Rissbreite und läuft schräg nach unten aus (Bild 7.7).

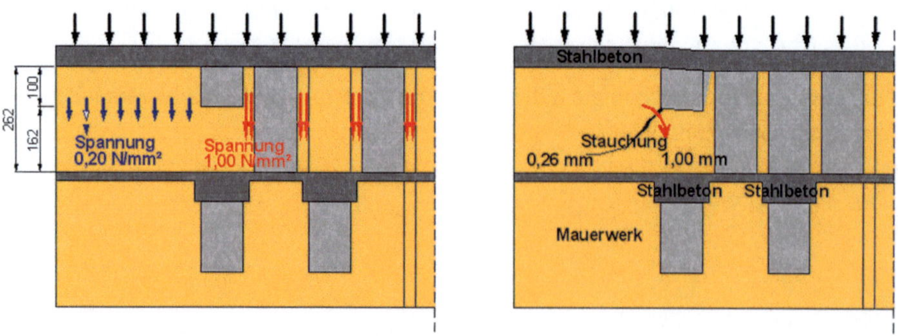

Bild 7.7 Die Dachlast erzeugt im linken, ungeschwächten Mauerteil kleinere vertikale Spannungen als im rechten, durch die Fensteröffnungen geschwächten Teil

Die Mauerwerksverformung besteht aus einem elastischen Anteil und aus einem plastischen Anteil (Kriechverformung). Beide sind bei diesem Mauerwerk in etwa gleich groß. Eine grobe Abschätzung der Verformungsdifferenz ist bei Vernachlässigung der Verträglichkeitsbedingungen möglich.

Die Druckspannung im Mauerwerk ist in den Pfeilern fünffach größer als im giebelnahen Mauerwerk. Mit einem Elastizitätsmodul des Mauerwerks von 4000 N/mm² erhält man die eingetragenen Spannungen und Verformungen. Die in Höhe der Geschossdecke wirkenden Spannungen ergeben sich damit

- für den ungestörten Bereich zu 0,26 mm
- für den Bereich der Pfeiler zu 1,00 mm.

Die Dehnungsdifferenz von 1,0 mm - 0,26 mm = 0,76 mm führt zum Abreißen des Mauerwerks an der Fensterecke. Die gemessene Rissbreite stimmt befriedigend mit der Abschätzung überein. Am Gebäude konnte man über mehrere Jahre hinweg einen allmählichen Zuwachs der Rissbreite durch die Kriechverformungen des höher beanspruchten Mauerwerks in den gemauerten Pfeilern verfolgen.

Instandsetzung

Der Riss kann nach Abklingen der Kriechverformungen (nach 3 bis 5 Jahren) verspachtelt werden. Eine dehnfähige Tapete sowie eine leistungsfähige Fassadenfarbe können eine zusätzliche Sicherheit gegen ein erneutes Durchschlagen des Risses bilden.

Lastbedingte Risse können auch durch eine indirekte Setzung entstehen. In einem solchen Fall wird ein Bauteil durch ein anderes Bauteil gestützt. Wenn sich das stützende Bauteil verformt, können sich die Auflagerbedingungen für das gestützte Bauteil so ändern, dass Risse im Mauerwerk entstehen. In Bild 7.8 ist ein solcher Fall dargestellt.

Bild 7.8 Risse durch Verkürzung eines Bogens

Ein Übergang zwischen zwei alten Gebäuden bildet gleichzeitig eine Durchfahrt zwischen zwei Höfen. Die Wände des Übergangs sind auf zwei gemauerte Bögen aufgesetzt. Über den Bögen haben sich zwei Schrägrisse gebildet, die sich auf der anderen, auf dem Foto nicht sichtbaren Seite in ähnlicher Form gebildet haben.

Der untere Abschluss des Übergangs sind zwei gemauerte Bögen, auf denen die Wände liegen. Diese Bögen werden auf Druck beansprucht und verformen sich unter der Eigenlast der darüber befindlichen Mauern. Die Verformung der gemauerten Bögen war bereits im Rohbau vorhanden. Mit den Putzen wurden bis dahin entstandene Risse verdeckt. Unter der langzeitig wirkenden Auflast gab es eine allmählich anwachsende plastische Verkürzung des Bogens, durch die der Bogenstich verringert wurde. Die wegen ihrer Höhe viel steiferen Wände über den Bogen können dieser vertikalen Verschiebung des Bogenscheitels nicht folgen und reißen. Im Bild 7.8 ist die linke Wandseite der Absenkung der Bögen gefolgt. Für die rechte Seite blieb die Stützwirkung von angrenzender Wand und Bogenkämpfer erhalten. Die Risse sind mit Rissen in nicht tragenden Wänden auf schlanken Decken verwandt (vgl. Abschnitt 7.8).

Die Risse beeinträchtigen die Nutzung der Gebäude nicht und sollten bis zur nächsten Instandsetzung der Fassade durch den Maler unverändert bleiben. Dann sind sie zu verspachteln und zu überstreichen. Die Kriechverformungen des Mauerwerks sind nach einigen Jahren abgeschlossen und können sich nur nach einer Nutzungsänderung mit vergrößerten ständig wirkenden Lasten fortsetzen. Das ist bei einem solchen Bauwerk kaum zu erwarten.

Lastbedingte, vertikale Risse entstehen in Mauerwerk häufig auch unter Einzellasten. Sie zeigen eine Überschreitung der horizontalen Mauerwerkszugfestigkeit an. Das folgende Beispiel erläutert eine solche Rissbildung (Bild 7.9).

Beispiel Nr. 7.2 Vertikaler Wandriss unter einer Einzellast

Situation

Der stählerne Überbau einer Eisenbahnbogenbrücke ruht auf einem Betonsockel, der seine Lasten auf eine Unterkonstruktion aus Klinkermauerwerk abgibt. Mittig unter dem Betonsockel ist ein vertikaler Riss entstanden (Bild 7.9).

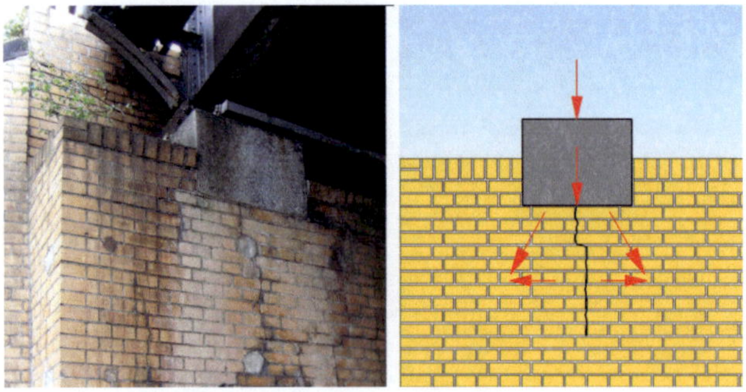

Bild 7.9 Vertikalriss unter einer konzentrierten Einzellast

Rissursache

Die konzentrierte Einzellast wird im Mauerwerk mit zunehmendem Abstand vom Lasteintragungspunkt auf eine größere Fläche verteilt. Die schräge Lastumlenkung verursacht Querzugkräfte, die unter den hohen Lasten zur Rissbildung führen.

Instandsetzung

Eine Instandsetzung ist nicht möglich, weil das nur mit einem größeren Betonsockel möglich wäre, der auf einem hochwertigen Mauerwerk aufliegt. Dazu wäre ein größerer Eingriff in die Substanz nötig, auf die man besser verzichtet. Der vertikale Riss beeinträchtigt die Standsicherheit des Widerlagers nicht und kann deshalb unbehandelt bleiben.

7.2 Setzungsdifferenzen im Baugrund verursachen breite Risse

Für viele Nichtfachleute ist das Entstehen von Rissen an Gebäuden nur durch Setzungen des Baugrunds vorstellbar. Manche Gerichtsprozesse haben sich dadurch verzögert, dass zunächst ein Grundbaufachmann als Sachverständiger zur Begutachtung von »Setzungsrissen« beauftragt wurde, der schnell merkte, dass er der falsche Gutachter ist. Baugrundsetzungen kommen als Rissursache eher selten vor. Zwangwirkungen durch behinderte Schwind- und Temperaturverformungen sind viel häufiger. Trotzdem spielen Setzungen eine gewisse Rolle, vor allem wenn sie durch Eingriffe des Menschen entstehen. Das ist durch Untertage-Bergbau und bei tiefer gegründeten Nachbarbebauungen der Fall.

Kräfte durch Baugrundsetzungen werden zu den Zwangbeanspruchungen gezählt, obwohl sie bei genauerer Betrachtung aus den Eigenlasten herrühren. Bei Baugrundsetzungen werden die Stützbedingungen eines Bauwerks durch teilweises Nachgeben der Gründung verändert, sodass die Eigenlasten neue Wege suchen müssen, um wieder in einen Gleichgewichtszustand zu kommen. Das ist immer mit sichtbaren Verformungen verbunden, die bei Mauerwerk Risse hervorrufen.

Bild 7.10 Schiefer Kirchturm in Bad Frankenhausen (Thüringen); als Vergleichsmaßstab für die Schiefstellung kann man die Straßenlaterne und den Fahnenmast benutzen

Baugrundsetzungen sind nicht immer schädlich und rufen auch nicht immer Risse hervor. Gleichförmige Baugrundsetzungen sind unschädlich. Bei gleichmäßiger Setzung oder Verdrehung des gesamten Bauwerks entstehen keine Risse, weil sich das gesamte Bauwerk nach unten bewegen kann, ohne dass Zwangkräfte entstehen (vgl. Abschnitt 1.4).

Bild 7.10 zeigt einen sehr schief gestellten Kirchturm in Bad Frankenhausen (Thüringen), der sich wegen einseitiger Setzung des Baugrunds im Ganzen geneigt hat, ohne dass man an seinen Wänden aus Natursteinmauerwerk Risse sieht. Erst ungleichförmige Setzungen stellen eine Gefahr für das Bauwerk dar. Sie bedeuten, dass sich die Auflagerung und damit die Lastabtragung nur an Teilen des Bauwerks verändern.

Setzungsrisse erkennt man an zwei Merkmalen:

- sie sind meist auffällig breit;
- ihr Verlauf ist unregelmäßig, weil er sowohl von der Größe der Setzung, aber vor allem von der Art der veränderten Tragwirkung des geschädigten Bauwerks abhängt.

Deshalb sollen einige Fotos typische Setzungsrisse zeigen. Bild 7.11 zeigt Schrägrisse in einer Fassade, die durch die Abwärtsbewegung des rechten Gebäudeteils entstanden sind.

Bild 7.11 Setzungsrisse an einem Verwaltungsgebäude. Der rechte Teil des Gebäudes hat sich gegenüber dem linken Teil um mehrere Zentimeter gesetzt

Bild 7.12 Setzungsriss in einem Flachbau als Einzelriss. Die Ecke im Vordergrund hat sich gesetzt

Bild 7.13 Eine Garage ist zu dicht am Hang ohne standfeste Gründung gebaut worden

Die Fensteröffnungen sind die Schwachstellen in der Wandscheibe und bieten sich als Bruchstelle an. Hier sieht man die Schrägrisse, die dem Fugenverlauf im Mauerwerksverband folgen. Solche schrägen Risse sind typisch für Ziegelmauerwerk mit Steinen im Normalformat.

Bild 7.12 zeigt einen breiten Einzelriss, der durch die Setzung des rechten Gebäudeteils entstanden ist. Er verläuft durch eine Fensteröffnung in der Wandscheibe. Die Dachkonstruktion ist so steif, dass sie im vorderen Bereich von der sie ursprünglich stützenden Wand abreißt.

Bild 7.13 zeigt eine PKW-Garage, die an einem Hang gebaut wurde. Der hangseitige Teil links hat sich gesetzt. Das hat die Risse im Giebel und die Schiefstellung der hangseitigen Außenwand verursacht. Der hintere Teil des Gebäudes steht noch senkrecht. Im Vergleich dazu ist die vordere Giebelseite in Richtung Hang etwas verdreht. Der untere Teil der Dachrinne liegt etwa parallel zur Wand und zeigt die Größe der Verformung der ursprünglich senkrechten Wand. Das Tor passt nicht mehr in die Öffnung und kann nicht ganz geschlossen werden.

Setzungen müssen nicht nur durch die geologischen Bedingungen, sondern können auch durch menschliche Eingriffe verursacht werden. Tiefe Baugruben direkt neben einer vorhandenen, flacher gegründeten Bebauung und der Untertage-Bergbau schaffen solche Situationen. Die folgenden Beispiele sollen das erläutern.

Die Setzungsrisse in Bild 7.14 sind durch eine schadhafte Abwasserleitung entstanden. Aus der Leitung floss über mehrere Jahre Abwasser in den Boden und hat dort wahrscheinlich einen Hohlraum ausgespült. In diesen allmählich entstandenen Hohlraum senkte sich der Treppenhausbereich der Hoffassade, wodurch die Risse entstanden sind. Der Schaden wurde erst sehr spät bemerkt und noch später beseitigt. Die betroffenen Innenräume waren durch die deutlich sichtbaren Rissschäden nicht mehr bewohnbar (Bild 7.15). Durch eine rechtzeitige Instandsetzung des Rohrschadens wäre die Setzung vermeidbar gewesen.

Bild 7.14 Rückseitige Fassade eines Mehrfamilienhauses mit Setzungsrissen

Baumaßnahmen mit relativ tiefen Baugruben unmittelbar neben einer älteren Bebauung (Bild 7.16) verursachen meist Setzungen an den bestehenden

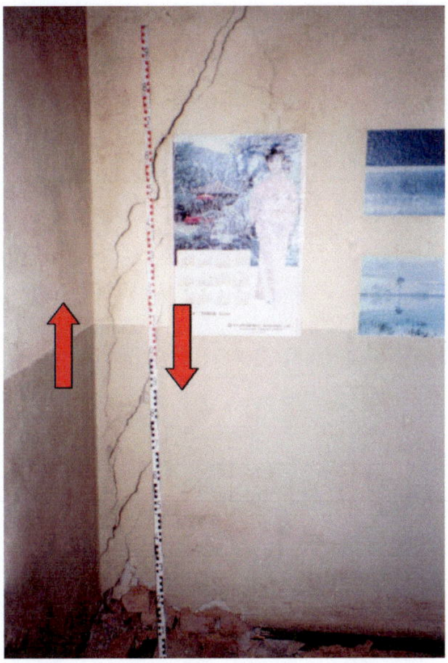

Bild 7.15 Typische abgestufte Schrägrisse als Ergebnis der Scherbeanspruchung

Bild 7.16 Bohrpfahlwand zur Sicherung einer tiefen Baugrube unmittelbar an der Grundstücksgrenze

Gebäuden. Derartige Situationen entstehen bei Baumaßnahmen im Bestand, bei denen heute auch der unterirdische Bauraum genutzt wird. Die Sicherung der tiefen Baugrube an der Grundstücksgrenze bedeutet eine Veränderung der Lagerungsbedingungen für das bestehende Bauwerk auf dem Nachbargrundstück. Die Folge sind Setzungen und oft grobe Setzungsrisse wie bei einer natürlichen Baugrundsetzung.

Setzungen durch Grundbaumaßnahmen werden nicht in Millimetern, sondern meist in Zentimetern gemessen. Hier können sehr breite Risse entstehen wie in Bild 7.17. An dem abgebildeten Maßstab kann man die realen Größen und damit auch die Rissbreiten erkennen. Sie entstehen durch die Lastumlagerung von der ursprünglichen Gründung auf die Bohrpfahlwand, die die notwendige tiefere Baugrube ermöglicht. Derartige, durch Bebauung der Grundstücksgrenze mit einer tieferen Gründung entstandene Risse sind den Setzungsrissen gleichwertig. Sie haben gegenüber den natürlich entstandenen Setzungsrissen den Vorteil, dass sie nach Abschluss der Bauarbeiten schnell zum Stillstand kommen und dann relativ einfach instand gesetzt werden können.

Bild 7.17 Sehr breite Risse infolge von Setzungen durch benachbarte tiefe Baugruben

Solche breiten Risse sind Schwachstellen im Mauerwerk, die sich bei einem Rissverschluss, z. B. durch Spachtelung, bereits bei der kleinsten Bewegung des Baukörpers wieder öffnen können. Sie sind dann sichtbar und i. d. R. unerwünscht. Deshalb sollten sehr breite Risse verklammert werden, um auch Kräfte über den Riss hinwegleiten zu können. Zur Rissverklammerung sind Ausführungen im Abschnitt 10.5 nachzulesen.

7.3 Risse durch Verformungsdifferenzen zwischen Mauerwerk und Beton

Der Verbund von Bauteilen aus unterschiedlichen Baustoffen mit unterschiedlichem Verformungsverhalten führt zu gegenseitiger Behinderung von Bauteilverformungen. Der Riss entsteht an der schwächsten Stelle. Das ist entweder die Grenzfläche zwischen den Bauteilen oder ein entfernter liegender Bereich. Einige häufig vorkommende Situationen, in denen Risserscheinungen auftreten, sollen detaillierter erläutert werden.

Ringanker und andere Betonverstärkungen in Mauerwerk

Um Gebäude mit gemauerten Wänden auszusteifen und horizontale Lasten (Wind, Schiefstellungen) abzuleiten, werden entweder die Stahlbetondecken als Scheiben ausgebildet oder Ringanker etwa in Deckenhöhe eingebaut. Ringanker sind auf Zug beanspruchte stabförmige Bauteile, die überwiegend aus Stahlbeton gebaut oder in der Stahlbetondecke durch Bewehrungszulagen ausgebildet werden. Dadurch kommt Beton in direkten Kontakt mit dem Mauerwerk, was zu Schwinddifferenzen und zu Rissen führen kann.

In Bild 7.18 sind gebräuchliche Formen dargestellt. Im oberen Bild übernimmt die als Scheibe wirkende Decke die Verteilung horizontaler Lasten auf die tragenden Wände. Sie wirkt je nach Lastrichtung wie ein Bogen mit Zugband, das für eine Zugkraft von 30 kN (Gebrauchslast) für die Bogenwirkung bemessen wird. Im Bild 7.18 unten ist ein Ringbalken dargestellt, der die gleichen Aufgaben hat. Es ist auch üblich, den Ringbalken in Höhe der Fensterstürze zu legen und diese in die Tragwirkung einzubeziehen. Der direkte Kontakt zwischen dem Beton des Ringbalkens oder der Deckenscheibe und dem Mauerwerk kann nicht umgangen werden, weil sonst die Ableitung der Horizontallasten auf die tragenden Wände und damit die Aussteifung des Gebäudes nicht möglich wäre.

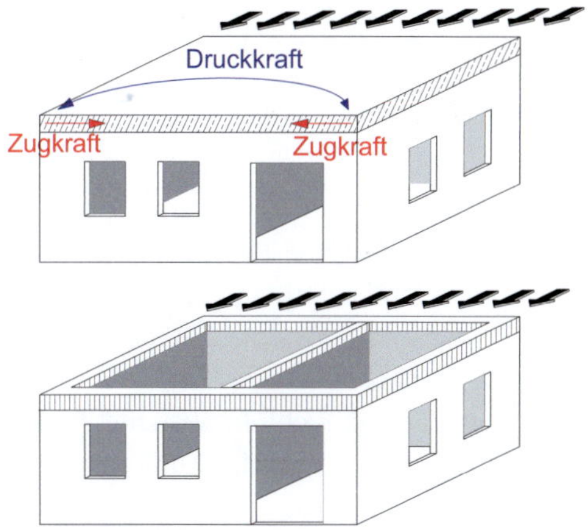

Bild 7.18 Als Scheibe ausgebildete Decke (oben) und Ringbalken auf den tragenden Wänden (unten)

Stahlbetondecken und -ringanker haben ein Endschwindmaß, das 0,2 bis 0,5 mm/m größer ist als das Endschwindmaß von Ziegelmauerwerk. Bei 10 m Länge - das ist etwa die Deckenabmessung eines Einfamilienhauses - bedeutet das eine Längenänderung von 10 m · (0,2 bis 0,5 mm/m) = 2 bis 5 mm. Diese Differenz ist in Form von Rissen in der Fassade oder in den Innenwänden sichtbar. Wo die Risse entstehen und wie man sie einschränken kann, ist von der Steinart abhängig und wird im Zusammenhang mit den Stahlbetondecken unten erläutert. Die Längendifferenz zwischen Decke und Mauerwerk ist objektiv vorhanden und kann nicht verhindert werden. Sie äußert sich entweder in Rissen oder in Deckenverschiebungen in den Gebäudeecken.

Bild 7.19 Zuganker zur Aussteifung des Gebäudes, außen sichtbar verankert

Ringanker aus Stahlbeton sind erst möglich, seitdem Decken vorzugsweise aus Stahlbeton gebaut werden. Bei Holzbalkendecken gab es früher keine wirtschaftliche Möglichkeit, Ringbalken mit einem separaten Material (Beton) herzustellen. Zur Aussteifung der Gebäude wurden innen liegende Zuganker angeordnet, die entweder im Inneren des Mauerwerks oder an der Außenseite verankert wurden (Bild 7.19). In letzterem Fall sind die Verankerungselemente wie eiserne Teller oder Kreuze in die Fassadengestaltung einbezogen worden. Im Abschnitt 7.6 sind dafür weitere Ausführungen für Gebäude zu finden.

Im folgenden Beispiel werden das Zusammenwirken und die gegenseitige Behinderung von Beton und Ziegelmauerwerk an einem trivialen Anwendungsfall erläutert.

Beispiel Nr. 7.3 Balkenartige Verstärkung auf einer Wand

Situation

Beim Umbau eines Lagers in ein Baustofflabor war ein separater Raum nötig, der mit einer nicht tragenden, gemauerten Ziegelwand abgetrennt wurde (Bild 7.20). Die Wand endet unter dem Dach und besitzt keine Verbindung mit diesem. Der Tragwerksplaner ordnete aus nicht bekannten Gründen als oberen Wandabschluss einen bewehrten Balken in der Art eines Ringankers an. Nach einigen Monaten erschien in der 9,40 m langen, unbelasteten Wand ein horizontaler Riss etwas unterhalb der Decke. Er beginnt am freien Ende der Wand und läuft in Richtung Wandmitte allmählich aus. Die kürzere Wand, die rechtwinklig zur Außenwand verläuft, ist unter Abzug der Türöffnung nur 2,30 m lang und hat keinen Riss.

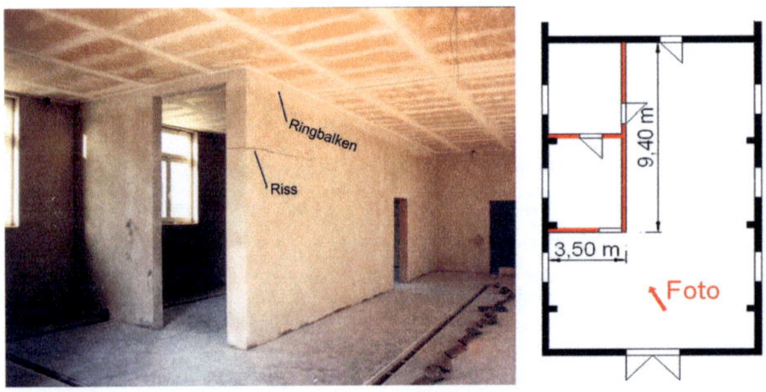

Bild 7.20 Einbau einer nicht tragenden, gemauerten Innenwand mit Ringbalken in einen Laborraum

Rissursache

Ein horizontaler Riss erfordert eine vertikale Zugkraft, die hier technisch gar nicht möglich erscheint. Durch die behinderte Schwindverkürzung des oberen Wandabschlussbalkens entsteht eine Scherkraft an der Wandoberseite, die unter 45° geneigte Hauptzug- und Hauptdruckspannungen initiiert (Bild 7.21). Die unter 45° geneigten Hauptzugspannungen verursachen Schrägrisse, die sich zum sichtbaren horizontalen Riss vereinigen. Da die geringste Mauerwerkszugfestigkeit in einer Lagerfuge unterhalb der Oberseite auftrat, ist der Riss in dieser Fuge entstanden, obwohl die behinderte Zwangkraft an der Wandoberseite wirkt. Dort hat sich der Ortbeton des Balkens mit den Hochlochziegeln fest verkrallt, sodass dort wahrscheinlich der größte Widerstand gegen die notwendige Bewegung herrscht und der Riss an anderer Stelle entsteht. Dass ein Riss bei Scherbeanspruchung durch schräge Hauptzugspannungen entsteht, kann man anschaulich in Bild 7.15 sehen. Für den Riss stand keine durchgehende Fuge zur Verfügung. Er musste sich durch den Mauerwerksverband hindurch bilden und fiel dadurch gröber aus. Man sieht, dass er aus einzelnen Schrägrissen als Wirkung der Hauptzugspannungen besteht, die sich erst bei größerer Beanspruchung vereinigen.

Ähnlich ist das bei dem Riss in Beispiel Nr. 7.3. Die Scherbeanspruchung aus zwei gegenläufig gerichteten Kräften entlang einer Wirkungslinie ist eine Vereinfachung, die die rechnerische Behandlung erleichtert. Tatsächlich sind die beiden gegenläufigen Kräfte die Horizontalkomponenten der schrägen Hauptzugspannungen, die als geneigte Zug- und Druckkräfte wirken. Die vertikalen Zugspannungskomponenten der Hauptzugspannungen erzeugen und öffnen den Riss. Deshalb ist das reale Rissbild des horizontalen Risses bei entsprechender Vergrößerung wie in Bild 7.21 zu sehen (vgl. auch Bild 7.26).

Die Schwindverkürzung des fast 10 m langen Balkens wird durch das Ziegelmauerwerk behindert, dessen Schwindmaß praktisch gleich Null ist. Die Hochlochziegel haben eine besonders gute Verzahnung mit dem monolithisch aufgebrachten Beton des Balkens. Der Beton verkürzt sich bei einem Endschwindmaß von ca. 0,4 bis 0,5 mm/m und einer Länge von fast 10 m um etwa 4 bis 5 mm. Ein kleiner Teil dieser Verkürzung wird durch Stauchung der Ziegelwand kompensiert. Der größere Teil verursacht den horizontalen Riss. Er entsteht wegen der guten Verzahnung zwischen Beton und Hochlochziegeln nicht in der Kontaktfuge, sondern in einem Abstand von mehreren Lagerfugen unterhalb der Kontaktfuge. Da die Wand einseitig gehalten ist, verformt sie sich bevorzugt am freien Ende.

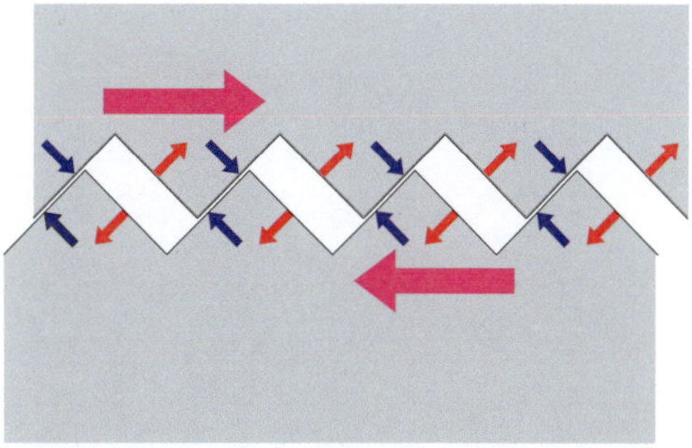

Bild 7.21 Scherspannungen entstehen als horizontale Komponenten von Hauptzug- und Hauptdruckspannungen:
rot: Hauptzugspannung
blau: Hauptdruckspannung

Ohne den Ortbetonbalken hätte die Wand ihre Funktion auch erfüllt, auch weil sie durch die kürzere Wand in Querrichtung ausgesteift wird. Dann wäre der unangenehme Riss nicht entstanden. Der Riss ist schon in den ersten Monaten entstanden und vergrößert sich allmählich. Er braucht bei den geringen Abmessungen des Betonbalkens und den günstigen Austrocknungsbedingungen mehrere Jahre, um das Endschwindmaß zu erreichen. Ein Füllen des Risses als Instandsetzungsmaßnahme ist erst nach mindestens zwei Jahren sinnvoll.

Instandsetzung

Der Riss kann nach zwei bis drei Jahren verspachtelt werden und wird dann nicht mehr sichtbar sein. Außer überflüssiger Arbeit und einigen Mehrkosten hat der »Ringbalken« hier keine Wirkung und hätte besser entfallen können.

Alle Stahlbetonbauteile, die in Wände eingebaut oder auf Wände aufgelegt werden, sind potenzielle »Rissverursacher«. Zwischen Beton und allen Mauerwerksarten gibt es Unterschiede im Schwindverhalten. Das betrifft sowohl das Endschwindmaß als auch die Schwindmaße zu verschiedenen Zeitpunkten, durch die der Schwindverlauf charakterisiert wird. Ein Architekt oder Ingenieur, der solche Baustoffkombinationen plant, muss wissen, dass mit einiger Wahrscheinlichkeit in der Nähe solcher Baustoffkombinationen Risse entstehen. Entweder man vermeidet solche Kombinationen, was häufig nicht möglich ist, oder man bereitet den Bauherrn rechtzeitig darauf vor. Es gibt aber auch Hilfsmittel, die das Problem abmildern. Ein Beispiel soll die unangenehme Wirkung dieser Kombination veranschaulichen. Eine solche Situation ist in Bild 7.22 beispielhaft mit einer Alternative dargestellt.

In einer gemauerten Wand wird ein Stahlbetonpfeiler eingebaut, der in direktem Kontakt zum Mauerwerk steht und genauso dick ist wie die Wand (Bild 7.22). Solche Pfeiler oder Wandsegmente sind oftmals aus statischen Gründen erforderlich. Der direkte Kontakt des Betons mit dem Mauerwerk bedeutet fast immer eine Schwinddifferenz, in deren Folge

Bild 7.22 Aussteifende Pfeiler in Mauerwerk mit Hilfe von Ziegel-Sonderelementen

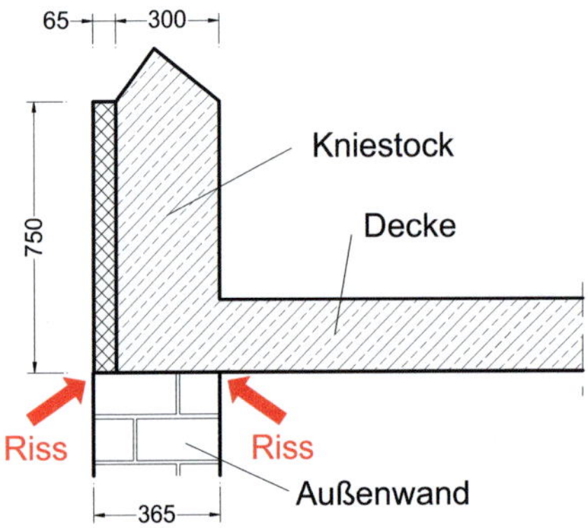

Bild 7.23 Kniestockausbildung in einem Wohnhaus als Teil der Stahlbetondecke; der direkte Kontakt mit der Wand bedeutet Rissgefahr

mindestens ein Riss entsteht. Die Schwinddifferenz in der Vertikalen beträgt meist mehrere Zehntel Millimeter. Das genügt für einen vertikalen oder schrägen Riss an der Grenze der beiden Materialien analog zu der schematischen Darstellung in Bild 7.45. Solche Risse treten häufig auf und stören meist nicht. Bei glatten, hellen Putzflächen sieht man sie sehr gut, was manchen Bauherrn verständlicherweise stört. Wenn aussteifende und verstärkende Elemente in einer Wand notwendig sind, dann bietet der Vorschlag in Bild 7.22 eine Lösung. Der Riss kann auch hier entstehen, er liegt aber verdeckt in der Nische und stört die Ansicht nicht. Für die Standsicherheit spielt er ohnehin keine Rolle.

Eine ähnliche Situation ergibt sich bei der Kniestockausbildung als Bestandteil einer Stahlbetondecke gemäß Bild 7.23. Wegen der unmittelbaren Auflagerung der Stahlbetondecke mit Kniestock auf der gemauerten Außenwand gibt es Zwangkräfte durch die Behinderung der Schwindverkürzungen der Decke. Mit großer Wahrscheinlichkeit entsteht ein horizontaler Riss an der Grenzfläche analog zu Bild 7.34. Er tritt bevorzugt an den Gebäudeecken auf, an denen die Verformungsdifferenz am größten ist.

Kombination von Mauerwerk und Stahlbetondecken

Decken liegen auf Wänden auf, und so lässt sich ein direkter Kontakt nicht vermeiden, er ist im Gegenteil notwendig und erwünscht. Als Alternative dazu wären Elastomer-Gleitlager denkbar, die eine gewisse gegenseitige Verschiebung ermöglichen. Das wäre aber nur manchmal möglich, weil die Übertragung von Horizontalkräften einen Verbund erfordert. Sonst wäre die Standsicherheit eines Gebäudes gefährdet. Bei der Kombination Stahlbetondecke mit unterschiedlichen Mauerwerksarten können je nach den Eigenschaften des Mauerwerks unterschiedliche Rissbilder entstehen.

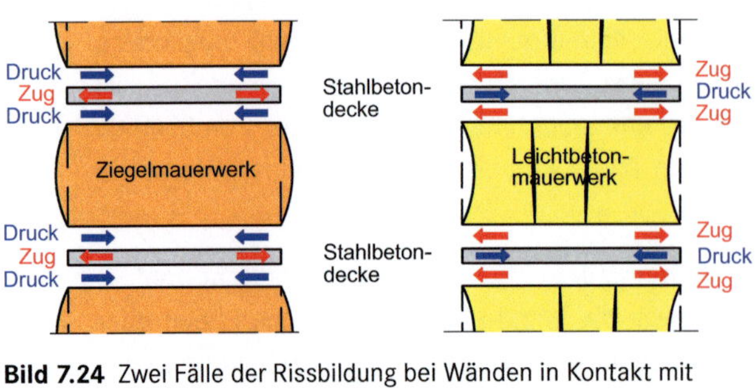

Bild 7.24 Zwei Fälle der Rissbildung bei Wänden in Kontakt mit Mauerwerkswänden

Zwei Fälle sind zu unterscheiden (Bild 7.24):

1. Fall: Die Decke schwindet mehr als die Wand (Bild 7.24 links), es entstehen horizontale Risse unter der Decke.

2. Fall: Die Wand verkürzt sich mehr als die Decke (Bild 7.24 rechts), es entstehen vertikale Risse in der Wand.

Beide Fälle unterscheiden sich nur durch den Wandbaustoff. Sie sollen im Folgenden mit Beispielen erläutert werden.

1. Fall: Die Deckenverkürzung ist größer als die des Mauerwerks

Das trifft auf Mauerwerk unter Verwendung gebrannter Ziegel und bedingt auf Mauerwerk aus Kalksandsteinen, Porenbetonsteinen und Betonsteinen zu. Die Stahlbetondecke verkürzt sich relativ gegenüber dem Mauerwerk (das sich auch, aber nicht so stark, verkürzen kann) und wird in der Kontaktfläche zur Außenwand behindert.

Denkt man sich die Verbindung zwischen Decke und Wand gelöst, dann ist die Deckenfläche im Ergebnis des Schwindprozesses kleiner als davor. Da eine solche Verkürzung durch den Verbund von Decke und Wand nicht möglich ist, entstehen Zwangkräfte, die auf die Decke diagonal nach außen als Zugkräfte wirken (Bild 7.25).

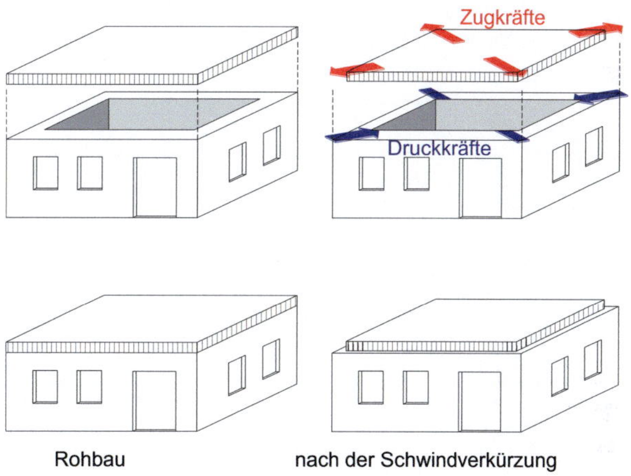

Bild 7.25 Verkürzung der Decke gegenüber den Außenwänden verursacht horizontale Risse an den Ecken

Auf die Wände wirken gleich große Kräfte als Druckkräfte, die in den Wänden keine Risse verursachen. An der Kontaktfuge zwischen Decke und Wand wird die Längendifferenz unmittelbar wirksam. Wenn die Decke sich verkürzt, entstehen Scherspannungen in der Fuge, die an den Rändern den Verbund zwischen beiden Bauteilen lösen. Die Folge sind horizontale Risse in dieser Fuge oder in einer oder zwei Lagerfugen darunter. Bei Elementdecken können sich die Elementfugen in Querrichtung unter der Zwangbeanspruchung öffnen, indem in ihnen Risse entstehen. Die Zwangkraft findet die schwächere der beiden Möglichkeiten und verursacht entweder horizontale Risse zwischen Decke und Mauerwerk oder Risse in den Elementfugen der Decke.

In Bild 7.26 ist der Verlauf der Spannungen in der Wand und in der Decke dargestellt. Unter a) sind die beiden Bauteile idealisiert ohne Verbund gezeichnet: die verkürzte Decke und die unveränderte Wand. Unter b) ist der reale Zustand schematisch dargestellt. Darunter sind unter c) die Schubspannungen in der Fuge, die vertikalen Zug- und Druckspannungen in der Fuge und die horizontalen Zugspannungen in der Decke dargestellt. Zug- und Druckspannungen in der Kontaktfuge stehen im Gleichgewicht.

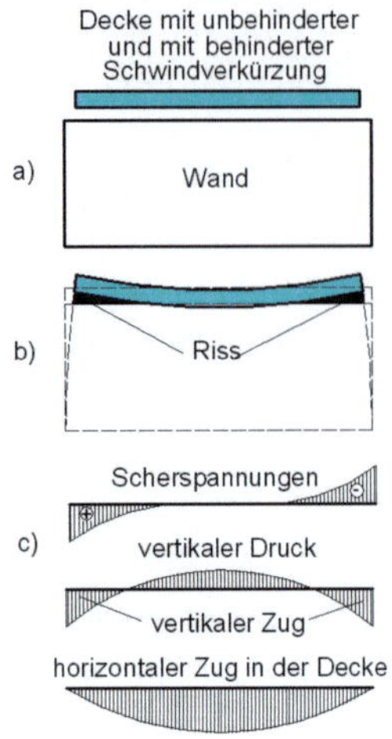

Bild 7.26 Spannungen in der Decke und in der Fuge zwischen Wand und Decke

Die vertikalen Spannungen entstehen durch die Scheibenwirkung der Wand und durch die schrägen Hauptzug- und Hauptdruckspannungen infolge der Scherspannungen. In Beispiel Nr. 7.3 wurden dazu weitere Erläuterungen gegeben.

In [7.1] sind die Ergebnisse mathematischer Simulationsrechnungen enthalten, mit denen die Behinderung der Decken- bzw. Wandverformung aus Temperaturänderung untersucht wurde. Die Ergebnisse gelten auch für Schwindverformungen, wenn man diese auf die gleichen Dehnungen im unbehinderten Zustand umrechnet. Ergebnisse sind in Bild 7.27 und Bild 7.28 angegeben. Sie gelten für den ungerissenen Zustand. Bei Beachtung des richtigen Vorzeichens sind sie sowohl für Temperatur- als auch für Schwindverformungen und natürlich auch in der Superposition für beide Einwirkungen anwendbar. Bild 7.24 gibt Hinweise zur Vorzeichenwahl.

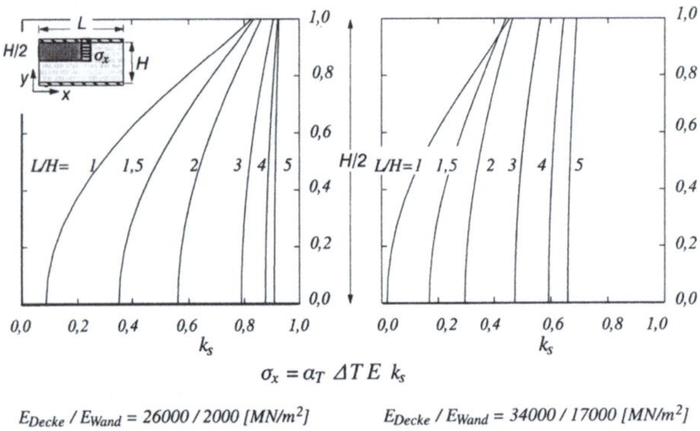

Bild 7.27 Spannungsverlauf in Wandmitte (x = L/2) für verschiedene Verhältnisse von Wandlänge und -höhe [7.1]

Dem Bild 7.27 kann man die Horizontalspannungen in Wandmitte entnehmen. Die Behinderung der Verformung wird vom Faktor k_s charakterisiert. Je länger die Wand im Verhältnis zur Wandhöhe ist, umso mehr wird die Wandverformung behindert und umgekehrt. Bei der zahlenmäßigen Auswertung der Diagramme ist in die Formel $\sigma_x = \alpha_T \cdot \Delta T \cdot E_{Wand} \cdot k_s$ der Elastizitätsmodul des Mauerwerks einzusetzen.

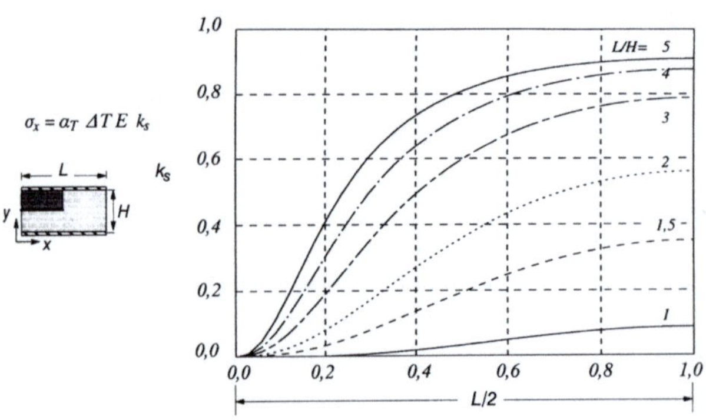

Bild 7.28 Verlauf der horizontalen Spannungen für ein Verhältnis der E-Moduln von Decke und Wand E_{Decke}/E_{Wand} = 26 000/2000 [24]

Der Verlauf des Behinderungsgrades über die Wandlänge ist in Bild 7.28 in Abhängigkeit vom Verhältnis Wandlänge L zu Wandhöhe H dargestellt. Für alle Verhältnisse L/H nimmt der Behinderungsgrad in Richtung zur Wandmitte zu. Der Behinderungsgrad erreicht den Wert 1,0 (100 %) auch bei einem großen

Verhältnis von Wandlänge zu Wandhöhe nicht ganz. Bei einem Verhältnis L/H = 5 beträgt die Behinderung in Wandmitte etwa 90 %.

Beispiel Nr. 7.4 Risse durch Schwind- und Temperaturdifferenzen zwischen Decke und Mauerwerk

Situation

Ein Beispiel für den Fall größerer Deckenverkürzungen gegenüber dem angrenzenden Mauerwerk zeigt Bild 7.29. Das abgebildete Haus hat an seiner Längsseite eine Loggia, durch die die Dachfläche ausgespart wurde. Die Stahlbetondecke über dem Erdgeschoss ist an ihren Stirnseiten ungedämmt und nur mit einer Putzschicht überzogen. Der Eckriss über der Decke ist im Bild deutlich zu erkennen, ebenso ein vertikaler Riss. Im Bereich der Loggia ist an der Giebelseite zusätzlich ein Riss über der ersten Steinlage entstanden. Ein vertikaler Riss an der Giebelseite markiert die Innenfläche des Brüstungsmauerwerks.

Bild 7.29 Rissbild zum Beispiel Nr. 7.4 an der Südostecke

Bild 7.30 Rissbild zum Beispiel Nr. 7.4 an der Nordseite

Rissursache

Die Ursachen für das Rissbild liegen in unterschiedlichen, behinderten Schwind- und Temperaturverformungen von Wänden und Decke. Die Decke hat ein größeres Schwindmaß als die Wand aus Ziegelmauerwerk. Dadurch verkürzt sie sich gegenüber den Wänden, und es entsteht der horizontale Riss an der Grenzfläche. Dass es sich erwartungsgemäß um einen Trennriss handelt, sieht man an den Kalkfahnen auf dem bräunlichen Putz.

Durch die Loggia mit einem separaten Teil der Decke und einer Brüstungswand, die völlig im Freien liegen, kommt eine wirksame Temperaturverformung hinzu, die sich während der gesamten Nutzungsdauer ständig verändert und wiederholt. Die relativ lange Brüstungswand kühlt sich in strengen Wintern viel mehr als die Außenwand des Hauses ab und reißt dabei von der Giebelwand ab. So entstand der vertikale Riss in Verlängerung der Innenfläche der Brüstung.

An der Nordseite ist das Rissbild ähnlich, aber nicht so deutlich ausgeprägt (Bild 7.30). Das ist auf die geringeren Temperaturdifferenzen zurückzuführen, weil hier die Sonneneinstrahlung fehlt.

Instandsetzung

Die Rissursachen bestehen in Verformungsdifferenzen infolge von Schwinden und Temperaturänderungen. Während die Schwindverformungen nach einigen Jahren praktisch abklingen, wirken die Temperaturdifferenzen während der gesamten Nutzungsdauer des Bauwerks. Eine dauerhafte Instandsetzung wäre für die inzwischen unveränderlichen Schwindverformungen möglich. Die Temperaturverformungen sind hier durch die frei der Witterung ausgesetzten Bauteile so groß, dass eine Beschichtung oder Fixierung der Risse keinen dauerhaften Erfolg verspricht. In Bild 7.29 und Bild 7.30 sind die Spuren vergeblicher Instandsetzungsversuche an den helleren Putzflecken zu sehen. Die Risse haben sich danach erneut geöffnet.

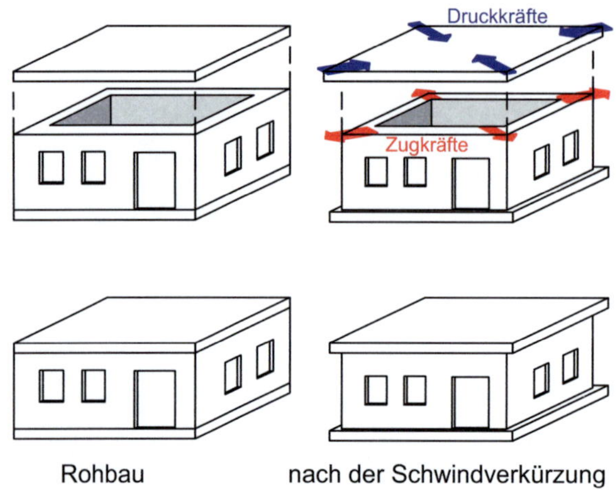

Bild 7.31 Die Schwindverkürzung der Wand ist größer als die der Decke; schematische Darstellung der unbehinderten Verformung

Als dauerhafte Lösung käme hier nur eine Abdeckung der Schadstellen mit einem Wärmedämmverbundsystem in Frage, hinter der sich die notwendigen Bewegungen vollziehen können, ohne dass sie das Aussehen der Sichtflächen beeinträchtigen.

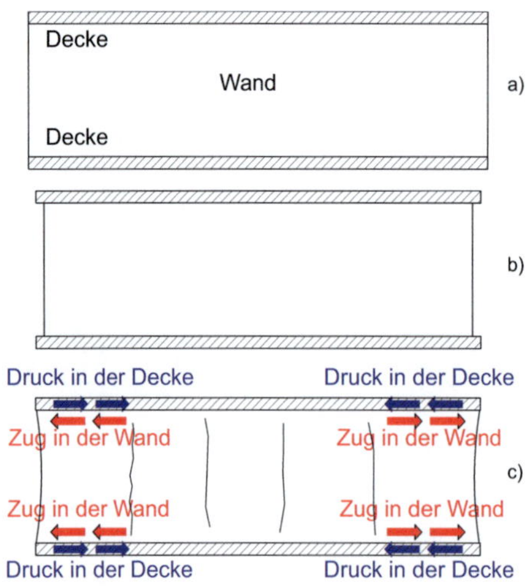

Bild 7.32 Behinderung der Schwindverkürzung der Wand durch die Decke (Leichtbetonwand)

- unmittelbar nach der Fertigung (a)
- unbehinderte Schwindverkürzung von Wand und Decke (idealisiert) (b)
- zur Herstellung der Verträglichkeitsbedingungen sind Zugkräfte in der Wand und Druckkräfte in der Decke erforderlich, die die Vertikalrisse in der Wand verursachen (c)

2. Fall: Die Deckenverkürzung ist kleiner als die des Mauerwerks

Das trifft auf Mauerwerk unter Verwendung von Leichtbetonsteinen zu, die i. d. R. ein größeres Endschwindmaß besitzen als der Deckenbeton. Bei der Behinderung der Verformungen ist das Mauerwerk wie auch im ersten Fall das schwächere Glied einer Kette, in der die Risse entstehen. Der Stahlbeton besitzt die höhere Festigkeit und Steifigkeit und ist bei einer solchen Kombination immer der auslösende Faktor der Rissbildung.

In Bild 7.32 ist das an einer einzelnen Wand veranschaulicht. Die horizontalen Zugspannungen in der Wand verursachen vertikale Risse. In der Decke entstehen relativ geringe Druckspannungen, die für den Deckenbeton ohne Bedeutung sind. Ein reales Rissbild für diesen Fall zeigt Bild 7.33. Es wurde an einem Versuchshaus im Rahmen einer Forschungsarbeit aufgenommen. Im Bild sind weitere Informationen aus anderen Forschungszielen entfernt worden, um die Übersichtlichkeit zu erhöhen. Hingewiesen sei auf die ausgeprägt vertikal orientierten Risse.

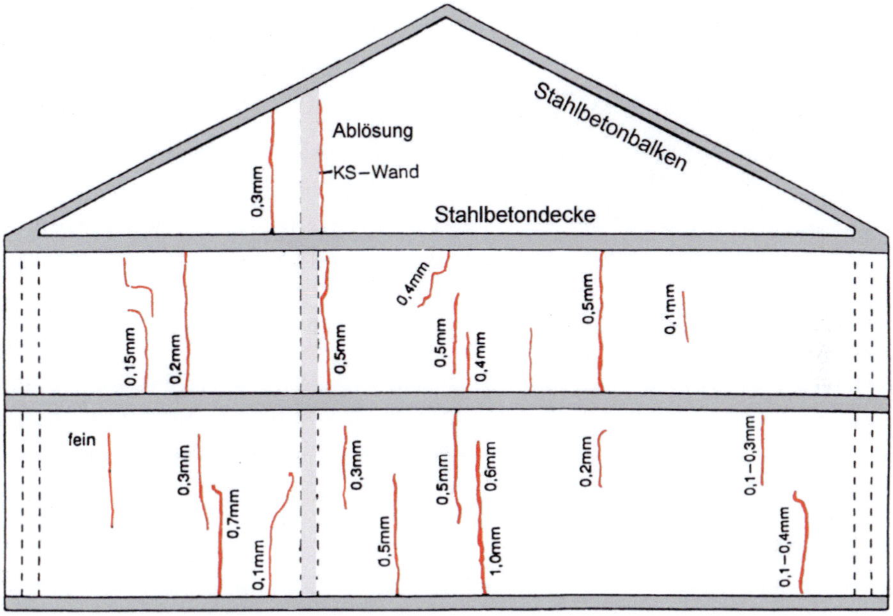

Bild 7.33 Risse in Blähtonmauerwerk in Verbindung mit Stahlbetondecken, nach [7.1]

Beispiel Nr. 7.5 Horizontale Risse an Gebäudeecken unterhalb der Stahlbetondecke (Fall 1)

Situation

Die Erdgeschossdecke eines Einfamilienhauses aus Stahlbeton liegt auf Wänden aus Ziegelmauerwerk auf. Mehrere Monate nach der Fertigstellung werden horizontale Risse zwischen Decke und Wand oder in der ersten oder zweiten Lagerfuge unter der Decke bemerkt. Die Risse sind in den Gebäudeecken am deutlichsten ausgeprägt und verlieren sich in Richtung Wandmitte (Bild 7.34). Sie sind auch an der Innenseite der Wände sichtbar, wenn sie nicht durch eine dehnfähige Tapete verdeckt werden. Die Rissbreite der Trennrisse beträgt bis zu 0,3 mm.

Bild 7.34 Horizontaler Riss an der Gebäudeecke eines Wohnhauses, hier nachgezeichnet. Der vertikale Riss ist Folge einer flächigen Ablösung im Zusammenhang mit dem horizontalen Riss

Rissursache

Unterschiedliche Schwindmaße und unterschiedlicher Schwindverlauf führen an der Auflagerung der Decke auf den Außenwänden zu Längendifferenzen, die Zwangkräfte hervorrufen und i.d.R. Risse verursachen. Das entstehende Rissbild hängt davon ab, wie groß die Längendifferenz ist und in welcher Richtung sie wirkt. Der Rechenwert des Endschwindmaßes ist für Mauerwerk aus gebrannten Ziegeln gleich Null. Beton hat ein Endschwindmaß von z.B. 0,4 mm/m. Zwischen dem Beton der Decke und den Außenwänden entsteht nach der Rohbaufertigstellung eine allmählich wachsende Längendifferenz (Bild 7.25).

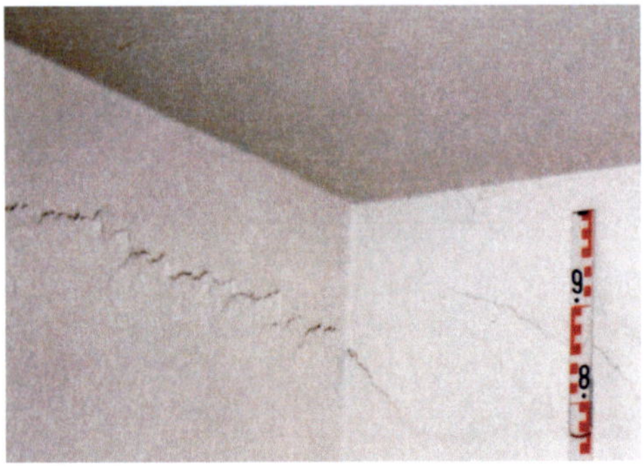

Bild 7.35 Der horizontale Riss unter der Decke in den Außenwänden ist auch innen sichtbar

Der größte Verschiebungsweg entsteht in den Ecken des Gebäudes. Dort werden auch die Risse sichtbar. In Bild 7.35 ist ein solcher Riss abgebildet, wie er an der Innenseite aussieht. Man erkennt, dass der mit der Decke verbundene Wandteil nach innen gezogen wurde.

Solche Risse sind bei Wandlängen von mindestens 8 bis 10 m störend, was etwa der Außenwandlänge von Einfamilienhäusern entspricht.

Instandsetzung

Da der Schwindprozess mehrere Jahre spürbare Verformungen verursacht, lohnt sich eine Instandsetzung erst nach dem Abklingen der wahrnehmbaren Schwindverformungen, also z.B. nach drei bis vier Jahren. Dann sind nur noch geringe Rissbewegungen zu erwarten. Von einem schnellen Rissverschluss, unmittelbar nachdem die Risse bemerkt worden sind, ist abzuraten. Sie würden sich bald wieder öffnen und wären sichtbar. Ein anderer Weg besteht darin, den Putz erst nach Abklingen der Schwindverformungen aufzubringen. Dann sind die Risse entstanden und haben sich bereits geöffnet. Die noch zu erwartenden Rissbewegungen sind nur gering, sodass der Putz sie überbrücken kann. Solch einen Ratschlag wird kein Bauherr gern hören. Man sollte ihm aber diese Möglichkeit auch nicht verschweigen. Erinnert sei an das »Trockenwohnen« zu einer verbilligten Miete noch vor einigen Jahrzehnten, bei dem dieser Effekt u.a. mit genutzt wurde.

Beispiel Nr. 7.6 Horizontalrisse unter den Decken (Fall 1, verstärkt durch Betonkriechen)

Situation

Ein Einfamilienhaus mit angebauter Doppelgarage hatte nach ca. einjähriger Nutzung auffällige Rissbildungen, die sich allmählich immer deutlicher ausprägten. Die Außenwände sind 365 mm dick und bestehen aus Hochlochziegelmauerwerk, die Decken aus Stahlbeton. Die Kellerdecke ist nach einer Seite über die angebaute Doppelgarage ohne Fuge verlängert worden und dient in diesem Bereich als Terrasse. Die Decke ist einschließlich Garagendach rund 17 m lang. Unter der Kellerdecke zeigten sich wie in Beispiel Nr. 7.5 horizontale Risse, die auch im Keller sichtbar waren (ähnlich wie in Bild 7.35) und sich in der Garage fortsetzten (Bild 7.36). Die Rissbildungen unter dem Garagendach hatten Auswirkungen auf den Plattenbelag der Dachterrasse und auf die Abdichtung der Fläche. Beide mussten repariert werden. Die Risse mit Rissbreiten von 0,2 bis 0,4 mm und selten auch bis 0,5 mm lagen an der Grenze des Akzeptablen, teilweise auch etwas darüber.

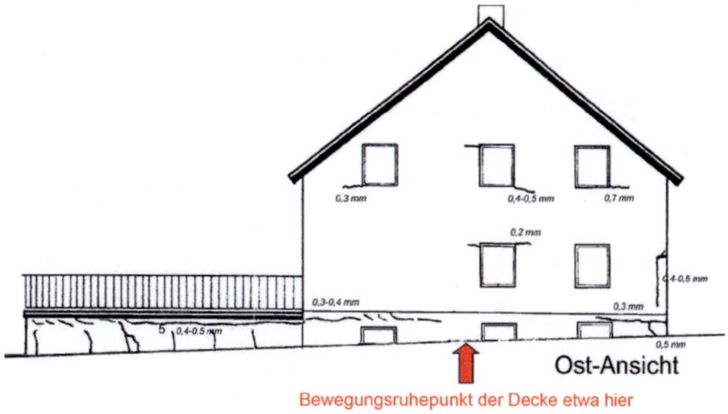

Bild 7.36 Rissbild an der Ostfassade; links: Doppelgarage mit Terrasse

Bild 7.37 Der horizontale Riss in Höhe der Erdgeschossdecke ist auch ohne Hervorhebung auf dem Foto zu sehen, Rissbreite 1,2 mm

Im Unterschied zum Beispiel Nr. 7.5 ist die Länge der sich verkürzenden Deckenplatte mit rund 17 m fast doppelt so groß. Entsprechend auffällig sind die horizontalen Risse unter der Decke. In Bild 7.36 sieht man, dass das Rissbild von der Auflast beeinflusst wird. Das Haus hat mit seinen beiden Obergeschossen eine nennenswerte Auflast, die die Bewegung mehr behindert als die geringere Eigenlast der Decke über der Garage. So ist der Bewegungsruhepunkt der Kellerdecke nicht in der Mitte der rund 17 m langen Deckenplatte, sondern außermittig in Richtung zum Haus. Das ist die Ursache für den durchgehenden Horizontalriss in der Garagenwand, der im Haus bald endet. Auch hier sieht man, dass die unter 45° geneigten Hauptzugspannungen den in der Tendenz horizontalen Riss verursacht haben (vgl. Bild 7.21).

Besonders störend waren weitere Risse an der Westfassade und am dort befindlichen Erker. Er hat in Höhe der Deckenoberfläche über dem Erdgeschoss einen horizontalen Riss mit einer Rissbreite bis 1,2 mm (Bild 7.37). Dieser Riss wurde vom Gerichtsgutachter als zumutbar eingeschätzt, was mit den anerkannten Regeln der Technik kaum vereinbar ist (vgl. Abschnitt 9). In dem Rechtsstreit kam es zu einem Vergleich, der das Gericht vor einer möglichen Fehlentscheidung bewahrt hat.

Der ausgeprägte horizontale Riss in Höhe der Deckenoberfläche hat eine etwas ungewöhnliche Ursache, die auf den auskragenden Deckenteil im Erker zurückzuführen ist.

Bild 7.38 Horizontaler Riss im Erker an der Westfassade, Rissbreite 1,2 mm (andere Risse sind blass gezeichnet)

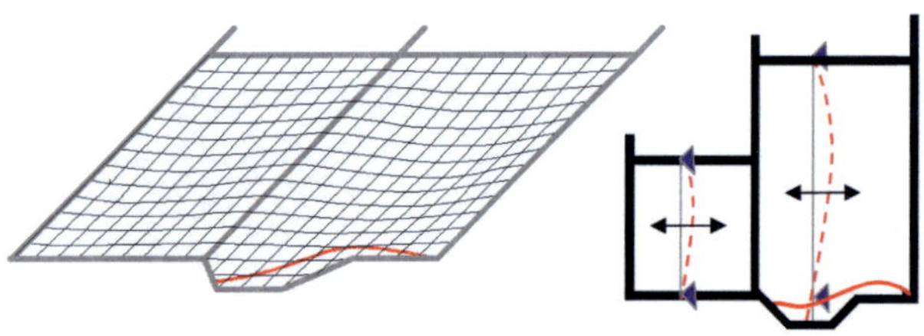

Bild 7.39 Biegefläche der Decke unter gleichmäßig verteilter Last in beiden Räumen

Rissursache

Die Schwindverkürzung der Kellerdecke einschließlich des Garagendaches als Fortsetzung dieser Decke ist wie im Beispiel Nr. 7.5 die Ursache für die horizontalen Risse unter der Kellerdecke. Komplizierter ist die Ursache für den Horizontalriss im Erker zu erklären. Die Biegefläche der Decke ist in Bild 7.39 dargestellt. Während das linke Deckenfeld ohne Erker eine gleichmäßige, konkave Krümmung hat, gibt es im rechten Feld im Bereich des Erkers eine Gegenkrümmung, deren Scheitellinie im Bild rot eingetragen ist. Dadurch tritt am Deckenrand im Erker eine Kragwirkung ein, durch die eine nach oben gerichtete Kraft entsteht (Bild 7.40).

Die auskragende Decke hat mit dem sehr kurzen Hebelarm des Deckenrandes das Mauerwerk angehoben, wodurch der horizontale Riss entstanden ist. Die Last durch die Außenwand ist im Erker geringer als in der übrigen Außenwand, weil relativ große Fensteröffnungen die Wand entlasten und der Erker ein eigenes, leichtes Dach besitzt. Bei einer größeren Einbindetiefe wäre eine Einspannung der Decke in die Wand wirksam geworden, was aber hier technisch nicht möglich war.

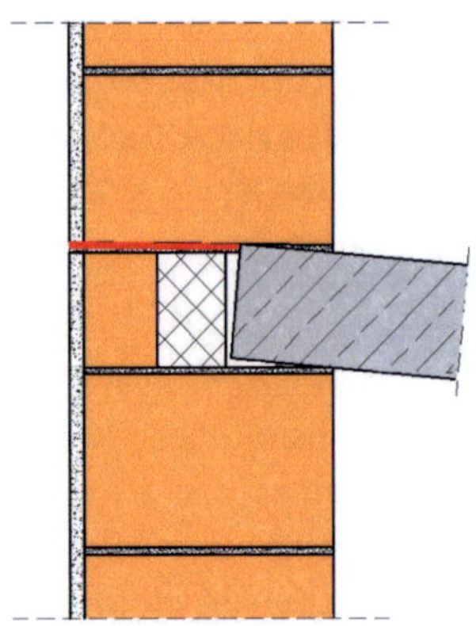

Bild 7.40 Der Riss am Erker ist in Folge der Deckenranddurchbiegung nach oben entstanden

In Bild 7.40 sieht man, wie die Decke die Außenwand etwas anhebt und dadurch den horizontalen Riss verursacht. Die Deckenplatte hat sich danach an der Einbindung in die Wand verkantet und die darüber liegende Steinschicht durch die Hebelwirkung etwas angehoben. An der Fassade sieht man dann einen horizontalen Riss in Höhe der Rohdeckenoberfläche.

Der Riss ist hauptsächlich durch die Eigenlast der 160 mm dicken Decke mit dem Deckenaufbau entstanden. Die Nutzlast ist im Verhältnis dazu klein. Das heißt, dass der Riss bereits während der Bauarbeiten entstanden sein muss. Dort hat man ihn in der unverputzten Wand nicht gesehen. Er wurde zunächst überputzt, und die Wand war bei der Abnahme rissfrei.

Weshalb bildet sich dann nach einiger Zeit erneut ein Riss? Oder ist es gar derselbe Riss? Die Rissbreite war im Rohbau kleiner, z. B. 0,4 mm. Dieser Riss wurde überputzt und war dann nicht mehr sichtbar. Die Eigenlasten und die Nutzlast waren aber immer noch wirksam. Belastete Betonbauteile verformen sich nicht nur elastisch wie andere Baustoffe auch. Beton erhält unter Last auch plastische Verformungen, die ganz allmählich wachsen und erst nach Jahren einen Endwert erreichen. Die Erscheinung ist als Betonkriechen bekannt. Die Kriechzahl φ bzw. die Endkriechzahl φ_∞ ist das Verhältnis der plastischen $\varepsilon_{c,Kr}$ zu den elastischen Betonstauchungen $\varepsilon_{c,el}$. Sie beträgt unter üblichen Bedingungen $\varphi_\infty = \varepsilon_{c,Kr}/\varepsilon_{c,el} = 1{,}5$ bis 3. Das heißt, dass die Kriechverformungen 1,5- bis 3-fach so groß wie die elastischen Verformungen sind.

Das Betonkriechen dauert ähnlich wie das Schwinden mehrere Jahre (im vorliegenden Fall ca. 5 bis 10 Jahre). In dieser Zeit kann sich der überputzte Riss von ursprünglich 0,4 mm Breite zusätzlich um einen Wert von 0,6 bis 1,2 mm öffnen. Das ist dann die Rissbreite, die man später sieht. Tatsächlich ist der Riss noch um den überputzten elastischen Anteil breiter.

Instandsetzung

Die Risse sind auf langsam ablaufende Verformungen durch Schwinden und Kriechen zurückzuführen. Deshalb ist eine wirksame Instandsetzung erst nach Abklingen wesentlicher Anteile der Verformungen sinnvoll. Man sollte mit Instandsetzungsmaßnahmen mehrere Jahre warten und dann beim Verschluss der Risse noch mit geringen Restverformungen rechnen.

Beispiel Nr. 7.7 Reihenhäuser mit versetzten Etagen

Situation

Die Reihenhäuser mit jeweils um eine halbe Etage versetzten Geschossdecken aus Stahlbeton haben Außenwände aus Hochlochziegeln. In den beiden Giebelwänden sind einige Zeit nach Fertigstellung der Häuser horizontale und vertikale Risse entstanden, die bei den versetzten Decken typische Formen besitzen. Neben horizontalen Rissen unter der Decke (Bild 7.43) wie in Beispiel Nr. 7.6 entstehen in den Giebelwänden vertikale Risse.

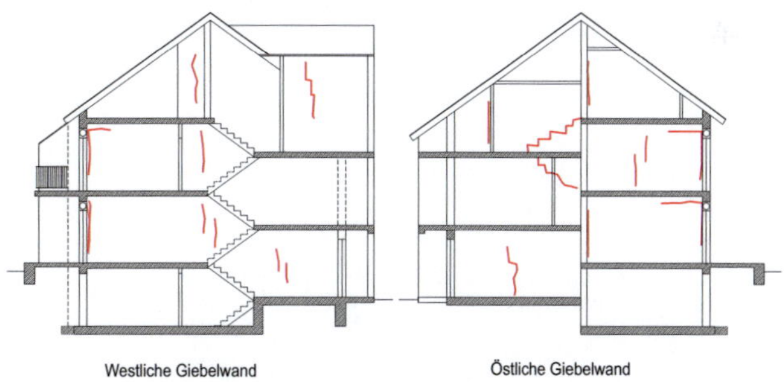

Bild 7.41 Risse in den Giebelwänden eines Reihenhauses mit versetzten Etagen

In Bild 7.41 sind die Rissbilder von zwei gegenüber liegenden Giebelwänden des Reihenhauses dargestellt. Die Besonderheit des Rissbildes besteht in den vertikalen Rissen (Bild 7.44). Die Rissbreiten betragen 0,1 bis 0,4 mm, in einem Fall sogar 0,8 mm. Alle Risse sind

Trennrisse, die durch die gesamte Wanddicke verlaufen. Sie sind durch horizontale zentrische Zugkräfte (rechtwinklig zur Rissrichtung) entstanden.

Rissursache

Die Rissursache ist auch hier in Verformungsdifferenzen zwischen Decken aus Stahlbeton und Wänden aus Hochlochziegeln infolge einer Schwinddifferenz zu suchen. Die Außenwände aus Ziegelmauerwerk schwinden praktisch nicht, während die Stahlbetondecken ein normales Schwindmaß von ca. 0,4 bis 0,5 mm/m besitzen. In den bewohnten und beheizten Räumen verläuft der Austrocknungsvorgang des Betons, der das Schwinden hauptsächlich verursacht, etwas beschleunigt ab.

Die horizontalen Risse unter der Decke sind nur in der Nähe der Außenwand zu finden. Sie entstehen durch die behinderte Schwindverkürzung der Decke in diesem Fall nur an der Außenwand und entsprechen den im Beispiel Nr. 7.6 beschriebenen Horizontalrissen. Anders ist das am inneren Rand der Deckenplatte fast in der Mitte des Hauses. Dort wird eine Zugkraft in die Giebelwand eingetragen. Um eine halbe Etage versetzt kommt eine ähnlich große Zugkraft mit gegenläufiger Richtung aus der gegenüber liegenden Decke in den Giebel. So entstehen in der Giebelwand in Hausmitte horizontale Zugspannungen, die vertikale Risse im Bereich der Treppen hervorrufen (Bild 7.42).

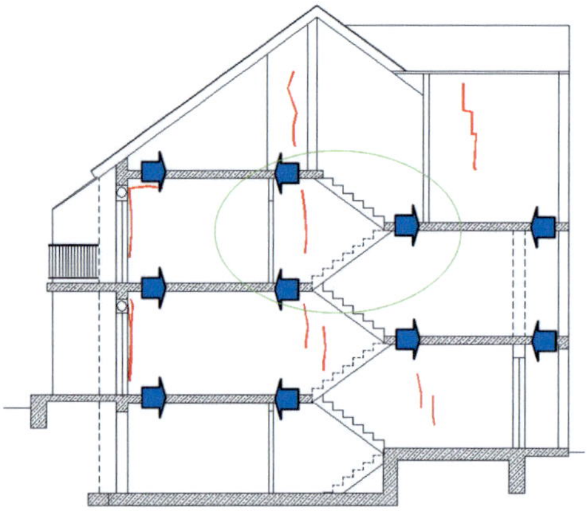

Bild 7.42 Schematische Darstellung der Zwangkräfte (blaue Pfeile), die die Risse hervorrufen; hervorgehoben: drei gegenläufige Zwangzugkräfte und der zugehörige Riss

Bild 7.43 Horizontaler Riss unter der Decke, er verläuft an der Außenwand mit dem Fenster (rechts) konstruktionsbedingt genau in der Ecke nach unten

In Bild 7.42 ist die Wirkung der Zwangkräfte schematisch dargestellt. Die Decken wollen ihre Schwindverkürzung vollziehen, werden daran aber durch die feste Verbindung mit den Giebelwänden behindert. Am äußeren Rand der Giebelwand entsteht ein horizontaler Riss unter der Decke, der einen Teil der Bewegung ermöglicht. An der Innenseite der Decke ist das nicht möglich, weil sie noch vor der Wandmitte endet. Für die restliche Wand wirkt diese Kraft wegen des Versatzes der Decken als Zugkraft in der halben Höhe der anschließenden Wand. Die Gegenkraft wirkt in den Decken über und unter der Wand, weshalb die erforderliche Dehnung nur unter Bildung von vertikalen Rissen (rechtwinklig zur Kraftrichtung) möglich ist.

Die Bilder 7.43 und 7.44 sind Aufnahmen von zwei Rissen. Sie verdeutlichen die Problematik der Zulässigkeit von Rissen. Bei drei benachbarten Häusern waren die vorgefundenen Rissbilder ähnlich. Bei zwei der drei Häuser waren die Wände tapeziert. Risse mit Rissbreiten von 0,2 bis 0,4 mm erwiesen sich vor allem deshalb als störend, weil der Betrachtungsabstand höchstens gleich der größten Raumabmessung ist. Aus einem größeren Abstand fallen sie weniger auf. Im Bild 7.44 kann man in einem Schlafzimmer bis auf zwei Meter an den Riss herantreten. Natürlich wird er in einer weißen Wand als störend empfunden. Im dritten Haus waren die Wände nur mit Kalkfarbe gestrichen und nicht tapeziert. Dort waren nicht nur die Risse mit Rissbreiten um 0,2 mm, sondern auch feinste Risse mit 0,05 bis 0,1 mm zu sehen, die bei den tapezierten Wänden meist nicht durch die Tapete durchgeschlagen waren. In diesem Fall störten selbst die feinsten Risse, und die besondere farbliche Gestaltung war allein durch die sichtbaren Risse misslungen. Während in den beiden tapezierten Häusern die meisten Risse zumutbar waren, war das dritte, nicht tapezierte Haus außerhalb der Toleranzgrenze. Die Zulässigkeit bestimmter Rissbreiten unterliegt also gerade bei Mauerwerk z. T. subjektiven Maßstäben. Die Bauherren hätten auf die zu erwartenden Rissbildungen hingewiesen werden müssen. Dann hätte wohl auch die dritte Wohnung Tapeten bekommen und die unangenehme Überraschung wäre bei allen drei Hauseigentümern ausgeblieben.

Bild 7.44 Vertikaler Riss im Schlafzimmer, der die Wandschwächung einer Steckdose sucht (Riss nachgezeichnet)

7.4 Risse durch Verformungsdifferenzen zwischen verschiedenen Mauerwerksarten und Beton

Mauerwerk, das aus unterschiedlichen künstlichen Steinen besteht, hat unterschiedliche Endschwindmaße, und der zeitliche Schwindverlauf kann ebenfalls sehr verschieden sein. Auch die Wärmedehnzahlen und damit die temperaturbedingten Verformungen können unterschiedliche Größen annehmen, die bei gegenseitiger Behinderung zu Rissen führen. Kombinationen von z. B. Ziegelmauerwerk für die Außenwände mit Kalksandsteinen für die Innenwände kommen häufig vor und beinhalten ein gewisses Rissgefährdungspotenzial.

In Bild 1.7 sind die Endschwindmaße für verschiedene Mauerwerksarten und Beton und in Bild 1.22 die Wärmedehnzahlen angegeben. Während die Wärmedehnzahlen nur zwischen 0,05 bis 0,12 mm/m je 10 Kelvin schwanken, ist die Streubreite der Endschwindmaße wesentlich größer von +0,3 mm/m (Quellen, chemisches Quellen) bis -0,8 mm/m (Verkürzung). Werden Mauerwerksbauteile aus unterschiedlichen Steinmaterialien fest miteinander verbaut, dann entstehen bereits durch die Schwinddifferenzen ohne äußere Lasten Differenzen in den Längenänderungen an der Kontaktfläche und damit Zwangbeanspruchungen zwischen ihnen bzw. im Bauteil. Das Wirkprinzip ist in Tabelle 7.1 und Bild 7.45 für die beiden Fälle schematisch dargestellt:

- Die Innenwand verkürzt sich gegenüber der Außenwand. Die Außenwand erhält zusätzliche vertikale Druckspannungen, die Innenwand vertikale Zugspannungen.
- Die Außenwand verkürzt sich gegenüber der Innenwand. Die Außenwand erhält vertikale Zugspannungen, die Innenwand zusätzliche vertikale Druckspannungen.

Wenn die Wände Öffnungen besitzen, dann wird der Rissverlauf in der auf Zug beanspruchten Wand dadurch beeinflusst. Die Risse verlaufen bevorzugt in die Schwachstellen hinein (vgl. z. B. Bild 7.11). In Tabelle 7.1 sind Materialkombinationen für die beiden Verformungsfälle angegeben.

Tabelle 7.1 Mauerwerkskombinationen, bei denen die beiden Verformungsfälle (Schwinden) zu erwarten sind

Innenwand verkürzt sich		Außenwand verkürzt sich	
Außenwand	Innenwand	Außenwand	Innenwand
Ziegel/Leichtziegel	Kalksandstein	Beton/Betonsteine	Ziegel
Ziegel/Leichtziegel	Leichtbetonsteine	Leichtbetonsteine	Ziegel
		Leichtbetonsteine	Kalksandstein
		Porenbeton	Ziegel

Wenn man Risse aus vertikalen Schwinddifferenzen zwischen Außen- und Innenwand vermeiden oder einschränken will, sollte man die in Tabelle 7.1 angegebenen Baustoffkombinationen vermeiden. Wenn man beide Wände nicht im Verband mauert, sondern durch Stumpfstoßtechnik verbindet, dann ist die Verbindung nicht ganz so starr, was sich günstig auf das Rissbild auswirkt.

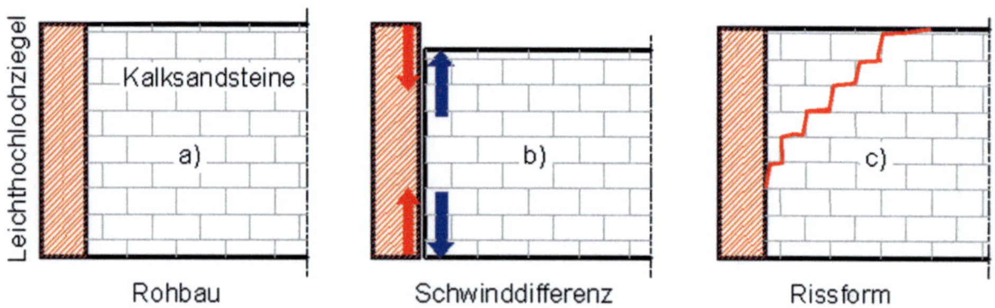

Bild 7.45 Entstehung eines Wandrisses durch Schwinddifferenzen (schematisch)

Außenwände, z. B. aus Mauerziegeln, und Innenwände aus Kalksandsteinen besitzen unterschiedliche Schwindmaße. Mauerwerk unter Verwendung von Mauerziegeln besitzt ein Schwindmaß von etwa Null (ggf. dehnt es sich durch chemisches Quellen aus), während Mauerwerk aus Kalksandstein ein Schwindmaß von etwa -0,3 mm/m besitzt. Wenn zwei Wände mit den beiden Mauerwerksarten aneinander gemauert werden, dann wird bei einer Geschosshöhe von z. B. 2,50 m eine rechnerische Höhendifferenz an der Kontaktlinie von 0,3 mm/m · 2,50 m ≈ 0,7 mm entstehen. Könnten sich beide Wände unabhängig voneinander verformen, dann gäbe es diese Höhendifferenz tatsächlich. Durch die feste Verbindung der beiden Wände entstehen gegenläufige Kräftepaare in beiden Wänden: Die Kalksandsteinwand wird vertikal gedehnt, die Wand aus Ziegelmauerwerk wird gestaucht. Zwischen beiden Wänden entsteht ein Riss, weil in der Nähe der Aufstandsfläche die gegenseitige Verschiebung gleich Null ist (Bild 7.46).

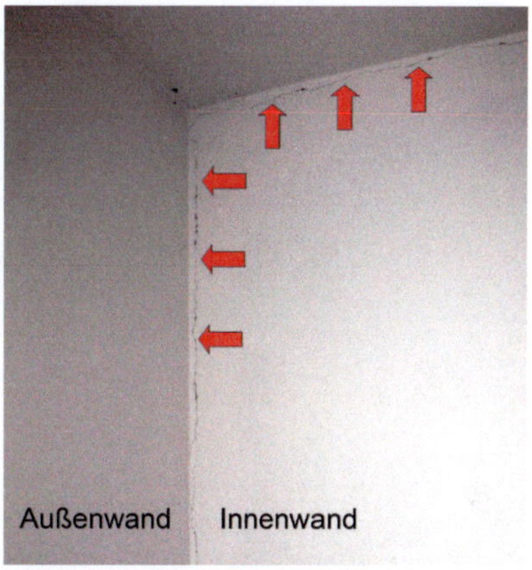

Bild 7.46 Schwindriss zwischen Decke, Außenwand aus Leichthochlochziegeln und Innenwand aus Kalksandsteinen (Rissform 2 nach Bild 7.45)

Ein Beispiel für direkt aneinander gefügtes Mauerwerk aus unterschiedlichen Mauersteinen zeigt Bild 7.47. In einem Haus mit Porenbetonwänden wurde für die Deckenabmauerung ein Streifen von zwei Normalformatsteinen übereinander aus Kalksandstein gewählt. Vermutlich waren die Steine auf der Baustelle oder wurden vom Bauherrn günstig gekauft. Außer der bauphysikalisch kritikwürdigen Konstruktion sind zwei Steinarten im direkten Kontakt, die so große Schwindunterschiede haben, dass es bei den Wandlängen eines Einfamilienhauses zu horizontalen Rissen an der Kontaktfläche kommen kann. Abhilfe schafft hier nur ein sehr langsamer Bauablauf, damit sich ein möglichst großer Anteil der Schwinddifferenzen im unverputzten Zustand vollzieht.

Bild 7.47 Abmauerung einer Massivdecke mit Kalksandsteinmauerwerk in einer Wand aus Porenbetonsteinmauerwerk

Bild 7.48 zeigt ein solches Beispiel. An eine Leichtziegel-Außenwand schließt eine Kalksandsteinwand an. Da ihre vertikale Schwindverkürzung größer ist als die der Ziegelaußenwand, reißt ein Teil der Wand mit einem von der Außenwand schräg nach oben verlaufenden Riss ab.

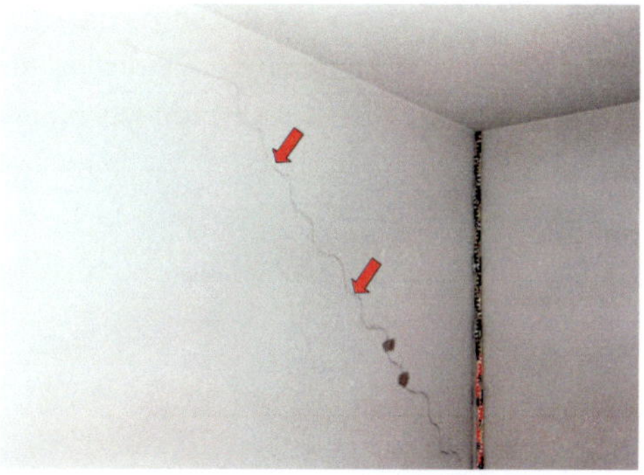

Bild 7.48 Schräger Riss in einer Kalksandstein-Innenwand an einem Stoß zu einer Leichtziegel-Außenwand

7.5 Risse an Querschnittsänderungen

Bild 7.49 Vertikalrisse in einem gemauerten Giebel, die linienförmigen Verfärbungen sind Spuren der nachträglichen Rissverspachtelung

Bei Querschnittsänderungen besteht sowohl bei Mauerwerk als auch bei Beton eine potenzielle Rissgefahr. Deshalb werden an solchen Stellen bevorzugt Fugen angeordnet. Bewegungsfugen sind Schwachstellen in einem Bauwerk und erfordern meist einen gewissen Unterhaltungsaufwand. Wenn er ›vergessen‹ wird, entstehen früher oder später an Fugen Bauschäden. Trotzdem lassen sich Bewegungsfugen auch in Mauerwerk nicht vermeiden. Ein Beispiel für einen Rissschaden durch nicht angeordnete Bewegungsfugen zeigt Bild 7.49.

Das Gebäude entstand in zwei Etappen mit einer mehrjährigen Pause dazwischen. Zunächst wurden die beiden Seitenflügel gebaut und mehrere Jahre genutzt. Es handelt sich um einen Mauerwerksbau mit Stahlbetondecken auf Stahlträgern, die auf den Längswänden aufliegen. Einige Jahre später wurde die Halle mit einem Stahltragwerk zwischen den beiden Anbauten errichtet. Der Giebel besteht aus Mauerwerk, das an die beiden Seitenschiffe fugenlos angeschlossen wurde. Durch Schwinden des Mauerwerks und vor allem durch Temperaturänderungen hat sich das Giebelmauerwerk entsprechend seiner Zuordnung zu den drei Gebäudeteilen bewegt. Diese Bewegung wird - soweit sie temperaturbedingt ist - während der gesamten Lebensdauer des Bauwerks wirken. Deshalb wäre an dieser Stelle eine vertikale Bewegungsfuge richtig gewesen. Der Verschluss der Risse war lediglich für den Schwindanteil an der Rissbreite wirksam. Der Temperaturanteil wirkt nach wie vor, obwohl die Rissverpressung in einer frostfreien Periode im Winter, also bei großer Rissbreite innerhalb der jährlichen Rissbreiten-Schwankungen stattfand. So wurden zwar die Risse gefüllt, sie werden sich aber wieder in geringerem Maße öffnen. Weitere Risse können in dem unbewehrten Mauerwerk nicht entstehen.

7.6 Risse in gemauerten Außenwänden bei Gebäuden mit Holzbalkendecken

Wohngebäude, die bis etwa zur Mitte des letzten Jahrhunderts gebaut wurden, besitzen häufig Holzbalkendecken. Sie müssen durch konstruktive Maßnahmen so ausgebildet werden, dass sie für die Aussteifung des Gebäudes gegen horizontale Lasten geeignet sind. Ziel solcher Maßnahmen ist es, eine Verbindung der Außenwände mit den Holzbalkendecken zu schaffen. Fehlt eine solche Aussteifung oder verliert sie im Laufe der Zeit ihre Funktionsfähigkeit, kann es auch nach jahrelanger Nutzung zur Rissbildung in Außenwänden kommen.

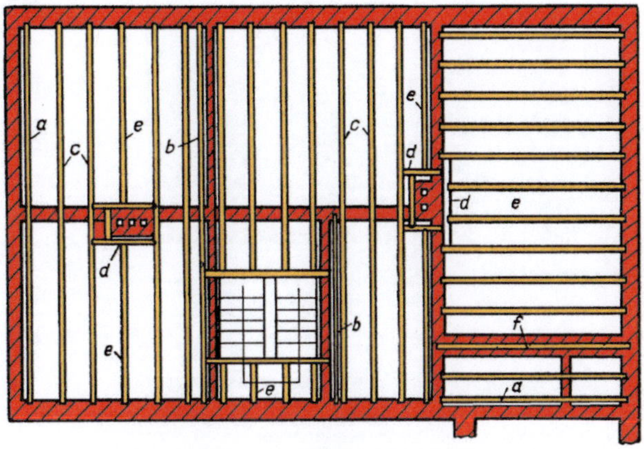

a) Ortbalken
b) Streichbalken
c) Zwischenbalken
d) Wechselbalken
e) Stichbalken
f) Wandbalken

Bild 7.50 Balkenlage einer Holzbalkendecke in einem Wohnhaus

Die Decken werden daher so ausgebildet, dass die gegenüber liegenden Wände über einige Deckenbalken miteinander verbunden werden. Bild 7.50 zeigt die Balkenlage einer Decke, die auf den Längswänden aufliegt. Zur aussteifenden Verbindung der Decke mit den Wänden wird im vorliegenden Bild 7.51 eine horizontale Ankerschiene mit Öse mit dem Balken verbunden und ein Splint in die Öse gesteckt. Die Verbindung liegt fast vollständig im Mauerwerk und ist von außen nicht sichtbar [7.2].

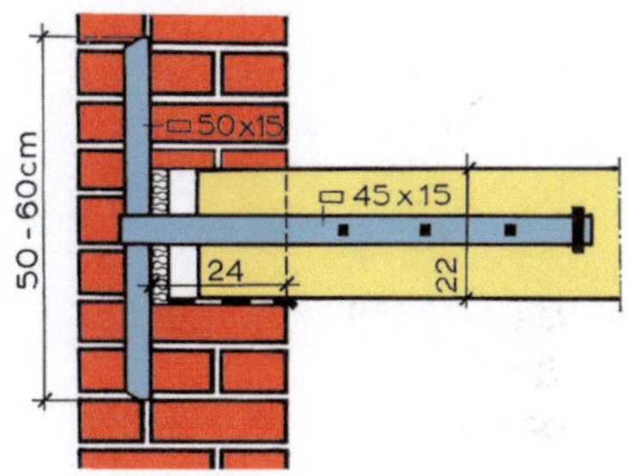

Bild 7.51 Maueranker zur Verbindung von gegenüber liegenden Außenwänden mit einem Deckenbalken

Die Ankerköpfe wurden manchmal bis an die Wandoberfläche verlängert und dort als Zierelemente ausgebildet. In Bild 7.52 ist das an einem mittelalterlichen Gebäude zu sehen. Die gute Aussteifung in Quer- und Längsrichtung mag dazu beigetragen haben, dass das Gebäude so alt geworden ist und sich heute in einem hervorragenden Zustand befindet.

Bild 7.52 Maueranker stabilisieren die Gebäude und können als Zierelemente genutzt werden

Wenn Maueranker fehlen oder ihre Wirkung im Laufe der Jahre nachlässt, dann können da-

Bild 7.53 Durch einen Teilabbruch frei gelegte Maueranker

durch Risse entstehen. Es sind Vertikalrisse in den Fassaden, die rechtwinklig zu den nicht vorhandenen oder nicht mehr funktionstüchtigen Ankern liegen. Auch durch Eingriffe in die Bausubstanz kann die Wirkung der Anker beeinträchtigt werden (Bild 7.53).

Durch den Teilabbruch eines Hauses sind die Längsanker, die die Giebel miteinander verbinden sollen, unwirksam geworden. Wenn das Gebäude mehrere Jahre in diesem Zustand stehen bleibt, ist mit Vertikalrissen in den Längswänden zu rechnen.

Bild 7.54 Vertikale Risse in einer Altbaufassade (Risse nachgezeichnet)

Die Lufttemperaturspanne zwischen Sommer und Winter beträgt an der Außenfläche der Wand etwa –15 bis +30 °C. In der Mitte der Wand mildern sich die Wandtemperaturen etwas ab. Die Differenz der mittleren Wandtemperatur beträgt 20 bis 25 Kelvin, was einer Längenänderung von 0,12 bis 0,15 mm/m entspricht. Das ist bei einer 10 m langen Wand eine Längendifferenz von 1,2 bis 1,5 mm, die durch mehrere Risse von 0,2 bis 0,4 mm kompensiert werden kann. Die Dehnung der Längswand wird durch Decken und Querwände in horizontaler Richtung behindert (vertikale Risse). Die Verbindung zwischen Wand und Decke ist nicht an allen Deckenbalken vorhanden, sondern z. B. nur an jedem 4. Balken. Dadurch ist die Dehnung punktweise im Abstand von 2 bis 3 m behindert, was Risse in einem ähnlichen Abstand ermöglicht.

Das Gebäude in Bild 7.54 besitzt derartige Risse. Sie verlaufen vertikal und beginnen bzw. enden in Fensteröffnungen. Die Dehnung in Längsrichtung ist erst dadurch möglich, dass keine Deckenanker in Längsrichtung eingebaut wurden bzw. dass sie bei dem älteren Gebäude ihre Wirkung verloren haben.

Ein anderes Rissbild mit gleicher Ursache ist in Bild 7.55 zu sehen. In dem schon einige Jahre ungenutzten Haus fehlt die Verbindung zwischen Decken und Außenlängswand. So ist diese von den Giebeln und wahrscheinlich auch von den inneren Querwänden abgerissen und hat sich leicht schief gestellt. Man erkennt dies an der nach oben zunehmenden Rissbreite des Vertikalrisses. Die Giebel sind durch Maueranker in den beiden Decken miteinander verbunden (blaue Pfeile). Am Giebel sind zwei zusätzliche Ankerplatten mit Mutter zu sehen, die nicht in Deckenhöhe liegen (rote Pfeile) und die zur Sicherung des Gebäudes dienen.

Bild 7.55 Breiter Vertikalriss im Giebel zeigt die fehlende Verbindung zwischen Längswand und Decken an

Bild 7.56 Sicherung von zwei parallelen Giebeln nach Abbruch des dazwischen liegenden Gebäudes

Bei alten Häusern findet man auch Fälle, bei denen es keine Anker gibt und bei denen sich die aneinander grenzenden Gebäude gegenseitig abstützen. Wird aus einer solchen Häuserzeile ein Haus abgebrochen, sind zusätzliche Sicherungsmaßnahmen erforderlich, um die Rissgefahr zu verringern und die Standsicherheit zu bewahren. Bild 7.56 zeigt einen derartigen Fall.

7.7 Risse im Verblendmauerwerk von zweischaligen Außenwänden

Zweischalige Außenwände werden heute unter Einsatz spezieller Ergänzungsbauteile (DIN EN 845-1) gebaut. Die Vorsatzschale wird an der tragenden inneren Schale befestigt. Die Konsolanker zur Auflagerung der ½ Stein dicken Verblendschale aus Klinkermauerwerk werden in jeder Etage angeordnet, sodass jeweils nur die Last einer Etage als Linienlast in die tragende Konstruktion eingeleitet wird. Bild 7.57 zeigt ein Sortiment verschiedener Konsolanker, die an der Fassade befestigt werden und auf denen die Verblendschale aufgemauert wird. In DIN EN 845-1 sind weitere Angaben enthalten.

Die Verblendschalen unterliegen wie jedes andere Mauerwerk Schwind- oder Quellverformungen, die sich je nach Niederschlagsintensität zyklisch wiederholen. Dazu kommen Temperaturbeanspruchungen, durch die die dünnen Vorsatzschalen überdurchschnittlich aufgeheizt werden. So verformen sie sich relativ stark. Um diese Verformungen zu ermöglichen, sind Fugen in solchen Fassaden unerlässlich (vgl. Bild 7.58, Vertikalfuge oberhalb des rechten Fensters). Wenn Bewegungsfugen in ausreichender Zahl in die Fassade eingebaut werden, dann ist mit geringen Behinderungen der Verformungen und damit auch mit wenigen oder gar keinen Rissen zu rechnen. Die Verankerungssysteme sind bewährte Konstruktionen, bei denen es nur Risse gibt, wenn sie nicht ordnungsgemäß eingebaut werden. Ein Beispiel soll das zeigen.

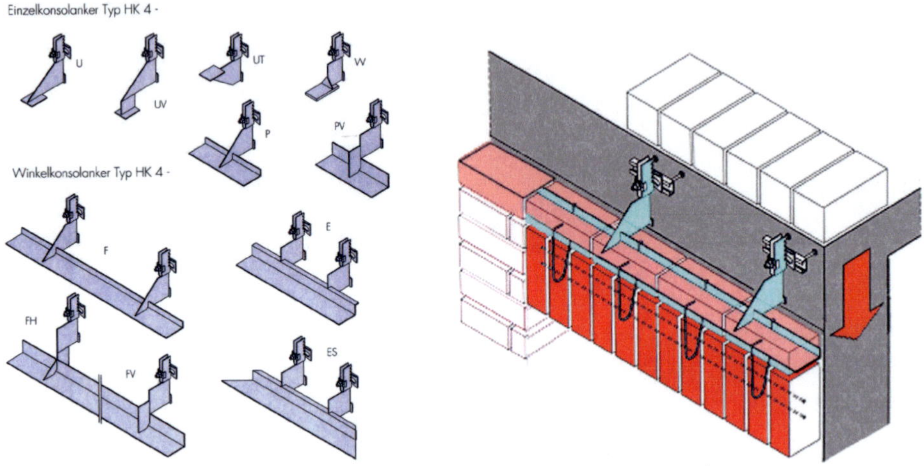

Bild 7.57 Konsolanker zur Auflagerung der Verblendschale in der Tragkonstruktion der Außenwände (links) und Sturzabfangung (rechts) (Quelle: Halfen GmbH & Co. KG Düsseldorf)

Beispiel Nr. 7.8 Risse in einer Verblendschale

Bild 7.58 Der Riss an den Fensterstürzen deutet auf eine Abwärtsbewegung des Sturzes gegenüber der Wandfläche hin

Situation

An einem Klinikgebäude zeigten sich mehrere Jahre nach der Inbetriebnahme Risse in und über den Fensterstürzen in nur einer Etage (Bild 7.58 und Bild 7.59). Auffällig war, dass Risse nur an den Fensterstürzen im Erdgeschoss auftraten (Bild 7.59). Das Untergeschoss und die Obergeschosse waren davon nicht betroffen.

Rissursache

Die Verblendschale war bis auf die beiden unteren Etagen (Unter- und Erdgeschoss) ordnungsgemäß auf den Konsolankern (Bild 7.57) aufgelagert. In jeder Etage gab es eine Reihe von Konsolankern, die die jeweilige Last der geschosshohen Vorsatzschale in die tragende Konstruktion aus Stahlbeton einleiteten. In der Fläche waren sowohl Horizontal- als auch Vertikalfugen angeordnet.

Was war in den beiden unteren Etagen anders? Die Gründung des Gebäudes war als weiße Wanne mit einer ebenen Bodenplatte ausgebildet worden. Die Bodenplatte wurde über die

Fassade hinaus verbreitert und mit einer 1,30 m hohen Wand abgeschlossen. Diese Wand war gleichzeitig der Böschungsfuß für die seitlichen Böschungen des Untergeschosses. Die Verblendschale für die beiden unteren Etagen wurde nicht auf Konsolanker, sondern auf die nach außen verbreiterte Bodenplatte abgesetzt, ohne die Folgen zu bedenken.

Die tragende Stahlbetonkonstruktion ist in diesen beiden Etagen wegen der Auflast aller darüber liegenden Geschosse am meisten belastet. Das bedeutet für die tragende Wand hinter der Fassade bzw. die Stahlbetonstützen sowohl vertikale elastische Formänderungen als auch zeitabhängige plastische Verformungen als Folge des Betonkriechens. Die tragende Konstruktion hinter der Fassade hat sich von Etage zu Etage etwas gestaucht und damit gegenüber der wenig belasteten Fassade verkürzt. Da sich die Konsolanker als Auflagerung der Verblendschale mit der Wandverkürzung nach unten bewegen, sind die gegenseitigen Verschiebungen zwischen Verblendmauerwerk und Tragkonstruktion aus Stahlbeton in den oberen Etagen gering und können durch die Horizontalfugen kompensiert werden.

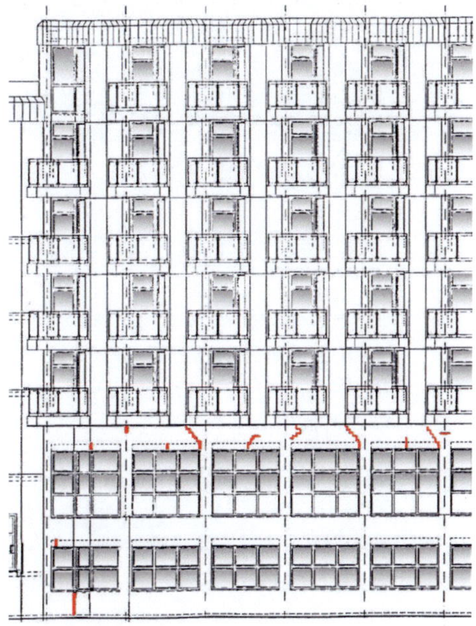

Bild 7.59 Ausschnitt aus einer Fassadenfläche mit den beanstandeten Rissbildungen

Anders ist das in den zwei unteren Geschossen. In diesen beiden Etagen wurden die Konsolanker eingespart und die Verblendschale auf die verbreiterte Bodenplatte gestellt. Damit ist ein rund 8 m hoher Wandstreifen nicht wie in den oberen Etagen auf die tragende Konstruktion, sondern wie die tragende Konstruktion selbst auf die Bodenplatte abgesetzt worden. In dieser 8 m hohen Zone hat die tragende Stahlbetonkonstruktion die höchste Belastung. Sie wird vertikal gestaucht und verkürzt sich um (geschätzt) 0,5 bis 1 mm. Das Verblendmauerwerk steht wie die Außenwand mit den unteren zwei Geschossen auf der gleichen Bodenplatte wie die Tragkonstruktion, ist aber weniger belastet als diese und verkürzt sich nur unwesentlich. Die Differenz der Vertikalverformung zwischen Tragkonstruktion und Verblendmauerwerk kann durch die Horizontalfugen ausgeglichen werden.

Die Unterzüge in der Verblendschale sind statisch nicht Bestandteil der Verblendschale, sondern sie sind separat an der Tragkonstruktion befestigt und können sich dadurch unabhängig von der auf der Bodenplatte stehenden Mauerwerksschale bewegen (vgl. Bild 7.57 rechts). Dadurch werden sie mit der Tragkonstruktion um einen geringen Betrag abwärts bewegt, und müssen sich dabei aus dem Verband des übrigen Mauerwerks etwas nach unten verschieben. Im Bild 7.58 sieht man die geringe Abwärtsbewegung des Sturzfertigteils und im Bild 7.60 im Detail mit Angabe der Bewegungsrichtung.

Diese Verformungsdifferenz zwischen Tragkonstruktion und Vorsatzschale hat ein geringes Absinken der Tragkonstruktion und damit der Sturzverankerungen bewirkt, das in Bild 7.58

Bild 7.60 Detail aus Bild 7.58

und Bild 7.60 zu sehen ist. Die Bewegung beträgt etwa das Doppelte der elastischen Verformung, also hier 1 bis 2 mm. In den anderen Etagen gibt es diese Verformungsdifferenz nicht, da Schale und die Stürze gleichermaßen an der Stahlbetontragkonstruktion verankert sind (Bild 7.59).

Instandsetzung

Da die Rissursache auf das lastbedingte Betonkriechen der Tragkonstruktion des Gebäudes zurückzuführen ist, muss man das Ende des Kriechprozesses abwarten und dann die gerissenen Steine ersetzen und die geschädigten Stellen neu verfugen. Dazu sollte man mindestens 5 Jahre warten, weil sonst die Restverformungen erneut zu Rissen führen können.

Beispiel Nr. 7.9 Risse im Verblendmauerwerk an einem alten Gebäude

Ein Seniorenheim aus dem Jahr 1898 hat eine Klinkerfassade, die vor das tragende Mauerwerk vorgeblendet ist (Bild 7.61). Als Besonderheit bestehen alle Fensterstürze aus gewalzten Stahlprofilen. Die Befestigungsmuttern, die auch alle Träger eines Unterzuges zusammen halten, sind im Detail liebevoll gestaltet (Bild 7.62).

Fast 100 Jahre nach der Errichtung des Gebäudes waren die schon länger beobachteten Rissbildungen und Abplatzungen auf der Hofseite so auffällig geworden, dass der Eingangsbereich teilweise gesperrt und gesichert werden musste. Herabfallende kleine Mauerwerksteile gefährdeten die Bewohner des Heimes und das Personal. Bei genauerer Untersuchung zeigte sich, dass die Schädigungen von den Auflagern der Fensterstürze ausgingen. Dort gab es teilweise vertikale Risse in den Steinen, die auf eine hohe Druckbeanspruchung hinweisen und im ungünstigsten Fall bereits Zerstörungen des Auflagerbereichs aufweisen (Bild 7.63).

Bild 7.61 Risse in der Verblendschale eines Treppenhauses (zur Verdeutlichung nachgezeichnet)

Die Risse verlaufen schräg in der für Ziegelmauerwerk im Normalformat typischen abgetreppten Form. Durch die Fassadengliederung ergab es sich zufällig, dass auf diesen Linien die nächsten

Auflagerbereiche liegen und sich so ein ungewöhnlich regelmäßiges Rissbild an der Fassade des Treppenhauses eingestellt hat. An den übrigen Fassaden waren solche Risse nicht zu sehen.

Rissursache

Als Rissursache hat sich die Sprengwirkung der rostenden Trägerauflager herausgestellt. Der Rost an Ober- und Unterseite des Trägerauflagers ist in seiner Ausdehnung behindert und trägt durch allmähliche Volumenvergrößerung wachsende Druckspannungen in das Mauerwerk im Bereich der Trägerauflager ein. Wenn sie groß genug sind, versagt das Mauerwerk zunächst durch Bildung vertikaler Steinrisse und dann durch Absprengung von Mauerwerksteilen. Dabei wird das darüber liegende Mauerwerk angehoben. Die dafür notwendige Sprengkraft der Rostprodukte beträgt 20 bis 30 KN pro Auflager.

Dass solche Drücke tatsächlich entstehen können, zeigt auch Bild 7.65. Ein schmiedeeiserner Zaun hat nach mehreren Jahrzehnten einen Sandsteinpfeiler durch Rostsprengung gespalten.

Instandsetzung

Die an den Auflagern stark angerosteten Träger können nicht wieder verwendet werden. Sie sind auszuwechseln und z. B. durch verzinkte Träger oder Träger aus Edelstahl zu ersetzen. Das betrifft mittelfristig auch alle anderen Fenster des Gebäudes,

Bild 7.62 Fassadendetail mit vertikalen Rissen im Auflagerbereich

Bild 7.63 Zerstörung eines Trägerauflagers durch Rostsprengung

Bild 7.64 Die Risse verlaufen unter ca. 45° von Trägerauflager zu Trägerauflager, die Risse sind hier nicht nachgezeichnet

Bild 7.65 Rostsprengung an einem Sandsteinpfeiler

denn es ist nur eine Frage der Zeit, wann die nächsten Schäden an den fest ins Mauerwerk eingespannten Trägerauflagern entstehen.

7.8 Risse in nicht tragenden Innenwänden bei großen Deckendurchbiegungen

Statisch nicht erforderliche Trennwände stehen oft als leichte Wände aus unterschiedlichen Baumaterialien und mit unterschiedlichen Konstruktionsprinzipien auf Stahlbetondecken. Wenn sich die Decken durchbiegen – das ist vor allem bei schlanken, weit gespannten Decken der Fall – dann müssen auch die leichten Trennwände dieser Durchbiegung folgen. Da die geschosshohen Wände viel steifer als die Decken sind, kann die Wandverformung der Deckendurchbiegung meist nicht oder nur unvollkommen folgen. Die Wände erhalten ähnlich wie bei einer Baugrundsetzung Beanspruchungen, für die sie nicht bemessen sind und neigen zur Rissbildung.

Solche Risse sind am einfachsten zu vermeiden, wenn man die Durchbiegungen begrenzt. Schon in den zwanziger Jahren des vorigen Jahrhunderts wurde deswegen die Deckenschlankheit im Normenwerk begrenzt. Als Deckenschlankheit bezeichnet man das Verhältnis von Stützweite l zu Nutzhöhe d der Decke. Bei statisch unbestimmten Tragwerken kann die Stützweite etwa auf die Entfernung der Momentennullpunkte l_i (ideelle Stützweite) reduziert werden. Seinerzeit wurde das Verhältnis $l_i/d \leq 35$ als Grenzwert für die Deckenschlankheit eingeführt, das bis heute Bestandteil der DIN 1045-1 ist. Lediglich für ideelle Deckenstützweiten von $l_i > 4{,}30$ m gilt ein zweites Kriterium, mit dem die Deckenschlankheit auf Werte bis zu $l_i/d = 21$ reduziert wird (vgl. Bild 8.15). Obwohl die heute üblichen Festigkeiten von Beton etwa das Zwei- bis Dreifache und die von Betonstahl mehr als das Doppelte der seinerzeitigen Werte betragen, hat man bis auf die größeren Stützweiten die Schlankheitsbegrenzung beibehalten. Das ist deshalb verwunderlich, weil die gleiche Konstruktion bei höherer Spannung größere Durchbiegungen erleidet. Man ist deshalb gut beraten, die zulässige Schlankheit von Decken im Hochbau nicht auszunutzen. Die bei Ausnutzung der zulässigen Deckenschlankheit zu erwartenden Verformungen sind so groß, dass man sie ohne Hilfsmittel wahrnehmen kann, z. B. als Fußbodenneigung am Deckenrand von 1 bis 2°. Bei Deckenstützweiten bis 6 m sind Durchbiegungen von mehreren

Zentimetern normal. Die nach der Elastizitätstheorie berechneten Durchbiegungen sind zu klein, weil

- die Steifigkeitsverminderung durch die Rissbildung nicht erfasst wird und
- die Kriechverformungen fast immer unberücksichtigt bleiben.

Deshalb sind die realen Durchbiegungen um ein Mehrfaches größer, als es die Berechnung nach der Elastizitätstheorie ausweist.

In Bild 7.66 ist der Sachverhalt schematisch dargestellt. Auf einer schlanken Decke steht eine leichte, nicht tragende Wand. Die Durchbiegung der Decke ist umso größer, je schlanker sie ist. Die nicht tragende Wand kann der durchgebogenen Decke, auf der sie steht, bei größeren Durchbiegungen nicht folgen, ohne dass Risse entstehen. Die Wirkung ist vergleichbar mit einer ungleichmäßigen Baugrundsetzung. Die Deckendurchbiegung ist am Rand gleich Null und hat in der Mitte ihren Größtwert. Sie verändert die Auflagerbedingungen der Wand; die Wand folgt der Durchbiegung entsprechend den Steifigkeitsbedingungen und erhält dabei Risse der verschiedensten Art.

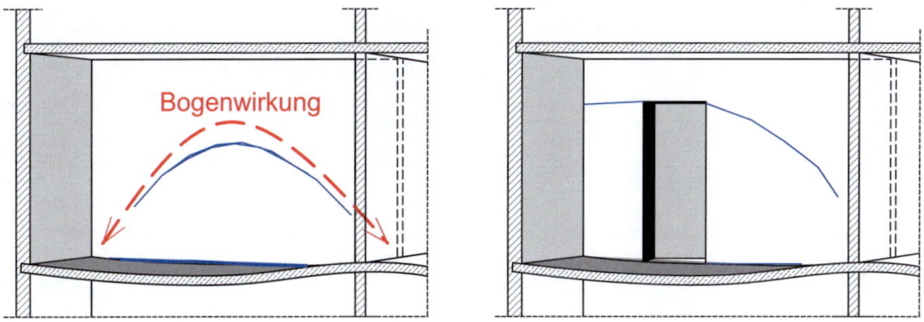

Bild 7.66 Typische Rissbilder in nicht tragenden Innenwänden auf schlanken Decken

Typische Rissformen sind:

- bogenförmige Risse zwischen den tragenden Wänden. In der nicht tragenden Wand bildet sich bei Durchbiegung zunächst eine bogenförmige Tragwirkung aus. Unterhalb des Gewölbes reißt die Wand unter ihrer Eigenlast ab, und es entstehen schräge oder bogenförmige Risse (Bild 7.66 links, Bild 7.67, Bild 7.68).
- horizontale Risse, die von Türöffnungen ausgehen. Durch die Türöffnung kann sich die Bogentragwirkung nicht ausbilden, sodass der Wandteil unterhalb der Türoberseite abreißt und auf der Decke verbleibt (Bild 7.66 rechts, Bild 7.69). In Verlängerung der Türöffnung entsteht an der Oberseite ein Riss.
- horizontale Risse zwischen der nicht tragenden Wand und dem Fußboden (Bild 7.66 links, Bild 7.70). Sie bilden sich, wenn die Wand eine gewisse Eigensteifigkeit besitzt, die einen Spalt an der Auflagerung überbrücken kann.

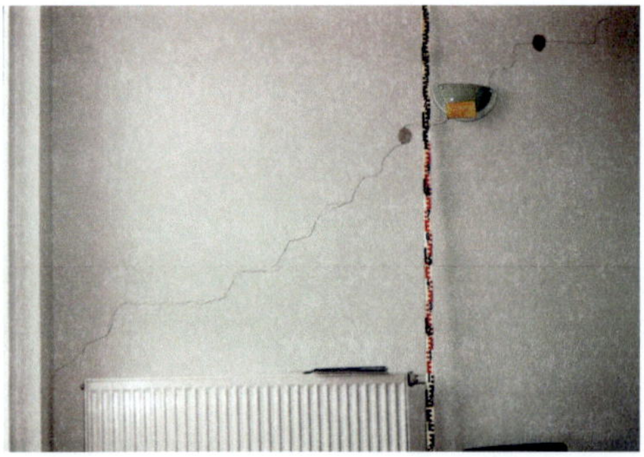

Bild 7.67 Schrägriss an einer nicht tragenden Innenwand wegen zu großer Durchbiegung der Decke

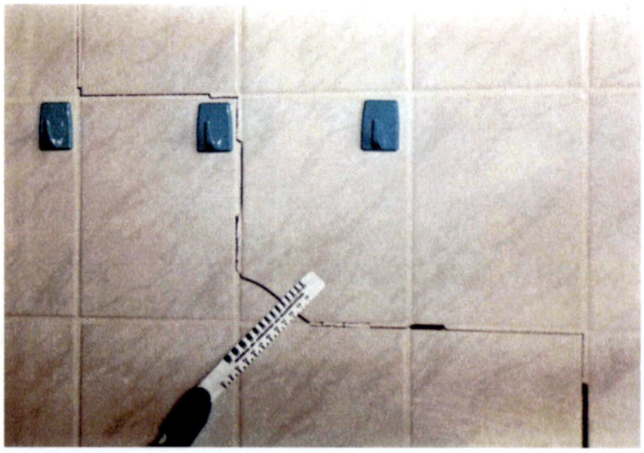

Bild 7.68 In gefliesten Wänden passen sich manchmal die Schrägrisse an den Fugenverlauf an

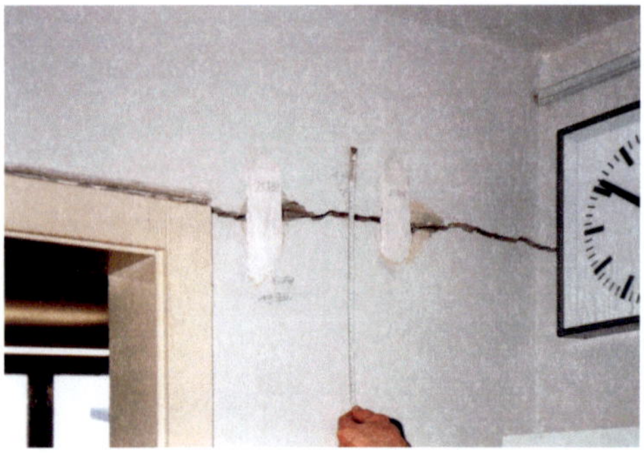

Bild 7.69 Abriss der Innenwand an der Türöffnung mit Bildung eines horizontalen Risses

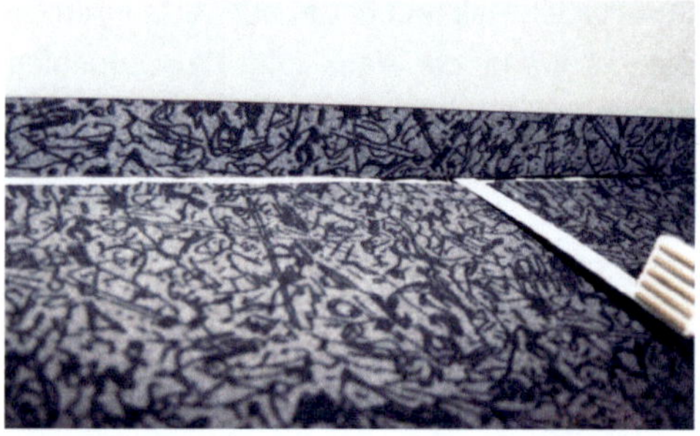

Bild 7.70 Spalt zwischen der Unterseite der nicht tragenden Trennwand und dem durchgebogenen Fußboden

Die Ursache für solche Risse besteht in großen Durchbiegungen der Decke, auf der die nicht tragende Wand steht. Das kann zwei Gründe haben:

- die Decken sind zu schlank und haben deshalb zu große Durchbiegungen
- die Deckenauflager selbst sind nicht starr, sondern geben unter Last nach. Dieser Fall kann auftreten, wenn zwei übereinander liegende Ebenen unterschiedliche Grundrisse besitzen. Er war auch im folgenden Beispiel Nr. 7.10 die Rissursache sowohl in tragenden als auch in nicht tragenden Wänden.

Beispiel Nr. 7.10 Risse in den Wänden eines Geschäftshauses mit Werkstatt

Situation

Die Niederlassung eines Baubetriebs erhielt eine eigene Werkstatt, die im Erdgeschoss liegt und sich in der Höhe über zwei Geschosse erstreckt. Auf beiden Seiten dieses großen Raumes sind Büroräume angeordnet, die überwiegend mit nicht tragenden Wänden gebaut wurden. Die Werkstattdecke bildet den hinteren Teil des Gebäudes. Im Bild 7.71 wird sie vom Eingangsbereich verdeckt.

Bild 7.71 Ansicht des Firmengebäudes

Die Grundrisse des 1. und des 2. Obergeschosses sind in Bild 7.72 dargestellt. Die Decke über der stützenfreien Werkstatt wird von drei Stahlbetonunterzügen mit 11,50 m Spannweite und 1,20 m Höhe getragen. Auf dieser Decke ist im mittleren Bereich ein Dachgarten eingerichtet, die beiden Seitenflächen werden als Büroräume genutzt.

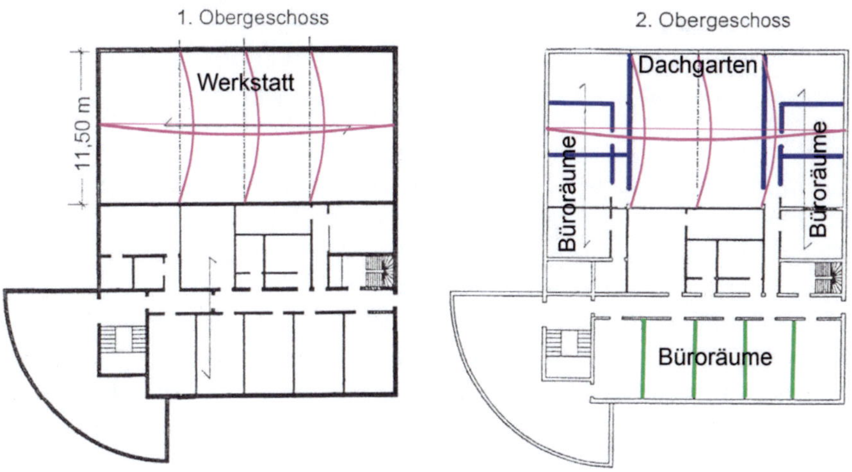

Bild 7.72 Grundrisse des 1. und 2. Obergeschoss eines Geschäftshauses

Das ist eine typische Situation für große Deckendurchbiegungen, wenn die Grundrissgestaltung in zwei übereinander liegenden Geschossen nicht übereinstimmt und unten ein großer Raum notwendig ist, z. B. als Vortragssaal oder wie hier als Werkstatt. Die größeren Stützweiten im unteren Geschoss bedingen meist relativ große Durchbiegungen, die allein nicht schädlich sind. Wenn aber über einer solchen Decke kleine Räume mit Hilfe leichter Trennwände eingerichtet werden, dann müssen sich diese Wände mit der Deckendurchbiegung absenken. Wegen der Scheibenwirkung solcher Wände ist das i. Allg. nicht möglich, und so kommt es zu Rissen. Die im Bild 7.72 blau gekennzeichneten Wände auf der Werkstattdecke hatten ohne Ausnahme schräge Risse. In Bild 7.72 ist die Biegefläche der Decke farbig in Magenta angedeutet.

Rissursache

Die schlaff bewehrten, 1,20 m hohen Stahlbetonträger über der Werkstatt biegen sich unter der Lasteinwirkung und durch plastische Verformungen (Betonkriechen) mehrere Zentimeter durch. Für die auf dieser Decke stehenden Wände bedeutet das teilweise eine erhebliche vertikale Verschiebung ihrer Auflagerung. Die Verschiebung ist an den Rändern gleich Null und zur Wandmitte bzw. auch am anderen Rand der Wand am größten. Da die Belastung bereits im Rohbauzustand wirkte, waren bei der Inbetriebnahme keine Risse feststellbar, weil sie überputzt wurden. Sie öffneten sich erst im Laufe der Zeit wieder durch das Betonkriechen der Decke. Während mehrerer Jahre haben sich die Risse mit wachsender Durchbiegung der Decken geöffnet. Wenn das Kriechen z. B. nach 5 Jahren nahezu abgeschlossen ist, haben die Risse ihre Endgröße erreicht und verändern sich nicht mehr. Wahrscheinlich wurde die Rissbildung durch die große Deckendurchbiegung von Schwinddifferenzen überlagert, die sich zwischen den Kalksandstein-Innenwänden und den Ziegelaußenwänden zusätzlich eingestellt haben (vgl. Bild 7.45).

Die Büroräume über der Werkstatt besaßen ohne Ausnahme Schrägrisse in den Wänden, ähnlich wie sie in Bild 7.67 und Bild 7.68 zu sehen sind. Bemerkenswert ist, dass in diesem Fall auch in den tragenden Wänden gleichgerichtete Schrägrisse auftraten. Das hängt damit zusammen, dass sie ebenso wie die nicht tragenden Wände auf einer nachgiebigen Decke aufgelagert sind und ihnen die ungleichförmigen Durchbiegungen der unteren Decke aufgezwungen werden. Dadurch erhalten sie Scheibenbeanspruchungen, für die sie nicht bemessen wurden.

Die Büroräume außerhalb der Werkstattdecke besaßen nahezu die gleichen Risse in den Zwischenwänden, allerdings verliefen sie nur einseitig schräg von der Außenwand aufsteigend in das Innere des Raumes. Der ähnliche Rissverlauf hatte aber ganz andere Ursachen. Die Risse waren auf eine größere vertikale Schwindverformung der Innen- gegenüber den Außenwänden zurückzuführen. Für die Außenwände wurden Leichtziegel und für die Innenwände Kalksandsteine verwendet. Die größere vertikale Verkürzung der Kalksandsteinwände durch das Schwinden führte zu den schrägen Abrissen wie in Bild 7.45. Im Grundriss Bild 7.72 sind die betroffenen Wände grün markiert. Es handelt sich um tragende Wände.

Instandsetzung

Die Risse in den Wänden über der Werkstattdecke sind hauptsächlich durch das Betonkriechen der weit gespannten Unterzüge unter der Decke bedingt. Die übrigen Risse sind auf vertikale Schwinddifferenzen zurückzuführen. In beiden Fällen handelt es sich um langsam verlaufende, zeitabhängige Prozesse, die einem Endwert zustreben. Die Risse können nach Erreichen des Endwertes oder eines großen Anteils dieses Wertes einfach gefüllt werden. Es genügt dann, sie zu verspachteln. Wenn man diese Arbeiten mit den ohnehin nach mehreren Jahren notwendigen Malerarbeiten verbindet, sind die Kosten gering.

Solche Schäden sind nur zu vermeiden, wenn die Decken nicht übermäßig schlank ausgebildet werden. Meist erfordern 20 mm Mehrdicke der Decke, also z. B. statt 180 mm lieber 200 mm, weniger Aufwand als die nachträgliche Instandsetzung der Rissschäden.

8 Wie kann man Risse vermeiden und sie in Anzahl und Rissbreite einschränken?

8.1 Allgemeines

Dass Risse in Massivbauwerken immer auftreten und nur mit besonderem Aufwand vermeidbar sind, ist eine nicht bestrittene Tatsache. Trotzdem kommt es immer noch zu juristischen Auseinandersetzungen über vermeintlich unzulässige Rissbildungen. Das ist nur deshalb so, weil viele Bauherren noch nie mit Rissen zu tun hatten und noch nie gezwungen waren, darüber nachzudenken. Deshalb ist es die Pflicht der Planenden, den Bauherrn aufzuklären, dass sein in Auftrag gegebenes Bauwerk ebenfalls Risse haben wird. Wenn man ihm erklären kann, warum das so ist und wo die Risse zu erwarten sind, dann kann man mit einem gewissen Verständnis seinerseits rechnen, wenn die Risse die Nutzung in keiner Weise beeinträchtigen. Von dieser Chance machen viel zu wenig Architekten oder Tragwerksplaner Gebrauch und sehen sich hinterher in Erklärungsnöten und manchmal auch in einem Rechtsstreit.

Besonders bei wasserundurchlässigen Bauwerken aus Beton muss der Bauherr die Nutzungsklassen nach der WU-Richtlinie [3.4] kennen und gemeinsam mit dem Architekten entscheiden, welche Nutzungsklasse er haben möchte und welcher Mehraufwand ggf. mit seinen Wünschen verbunden ist. Auch die Möglichkeit, dass ein WU-Bauwerk ggf. erst fertig gestellt ist, wenn die Trennrisse aus abfließender Hydratationswärme in den Wänden verpresst sind, ist für einen unerfahrenen Bauherrn eine ungewöhnliche Sache. Wenn er das bereits in der Planungsphase erfährt und an diesbezüglichen Entscheidungen beteiligt ist, wird hinterher kein Misstrauen aufkommen, dass hier ein Mangel nachgebessert wird.

Rechtzeitige Information und Einbeziehung des Bauherrn sind einfache Mittel, um unnötigen Ärger wegen Rissbildungen zu vermeiden.

Nach der gültigen Stahlbetonnorm DIN 1045-1 sind in einer statischen Berechnung die Tragfähigkeit und die Gebrauchstauglichkeit der baulichen Anlage und ihrer Bauteile übersichtlich und leicht prüfbar nachzuweisen. Für die Nachweisführung werden die Grenzzustände der Tragfähigkeit und der Gebrauchstauglichkeit benutzt. Während die Nachweisführung für die Tragfähigkeit eine jahrzehntelange Tradition hat, sind die Anforderungen an die Gebrauchstauglichkeit und die Nachweise dafür viel jünger. Die für die Grenzzustände der Gebrauchstauglichkeit notwendigen Nachweise zur Begrenzung der Spannungen, der Rissbreiten und der Verformungen werden nicht immer so geführt, dass alle Einflüsse erfasst werden. Das trifft besonders auf Zwangeinwirkungen zu, die nicht nur in der Spannrichtung eines Tragwerks wirken, sondern auch rechtwinklig dazu. Sie äußern sich in Verformungen, deren Auswirkungen im Stahlbetonbau nicht ganz einfach zu berechnen sind. Andererseits werden in den meisten Fällen die dadurch entstehenden Kräfte nicht größer als die Risslast. Sie bleiben also im Vergleich zu den Nutzlasten relativ klein. So geringe Auswirkungen solche Kräfte für die Standsicherheit haben, so große haben sie für die Gebrauchstauglichkeit. Unerwünschte und unerwartete Risse können das Aussehen von

Stahlbetonflächen beeinträchtigen, aber auch die Bewehrung nicht mehr ausreichend vor Korrosion schützen und ggf. Undichtigkeiten bei wasserundurchlässigen Bauwerken aus Beton hervorrufen.

Während temperaturbedingte Formänderungen meist noch beachtet werden, geraten die Schwindverformungen zu oft in Vergessenheit, obwohl sie größer als die Temperaturverformungen sind. So kommt es, dass sich manche Bewegungsfuge viel weiter öffnet, als das die statische Berechnung für die Temperaturverformungen ausweist. Schwindverformungen sind etwa doppelt so groß wie temperaturbedingte Verformungen. Ihre Vernachlässigung bei der Bemessung von Fugen kann zu Schäden führen. Ebenso kann man behinderte Schwindverformungen bei der Bestimmung eines Rissbildes nicht vernachlässigen. In Beispiel Nr. 5.12 ist ein solcher Fehler beschrieben, der erhebliche Instandsetzungskosten zur Folge hatte.

In jeder statischen Berechnung sollte die Bestimmung der zu erwartenden Verformungen aus Temperaturänderung und Schwinden und ggf. aus Kriechen zum festen Bestandteil gemacht werden. Der Tragwerksplaner ist der erste, der die Verformungen erkennen und berechnen kann. Er kann auch berechnen, welche Zwangkräfte aus Behinderungen entstehen und wie man sie kompensieren kann. Allein die Beschäftigung eines Fachmanns mit den Fragen der Zwangbeanspruchung kann Fehler vermeiden helfen. In vielen statischen Berechnungen findet man wenige oder gar keine Aussagen zum Zwang, vor allem rechtwinklig zur Haupttragrichtung. Bezüglich der Rissgefährdung ist das für Elementdecken und -wände, die i.d.R. von monolithisch geplanten Bauteilen auf die Elementbauweise umgerechnet werden, besonders wichtig. Dabei wird außer Acht gelassen, dass sich Elementdecken und -wände bei Zwang in der Querrichtung anders verhalten als monolithische Bauteile.

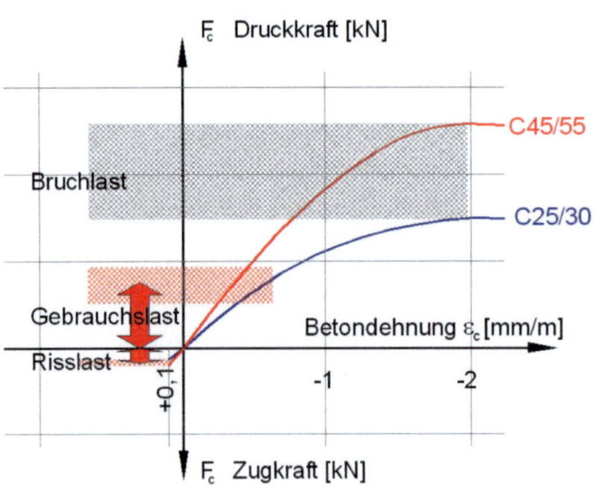

Bild 8.1 Last-Dehnungs-Diagramm. Die Risslast beträgt nur einen Bruchteil der Gebrauchslast

Da die Risslast immer viel kleiner als die Schnittgröße aus Gebrauchslasten ist, hat der Nachweis einer Mindestbewehrung keinen Einfluss auf die Tragfähigkeit eines Stahlbetontragwerks (Bild 8.1). Er sichert lediglich ein akzeptables Rissbild sowie die Dauerhaftigkeit der Konstruktion.

8.2 Möglichkeiten zur Einflussnahme auf die Rissbildung in der Planung von Stahlbetonbauteilen

Steuerung der Rissbreite durch die Bewehrungskonstruktion (Mindestbewehrung)

Das einzige Mittel des Tragwerkplaners zur Steuerung der rechnerischen Rissbreiten in Stahlbetonbauteilen ist die Bewehrungskonstruktion. Sie muss so gewählt werden, dass beim Entstehen eines Risses ein bestimmter, gewählter oder nach der Norm geforderter Rechenwert der Rissbreite eingehalten wird (Mindestbewehrung).

Behinderte Längenänderungen sind für die Standsicherheit meist von untergeordneter Bedeutung. Das trifft sowohl auf lastbedingte als auch auf lastunabhängige Verformungen zu. Bei behinderter Bauteilverkürzung entstehen Risse, die in der Summe ihrer Rissbreiten etwa dem Betrag der behinderten Verkürzung entsprechen. Die Rissbreite lässt sich im Stahlbetonbau durch eine geeignete Bewehrungskonstruktion in gewissen Grenzen steuern. Dadurch kann die Rissanzahl gezielt beeinflusst werden.

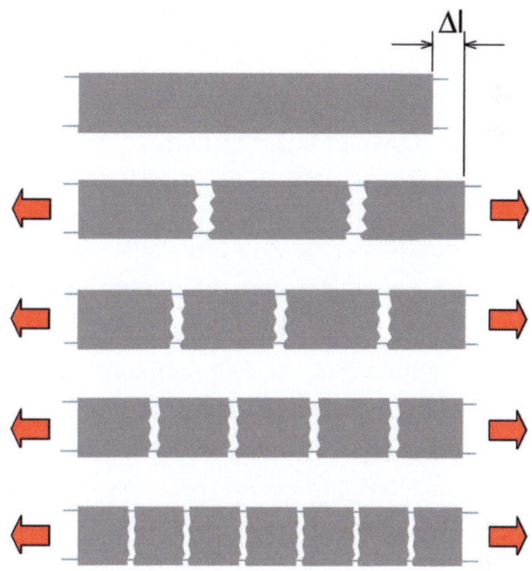

Bild 8.2 Die gleiche Dehnung eines Zugstabes aus Stahlbeton ist einerseits mit vielen Rissen mit kleiner oder andererseits mit weniger Rissen mit größerer Rissbreite möglich

Ein einfacher Zusammenhang besteht zwischen der Rissbreite und der Rissanzahl, wenn sich die Dehnung in der Phase der Einzelrissbildung vollzieht. Das ist in den meisten praktischen Fällen gegeben, gilt aber nicht für Elementwände und -decken in Querrichtung. In Bild 8.2 ist das schematisch dargestellt. Viele feine Risse ergeben die gleiche Dehnung wie wenige grobe. Da die Rissbreite dem Bewehrungsdurchmesser proportional ist, heißt das: Viele dünne Stäbe ergeben feine Risse, wenige dickere Stäbe ergeben bei gleicher Bewehrungsfläche wenige Risse mit größerer Rissbreite. Im Bild ist der gleiche Verformungszustand für 2, 3, 4 und 6 Risse angegeben. Lediglich die Rissbreite ändert sich. Auch die Risslast ist für alle Verformungszustände theoretisch

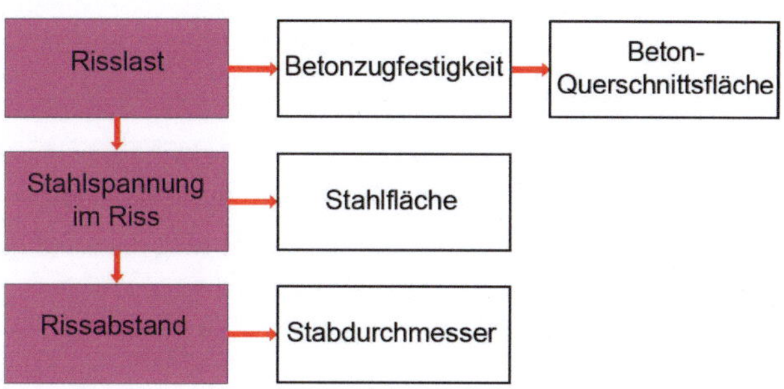

Bild 8.3 Einflüsse auf die Rissbreite für den rechnerischen Rissabstand

gleich. Da die Rissbreite dem Bewehrungsdurchmesser d_s proportional ist, ergeben kleinere Bewehrungsdurchmesser kleine Rissbreiten und mehr Risse als größere.

Wie kann man außer diesem elementaren Zusammenhang zwischen Stabdurchmesser und Rissbreite den Rissabstand und damit die Rissbreite gezielt beeinflussen? In Bild 8.3 sind die Abhängigkeiten der Größen angegeben, die nach dem Berechnungsverfahren der DIN 1045-1 den rechnerischen Rissabstand und damit die Zahl der Risse beeinflussen. Sie sollen einzeln bezüglich ihrer Beeinflussungsmöglichkeiten betrachtet werden.

Betonzugfestigkeit

Die Risslast errechnet sich bei zentrischem Zug (bei Vernachlässigung der Bewehrung) aus der Betonzugfestigkeit multipliziert mit der Querschnittsfläche des Bauteils. Bei Biegebeanspruchung gilt analog, dass das Rissmoment gleich der Betonzugfestigkeit multipliziert mit dem Widerstandsmoment des ungerissenen Querschnitts ist. Die Risslast ist die Kraft, die von der gerissenen Zugzone des Betons in die Bewehrung geleitet wird. Sie bestimmt die Stahlspannung im Riss und damit eine wesentliche Größe für die Rissbreite. Die Betonzugfestigkeit ist der Risslast bzw. dem Rissmoment im Zustand der Einzelrissbildung proportional. Daher kommt ihr eine besondere Bedeutung für die Beeinflussung des Rissbildes zu.

Die Berechnung der Risslast ist für den Tragwerksplaner trotz sehr einfacher Berechnungsformeln schwierig. Er muss die Betonzugfestigkeit abschätzen mit der Gewissheit, dass das nur mit einer nicht allzu großen Genauigkeit möglich ist. Die DIN 1045-1 gibt zwar Zahlenwerte in Abhängigkeit von der Betondruckfestigkeitsklasse an. Man darf sie aber nur als Mittelwerte mit einer größeren Streubreite von ±30 % werten. Überfestigkeiten des gelieferten Betons wirken sich zusätzlich ungünstig als Vergrößerung der rechnerischen Risslast aus. Korrekturen einer zu knapp bemessenen Mindestbewehrung sind im Nachhinein nicht möglich.

Viele Tragwerksplaner unterschätzen die Betonzugfestigkeit im jungen Beton. Sie ist für die Wahl der Mindestbewehrung zur Einhaltung eines bestimmten Rechenwertes der Rissbreite häufig maßgebend. Die DIN 1045-1 fordert, die Mindestbewehrung für die Entstehung des ersten Risses zu bemessen. Das ist in vielen Fällen eine Beanspruchung im jungen Beton, der seine Normfestigkeit noch nicht erreicht hat. Die DIN 1045-1 gestattet für diesen Fall eine erhebliche Abminderung der Normfestigkeit, die auch zur Unterbemessung der Mindestbewehrung führen kann.

Je größer die Betonzugfestigkeit ist, umso größer wird die Mindestbewehrung, um die Risslast aufzunehmen und umgekehrt. In der guten Absicht, möglichst wenig Bewehrungsstahl für einen Lastfall zu verbrauchen, der u. U. nur wenige Tage in der gesamten Lebensdauer eines Bauwerks oder Bauteils andauert, wird die Betonzugfestigkeit möglichst niedrig angesetzt. Damit entstehen häufig unbeabsichtigt zu große Rissbreiten, die teure Nacharbeiten nach sich ziehen können.

Bei den Transportbetonwerken gibt es die Tendenz, mit einer Überfestigkeit zu arbeiten, um die geforderte Festigkeitsklasse mit einem gewissen Vorhaltemaß sicher einzuhalten. Diese Überfestigkeit ist ebenfalls eine potenzielle Zugfestigkeitserhöhung, die vor allem in den unteren Festigkeitsklassen relativ hoch über dem Normwert liegen kann. Mit der Überfestigkeit für Druck geht auch eine Überfestigkeit für Zug einher. Wenn man das nicht berücksichtigt, kann die Mindestbewehrung zu klein ausfallen, und die Rissbreiten werden größer als beabsichtigt. Deshalb empfiehlt es sich, für die Bestimmung der Mindestbewehrung die Betonzugfestigkeit nicht zu knapp anzusetzen. Die Bemessung der Mindestbewehrung ist in Tabellen bzw. Diagrammen aufbereitet worden und bequem zu handhaben [3.2]. Für den häufigsten Sonderfall der zentrischen Zugbeanspruchung können auch die Diagramme Bild 3.5 bis 3.7 und Bild 3.8 bis 3.11 benutzt werden. Diese Hilfsmittel gelten nur für unveränderliche Querschnitte, sind also nicht bei Elementwänden und -decken für die Querrichtung anwendbar.

Querschnittsfläche der Bauteile

Die Querschnittsfläche von zwangbeanspruchten Betonbauteilen ist bei zentrischem Zwang der Risslast direkt proportional. Obwohl es daher wünschenswert wäre, sie möglichst klein auszubilden, geht das wegen anderer als der statischen Erfordernisse nicht unbegrenzt. Für die Querschnittswahl sind, z. B. für die Wanddicke, durch die Betonierbarkeit Grenzen nach unten gesetzt, unabhängig davon, ob das statisch erforderlich ist oder nicht.

Um ein Rissbild mit einfachen Mitteln zu beeinflussen, sollen die Querschnittsabmessungen über die Bauteillänge unveränderlich sein oder sich nur allmählich und stetig verändern. Man kann das auch erreichen, indem an unstetigen Änderungen der Bauteilabmessungen Bewegungsfugen angeordnet werden.

In Zugrichtung veränderliche Querschnitte erfordern vom Tragwerksplaner besondere Aufmerksamkeit, weil dort unvorhergesehene Zustände eintreten können, wie das in Beispiel Nr. 5.17 für eine Zwischenebene mit dreieckigem Grundriss in einer Tiefgarage geschildert wird. Ebenso sind sprunghaft veränderliche Querschnitte besonders gründlich zu durchdenken, um überraschende Rissbildungen zu vermeiden. Das trifft z. B. auch auf Elementdecken und -wände in Querrichtung zu. In den Beispielen Nr. 6.1 und 6.2 ist dieses Problem detaillierter erläutert.

Querschnittsfläche der Bewehrung und Stabdurchmesser

Mit der Stahlfläche lassen sich Rissbreite und Rissabstand gezielt beeinflussen. Je größer die Stahlfläche ist, umso geringer sind bei gleicher Zugkraft (=Risslast) die Stahlspannung im Riss und damit der Rissabstand und die Rissbreite. Geringe Rissbreiten kann man nicht nur mit kleineren Bewehrungsdurchmessern, sondern z. B. auch mit einer geringeren Stahlspannung - das bedeutet mehr Stahlfläche - erzielen. Aus Sicht eines Standsicherheitsnachweises bedeutet das eine »Überbemessung«, indem mehr Bewehrung verwendet wird, als für die Standsicherheit unbedingt notwendig wäre. Für die Gebrauchstauglichkeit ist es keine Überdimensionierung, sondern kann eine Notwendigkeit sein, die anders nicht erreichbar ist.

Anordnung von Fugen

Zwangverformungen werden als bezogene Dehnungen oder Stauchungen mit der Dimension mm/m angegeben. Die absoluten Dehnungen errechnen sich daraus durch Multipli-

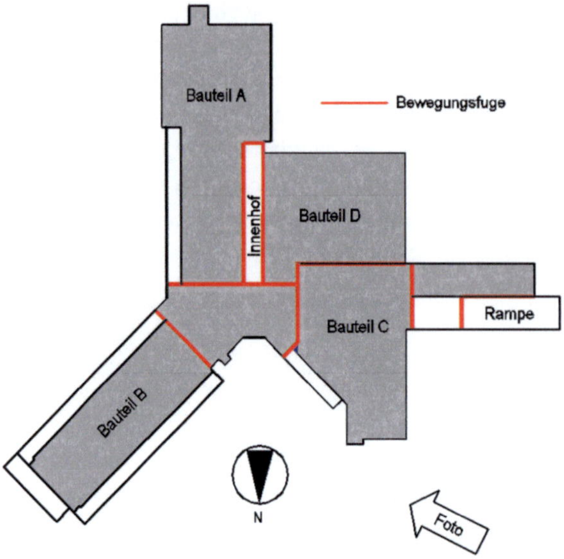

Bild 8.4 Fugensystem in der Bodenplatte zur Trennung der Gebäudeteile einer Reha-Klinik

Bild 8.5 Eingangsbereich der Reha-Klinik aus Bild 8.4

kation mit der Bauteillänge. Eine 20 m lange Bodenplatte will sich bei einem Endschwindmaß von 0,4 mm/m um 20 m · 0,4 mm/m = 8 mm verkürzen. Diese Verkürzung kann man durch Anordnung einer Bewegungsfuge halbieren (Länge 10 m, Längenänderung 4 mm) und mit zwei Bewegungsfugen auf ein Drittel reduzieren (Länge 6,67 m, Längenänderung 2 mm). Die Fugen würden sich im letzteren Fall um 2 mm öffnen, was eine beherrschbare Größe ist, durch deren teilweise Reibungsbehinderung die Risslast in der Bodenplatte nicht erreicht wird. Fugen werden nicht nur bei größeren Bauteillängen, sondern auch bei unstetigen Änderungen der Bauteilabmessungen im Grund- und im Aufriss angeordnet. Unstetigkeiten (Einschnürungen im Grundriss, Höhensprünge von benachbarten Gebäudeteilen) bedeuten immer Rissgefahr. Solche Risse verhalten sich wegen der plötzlichen Querschnittsschwächung wie bei abgeschlossener Rissbildung. Sie wachsen mit der Zwangdehnung proportional, ohne dass neue, »entlastende« Risse entstehen können.

In Bild 8.4 ist der Grundriss einer Reha-Klinik dargestellt, deren einzelne Gebäudeteile durch Bewegungsfugen in der durchgehenden Bodenplatte getrennt sind. Die Gebäudeteile sind unterschiedlich hoch und schwer und können sich durch die Trennung unabhängig voneinander ohne Rissbildungen bewegen (Bild 8.5). Die Bewegung der Fugenflanken lässt sich als Wirkung von Schwindverkürzung und von Änderung der Bauteiltemperaturen rechnerisch abschätzen. Es sei darauf hingewiesen, dass die temperaturbedingten Längenänderungen meist erfasst werden. Die Schwindverkürzungen werden manchmal vergessen.

Verringerung der Zwangbeanspruchungen

Dort, wo zwangbedingte Verformungen zu erwarten sind, kann der Konstrukteur gezielt auf den Behinderungsgrad Einfluss nehmen. Folien unter einer Bodenplatte vermindern die Reibung auf dem Untergrund und damit die Zwangbeanspruchung von Bodenplatten ebenso wie eine ebene Unterseite der Bodenplatte anstelle von Vertiefungen unter Wänden und Einzelstützen. Das trifft auch auf die stetige Gestaltung des Grund- und Aufrisses ohne spontane Querschnittsänderungen und die Wahl von geringeren Steifigkeiten angrenzender Bauteile zu. Spontane Querschnittsänderungen bedeuten, dass die Risslast nicht mehr im ganzen Bauteil, sondern nur noch im Bereich mit der kleineren Querschnittsfläche erreicht wird. Dadurch konzentrieren sich die Risse in solchen Bereichen. Es entsteht schnell ein örtliches, abgeschlossenes Rissbild, bei dem sich die Risse proportional zur Zwangdehnung öffnen.

8.3 Möglichkeiten in der Bauausführung im Stahlbetonbau

Einhaltung der in der Planung angenommenen Betonzugfestigkeit

Ein Blick auf Bild 8.3 zeigt, dass die Bauausführung über geringere Möglichkeiten zur Beeinflussung eines Rissbildes verfügt als die Planung. Die wichtigste Möglichkeit besteht darin, dass die Betonzugfestigkeit durch die richtige Festlegung des Betons günstig beeinflusst wird, d. h. nicht zu groß wird. Die in der Planung gewählte Betonzugfestigkeit und die damit berechnete Mindestbewehrung sind der Betonzugfestigkeit nach Norm proportional. Eine Aufgabe des Baubetriebs besteht darin, mit einer entsprechenden Vertragsgestaltung für die Betonlieferung Überfestigkeiten zu vermeiden bzw. das Risiko einzuschränken. Ggf. sind Eignungsversuche des Betonlieferanten mit einem Nachweis der Spaltzugfestigkeit vorzulegen oder zu veranlassen. Zu beachten ist, dass für die Rissbreitenberechnung der Mittelwert der Zugfestigkeit zu benutzen ist, kein Quantilwert.

Wird die Betonzugfestigkeit vor Ort größer als vom Tragwerksplaner angenommen, dann ist die berechnete Mindestbewehrung zu klein und der Rechenwert der Rissbreite ebenfalls. Die Folge sind größere Rissbreiten als mit der statischen Berechnung beabsichtigt und »nachgewiesen«. Auch der Bauleiter muss daran denken, dass die vom Tragwerksplaner gewählte Zugfestigkeit als Mittelwert berechnet wird. Abweichungen vom Mittelwert nach oben und nach unten werden in der Norm mit $\pm 30\%$ angegeben. Das hat nichts mit der Streuung der Betonzugfestigkeit in einem Bauteil zu tun. Die Streuung ist Ausdruck dafür, dass die empirische Formel zur Berechnung der mittleren Betonzugfestigkeit aus der Druckfestigkeit die Realität nur mit einer gewissen Unschärfe widerspiegelt.

Hydratationswärme möglichst begrenzen und langsam abfließen lassen

Wenn Risse durch abfließende Hydratationswärme zu befürchten sind, muss eine Betonrezeptur verwendet werden, bei der die Wärmeentwicklung möglichst klein bleibt. Das erreicht man durch einen geringen Zementgehalt und einen Zement mit geringer Wärmeentwicklung, z. B. Zement mit Zumahlstoffen. Da für die Rissbildung die Temperaturdifferenz zwischen dem erhärtenden Beton und dem »Alt«-Beton maßgebend ist, muss sie möglichst gering bleiben. Das kann man durch eine geeignete Schalung, eine schützende Abdeckung des jungen Betons oder eine niedrige Frischbetontemperatur erreichen [5.6].

Durch geschickte Wahl von Betonierabschnitten sind auftretende Zwangspannungen aus abfließender Hydratationswärme und aus Schwinddifferenzen klein zu halten. Dazu können die Ausführungen im Abschnitt 5.3 benutzt werden.

Möglichst geringes Schwindmaß des Betons

Die Schwindverformungen sind meist die größten Zwangverformungen in einem Tragwerk. Deshalb muss das Endschwindmaß des Betons möglichst klein sein. Das erreicht man durch eine geringe Zementmenge und einen niedrigen Wasserzementwert. Bei der Betonbestellung kann man das berücksichtigen, sollte sich aber Messprotokolle für Schwindverkürzungen vorlegen lassen. Eine Kategorie »schwindarmer Beton« gibt es in den Stahlbetonnormen nicht. Deshalb ist das Schwindmaß für die angebotene Betonrezeptur zu prüfen und ggf. als Leistungsbestandteil zu vereinbaren.

Nachbehandlung

Mit einer guten Nachbehandlung kann man die Rissbildung im jungen Beton günstig beeinflussen. Die frisch betonierten Bauteile sind ausreichend lang in der Schalung zu belassen (vgl. Tabelle 2 in DIN 1045-3). Der frische Beton ist gegen Austrocknung zu sichern und mit einem gewissen Schutz gegen zu schnelle Temperaturwechsel, z. B. durch Sonneneinstrahlung, zu schützen.

8.4 Möglichkeiten zur Einschränkung von Rissen bei der Planung von Mauerwerksbauwerken und -bauteilen

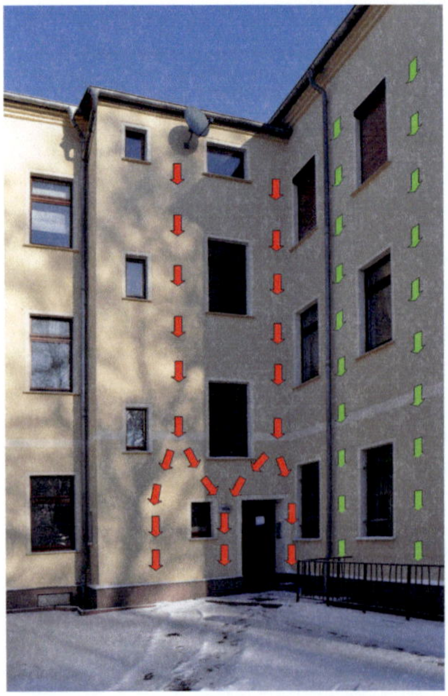

Bild 8.6 Direkte Krafteinleitung (grüne Pfeile) und Umlenkung von Kräften mit dem Risiko von vertikalen und schrägen Rissen

Um Risse in gemauerten Bauteilen zu vermeiden oder einzuschränken, bestehen geringere Möglichkeiten als bei Stahlbeton. Da Bewehrung im Mauerwerk als Ausnahmefall anzusehen ist, bleiben für das unbewehrte Mauerwerk hauptsächlich konstruktive Maßnahmen. Die häufigsten Rissursachen sind bekannt und in der Planungsphase »nur« zu berücksichtigen. Danach sollen die wichtigsten Maßnahmen erläutert werden.

Klare Führung der Lasten auf kürzestem Weg in den Baugrund

Dort, wo vertikale Lasten erst über Umwege in den Baugrund gelangen können, sind potenzielle Rissstellen. Durch die Lastumlenkung entstehen etwa rechtwinklig zur Kraftrichtung Zugspannungen, die bei ausreichender Größe Risse verursachen. Solche Risse vermeidet man, indem Kraftumleitungen vermieden werden.

Bild 8.6 zeigt sowohl eine richtige als auch eine falsche Lösung. Die vertikalen Lasten aus dem Dach, den Decken und aus der Eigenlast des Mauerwerks werden im rechten Gebäudeteil genau in Richtung der Schwerkraft in den Baugrund geleitet (grüne Pfeile). Im linken Gebäudeteil müssen die Lasten im Erdgeschoss, wo sie am größten sind, umgeleitet werden. Da die Fassade wenige Wochen vor der Aufnahme renoviert worden ist, sind keine Risse mehr zu sehen. Im nächsten Winter sind sie aber wieder zu erwarten.

Kontaktflächen zwischen unterschiedlichen Baustoffen vermeiden

Risse entstehen in Mauerwerk überwiegend dann, wenn gemauerte Bauteile mit Betonbauteilen verbunden (z. B. Wand/Decke) oder verschiedene Mauerwerksarten im Verbund verarbeitet werden (z. B. Ziegel-Außenwand und Kalksandstein-Innenwand). An den Kontaktflächen kommt es zu Längendifferenzen durch unterschiedliche Schwind- und Temperaturverformungen, was bei größeren Abmessungen der Bauteile zu Rissen führt (vgl. Beispiel Nr. 7.10. Den größeren Anteil an Dehnungsdifferenzen liefern die Schwindverformungen. Temperaturbedingte Formänderungsdifferenzen sind meist kleiner.

In Bild 8.7 sind die unterschiedlichen Schwindmaße für die häufigsten Mauerwerksarten angegeben und maßstäblich den Bruchdehnungen für Beton und Mauerwerk gegenübergestellt. Die Schwindmaße sind bei allen angegebenen Mauerwerksarten größer als die Zugbruchdehnung von Beton und Mauerwerk und besitzen damit ein ausreichendes Rissgefährdungspotenzial. Bei den geringen Zugbruchdehnungen der Baustoffe genügen geringe Verformungsbehinderungen, um Risse entstehen zu lassen.

Maßgebend ist nicht die absolute Verformung, sondern die Verformungsdifferenz von zwei Bauteilen, die zur gegenseitigen Behinderung führt. Z. B. hat eine Wand aus Kalksandsteinen die Verformung -0,2 mm/m, die darauf kraftschlüssig aufliegende Stahlbetondecke das Schwindmaß -0,4 mm/m. Maßgebend für die Entstehung der horizontalen Zwangkraft infolge der behinderten Deckenverkürzung ist die Differenz von -0,2 - (-0,4) = 0,2 mm/m (Decke wird kürzer). Die Zwangkraft ist in beiden Bauteilen gleich groß, aber gegensinnig gerichtet. Der Riss entsteht entweder im Bauteil, in dem die Zwangzugkraft wirkt oder in der Kontaktfuge zwischen den beiden Bauteilen. Im gewählten Beispiel entsteht ein Riss in der Kontaktfuge.

Verformungsdifferenzen aus Schwinden und Temperatureinwirkungen sind unvermeidbar. Ebenso unvermeidbar ist der Verbund von Bauteilen mit unterschiedlichen Werkstoffen untereinander, weil sonst kein nutzbares Bauwerk möglich wäre. Deshalb ist ein Weg zur Lösung

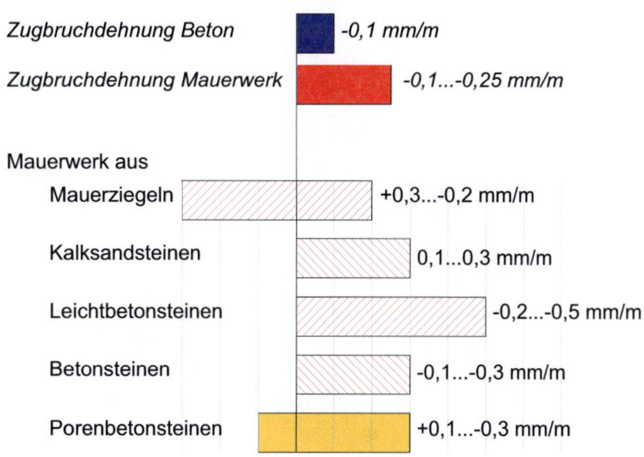

Bild 8.7 Zugbruchdehnung von Beton und Mauerwerk im Vergleich zu Endschwindmaßen von Mauerwerk (positives Vorzeichen bedeutet Quellen)

des Problems, möglichst wenig unterschiedliche Baustoffe für den Rohbau an einem Bauwerk einzusetzen und die dann noch verbleibenden Rissrisiken möglichst zu reduzieren. Dieser Zielrichtung entsprechen die Produzenten von Mauersteinen und bieten komplette Lösungen unter nahezu ausschließlicher Verwendung des Wandbaustoffs an. Beispiele sind in Bild 8.9 und Bild 8.10 stellvertretend auch für andere Steinarten angegeben.

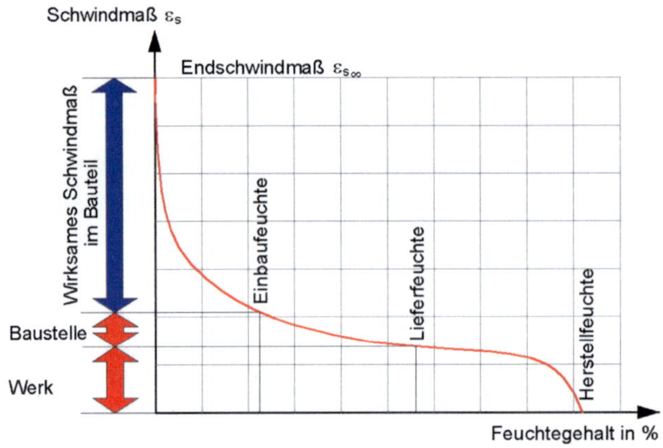

Bild 8.8 Zusammenhang zwischen Schwinddehnung ε_s und Alter der Verarbeitung bei Mauersteinen (schematisch)

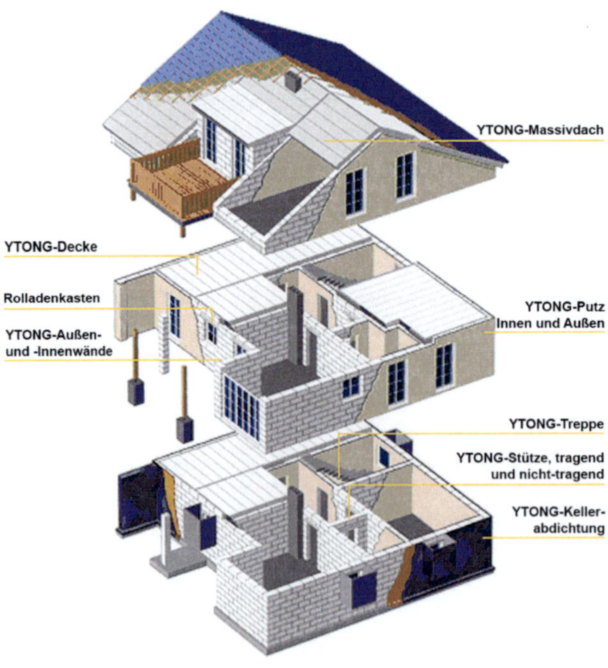

Bild 8.9 Ytong-Bausatzhaus, Hauptbaustoff: Porenbeton (Quelle: YTONG)

Das Schwinden ist eine zeitabhängige Verformung, die sich asymptotisch einem Endwert nähert. Im Abschnitt 1 sind normierte Schwindkurven für mehrere Mauerwerksarten angegeben. Wenn z. B. für zwei Steinarten das Endschwindmaß erreicht ist, können praktisch keine Längendifferenzen auftreten. Unterstellt ist dabei, dass der Mörtel das Schwinden des jeweiligen Mauerwerks nur vernachlässigbar wenig beeinflusst. Daraus kann man schließen, dass ältere, abgelagerte Mauersteine nach dem Vermauern weniger schwinden als frische Steine direkt aus der Fertigung.

Der Schwindprozess der Steine (außer Ziegel) beginnt unmittelbar nach der Fertigung. Je länger die Steine im nicht vermauerten Zustand schwinden können, umso kleiner wird das für die Wand als Bauteil verbleibende Schwindmaß. Bild 8.8 veranschaulicht das schematisch in Abhängigkeit vom Feuchtegehalt. Werden die Steine in sehr jungem Zustand verarbeitet (hoher Feuchtegehalt), dann ist das für die Wand verbleibende Schwindmaß größer, als wenn die Steine erst nach einer gewissen Zwischenlagerung vermauert werden. Wenn die Steine verarbeitet sind, beginnt der

Schwindzeitpunkt Null für die Wand. Dadurch kann das Endschwindmaß der Wand für das gleiche Mauerwerk auch bei gleichen Schwindbedingungen unterschiedlich sein.

Natürlich laufen lange Lagerzeiten gegen die betrieblichen Interessen des Baubetriebs, sodass ein gesunder Kompromiss notwendig ist. Dabei ist immer zu bedenken, dass ein langwieriger Streit um Rissursachen und Schuld des Baubetriebs auch nicht billig ist und das ohnehin überlastete Bauleitungspersonal zusätzlich belastet.

Verformungsdifferenzen können auch verkleinert werden, wenn möglichst wenig verschiedene Baustoffe im direkten Kontakt angeordnet werden. Im Idealfall bestünde das Bauwerk nur aus einem Baustoff. Diesen Idealfall gibt es natürlich nicht, aber in diese Richtung gehen die Hersteller der verschiedensten Mauersteine.

In den Bildern 8.9 und 8.10 sind ein Bausatzhaus bzw. ein Systemhaus von zwei Herstellern angegeben, bei denen möglichst viele Bauteile aus dem jeweiligen Wandbaustoff hergestellt werden. Das hat den Vorteil sehr geringer Schwinddifferenzen.

In Bild 8.9 ist das Programm für ein Bausatzhaus dargestellt, in dem alle Bauteile aus dem Hauptbaustoff Porenbeton bestehen. Diese sind:

- alle Wände einschließlich der Stürze und Rollladenkästen
- die Decken
- das Massivdach.

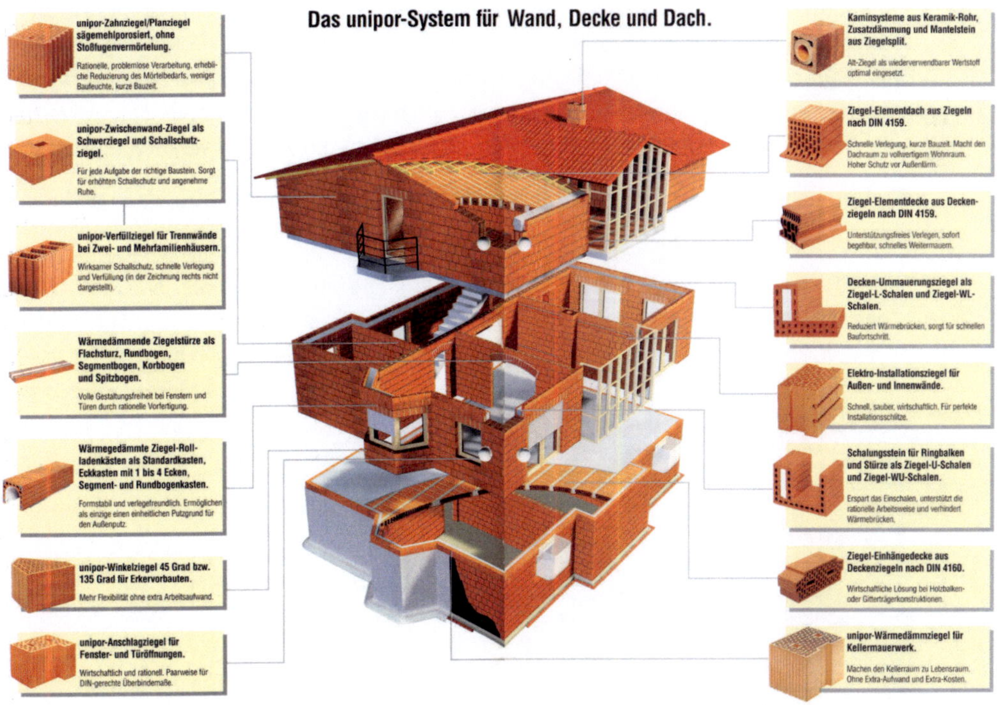

Bild 8.10 UNIPOR Systemhaus (Quelle: unipor)

Ähnliche Angebote hat die Ziegelindustrie. In Bild 8.10 ist ein Systemhaus eines Ziegelherstellers abgebildet. Alle Bauteile bestehen entweder aus Ziegeln oder sind so gestaltet, dass die Ergänzung mit Beton nicht sichtbar ist. Die Kontaktflächen von Beton und Ziegeln, z.B. für einen Ringanker, sind verdeckt. Wenn die Dehnungsunterschiede zwischen dem Schalungsstein und dem Ergänzungsbeton so groß werden, dass sich ein Riss bildet, dann liegt er an einer vom Betrachter nicht sichtbaren Stelle, die Fläche erscheint rissfrei bzw. ist der sichtbare Riss feiner. Die Schwindverformung des Betons wird sich innerhalb der Ziegelelemente vollziehen und diese auf Druck beanspruchen. Es empfiehlt sich, bei Betonbauteilen in solchen Schalungselementen aus dem Grundmaterial Ziegel nicht mit Bewehrung zu sparen. Die Bewehrung hemmt die Schwindverkürzung des Verbundelements und trägt mit zur Begrenzung der Rissbildung bei. In der Ziegelschale entstehen Druckspannungen, die unbedenklich sind, und im Beton entstehen mehrere Risse, ohne dass es zu außen sichtbaren Rissen kommt. Wenn Risse entstehen, dann sind sie nicht so breit wie ohne solche Elemente.

Für andere Steinarten gibt es ähnliche Angebote.

Risse verdecken

Oft ist es einfacher, Risse oder potenzielle Rissbereiche zu verdecken. Dadurch können die notwendigen Zwangverformungen durch die entstehenden Risse kompensiert werden, ohne dass das Aussehen der Flächen beeinträchtigt wird.

Die in Bild 7.22 gezeigte Lösung für die vertikale Verstärkung einer Wand mit in die Wand eingebauten Stahlbetonstützen ist ebenfalls in dem geschilderten Sinn zu bewerten. Die Rissgefahr besteht für vertikale Risse in der Kontaktfläche zwischen Beton und angrenzendem Mauerwerk. Durch die Verlegung der Stütze in die Wand mit einer U-Schale kann bei entsprechendem Dehnungsunterschied zwar auch ein Riss entstehen. Er ist aber verdeckt und nicht sichtbar. Die Bewehrung in der Stütze hemmt die Schwindverkürzung zusätzlich.

Die Hersteller von Mauersteinen haben eine Reihe von Systemergänzungen im Lieferprogramm, mit denen rissgefährdete Bereiche abgedeckt werden können.

Bild 8.11 zeigt eine Verkleidung der Deckenstirnseite aus Ziegelmaterial. Damit können Längendifferenzen zwischen der Stahlbetondecke und den Ziegelwänden verdeckt werden, obwohl sie wahrscheinlich hinter der Verblendschale auftreten. Außerdem ergeben sie einen einheitlichen Putzgrund für die gesamte Wand.

Bild 8.11 Deckenrandschale

Risse können auch durch Putz verdeckt werden. Das ist möglich, wenn man das Putzen gegenüber dem Rohbau möglichst lange verzögert. In dieser Zeit können Zwangrisse entstehen, die später mit dem Putz verdeckt werden. Das ist eine einfache und billige Möglichkeit zur Vermeidung sichtbarer Risse, die bei vielen Bauherren und auch bei Baubetrieben nicht gut ankommen wird. Sie sollten aber wissen, dass es diese Möglichkeit gibt und dass sie das Risiko von Rissbildungen in einem neuen Gebäude herabsetzt. Wahrscheinlich werden sich dann doch einige dafür entscheiden.

Ein bewährtes Mittel, um Risse zu verdecken, sind Abdeckleisten, die bei Fugen aber auch bei potenziellen Rissstellen üblich sind. Solche Leisten erfordern keine besonderen Vorkehrungen und teilen Flächen ganz bewusst an bestimmten rissgefährdeten Stellen.

Bild 8.12 zeigt einen Fußboden-Wand-Anschluss unmittelbar an einer Bewegungsfuge. Natürlich sind durch die Fugenbewegung beide Bauteile voneinander abgerissen, und der entstandene Riss ist gut sichtbar. Diese Situation ist durch Abdecken der vorhersehbaren Rissstelle - hier z. B. mit einer Fußleiste - ganz einfach und mit geringem Aufwand beherrschbar.

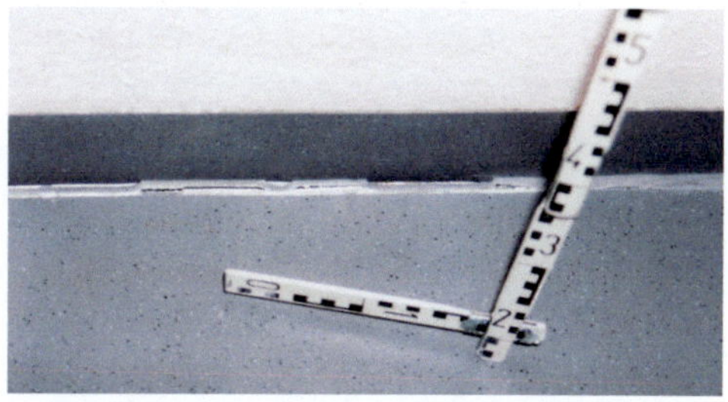

Bild 8.12 Riss am Fußboden-Wand-Anschluss direkt an einer Bewegungsfuge

Mauerwerksbewehrung zur Rissbreitenbegrenzung

Mauerwerksbewehrung ist eine Alternative zum unbewehrten Mauerwerk, die in Deutschland vergleichsweise wenig genutzt wird. Mit der Bewehrung steht dem Mauerwerksbau eine Möglichkeit zur Begrenzung von Rissbreiten wie im Stahlbeton zur Verfügung. Die Bewehrung ist nicht genormt und erfordert deshalb eine bauaufsichtliche Zulassung vom Deutschen Institut für Bautechnik. Sie besitzt einen Korrosionsschutz (verzinkt, Epoxy-Beschichtung oder Edelstahl).

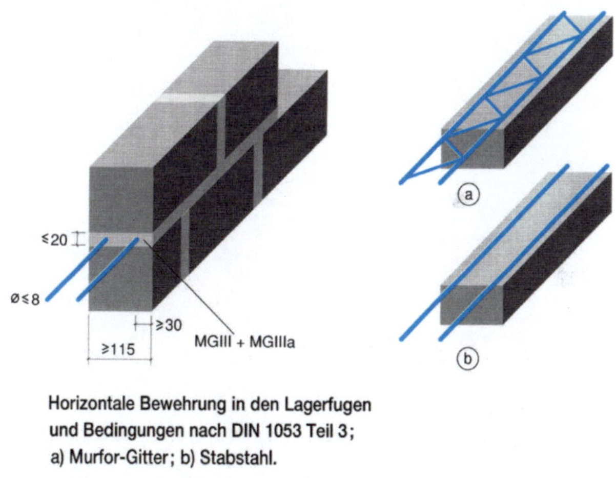

Bild 8.13 Lagerfugenbewehrung für Mauerwerk (Quelle: Bekaert)

Mauerwerksbewehrung ist überall dort zweckmäßig, wo unvermeidbar Risse entstehen. Beispielsweise gehören dazu Fensterbrüstungen in den unteren Etagen (vgl. Bild 7.3). Die Bewehrung wird nach Bild 8.13 in Zementmörtel verlegt. Sie kann statt eines breiten Risses mehrere feine Risse bewirken.

Anordnung von Fugen bei Verblendschalen (zweischaligem Mauerwerk)

Die dünnen Verblendschalen sind Wind und Wetter direkt ausgesetzt und müssen deshalb überdurchschnittliche Verformungen ertragen. Deshalb sind Bewegungsfugen in Verblendschalen anzuordnen, wie z. B. in Bild 7.58 zu sehen.

Zur richtigen Konstruktion der Fugen benötigt man die zu erwartenden Fugenbewegungen, zu deren Berechnung Angaben im Abschnitt 1 enthalten sind. Im Beispiel Nr. 5.13 ist eine Abschätzung der zu erwartenden Fugenbewegungen angegeben. Fugen sind Schwachstellen in der Konstruktion und sollen möglichst wenig verwendet werden. Besser ist es, auf sie zu verzichten, wenn das möglich ist. Als Fugenabstand wird nach [8.1] empfohlen:

Mauerwerk aus Kalksandstein und Porenbeton	6 bis 8 m
Leichtbetonmauerwerk	4 bis 6 m
Ziegelmauerwerk	10 bis 15 m.

Entkoppelung von Bauteilen mit unterschiedlichen Verformungen

Es besteht auch die Möglichkeit, Verformungen zuzulassen bzw. nur wenig zu behindern, indem man konstruktiv eine Bewegungsmöglichkeit vorsieht. Das ist ähnlich wie bei der Schaffung von Bewegungsfugen. In Bild 8.13 sind solche Beispiele angegeben [26]. Die Trennung ist durch bituminöse Bahnen oder eine PE-Folie realisiert. Bei nennenswerten Bewegungen können auch teurere Elastomer-Gleitlager verwendet werden.

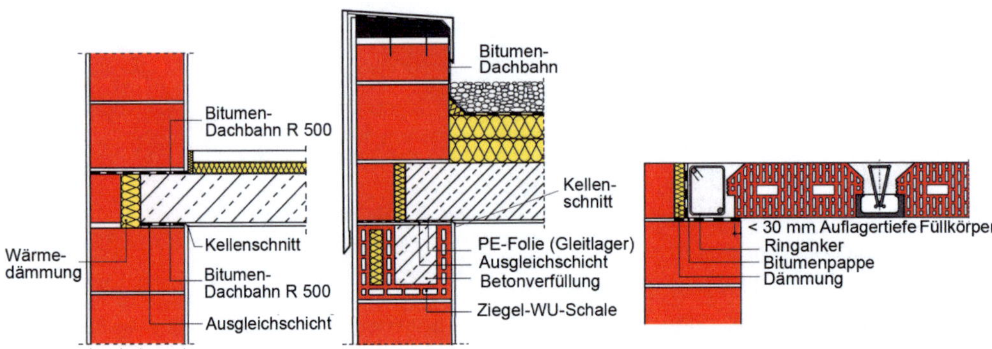

Bild 8.14 Außenwand-Deckenknoten in einschaliger Bauweise; Entkopplung von Decke und Wand [8.2]

Verringerung von unterschiedlichen Bauteiltemperaturen

Wenn sich aneinander grenzende Bauteile unterschiedlich erwärmen oder abkühlen, besteht die Gefahr, dass Zwangkräfte und damit Risse entstehen. Dem kann man durch Wärmedämmung vorbeugen. Aber auch eine helle Farbgebung von sonnenbeschienenen Bauteilen kann eine übermäßige Erwärmung einschränken. Eine gezielte Verschattung gefährdeter Bereiche ist ebenfalls denkbar, z. B. durch einen größeren Dachüberstand.

Begrenzung der Deckendurchbiegungen

In nicht tragenden Innenwänden entstehen bei zu schlanken Decken Risse, die ähnlich wie bei einer ungleichmäßigen Setzung eines Bauwerks auf Veränderung der Auflagerbedingungen der Wände zurückzuführen sind. In der DIN 1045-1 sind für Normalbeton zwei Grenzwerte für die Deckenschlankheit im üblichen Hochbau angegeben:

$l_i/d \cdot 35$ und

$l_i/d \cdot 150/l_i$ (l_i in m)

mit $l_i = \alpha \cdot l_{eff}$, Werte α nach Tabelle 8.1 und

d = Nutzhöhe der Decke.

Die zulässigen Schlankheiten l_i/d nach DIN 1045-1 sind in Bild 8.15 angegeben. Bis zu einer Ersatzlänge l_i = 4,30 m gilt die Schlankheitsbegrenzung $l_i/d \cdot 35$. Diese Festlegung ist schon sehr alt. Anfang der dreißiger Jahre des vorigen Jahrhunderts kam diese Schlankheitsbegrenzung in die DIN 1045. In dieser Zeit waren Beton- und Stahlfestigkeiten wesentlich niedriger als heute. Da die Durchbiegungen auch im Stahlbeton (Gebrauchszustand) proportional zu den Randspannungen sind, gehört heute eine wesentlich größere Durchbiegung zur Grenzschlankheit als damals. Deshalb empfiehlt es sich, die Grenzen nicht auszuschöpfen, sondern im Zweifelsfall zu Gunsten der geringeren Durchbiegung zu entscheiden und die Decken etwas dicker zu wählen. Auch wenn die rechnerischen Durchbiegungen akzeptabel erscheinen, ist die Kriechverformung zu beachten. Durch sie können sich die Durchbiegungswerte einer Berechnung nach der Elastizitätstheorie verdreifachen oder vervierfachen! Berechnung und Realität stimmen bei der praktischen Berechnung von Durchbiegungen im Stahlbeton nach der Elastizitätstheorie nur unbefriedigend überein. Die Ergebnisausdrucke der in der Praxis verwendeten Rechenprogramme weisen Durchbiegungen nur nach der Elastizitätstheorie aus. Diese Werte sind zu klein. Sie müssen etwa verdreifacht oder gar vervierfacht werden (Kriechzahl ω = 2 bis 3), wenn man eine genauere Berechnung unter Berücksichtigung von Rissen (Steifigkeitsverminderung) und der Kriechverformungen durchführt. Die gültige Schlankheitsbegrenzung ist in der DIN 1045-1 geregelt.

Die Ersatzlänge l_i nach DIN 1045-1 kann aus der Tabelle 8.1 entnommen werden.

Bild 8.15 Zulässige Deckenschlankheit im Hochbau

Tabelle 8.1 Beiwerte α zur Bestimmung der Ersatzstützweite

Statisches System	$\alpha = l_i/l_{eff}$
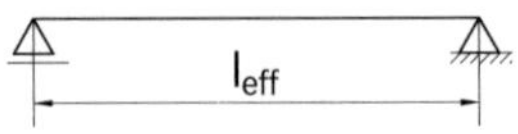	1,00
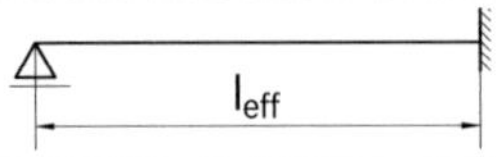	0,80
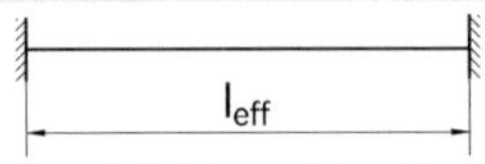	0,60
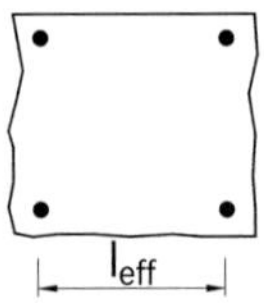	Innenfeld 0,70 Randfeld 0,90 Für C30/37 und höher dürfen die Werte um 0,1 abgemindert werden
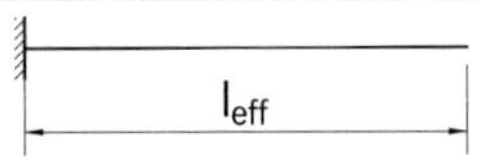	2,4

Es empfiehlt sich, die in der Norm angegebenen Grenzen für die Deckenschlankheit nicht auszunutzen, obwohl das statisch möglich wäre. Große Durchbiegungen sind nicht mehr rückgängig zu machen, und der Beton für eine 20 oder 30 mm größere Deckendicke kostet vergleichsweise wenig.

Die in Bild 8.14 als Verhältnis von Stützweite bzw. Abstand der Momentennullpunkte l_i zur Nutzhöhe d angegebene größte zulässige Deckenschlankheit $l_i/d \cdot 35$ ist etwa seit 1930 in der DIN 1045 enthalten. Die Grenze für größere Stützweiten geht auf einen Vorschlag von Mayer und Rüsch [8.3] aus dem Jahr 1967 zurück. Seit dem Zeitraum um das Jahr 1930 haben sich die meist verwendete Betondruckfestigkeit und die Streckgrenze des Betonstahls mindestens verdoppelt. Demzufolge sind auch die Durchbiegungen heutiger Decken unter sonst gleichen Bedingungen doppelt so groß. Rissschäden an nicht tragenden Innenwänden, die durch zu große Deckendurchbiegungen entstanden sind, gibt es bis in die jüngste Zeit. Deshalb soll man heute die Grenzwerte der DIN 1045-1 möglichst nicht ausschöpfen. In [8.3] wird eine Überhöhung der Deckenschalung von 1/300 der Stützweite empfohlen, um wahrnehmbare Durchbiegungen zu vermeiden. Ein etwas detaillierterer Vorschlag zur Erhöhung der zulässigen Deckenschlankheit ist in [8.4] enthalten. Die dort ermittelten zulässigen Schlankheiten sind etwas differenzierter, wie Tabelle 8.2 zeigt.

Tabelle 8.2 Zulässige Schlankheiten l_i für zulässige Durchbiegungen von l/250 bzw. l/500

zul. Durchbiegung		l_i	λ_i
l/250		≤ 4,0 m	29,0
		7,0 m	23,0[1)]
		12,0	19,0
l/500	Platten	≤ 4,0 m	23,0
		7,0 m	17,0
		12,0	13,0
	Balken	≤ 4,0 m	16,0
		7,0 m	14,0
		12,0	13,0

Die empfohlenen zulässigen Schlankheiten λ_i gelten für die Betonfestigkeitsklasse C20/25, eine Kriechzahl von $\omega = 2{,}5$ und eine Verkehrslast der Decken von $q_k \cdot 5{,}0\,kN/m^2$. Bei einer anderen Betonfestigkeitsklasse wird ein Korrekturfaktor k_c benutzt:

$$k_c = (f_{ck0}/f_{ck})^{1/6}$$

mit $f_{ck0} = 20\,N/mm^2$, f_{ck} ist der charakteristische Wert der Betondruckfestigkeit in N/mm^2.

Tabelle 8.3 k_c-Werte zur Berücksichtigung von Betondruckfestigkeitsklassen abweichend von C20/25

Betondruckfestigkeitsklasse	C20/25	C25/30	C30/37	C35/45	C40/50	C50/60
k_c	1,000	0,963	0,935	0,911	0,874	0,859

Mit dem Vorschlag in [8.4] für die Grenzschlankheit ergeben sich geringere Schlankheiten bzw. größere Deckendicken. Folgender Vergleich aus [8.4] zeigt das für eine einachsig gespannte Einfeldplatte mit einer Stützweite von 5,0 m. Bei erhöhten Anforderungen an die Durchbiegung (l/500) ergeben sich folgende Werte

C20/25	$\lambda_i = 20$ (interpoliert)	$k_c = 1$	erf $d = 500/20 \cdot 1{,}00 = 25$ cm
C50/60	$l_i = 20$ (interpoliert)	$k_c = 1$	erf $d = 500/20 \cdot 0{,}859 = 21{,}5$ cm
DIN 1045-1			erf $d = 5{,}0^2/150 \cdot 100 = 16{,}7$ cm.

Die Dicke der Decke ist nach dem detaillierten Vorschlag ca. 30 mm größer.

Wie in Beispiel Nr. 7.10 gezeigt wurde, können Risse in nicht tragenden und sogar in tragenden Wänden entstehen, wenn die Stützkonstruktion der Decke größere Durchbiegungen erhält. Das kann dann eintreten, wenn auf eine Decke mit großer Stützweite und großen Durchbiegungen mehrere Wände gestellt werden. Wenn sie nicht als Scheibe ausgebildet werden, spielt es keine Rolle, ob solche Wände tragende oder nicht tragende Wände sind, es entstehen Risse.

8.5 Möglichkeiten zur Einschränkung von Rissen bei der Ausführung von Mauerwerksbauwerken und -bauteilen

Bauausführung

Beim Zusammenfügen von Mauerwerk mit unterschiedlichen Steinen ist genau nach den Planungsunterlagen zu arbeiten. Die in den Planungsunterlagen angegebenen Steinarten sind wie vorgeschrieben zu verwenden. Um sicher zu gehen, sollte man auf der Baustelle die Kombination verschiedener Steinarten prüfen und ggf. nach Rücksprache mit dem Architektur- oder Ingenieurbüro verändern bzw. Bedenken anmelden. Wenn man Steine verarbeitet, die an anderer Stelle übrig geblieben sind, kann es unbeabsichtigt zu Zwängungen und damit zu Rissen kommen. Dadurch verursachte Schäden sind nicht selten.

Eine den technischen Regeln entsprechende Verarbeitung ist die beste Voraussetzung für ein rissarmes Bauwerk. Dazu gehört z. B. die Abdeckung der Wände bei Arbeitsunterbrechungen, damit kein Regenwasser in das bereits fertige Mauerwerk gelangt und dort unterschiedliche Austrocknungsvorgänge und Verformungsdifferenzen bewirkt.

Während der Maurerarbeiten sind die Steine sowohl bei der Lagerung als auch im eingebauten Zustand vor Feuchtigkeit zu schützen (Bild 8.16).

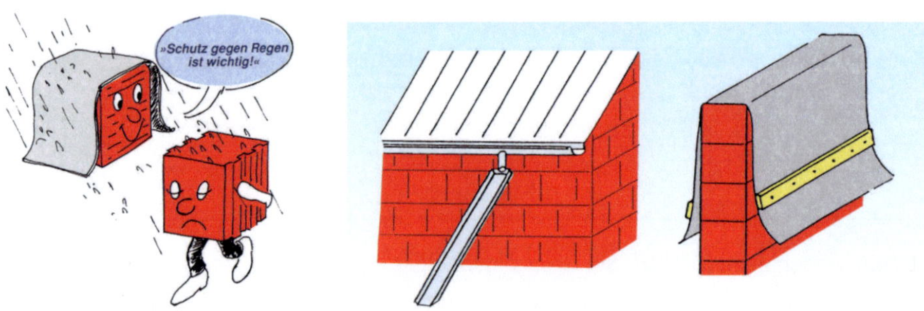

Bild 8.16 Feuchtigkeitsschutz auf der Baustelle (Quelle: unipor)

9 Suche nach den Rissursachen

9.1 Rissbreitenmessung und -auswertung

Die wichtigste geometrische Größe eines Risses ist seine Rissbreite. Sie ist einfach zu messen und spielt bei der Beurteilung der Dauerhaftigkeit und ggf. der Dichtigkeit von Stahlbetonbauwerken eine wichtige Rolle. In der DIN 1045-1 sind zulässige Rechenwerte der Rissbreite in Abhängigkeit von den Einwirkungen (Expositionen) enthalten. Die Rechenwerte der Rissbreite sind nur als Rechenwerte zu benutzen und nicht für einen Vergleich mit Messwerten geeignet. Zulässige Rissbreiten im Sinne eines Vergleichs von Messwerten mit Grenzwerten gibt es aus gutem Grund nicht, weder für Mauerwerk, noch für Stahlbeton. Das Planungsbüro verfügt genauso wenig über die Mittel, um eine vorgegebene Rissbreite garantiert einhalten zu können, wie der Ausführungsbetrieb. Die gelegentlich geübte Praxis, zulässige Rissbreiten für ein Bauwerk vertraglich zu vereinbaren, ist unsinnig, weil niemand eine solche Vereinbarung einhalten kann.

Bei der Beurteilung bestehender Massivbauwerke gehört die Messung der Rissbreite zu den häufigsten Aufgaben, obwohl die Messwerte nur interpretiert, nicht aber mit Sollwerten verglichen werden können. Rissbreiten sind am Objekt einfach zu messen. Einige Besonderheiten sind zu beachten.

Rissbreiten werden mit folgenden Geräten gemessen:

- Vergleichsmaßstab
- Rissmesslupe oder Rissmikroskop, auch in Verbindung mit einer Kamera
- Setzdehnungsmesser
- induktive Wegaufnehmer
- Rissmonitor
- Gipsmarke.

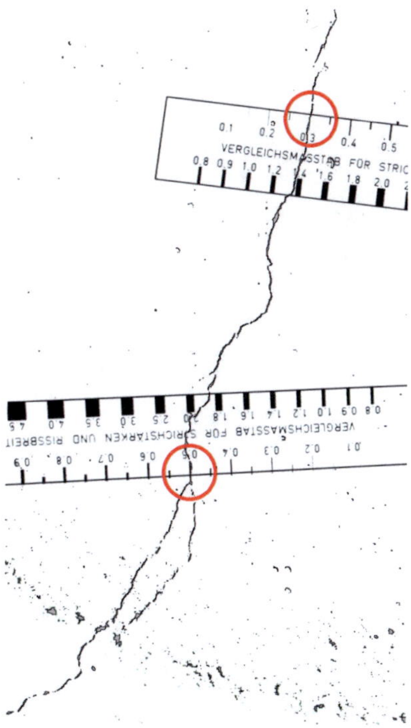

Bild 9.1 Rissbreitenmessung mit dem Vergleichsmaßstab. Gemessene Rissbreite: 0,3 mm oben, 0,5 mm unten

Für die praktische Anwendung am Bauwerk eignen sich besonders zwei Methoden:

- Messung mit dem Vergleichsmaßstab
  Der Vergleichsmaßstab ist wegen seiner einfachen Handhabung das am meisten verbreitete Gerät zur Rissbreitenmessung (Bild 9.1). Bei seiner Anwendung muss man berücksichtigen, dass die Genauigkeit nicht sehr groß ist. Die zu messende Größe - die Rissbreite - wird in Zehnteln eines Millimeters gemessen und liegt damit nahe an der Grenze der optischen Auflösung des

menschlichen Auges. Für die Ablesung genügt eine Genauigkeit von 1/10 mm (eine Stelle nach dem Komma).

- Messung mit einer Rissmesslupe oder einem Rissmikroskop (Bild 9.2)

Bild 9.2 Die Rissbreitenmessung mit einer Rissmesslupe kann unbequem sein

Diese Messung benötigt ein optisches Gerät, das eine 20- bis 50-fache Vergrößerung besitzt. Mit zunehmender Vergrößerung wird das Bildfeld kleiner, d. h. es wird schwieriger, die Lupe möglichst so präzise zu positionieren, dass man genau an der gewünschten Stelle messen kann. Im Blickfeld ist eine Skala eingeblendet, mit der man die Rissbreite an der Messposition relativ genau ablesen kann (bis 1/100 mm). Dabei ist auf eine ausreichende Beleuchtung zu achten, für die spezielle Öffnungen, manchmal auch eine Lichtquelle, im oder am Gehäuse angebracht sind. Zu beachten ist, dass die Lupe auf die gerissene Betonoberfläche aufzusetzen ist und dass sich die optische Achse des Auges des Messenden in der optischen Achse des Gerätes befinden muss. Bei Rissen in horizontalen Flächen ist es in Bodennähe schwierig, die Messung mit einem solchen Gerät vorzunehmen (Bild 9.2). An einer vertikalen Fläche ist eine Messung ganz unten kaum möglich.

Bild 9.3 Gipsmarke mit Datumsangabe

Für die Beurteilung eines Risses oder Rissbildes ist es wichtig zu wissen, ob sich die Rissbreite künftig noch verändert. Dazu kann man als einfachstes Hilfsmittel die Gipsmarke verwenden (Bild 9.3). Die Gipsmarke soll links und rechts vom Riss fest auf dem Untergrund aufgebracht sein und ein Datum erhalten. Die im Bild 9.3 dargestellte Gipsmarke ist nicht optimal geformt. Sie soll eine Einschnürung über dem Riss haben, damit er unter der Schwachstelle im Gips liegt und die Marke bei einer Bewegung möglichst über dem Riss reißt. Man kann bei längerer Beobachtung der Gipsmarke zu verschiedenen Zeitpunkten feststellen, ob sich der Riss bewegt hat und wie groß die Bewegung in einem bestimmten Zeitraum war.

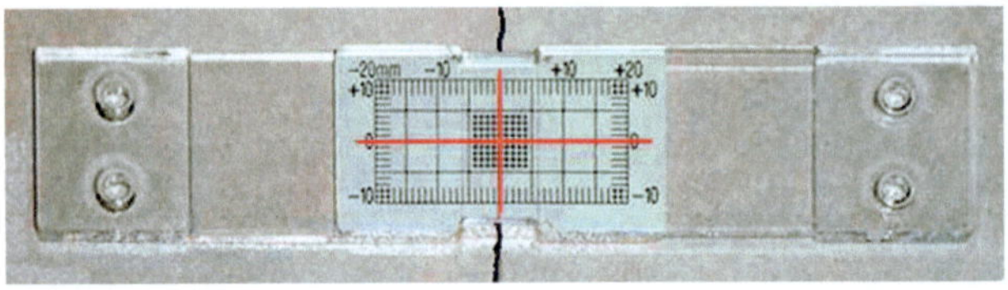

Bild 9.4 Rissmonitor

Die gleiche Aufgabe hat der Rissmonitor (Bild 9.4). Er dient ebenfalls der Beobachtung von Rissbewegungen über einen bestimmten Zeitraum hinweg. Er besteht aus zwei durchsichtigen Kunststoffplatten (Bild 9.4), von denen jeweils eine auf jeder Seite des Risses mit dem Untergrund unverschieblich verbunden wird. Sie überlappen sich über dem Riss. Eine Platte hat eine Millimeterskala, die darüber liegende Skala ein Fadenkreuz. Bewegen sich die Rissufer, dann verschieben sich die beiden Platten gegenseitig um das Maß der Rissbewegung. Größe und Richtung der Rissbewegung können am Rissmonitor abgelesen werden. Die Ablesungen kann man auch mit Fotos dokumentieren.

Da die Rissuferverschiebung im Freien immer mit der Lufttemperatur zusammenhängt, ist es sinnvoll, die Rissbreitenänderung gemeinsam mit der Luft- oder der Bauteiltemperatur zu messen. Das Ergebnis einer komfortablen automatisierten Messung mit Datenübertragung zeigt Bild 9.5. Man sieht, dass die Temperaturänderung (rechte Skala) teilweise mit der Rissuferverschiebung korrespondiert (linke Skala).

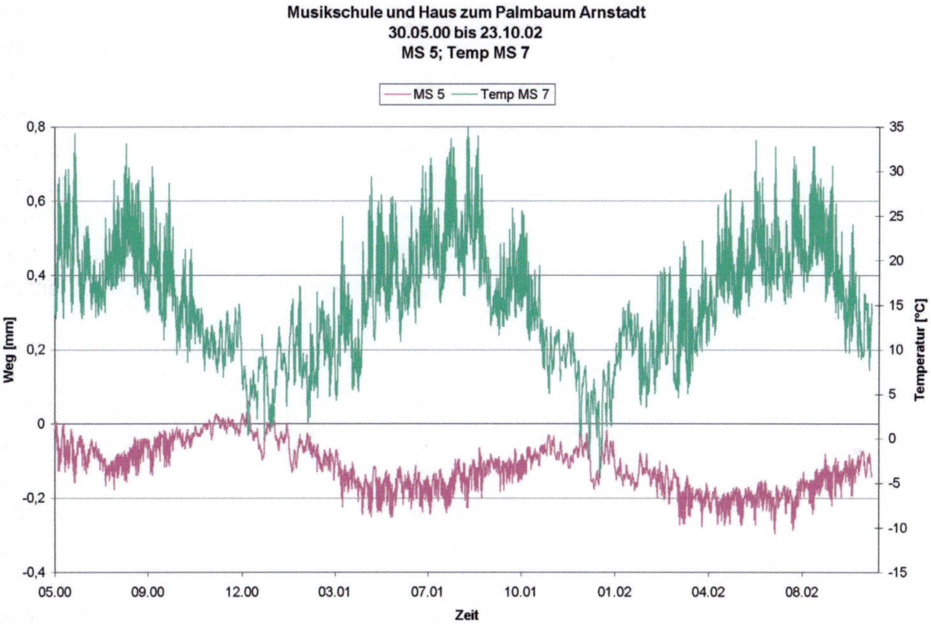

Bild 9.5 Aufzeichnung der Rissbreitenänderung und der Wandtemperatur über 11 Monate hinweg (Quelle: EBK Ingenieurbüro Weimar)

Solche aufwändigen Messungen können nur von spezialisierten Ingenieurbüros oder Materialprüfanstalten vorgenommen werden, die über eine solche Technik verfügen.

Gipsmarke und Rissmonitor liefern nur wenige Informationen über einen Riss. Vor allem erfährt man nichts über die Rissursache. Dazu sind andere Informationen erforderlich. Beide Möglichkeiten der längerfristigen Beobachtung finden dort ihre Hauptanwendung, wo die Rissursache nicht oder nicht zuverlässig bekannt ist. In diesem Falle ist jede Information willkommen, und man erhält außer der Rissbreite eine weitere Information, die möglicherweise etwas weiterhilft. In den Fällen, wo die Rissursachen bekannt sind, sind Gipsmarke und Rissmonitor entbehrlich. Sie können dann zur Bestätigung anders gewonnener Informationen nützlich sein.

Etwas aufwändiger ist die Rissbreitenmessung mit dem Setzdehnungsmesser, mit Messuhren oder mit induktiven Wegaufnehmern. Das sind Geräte, die eine gewisse Fertigkeit und Spezialkenntnisse erfordern und die deshalb für den Praktiker weniger geeignet sind. Sie werden überwiegend für Labormessungen oder von spezialisierten Ingenieurbüros und Materialprüfanstalten benutzt. Beim Setzdehnungsmesser, bei Messuhren und induktiven Wegaufnehmern muss man zudem vorher wissen, wo der Riss entsteht, weil sie bzw. spezielle Messmarken auf dem Bauteil so aufgeklebt werden, dass über den Riss hinweg gemessen werden kann.

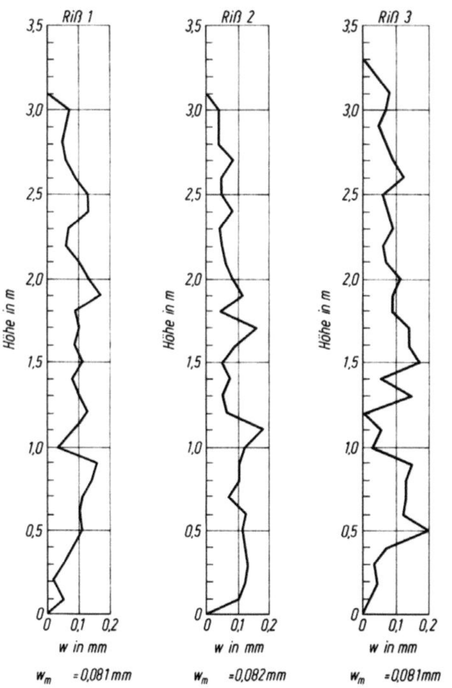

Bild 9.6 Mit der Messlupe gemessene Rissbreiten an vertikalen Trennrissen in einer kreisrunden Behälterwand. Die Messstellen liegen in 100 mm Abstand vom Behälterfuß an aufwärts. [9.1]

Risse haben meist eine über ihre Länge veränderliche Rissbreite. Deshalb können verschiedene Personen am gleichen Riss unterschiedliche Rissbreiten messen. Wo ist bei der Rissbreitenmessung der Vergleichsmaßstab anzulegen oder die Messlupe anzusetzen, um einen zutreffenden Wert für die Rissbreite zu bekommen? In Bild 9.1 ist ein zu vermessender Riss mit einem an zwei Stellen angelegten Vergleichsmaßstab abgebildet. Einmal beträgt die Rissbreite 0,3 mm und an der anderen Stelle 0,5 mm. Welcher Wert ist »die Rissbreite«? Dazu soll ein Beispiel für drei vertikale Risse in einem großen Rundbehälter (Nutzinhalt 20 000 m³) erläutert werden. Die drei vermessenen Risse wurden aus einer größeren Anzahl gleichartiger Risse willkürlich ausgewählt.

In Bild 9.6 sind die Messwerte in 100 mm Abstand für drei vertikale Risse aufgetragen, die an einem fast gefüllten, runden Stahlbetonbehälter außen gemessen wurden. Die Messstellen im Abstand von 100 mm wurden vor der Messung mit Strichen angezeichnet. Bei gleichem Mittelwert der Trennrisse sind die Schwankungen der gemessenen Rissbreiten an jedem Riss sehr groß. Der gemessene Größtwert beträgt 0,2 mm, der kleinste Wert ist gleich Null.

Im vorliegenden Fall handelt es sich um Trennrisse in der Wand eines runden, vertikal vorgespannten Behälters. Sie waren bei der Probefüllung des Behälters wasserführend. Trennrisse können nur entstehen, wenn sich die Rissufer parallel verschieben (Bild 9.7). Warum wir in Bild 9.6 bei keinem Trennriss parallel verlaufende Rissufer sehen, kann verschiedene Ursachen haben. Man kann aber ausschließen, dass sich die Rissufer verformen und deshalb die unregelmäßige Linie bilden. Es ist denkbar, dass im Inneren des Bauteils größere und auch kleinere Rissbreiten als an einigen Stellen an der Oberfläche entstehen. Auch kurze Rissverzweigungen können das Messergebnis beeinflussen (vgl. Bild 9.1).

Ausgangspunkt für eine Rissbildung ist die Verschiebung von zwei Rissufern. Die sichtbaren Rissbreiten können nicht größer werden als die Rissuferverschiebung, d. h. bei annähernd parallelem Verlauf der Rissufer entspricht der Größtwert der Rissbreite der tatsächlichen Verschiebung der Rissufer und ist gleich dem Messwert der Rissbreite. Bei nicht parallelem Verlauf der Rissufer kann ein Schwankungsbereich der Rissbreite von ... bis ... angegeben werden. Andere Verfahrensweisen, wie die Messung an mehreren Stellen mit Mittelwertbildung, sind bei dieser Betrachtungsweise weniger geeignet.

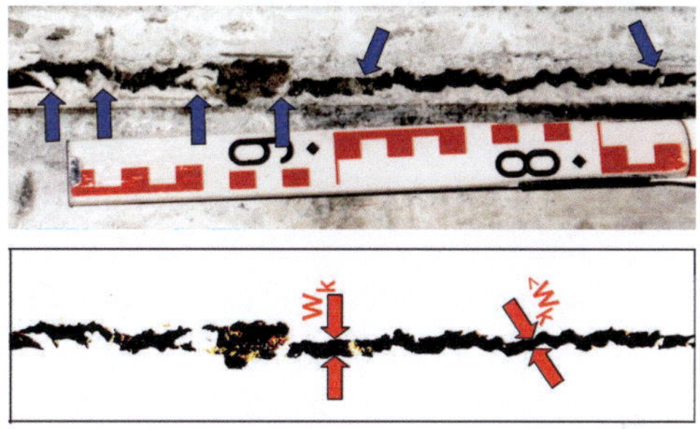

Bild 9.7 Trennriss in sehr großem Maßstab (oben) und gleiches Bild mit erhöhtem Kontrast (unten)

Bild 9.7 zeigt das. Am Beispiel eines sehr großen Risses in einer Betonfläche einer Hofbefestigung sieht man, dass der Riss durch Parallelverschiebung der Rissufer entstanden ist. Durch die unregelmäßig geformten Rissufer ergeben sich unterschiedliche Rissbreiten bei gleich großer Rissuferverschiebung (rote Pfeile). Scheinbare Verengungen der Rissbreite werden durch abgebrochene Betonpartikel verursacht (blaue Pfeile). Bei Rissen mit Rissbreiten unter 0,5 mm sieht man die Einzelheiten nicht mehr. Das entspricht dem unteren Bild, in dem der gleiche Riss nur noch in Schwarz-weiß-Tönen durch übersteigerten Kontrast dargestellt ist. Dieses Bild ist dem sehr ähnlich, was wir als variable Rissbreite bei Rissen sehen. Erst bei sehr starker Vergrößerung sieht man den wahren Sachverhalt. Deshalb wird empfohlen, die Rissbreite als den Größtwert der wahrnehmbaren Rissbreite zu bestimmen. Störungen, die stellenweise eine größere Rissbreite erkennen lassen, müssen dabei unberücksichtigt bleiben (Beispiel: die scheinbare Aufweitung des Risses an der 9 des Maßstabs).

Der geübte Benutzer wird sehr schnell die »richtige« Rissbreite feststellen können. Er bevorzugt die Breite, die den Riss charakterisiert und den Größtwert oder einen Wert in dessen Nähe darstellt. Im Beispiel Bild 9.6 wären als Messwerte für die drei Risse anzugeben 0,18 mm, 0,19 mm bzw. 0,20 mm. Alle drei Risse laufen nach oben auf Null aus.

Im DBV-Merkblatt »Rissbildung« [9.2], Anlage A1 wird eine Verfahrensweise zur Bestimmung der Rissbreite vorgeschlagen und an einem Beispiel demonstriert. Folgende Bedingungen gelten nach diesem Merkblatt:

- scharfe Risskanten ohne Ausbruchstellen
- Messung orthogonal zum Rissverlauf
- Messung an mehreren Stellen über die Länge. Der Abstand der Messstellen sollte nicht größer als die Maschenweite (flächige Bauteile) bzw. der Bügelabstand (stabförmige Bauteile) sein
- alle Risse bis zu einer Rissbreite von 0,05 mm sind zu erfassen

- das Bauteil ist in Messflächen einzuteilen, bei denen gleichartige Bedingungen für die Rissursache und Rissentstehung bestehen. Die Messwerte einer Messfläche sind eine Grundgesamtheit.

Die Messwerte werden statistisch ausgewertet und können unter Verwendung eines Attributverfahrens Sollwerten (z. B. nach DIN 1045-1 oder WU-Richtlinie) gegenüber gestellt werden.

Ein genormtes Verfahren zur Messung der Rissbreite gibt es ebenso wenig wie genormte Grenzwerte für gemessene Rissbreiten. Wenig bekannt ist, dass optische Verfahren (Vergleichsmaßstab, Rissmesslupe) nicht die gleichen Messwerte ergeben wie mechanische (Setzdehnungsmesser) oder elektrische (induktive Wegaufnehmer) Messgeräte. Die optisch gewonnenen Messwerte sind etwas kleiner (etwa 65 %) als die Messwerte mit dem Setzdehnungsmesser oder mit induktiven Wegaufnehmern [9.3, 9.4, 9.5]. Allein schon deswegen müsste ein bestimmtes Verfahren zur Rissbreitenmessung genormt werden, um vergleichbare Messwerte zu bekommen. Die Tatsache, dass das nicht so ist, mahnt zur Vorsicht beim Umgang mit gemessenen Rissbreiten, »gerichtsfest« sind sie nicht.

Die Abhängigkeit des Messergebnisses vom Messverfahren gibt es auch bei anderen Messgrößen, wie z. B. bei der Betonzug- und der Betondruckfestigkeit. Wir kennen die zentrische, die Spaltzug- und die Biegezugfestigkeit. Bei der Druckfestigkeit wird die Betonfestigkeitsklasse mit zwei Festigkeitswerten angegeben, der Zylinder- und der Würfeldruckfestigkeit. In der Bezeichnung C30/37 beträgt die Zylinderdruckfestigkeit 30 N/mm^2 und die Würfeldruckfestigkeit 37 N/mm^2. Die gesamte Prozedur von der Herstellung der Prüfkörper über die Lagerung bis zum Prüfregime ist in einer gesonderten Prüfnorm geregelt.

Die Formeln zur Rissbreitenberechnung nach der DIN 1045-1 sind an optisch gemessenen Rissbreiten kalibriert worden. Die Rissbreitenwerte, die in den Selbstdichtungsversuchen benutzt wurden, wurden mit Messuhren eingestellt. Das trifft auch auf Versuche zur Rissüberbrückung von Beschichtungen zu. Vermischt man die im Versuch und zur Kalibrierung der Berechnung mit unterschiedlichen Verfahren gemessenen Rissbreiten, dann kommt es zu Unstimmigkeiten. So sind die Angaben der empfohlenen Rissbreiten, bei denen eine Selbstdichtung wahrscheinlich ist (WU-Richtlinie [3.5]), wie auch die Angaben zur Rissüberbrückung von Beschichtungen (SIB-RILI [5.10]) etwas zu optimistisch.

9.2 Risskartierung und Hinweise zu den Rissursachen

Ein Rissbild enthält Informationen, die Hinweise auf die Rissursache geben und die man möglichst vollständig erfassen muss. Deshalb ist es wichtig, das Rissbild maßstäblich zu zeichnen, wobei es weniger auf Details ankommt als auf den Zusammenhang zwischen Bauwerk und Rissverlauf. Der Rissverlauf steht im direkten Zusammenhang mit der Richtung der Zugkräfte und weist ggf. damit bereits auf die Rissursache hin.

Bild 9.8 zeigt ein Rissbild für die 250 mm dicke Bodenplatte einer Tiefgarage als Beispiel für eine Risskartierung. Da die Risse wasserführend sind, lag der Verdacht nahe, dass es sich um Biegerisse durch Auftriebswirkung handelt, die sich zu Trennrissen erweitert haben (vgl. Beispiel Nr. 5.7). Deshalb wurden außer der Bodenplatte die Fundamente als versteifende Tragglieder mit eingezeichnet, um die Biegetragwirkung beurteilen zu können. In der statischen Berechnung wurde die Bodenplatte konstruktiv bewehrt. Man hatte demnach keine Kenntnis von zeitweilig drückendem Wasser mit seiner Auftriebswirkung. Bei der Risskartierung ist auf ein maßstäbliches Bild mit Angabe der Rissbreite in Millimetern zu achten.

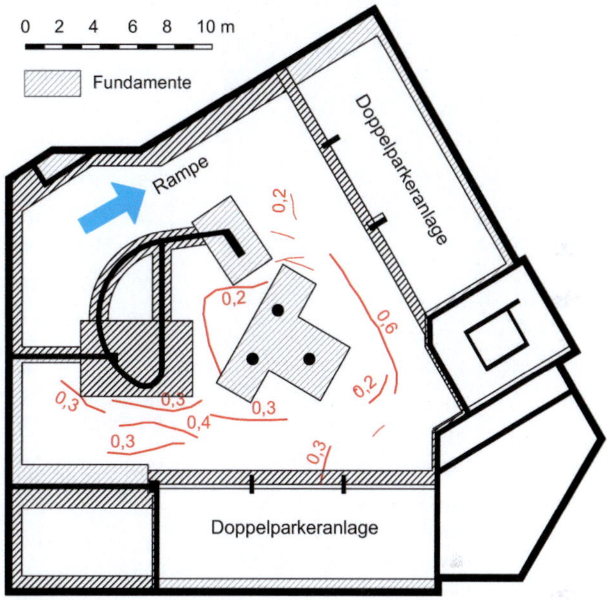

Bild 9.8 Rissbild für die Bodenplatte einer Tiefgarage, die Fundamente sind in den Rissbereichen eingezeichnet. Die Rissbreiten sind in Millimetern angegeben

Zusätzliche Informationen wie die Anwesenheit von Wasser und die Undichtigkeit der Risse sind ebenfalls zu erfassen. Außerdem ist z. B. die Bewegung der Bauteile aus ihrer Ebene heraus an einem Rissuferversatz zu erkennen und zu dokumentieren (vgl. Bild 6.12).

Im Bild 9.8 verlaufen die Risse annähernd parallel zu den steiferen Fundamenten, was die Vermutung bestätigt, dass es sich um Biegerisse handeln muss.

Biege- oder Trennriss – wie findet man die Rissart?

Um die Rissursache zu finden, muss man auch die Rissart kennen. Auch für eine ggf. notwendige Rissfüllung ist diese Information wichtig. Am einfachsten ist das feststellbar, wenn die in Frage kommenden Bauteile beidseitig sichtbar sind. An Wänden, die von beiden Seiten zugänglich sind, kann man einfach feststellen, ob der Riss durch die Wand hindurch verläuft (Trennriss) oder nicht (Biegeriss). Wenn Risse wasserführend sind, wie das im Bild

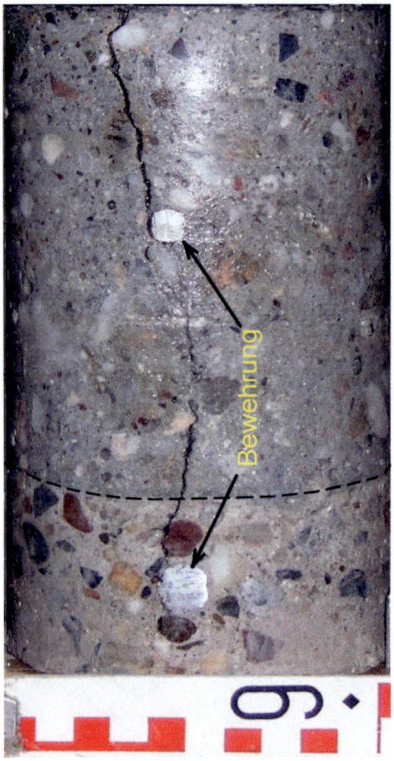

Bild 9.9 Bohrkern mit Trennriss aus einer Elementdecke, Elementgrenze gestrichelt. Der Trennriss infolge behinderter Schwindverkürzung verläuft in beiden Betonschichten und orientiert sich an den beiden Bewehrungsstäben als Querschnittsschwächung im Beton

9.8 der Fall ist, dann kann es sich nur um Trennrisse handeln. Im Zweifel kann man einen Riss überbohren und die Risstiefe am Bohrkern feststellen. Biegerisse können bis in eine Tiefe von 90 % der Bauteildicke verlaufen. Meist beträgt die Risstiefe nur etwa 60 bis 80 % der Bauteildicke. Allgemein gilt, dass eine gut bewehrte Zugzone auch eine ausreichend hohe Druckzone erfordert. In diesem Fall kann die Tiefe eines Biegerisses nicht so groß sein wie bei einer schwach bewehrten Zugzone, die auch nur eine kleine Druckzone mit großer Risstiefe erfordert (vgl. dazu auch Beispiel Nr. 5.7). Die Risstiefe kann man gemäß Bild 5.37 und Gleichung (5.9) auch rechnerisch bestimmen, wenn die Bewehrung nach Fläche und Lage bekannt ist. Bevor man sich zu einer Kernbohrung entschließt, sind alle Informationen aus den Planungsunterlagen auszuwerten. Sie liefern viel mehr Informationen zur Rissursache als eine Kernbohrung. Erst wenn man glaubt, die Rissursachen zu kennen, kann man zur Überprüfung den Riss überbohren und die Untersuchungsergebnisse damit bestätigen.

Bild 9.9 zeigt einen Bohrkern aus einer Elementdecke mit einem Trennriss durch die gesamte Deckendicke. Er ist auf eine Zugbeanspruchung der Decken durch behinderte Schwindverkürzung zurückzuführen und verläuft deshalb über die gesamte Deckenhöhe.

In unbewehrtem Beton und in Mauerwerk entstehen nur Trennrisse, weil mit Ausnahme sehr geringer Beanspruchungen keine Biegung im gerissenen Zustand möglich ist. Bei verputztem Mauerwerk ist zunächst zu unterscheiden, ob es sich um Putzrisse oder Risse im Putzgrund handelt. Putzrisse erkennt man an der unregelmäßigen Rissform wie bei Betonrissen, die im noch nicht erhärteten Beton entstanden sind. Putzrisse reichen i. d. R. nicht bis zum Putzgrund, das Mauerwerk ist unter einem Putzriss unversehrt. Man kann das an einer unauffälligen Stelle durch eine kleine Öffnung im Putz feststellen. Sichtbare Putzrisse entstehen, wenn der Putz eine falsche Zusammensetzung besitzt oder wenn er fehlerhaft aufgebracht wird. Putzrisse entstehen im Prozess des Austrocknens des frischen Putzes. Mauerwerksrisse entstehen erst später. Putzrisse haben einen unregelmäßigen und verästelten Verlauf.

Die Zugkraftrichtung verläuft rechtwinklig zur Rissrichtung

Aus der Rissrichtung kann man unmittelbar auf die Kraftrichtung schließen. Risse entstehen immer rechtwinklig zur Zugkraft. Daran ändert auch eine anders gerichtete Bewehrung nichts. Horizontale Risse haben als Rissursache eine vertikale Zugkraft, vertikale Risse entstehen unter einer horizontalen Zugkraft.

Links im Bild 9.10 sind vertikale Risse in der Außenwand der Zufahrtrampe einer Tiefgarage abgebildet. Es handelt sich um Trennrisse, durch die Wasser von außen eindringt. Die Rissursache ist die behinderte Verkürzung des Wandfußes beim Abfließen der Hydratationswärme (vgl. Beispiel Nr. 5.8). Die Zugkräfte sind als rote Pfeile eingetragen.

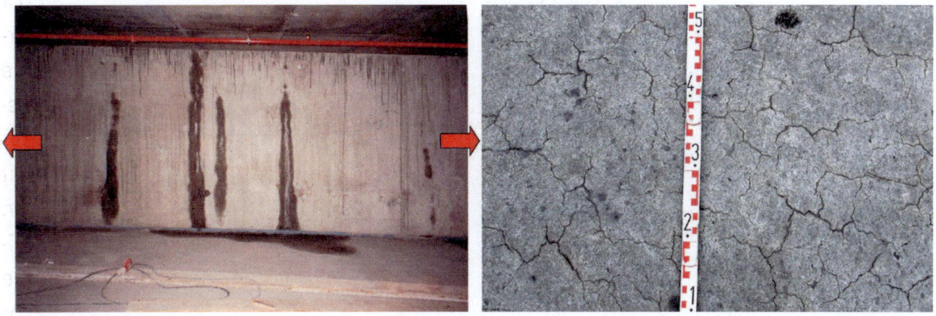

Bild 9.10 Gerichtete Risse in einer Wand (links), die auf eine horizontale Zugkraft schließen lassen und ungerichtete Risse (rechts), die durch chemische Reaktionen im Zementstein entstanden sind

Wenn die Richtung der Zugkraft bekannt ist und es sich wie meist um Zwangzugkräfte handelt, dann ist die Art der Behinderung der Zwangverformungen zu ermitteln. Dazu können die Beispiele in diesem Buch oder auch andere Veröffentlichungen zu Rate gezogen werden, z. B. [8.1], [9.6]. Sind die Art der Verformungsbehinderung und ihre Größe bekannt, dann kann man die behinderte Dehnung abschätzen und sie mit den gemessenen Rissbreiten vergleichen. Die Summe der Rissbreiten ist genügend genau gleich der behinderten Zwangdehnung.

9.3 Auswertung der gemessenen Rissbreiten

Wenn man Messwerte bestimmt, dann möchte man sie mit Sollwerten vergleichen. Ansonsten hat die Messung wenig Sinn. Das geht bei Rissbreitenmessungen nicht bzw. nur mit großen Einschränkungen. Weder die Stahlbeton- noch die Mauerwerksnorm enthalten zulässige Rissbreiten. Es gibt auch kein genormtes Verfahren zur Rissbreitenmessung. Der Normtext der Stahlbetonnorm DIN 1045-1 enthält einen verbalen Hinweis, dass ein Vergleich von Messwerten mit den in der Norm enthaltenen zulässigen Rechenwerten der Rissbreite nur bedingt möglich ist (Abschnitt 11.2 der Norm):

> »(4) Die in diesem Abschnitt angegebenen Verfahren erlauben keine exakte Vorhersage und Begrenzung der Rissbreite. Die Rechenwerte der Rissbreite sind daher nur als Anhaltswerte zu sehen, deren gelegentliche geringfügige Überschreitung im Bauwerk nicht ausgeschlossen werden kann. Dies ist jedoch bei Beachtung der Regeln dieses Abschnitts im Allgemeinen unbedenklich.«

Die »gelegentliche geringfügige Überschreitung« ist wegen der Streuung der Berechnungsergebnisse nicht quantifiziert. Die Autoren der in der DIN 1045-1 enthaltenen Rissformeln haben in [3.1] angegeben, dass höchstens 5 % der realen Messwerte von Rissbreiten den Rechenwert überschreiten (95 %-Quantilwert). Das ist eine Schätzung, die nicht belegt ist.

Sie kann auch nicht auf die theoretische Ableitung der Formeln zurückgeführt werden. In späteren Veröffentlichungen sind solche Angaben nicht mehr zu finden, was darauf hindeutet, dass Einzelwerte auch größere Abweichungen haben können.

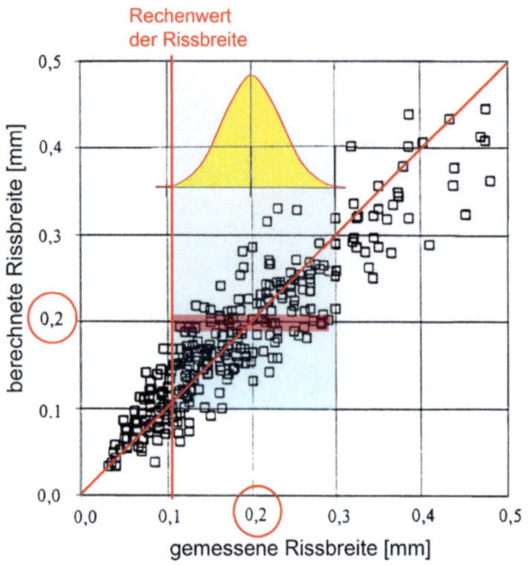

Bild 9.11 Vergleich von mittleren Rechenwerten der Rissbreite w_{cal} und gemessenen Rissbreiten w_{exp} [9.7]

Dass ein Vergleich berechneter und gemessener Rissbreiten problematisch ist, zeigt Bild 9.11. In diesem Bild sind den berechneten Werten Messwerte gegenüber gestellt. Das Bild zeigt den erwarteten großen Streubereich. Der Vergleich für eine berechnete Rissbreite von z. B. 0,2 mm zeigt Messwerte, die zwischen 0,13 mm und 0,27 mm liegen. Die größten Abweichungen zwischen berechneter und gemessener Rissbreite betragen für diesen Rechenwert ±35 %! Das bedeutet, dass das Berechnungsverfahren relativ ungenau ist. Deshalb kann man den Rechenwerten der Rissbreite keine Messwerte zum Vergleich gegenüberstellen.

Wenn man trotzdem einen Vergleich zwischen Ist und Soll sucht, dann muss man die Rissbreitenmessungen statistisch auswerten und einen oberen Grenzwert ermitteln. Dazu sollen hier zwei Möglichkeiten erläutert werden:

- Festlegung eines Grenzwertes, z. B. der 95 %-Quantilwert als vergleichbare Größe zu den Rechenwerten der Rissbreite. Dieser Wert kann nur mit großer Vorsicht mit den in der DIN 1045-1 angegebenen zulässigen Rechenwerten der Rissbreite verglichen werden, vor allem wenn sich beide Werte nur wenig unterscheiden.
- In [9.2], Anlage A1: »Praktische Messung und Auswertung der Rissbreiten« ist eine Auswertungsmethode angegeben, die als Attributverfahren bezeichnet wird und eine statistische Auswertung voraussetzt. Diese Methode erlaubt einen Vergleich zwischen Messwerten und den Rechenwerten der Rissbreite nach DIN 1045-1.

Statistische Auswertung

Für eine statistische Auswertung benötigt man möglichst viele Messwerte von Rissbreiten. Die Messwerte müssen sich auf den gleichen Beton und die gleiche Rissursache beziehen, weil sonst eine statistische Auswertung nicht zulässig ist.

Eine statistische Auswertung unter Benutzung einer Normalverteilung ergibt dann einen 95 %-Quantilwert, der mit großer Vorsicht mit dem Rechenwert der Rissbreite vergleichbar ist. Ist die Differenz von dem so berechneten Quantilwert und dem Rechenwert der Rissbreite groß, dann ist die Aussage verwendbar, andernfalls bewegt man sich im Streubereich und kann mit der Auswertung nichts beweisen.

Am Beispiel eines vor Gericht ausgetragenen Streits soll gezeigt werden, wie man Messwerte am Bauwerk mit »Rechenwerten der Rissbreite« aus der DIN 1045-1 vergleichen kann. Die Messwerte wurden vom Bauherrn mit dem Vergleichsmaßstab selbst gemessen und als unzulässig groß beanstandet. Die Sorge des Bauherrn bezog sich auf die Dauerhaftigkeit der Bauteile.

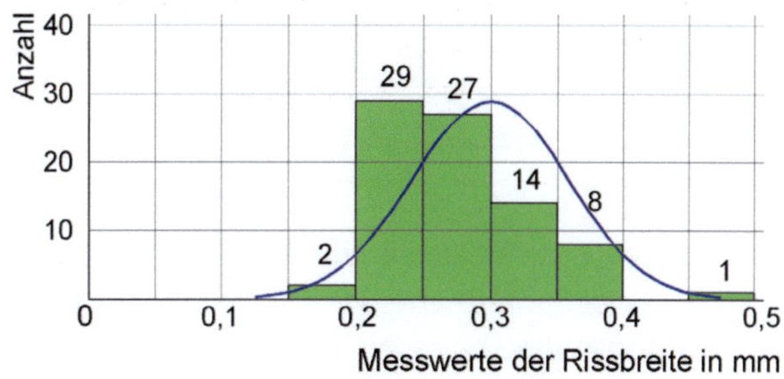

Bild 9.12 Zuordnung der 81 Messwerte zu Rissbreitenklassen und zugehörige Normalverteilung

Insgesamt liegen 81 Messwerte vor. Sie beziehen sich auf gleichartige Bauteile im Freien mit der gleichen Schadensursache. Der zulässige Rechenwert der Rissbreite beträgt nach DIN 1045-1 für diesen Fall w_k = 0,3 mm.

Die Verteilung der Messwerte sowie die dazugehörige Normalverteilung sind in Bild 9.12 dargestellt. Der Mittelwert beträgt 0,3 mm und die Standardabweichung 0,056 mm. Schon die Tatsache, dass der Mittelwert genauso groß ist wie der zulässige Rechenwert der Rissbreite nach der Norm, zeigt, dass die realen Rissbreiten zu groß sind. Die Hälfte aller Messwerte ist statistisch größer als der Mittelwert und damit größer als der Rechenwert der Rissbreite. Die realen Rissbreiten sind erheblich größer als es in der Norm für den Rechenwert der Rissbreite vorgesehen ist. Bei einer so deutlichen Differenz zwischen Messwerten und Rechenwert kann man eine deutliche Einschätzung über die Unzulässigkeit dieser realen Rissbreiten abgeben.

Auswertung nach dem Attributverfahren (DBV-Merkblatt »Rissbildung« [9.2])

Die zulässigen Rechenwerte der Rissbreite nach DIN 1045-1 werden als zulässige Werte benutzt. Bei den Messwerten wird die Menge der Messwerte, die über dem zulässigen Wert der Rissbreite liegen, als Überschreitungsmenge bezeichnet. Wenn die Überschreitungsmenge von einer bestimmten Anzahl der Messwerte überschritten wird, ist der zulässige Wert der Rissbreite an der Messfläche überschritten. Die Überschreitungsmengen aus [9.2] sind in Tabelle 9.1 angegeben.

Tabelle 9.1 Größte Überschreitungsmenge für gemessene Rissbreitenwerte

Rechenwert der Rissbreite w_k	Überschreitungsmenge
0,4 mm	≤ 5 %
0,3 mm	≤ 10 %
0,2 mm	≤ 20 %

Die Überschreitungsmenge für den Rechenwert der Rissbreite w_k = 0,3 mm beträgt nach Bild 9.12 14 + 8 + 1 = 23 Messwerte. Das ist bei 81 Messwerten ein Anteil von 23/81 · 100 % = 28 %. Nach Tabelle 9.1 darf die Überschreitungsmenge nur 10 % betragen. Das heißt, dass der Rechenwert der Rissbreite w_k = 0,3 mm von der Menge der Messwerte deutlich überschritten wird.

Für Mauerwerksbauten gibt es im Vorschriftenwerk weder zulässige Rissbreiten noch zulässige Rechenwerte der Rissbreite. Das hängt damit zusammen, dass es nur im Ausnahmefall Bewehrung im Mauerwerk gibt, mit der man die Rissbreite steuern könnte. Im unbewehrten Mauerwerk gibt es nicht wie im Stahlbeton eine Bewehrung als Rückhaltekraft für die Rissbreite. Es stehen hier nur Konstruktionsregeln zur Verfügung, die die Bauwerks- oder Bauteilbewegungen - und so indirekt Rissbreiten - begrenzen. Sie lassen nur qualitative Ziele und Aussagen zu, mit denen man - auch mit einer gewissen Streubreite wie im Stahlbetonbau - keine Prognosen über zu erwartende Rissbreiten machen kann.

Deshalb muss der Bauherr wissen, dass Risse in Mauerwerk und Putz unvermeidlich und oft auch unschädlich sind, wenn es sich um geringe Rissbreiten handelt. Es gehört zu den Pflichten des Planungsbüros, dem Bauherrn das zu sagen. Und der Bauherr muss die Welt so real sehen, dass er diese Tatsache akzeptiert.

Was sind nun geringe Rissbreiten? In einem Zitat von Pfefferkorn [9.6] heißt es dazu:

> »Grobe Risse über 1 mm Breite lassen sich damit[1] in der Regel vermeiden, mittlere Risse von 0,3 bis 1,0 mm Breite in vielen Fällen. Schwierig wird die Situation bei Rissbreiten unter 0,3 mm. Hier muss zunächst eindeutig klargestellt werden, dass sowohl von den Baustoffeigenschaften als auch von ihrer Verarbeitung her unter der Einwirkung der Witterung Mauerwerksrisse bis zu 0,3 mm Breite selbst durch völlig einwandfreie Bauplanung und Bauausführung nicht verhindert werden können. Da etwas Unmögliches nicht Vertragsgrundlage sein kann, können Risse bis zu 0,3 mm Breite auch nicht generell einen Mangel darstellen. Aus dieser Feststellung folgt jedoch so wenig wie bei Holz und Beton, dass Risse bis zu 0,3 mm grundsätzlich keinen Mangel darstellen würden, bzw. nicht auf Mängel zurückzuführen wären.«

Das bedarf keines Kommentars. In der Fachliteratur gibt es keinen Autor, der allgemein anerkannte zulässige Rissbreiten für Mauerwerk nennt. Dem Zitat kann man entnehmen, dass größere Rissbreiten als 0,3 mm nur im Ausnahmefall zu akzeptieren sind. Eine Beurteilung über die Zulässigkeit von Rissen wird immer auf den konkreten Fall eingeschränkt. Was ist dabei zu beurteilen?

- Das Aussehen der mit einem Riss oder mehreren Rissen behafteten Fläche. Es wird beeinflusst durch den Betrachtungsabstand, die Lichtverhältnisse, die Rissbreiten, die Rissanzahl und den Anteil der mit Rissen behafteten Fläche an der gesamten Fläche.

1 gemeint sind konstruktive Maßnahmen wie Fugen, Auswahl geeigneter Materialkombinationen usw.

- Die Beeinträchtigung der Funktion des gerissenen Bauteils (Feuchte-, Wärme- und Schallschutz). Sie wird beeinflusst durch die Rissbreite, die Risstiefe und die Menge der Risse in einer Fläche.
- Im Ausnahmefall eine Beeinträchtigung der Standsicherheit des gerissenen Bauteils.

Die optische Beeinträchtigung einer mit Rissen behafteten Fläche ist nur bedingt nach objektiven Kriterien zu beurteilen. Es spielen immer auch subjektive Faktoren eine Rolle. Im Einzelfall wird das subjektive Empfinden ausschlaggebend für die Beurteilung sein. Von Bedeutung sind die Helligkeit, der Betrachtungsabstand und die individuelle Wahrnehmung, ob die Rissbildung störend wirkt.

In [9.8] wird in einer Tabelle eine Hilfestellung zur Verringerung des subjektiven Faktors angeboten, die hier in Tabelle 9.2 übernommen wird. Die Autoren betonen, dass »derartige Beeinträchtigungen unter gebrauchsüblichen Bedingungen« zu beurteilen sind.

Tabelle 9.2 Kriterien zur Beurteilung der optischen Beeinträchtigung von Rissen in Flächen [9.8]

		Gewicht des optischen Erscheinungsbildes			
		sehr wichtig	wichtig	eher unbedeutend	unwichtig
Grad der optischen Beeinträchtigung	auffällig	Nachbesserung			
	gut sichtbar				
	sichtbar			Minderwert	
	kaum erkennbar				Bagatelle

Der Außenputz eines Hauses hat nicht nur eine ästhetische, sondern auch eine schützende Funktion. Er soll das Mauerwerk vor eindringender Feuchte und dadurch bedingter Veränderung der bauphysikalischen Eigenschaften der Wand (Feuchtigkeit, Wärmedämmung, Schallschutz) schützen. Putz an Fassaden unterliegt einer dauernden Beanspruchung durch hygrothermische Einwirkungen. Das führt zu Dehnungen bei Wasseraufnahme und Erwärmung und zu Verkürzungen bei Wasserabgabe bzw. Abkühlung. Deshalb sind Risse im Putz nicht nur aus ästhetischen, sondern auch aus funktionellen Gesichtspunkten zu betrachten. Putzrisse sollten sehr fein sein (höchstens 0,2 bis 0,3 mm) und das Aussehen einer Fläche nicht beeinträchtigen.

9.4 Tipps für die Suche nach den Rissursachen

Allgemeine Ratschläge

Rissursachen zu suchen ist vergleichbar mit der ärztlichen Diagnose eines Krankheitsbildes. Der Arzt geht von Befunden aus, die er aus eigenen Beobachtungen und aus Spezialuntersuchungen (z. B. Röntgenuntersuchung) ableitet und die er einer möglichen Krankheit zuordnen muss. Natürlich kann ein Laie eine Erkältung von anderen Krankheiten unterscheiden. Allerdings ist es auch in einfachen Fällen ratsam, einen Arzt aufzusuchen. Er hat die notwendige Ausbildung, um zuverlässige Diagnosen abzugeben.

Der Ingenieur hat im Vergleich zum Arzt den Nachteil, dass er zwar Fragen stellen kann, sie aber selbst beantworten muss, weil seine »Patienten« nicht sprechen können. Dazu sind Untersuchungen notwendig, die je nach Erfahrung des Untersuchenden mehr oder weniger Aufwand erfordern. Die Befunde aus Tatsachenfeststellungen muss er mit möglichen Ursachen für das Schadensbild vergleichen. Dabei ist schrittweise vorzugehen. Am Anfang kommen mehrere Ursachen in Frage, die nach und nach durch Vergleich der Tatsachen mit den möglichen Ursachen auf eine oder zwei mögliche Ursachen eingeschränkt werden. Im Zweifelsfall sind weitere Tatsachenfeststellungen zu veranlassen, die die letzte Sicherheit ergeben.

Man muss deutlich zwischen **Tatsachenfeststellungen** und **Schlussfolgerungen** unterscheiden. Tatsachen sind korrekt zu erfassen und müssen nicht laufend überprüft werden. Eine Ortsbesichtigung ist dabei unverzichtbar. Wer Risse nur mit Fotos und Beschreibungen beurteilt, handelt fahrlässig. Anders ist das mit den Schlussfolgerungen. Sie dienen dazu, die Tatsachen mit möglichen Rissursachen zu vergleichen und so unwahrscheinliche Ursachen auszuschließen. Dieser Vergleich ist solange notwendig, wie nicht alle Tatsachen widerspruchsfrei mit den vermuteten Ursachen erklärbar sind. Man soll dabei dem eigenen Urteilsvermögen ständig kritisch gegenüber stehen. Erst wenn alle festgestellten Tatsachen widerspruchsfrei erklärbar sind, hat man die Rissursachen. Ggf. muss man bei den Ermittlungen zusätzliche Fragen stellen, die eine erneute Ortsbesichtigung oder einen Blick in die Bestandsunterlagen notwendig machen.

Empfohlen werden die »Regeln für eine logische Problemlösung«, die der Mathematiker und Philosoph René Descartes im Jahr 1637 formuliert hat [9.9]:

- *Niemals eine Sache als wahr anerkennen, von der ich nicht evidentermaßen erkenne, dass sie wahr ist: d. h. Übereilung und Vorurteile sorgfältig vermeiden und über nichts urteilen, was sich meinem Denken nicht so klar und deutlich darstellt, dass ich keinen Anlass habe, daran zu zweifeln.*
- *Jedes Problem, das ich untersuche, in so viele Teile teilen, wie es angeht und wie es nötig ist, um es leichter zu lösen.*
- *In der gehörigen Ordnung denken, d. h. mit den einfachsten und am leichtesten zu durchschauenden Dingen beginnen, um so nach und nach, gleichsam über Stufen, bis zur zusammengesetzten Erkenntnis aufzusteigen.*

- *Überall so vollständige Aufzählungen oder so allgemeine Übersichten aufstellen, dass ich versichert bin, nichts zu vergessen.*

Risse sind immer als Teil eines Bauwerks oder Bauteils zu betrachten. Wenn man die Ursachen ergründen will, muss man die Bauwerksverformungen kennen, die zur Rissbildung geführt haben. Aus dem Rissverlauf und der Rissbreite allein kann man nicht auf die Rissursachen schließen. Der nach den Rissursachen Suchende muss Kenntnisse über das Trag- und Verformungsverhalten der gerissenen Bauteile besitzen, weil Risse immer im Ergebnis von Verformungen oder unter der Wirkung von Kräften entstehen. Dazu gehören auch Angaben, die nur aus den Bestandsunterlagen gewonnen werden können. Je bessere Kenntnisse er in Statik und Konstruktion besitzt, umso größer ist die Chance, die Rissursache zu finden. Einige einfache Regeln gelten allgemein. Für Beton und Mauerwerk gibt es zusätzliche Regeln, die anschließend an die allgemeingültigen Regeln ergänzt werden.

Welche Richtung hat und woher kommt die rissverursachende Zugbeanspruchung?

Risse sind immer das Resultat von Bauteildehnungen, die so groß sind, dass die Grenze der Dehnbarkeit überschritten wird (Zugbruchdehnung). Dehnungen entstehen immer durch Lasten oder durch Zwang

Lastbedingte Zugkräfte sind:

- Querzugkräfte bei konzentrierten Druckkräften, die annähernd punktweise in das Bauteil eingetragen werden. Die dabei rechtwinklig zur Druckkraftrichtung radial verlaufenden Zugspannungen werden z. B. bei der Prüfung der Spaltzugfestigkeit des Betons an Zylindern oder Würfeln genutzt. Sie können so groß werden, dass unter der Last ein Trennriss in Lastrichtung entsteht.
- Zugkräfte aus den äußeren Lasten. Das ist sowohl für Mauerwerk als auch für Beton ein Ausnahmefall, den man im heutigen Bauwesen praktisch ausschließen kann.
- Lastumlenkungen. Dieser Fall tritt ein, wenn eine Last aus ihrer Wirkungslinie, z. B. durch eine Öffnung, um ein »Hindernis« herumgeleitet werden muss. Änderungen der Kraftrichtung in einem Bauteil verursachen quer zur Richtungsänderung Zugkräfte.

Zwangbedingte Zugkräfte sind:

- behinderte Schwindverkürzungen. Beispiel: Zwischendecke in einer Tiefgarage, die wegen der guten Durchlüftung des Bauwerks mehr und schneller schwindet als die Wände. Ein Teil der Deckenverkürzung wird durch die Wände behindert.
- behinderte temperaturbedingte Verkürzungen. Ein Beispiel ist eine lange Stahlbetonwand, die auf ein bestehendes Fundament betoniert wird. Die notwendige Wandverkürzung durch Abkühlung der frisch betonierten Wand (abfließende Hydratationswärme) wird an der Unterseite durch das kühlere Fundament (Umgebungstemperatur) behindert.

- durch Materialkombinationen mit unterschiedlichen Schwindmaßen und Wärmedehnzahlen. Beispiel: Kombination von Mauerwerk mit Stahlbetondecken. Auch die Kombination unterschiedlicher Mauerwerksarten führt zu behinderten Verkürzungen, weil der Schwindprozess Unterschiede im zeitlichen Verlauf und im Endschwindmaß aufweisen kann.
- Setzungsdifferenzen führen die in Stahlbetonbauteilen meist zu Biegerissen. In unbewehrtem Mauerwerk weiten sich Biegerisse schnell zu Trennrissen auf, weil sonst kein Gleichgewicht möglich ist. Im Mauerwerk fallen Setzungsrisse durch ihre große Rissbreite und durch einen vertikalen Versatz der Rissufer auf.

Sonstige Zugkräfte entstehen durch

- Rostsprengungen,
- chemische Reaktionen im Zementstein.

Sie bleiben hier unberücksichtigt.

Wodurch wird die Zwangverformung behindert?

Die meisten Risse entstehen nicht durch Lasten, sondern durch die Behinderung lastunabhängiger Verformungen. Erst wenn die Bauteilverformung und ihre Behinderung bekannt sind, hat man die Rissursache gefunden. In statisch bestimmten Tragwerken entstehen keine Behinderungen. Häufig auftretende Behinderungen sind:

- Reibungsbehinderung. Das ist eine häufige Rissursache bei Bodenplatten, deren Ränder sich durch Schwind- und temperaturbedingte Verkürzungen auf ihrer Unterlage nach innen verschieben.
- unterschiedliche Schwindverkürzung zusammengefügter Bauteile,
- unterschiedliche temperaturbedingte Verkürzung zusammengefügter Bauteile,
- konstruktionsbedingte Behinderung. Sie kann, z. B. bei Temperaturdifferenzen, in Bauteilen mit veränderlichem Querschnitt auftreten.

Woran sind Setzungsrisse erkennbar?

Setzungsrisse verhalten sich anders als Risse aus Last oder Zwang. Setzungen entstehen bei weichen Böden unter einem Bauwerk. Durch ungleichmäßige Setzungen ändern sich die Auflagerbedingungen des Bauwerks, d. h. die Lasten brauchen neue Wege (Umwege), um in den Baugrund zu gelangen. Das bedeutet teilweise Überlastungen, durch die Zugspannungen und Risse entstehen.

Setzungen und damit Setzungsrisse sind fast immer viel größer als andere Bauteilverformungen. Deswegen sind sie auffällig und i. d. R. an ihrer großen Rissbreite erkennbar.

Wann sind die Risse bemerkt worden und wann sind sie entstanden?

Risse werden bei der Nutzung eines Bauwerks erst wahrgenommen, wenn sie auffällig sind. Das ist fast immer später als ihr Entstehungszeitpunkt. Da alle Risse ihre Rissbreite mit der Zeit vergrößern, kann die Differenz zwischen Rissbildung und dem Feststellen durch den Nutzer Monate betragen. Die Kenntnis des Entstehungszeitpunktes gibt nützliche Informationen über die Rissursachen und für eine Prognose der noch zu erwartenden Rissbreitenänderungen. Wenn ein Nutzer eine Zeit angibt, zu der er die Risse bemerkt hat, muss man i.d.R. einige Monate hinzurechnen, um den Entstehungszeitpunkt abzuschätzen.

Wenn das gerissene Bauteil eine Farbbeschichtung besitzt, muss man darauf achten, ob der Riss durch die Farbe verläuft. Ist das nicht der Fall, dann war er beim Farbanstrich bereits vorhanden. Andernfalls ist er später entstanden.

9.5 Besonderheiten bei der Suche nach Rissursachen für Stahlbetonbauteile

Die Zugkraftrichtung verläuft unabhängig von der Bewehrungsrichtung rechtwinklig zur Rissrichtung

Vor der Rissbildung verhält sich ein Stahlbetonbauteil so, als wenn es nicht bewehrt wäre. Die Bewehrung kann ihre Wirkung erst im gerissenen Beton entfalten. Das ist der Grund, warum die Risse rechtwinklig zur Wirkung der risserzeugenden Zugkraft verlaufen.

Biege- oder Trennriss – wie findet man die zutreffende Rissart?

Sind am zu beurteilenden Bauwerksteil die gegenüber liegenden Seitenflächen einsehbar, dann kann man die Rissart ohne weitere Untersuchungen feststellen. Bei Biegerissen ist von Interesse, ob sie unter der Wirkung einer Längskraft entstanden sind, weil diese die Druckzonenhöhe bei Druck vergrößert und bei Zug verkleinert. Bei reiner Biegung ist die Druckzonenhöhe berechenbar (vgl. Abschnitt 5). Sie beträgt etwa 10 bis 30 Prozent der Querschnittshöhe. Die größere Druckzonenhöhe tritt bei hohem Bewehrungsanteil auf, die kleinere bei geringem Bewehrungsanteil. Im Zweifelsfall hilft eine Kernbohrung.

9.6 Besonderheiten bei der Suche nach Rissursachen für Mauerwerk

Unterscheidung von Mauerwerks- und Putzrissen

Putzrisse sind anders zu behandeln als Risse im Putzuntergrund. Deshalb muss man zunächst herausfinden, ob es sich tatsächlich um Mauerwerksrisse oder um Putzrisse handelt.

Im Zweifelsfall ist an einer unauffälligen Stelle im Putz eine kleine Öffnung anzubringen, an deren Grund man sehen kann, ob sich der Riss nur im Putz befindet oder ob er sich im Stein fortsetzt (Bild 9.14).

Bild 9.13 Putzrisse erkennt man an ihrer unregelmäßigen Verteilung und am hohlen Klang beim Abklopfen

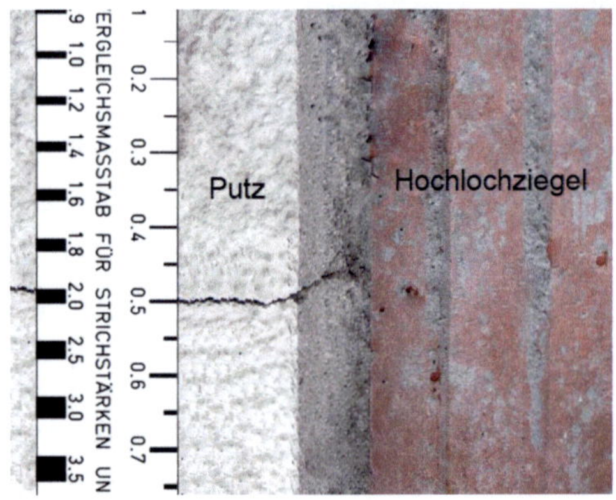

Bild 9.14 Putzriss; in der geöffneten Putzfläche ist deutlich sichtbar, dass sich der Riss nicht im Stein fortsetzt

Unterscheidung nach Last-, Zwang bzw. Setzungsriss

Bei der Suche nach den Rissursachen kommen drei Möglichkeiten in Frage:

- Last
- Zwang
- Setzungsdifferenzen.

Man sollte möglichst früh die nicht in Frage kommenden Ursachen anhand der Tatsachenfeststellungen ausschließen. Dazu sind in diesem Buch Beispiele und Hinweise enthalten.

Die Zugkraftrichtung verläuft bei Mauerwerk häufig nicht rechtwinklig zur Rissrichtung

Mauersteine und Mörtel haben meist sehr unterschiedliche Zugfestigkeiten. Der Mörtel hat - besonders bei älteren Bauwerken - eine geringere Zugfestigkeit als der Stein. Deshalb reißt er viel eher als der Stein. Die Folge sind abgetreppte Risse, die durch ihren geneigten Verlauf eine rechtwinklig dazu geneigte Zugkraft vortäuschen.

In Bild 9.15 sind zwei Schrägrisse in älterem Mauerwerk als Nahaufnahme dargestellt. Im linken Teilbild ist der abgetreppte Riss durch eine Setzung des linken Mauerwerksteils gegenüber dem rechten entstanden. Dabei oder auch durch eine andere Wirkung (Schwindverkürzung, Abkühlung) gab es zusätzlich eine horizontale Verschiebung. Man erkennt das am horizontalen und vertikalen Versatz der Fugen. Die resultierende Bewegung besitzt eine schräge Richtung (Pfeile).

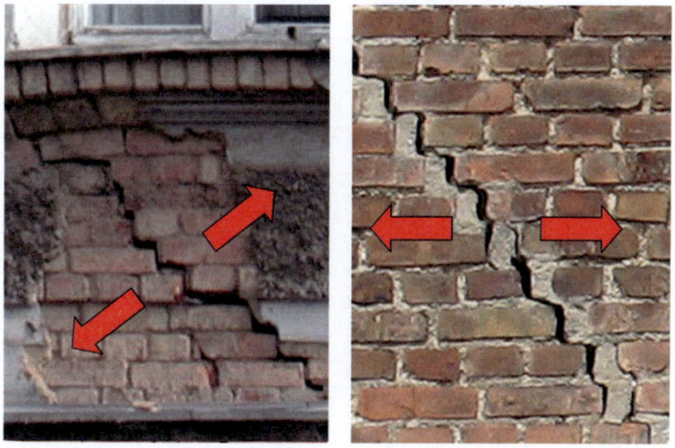

Bild 9.15 Schräge Risse in älterem Ziegelmauerwerk

Im rechten Teilbild gibt es keinen vertikalen Fugenversatz. Die beiden Mauerwerksteile haben sich gegenseitig horizontal verschoben (Pfeile). Die Verschiebung der beiden Wandteile links und rechts vom Riss erkennt man am Fugenversatz, der bereits früher einmal mit Mörtel verschlossen wurde. Wenn eine vertikale Bewegungskomponente festgestellt wird, ist die Wahrscheinlichkeit groß, dass die Rissursache ganz oder teilweise in einer ungleichmäßigen Setzung besteht. Stellt man nur einen horizontalen Versatz fest, handelt es sich mit großer Wahrscheinlichkeit um Zwangzugkräfte aus behinderten Schwind- und temperaturbedingten Verkürzungen. Der schräge Riss im rechten Teilbild ist eigentlich ein vertikaler Riss als Summe der aufgerissenen Stoßfugen.

10 Das Füllen von Rissen

10.1 Wann sind gerissene Bauteile instand zu setzen?

Der Massivbau ist ohne Risse nicht denkbar. Die Bemessungsansätze für Stahlbeton und Mauerwerk vernachlässigen die vergleichsweise geringe Zugfestigkeit und setzen eine gerissene Zugzone voraus. Deshalb gibt es kaum ein Massivbauwerk ohne Risse. Risse müssen daher auch nicht unbedingt gefüllt werden. Eine Rissverfüllung mittels Injektion, Tränkung oder durch Spachteln ist unter einer Rissbreite von 0,25 mm kaum möglich, weil das Füllgut praktisch nicht oder nur mit großem Druck in den Riss eingebracht werden kann. Risse sind nicht zu beanstanden, wenn die Rissbreite nicht zu groß ist.

Nur wenn durch zu große Rissbreiten die Bewehrung durch Korrosion gefährdet oder eine Ansichtsfläche in ihrem Aussehen beeinträchtigt wird, muss man die Risse füllen. Das gilt für Risse mit Rissbreiten von mindestens 0,25 mm. Sonderfälle sind Trennrisse, die die Dichtigkeit beeinträchtigen, oder Risse, in die betonaggressive Flüssigkeiten eindringen können. Bei ihnen kann eine Abdichtung auch bei kleineren Rissbreiten sinnvoll sein, ggf. auch durch eine Beschichtung der Oberfläche.

Es ist heute Stand der Technik, Risse mit einer Rissbreite von mindestens 0,25 mm durch Injektion zu füllen. Bewegen sich die Rissufer auch nach dem Rissverschluss, dann kann es zu einer erneuten Rissöffnung kommen und die Arbeit war vergebens.

Zur Abschätzung möglicher Rissuferbewegungen sollte man dort, wo die Erfahrungen des Handwerkers ihre Grenzen haben, einen Fachmann hinzuziehen. Dieser Fachmann muss die Lastabtragung des Bauwerks sowie sein statisches System verstehen, um Bewegungen von Bauteilen und ihre Behinderung festzustellen. I. d. R. wird es also ein Bauingenieur sein, der über Kenntnisse in der Tragwerksplanung verfügt. Für die zahlenmäßige Abschätzung der Rissuferverschiebungen sollen die im Abschnitt 3 gegebenen Hinweise dienen. Man kann in fast allen Fällen davon ausgehen, dass – Elementdecken und -wände ausgenommen – der Zustand der abgeschlossenen Rissbildung nicht erreicht wird (vgl. Abschnitt 2.2). Mit einer einfachen Rissbreitenberechnung und der Analyse der sich verändernden Dehnungsanteile infolge Schwinden und Abkühlung erhält man zuverlässige Angaben über die aktuellen Größt- und Kleinstwerte der Rissbreite und die ggf. noch zu erwartenden Rissbreitenänderungen. Ohne eine solche Abschätzung ist jedes Füllen von Rissen mit Risiken verbunden. Im Beispiel Nr. 4.1 sieht man eine Ausnahme für extrem große Zwangverformungen bei einer Elementdecke.

Elementdecken und -wände haben mit den Elementfugen in der Querrichtung linienförmige Schwachstellen, in denen sich bei einer Zwangzugkraft sehr schnell ein abgeschlossenes Rissbild einstellt, bei dem die Rissbreiten von der Größe der Zwangdehnung abhängen. Das erfordert eine gesonderte Abschätzung, bei der die gewohnten Hilfsmittel (z. B. [3.2]) nicht anwendbar sind.

10.2 Materialien für das Füllen von Rissen

Das Füllen von Rissen durch Injektion oder Tränkung mit einem geeigneten Füllgut gehört zum Stand der Technik und ist in den nationalen Regelwerken Richtlinie des Deutschen Ausschusses für Stahlbeton Schutz und Instandsetzung von Betonbauteilen [5.10], der im Verkehrswesen gültigen ZTV-ING [10.1] sowie der harmonisierten Norm DIN EN 1504-5 mit der deutschen Anwendungs-Norm DIN V 18028 geregelt. Bewährte Füllgüter sind:

Epoxidharz - EP. Das Material ist starr und dient zur kraftschlüssigen Verbindung von Rissflanken (Bild 10.1). Bei Rissen in horizontalen oder flach geneigten Flächen kann es für anspruchslose Aufgaben auch durch Tränkung eingebracht werden.

Zementleim oder Zementsuspension - ZL, ZS. Sie dienen zur kraftschlüssigen Verbindung von Rissflanken. Verwendet wird genormter Zement mit entsprechender Mahlfeinheit und Kornverteilung. Der Vorteil von Zementleim oder Zementsuspension zum Füllen von Rissen besteht in dem artverwandten Füllgut, das gut zu den chemisch verwandten Baustoffen Beton oder Mauerwerk passt.

Polyurethanharz - PUR. Es dient zur Abdichtung von Rissen allgemein und gegen die Wirkung von Wasser. Das Material besitzt eine gewisse Dehnfähigkeit (Bild 10.1). Sie beträgt allerdings nur etwa 5 bis 10% der Rissbreite, d.h. ein 0,4 mm breiter Riss kann nach der Injektion eine Rissbreitenänderung um (5 bis 10%) · 0,4 mm = 0,02 bis 0,04 mm ertragen, ohne sich erneut zu öffnen. Die Dehnfähigkeit eines mit Polyurethanharz verpressten Risses wird manchmal überschätzt. Andererseits verändert sich die Rissbreite eines zwangbedingten Risses nicht von 0 auf 100% (vgl. Bilder 2.13 und 4.7). Die Rissbreiten von Zwangrissen haben einen Anteil aus der Schwindverkürzung und einen temperaturbedingten Anteil. Der Anteil aus der Schwindverkürzung ist bei mehrere Jahre alten Rissen größer als der Temperaturanteil und verändert sich wenig oder gar nicht mehr. Deshalb beträgt die Rissbreitenänderung älterer Zwangrisse in der Phase der Einzelrissbildung nur etwa 20 bis 50% der Rissbreite. Im Abschnitt 2.3 wird das erläutert.

Ein verwandtes Produkt ist PUR-Schaum, der für einen dauerhaften Rissverschluss ungeeignet ist. Das Material schäumt bei Anwesenheit von Wasser rasch auf und vergrößert sein Volumen auf ein Mehrfaches (Bild 10.2). Es wird bei wasserführenden Rissen zum Stoppen des durchfließenden Wassers an der Außenseite benutzt (nur an der Wasserseite zu injizieren!). Im Schutz der provisorischen Abdichtung kann dann die eigentliche Dichtung mit PUR-Harz vorgenommen werden.

Bild 10.1 Materialproben von Epoxidharz (links) und Polyurethanharz (rechts)

Es gibt leider Betriebe, die den Schaum auch zur Abdichtung wasserführender Risse benutzen.

Eine solche »Abdichtung« hält einige Monate, bestenfalls ein oder zwei Jahre. Dann ist nicht nur der Riss wieder undicht, sondern auch mit den Zersetzungsprodukten des Schaums verschmutzt. Eine erneute Abdichtung ist dadurch besonders schwierig und aufwändig.

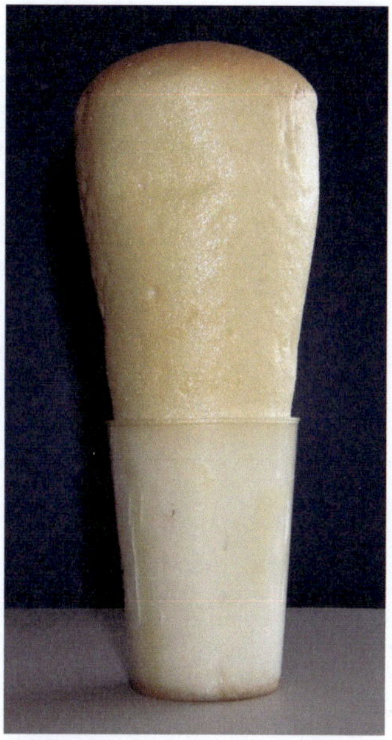

Bild 10.2 PUR-Schaum; das Ausgangsmaterial passte vor dem Aufschäumen in den Becher

Acrylate. Sie sind nicht im Regelwerk enthalten und werden vor allem als Gele verwendet und vor Ort im Injektionsprozess aus zwei Komponenten gemischt. Sie dienen zur nachträglichen Bauwerksabdichtung von außen mittels Gelschleier, aber auch zur Injektion in Risse. Die chemische Verträglichkeit von Acrylatgelen mit dem Bewehrungsstahl ist nicht nachgewiesen. Deshalb scheidet der Einsatz dort aus, wo man einen Kontakt des injizierten Materials mit dem Bewehrungsstahl vermuten muss. Diese Festlegung gilt im Gültigkeitsbereich der europäischen Normung nur in Deutschland. Andere Länder haben keine Einschränkungen für die Verwendung von Acrylaten auch in Stahlbetonbauteilen.

Die kraftschlüssige Verbindung der Rissufer (mit Epoxidharz, Zementleim oder Zementsuspension) darf in ihrer Bedeutung nicht überschätzt werden. Die Übertragung von Zugkräften über den Riss hinweg muss nicht größer sein als die im ungerissenen Material. Andernfalls entsteht neben dem verpressten Riss bei gleicher Beanspruchung ein neuer. Da in keiner statischen Berechnung mit Zugkräften im Beton oder Mauerwerk gerechnet wird, ist die kraftschlüssige Injektion meist nicht erforderlich.

Für die Abdichtung wasserführender Risse sind Injektionen mit Polyurethanharz, Zementleim oder Zementsuspension geeignet. Für eine begrenzt dehnfähige Verbindung kommt nur Polyurethanharz (kein PUR-Schaum!) oder Acrylatgel für unbewehrten Beton in Frage. Die Dehnfähigkeit eines solchen Rissverschlusses ist begrenzt und beträgt nur 5 bis 10 % der Rissbreite. Acrylate erreichen z. T. deutlich höhere Dehnfähigkeiten.

10.3 Techniken für das Füllen von Rissen

Am häufigsten werden Risse durch Injektion gefüllt. Dazu wird ein Riss in Abständen, die etwa der halben Bauteildicke entsprechen, schräg angebohrt. Wenn es möglich ist, soll er abwechselnd von beiden Seiten etwa mittig angebohrt werden. Bei Trennrissen in Bodenplatten wird man die Bohrung so ansetzen, dass beispielsweise der Riss in der halben Höhe der Bodenplatte gekreuzt wird (Bild 5.35). Die Bohrlöcher werden mit Packern dicht verschlossen, und dann wird das Injektionsgut über die Packer mit hohem Druck in den Riss hineingepresst (Bild 10.3). Es gibt verschiedene Packerformen, die je nach Einsatzbedingungen Vor- und Nachteile haben. In Bild 10.4 sind einige dargestellt, darüber hinaus gibt es noch weitere Formen.

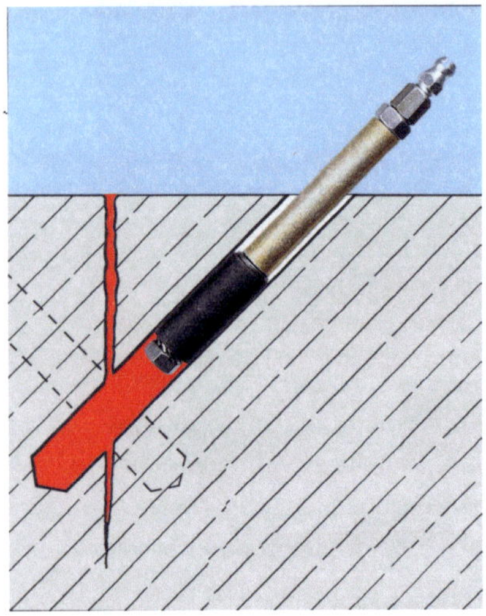

Bild 10.3 Injektion durch schräges Anbohren des Risses, Setzen von Packern und Injektion des Füllgutes unter Druck; andere Arten von Packern sind möglich

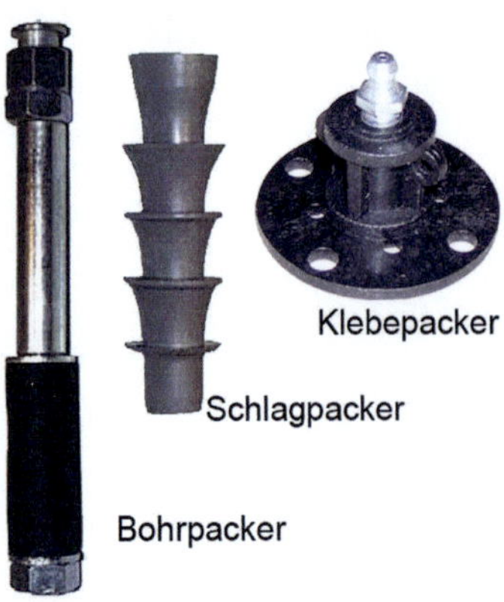

Bild 10.4 Bohrpacker, Klebepacker und Schlagpacker

Beim **Bohrpacker** (Bild 10.3) wird das Bohrloch durch einen Gummiring nach außen abgedichtet, der nach dem Einstecken in das Bohrloch durch Drehen einer Mutter gestaucht wird und so das Bohrloch abdichtet. Der Injektionskanal endet hinter dieser Dichtung, sodass das Injektionsmaterial unter hohem Druck in den Riss gelangen kann. Das Prinzip der Bohrlochabdichtung, um einen Injektionsdruck aufbauen zu können, ist bei anderen Packerarten anders gelöst.

Beim **Schlagpacker** wird das Bohrloch durch die Verformung des Kunststoffs beim Einschlagen des Packers abgedichtet. Der **Klebepacker** wird auf den Riss aufgeklebt, sodass der Injektionskanal den Riss erreicht. Der Riss wird zwischen den Klebepackern etwa 100 mm breit mit einer geeigneten Spachtelmasse verdämmt, um ihn zu verschließen und so einen Druckaufbau im Riss zu ermöglichen. Klebepacker haben den Vorteil, dass die Bohrarbeiten entfallen, was bei Verpressarbeiten in bewohnten Gebäuden von Vorteil ist. Nachteilig ist die Begrenzung des Injektionsdrucks bei der Anwendung von Klebepackern. Das Verdämmmaterial ist nach der Injektion mit den Packern zu entfernen. Die Fläche wird abgeschliffen und zeigt dann immer noch unansehnliche Spuren der Injektionsarbeiten (Bild 10.5). Sie sollte anschließend beschichtet werden, um der Fläche eine einheitliche Färbung zu geben.

Einen großen Anteil am Gesamtaufwand haben beim Injizieren von Rissen die Bohrarbeiten. Sie sind in genutzten Gebäuden besonders lästig und unerwünscht. Das Bild 10.5 ist in der Tiefgarage einer Praxisklinik entstanden, bei der es auf möglichst geringe Störungen des laufenden Betriebs ankam. Deshalb waren die Bohrarbeiten weitgehend beschränkt.

Bild 10.6 zeigt die gesetzten Packer zum abdichtenden Verpressen einer Arbeitsfuge. Der zweite Packer von vorn ist mit der Injektionspumpe verbunden. Mit den handelsüblichen Injektionspumpen können sehr hohe Drücke aufgebaut werden (bis 250 bar). Das bedeutet z. B. für eine Fläche von 25 mm · 40 mm (1000 mm²) eine Druckkraft von 25 KN! Wenn solche Drücke in der Nähe des Bauteilrandes eingetragen werden, kann es zu Abplatzungen und damit zur Beschädigung des Bauteils kommen.

Dass man selbst bei einer inzwischen bewährten Technologie wie der Rissverpressung Fehler machen kann, zeigt Bild 10.7. Die Packerbohrungen liegen fast parallel zum Riss, nicht schräg. Der Riss wird nicht von den Bohrkanälen erreicht und kann auch mit den größten Drücken nicht gefüllt werden.

Ein anderer trivialer Fehler ist in Bild 10.8 dargestellt. In einer 100 mm dicken, unbewehrten und von PKW befahrenen Betonplatte wurden Risse kraftschlüssig verpresst (vgl. Beispiel Nr. 5.5). Man erkennt die schrägen Bohrungen links und rechts vom Riss, durch die das Injektionsgut in den Riss gepresst wurde. Über die Rissursache kann dem Ausführungsbetrieb nichts bekannt gewesen sein, sonst hätte er diesen Auftrag nicht angenommen. Eine kraftschlüssige Verpressung beseitigt die Rissursache in diesem Fall nicht. Das war hier der zu große Fugenabstand von 5 m und das Aufschüsseln der dünnen Betonplatte in Verbindung mit dem PKW-Verkehr. Die kraftschlüssige Verbindung hat an der Tragfähigkeit der Betonplatte nichts verändert, sodass sich auch an dem Rissbild nichts geändert hat. Die einzige (nachteilige) dauerhafte Wirkung der Injektionsarbeiten war, dass die beiden nur 100 mm dicken Plattenteile durch den hohen

Bild 10.5 Oberfläche einer Betonfläche nach Entfernen der Klebepacker, angeschliffen

Bild 10.6 Packerreihe zum Verpressen der Arbeitsfuge zwischen Fundament und Außenwand für die nachträgliche Abdichtung

Bild 10.7 Fehlerhafte Packerbohrungen fast parallel zum Riss

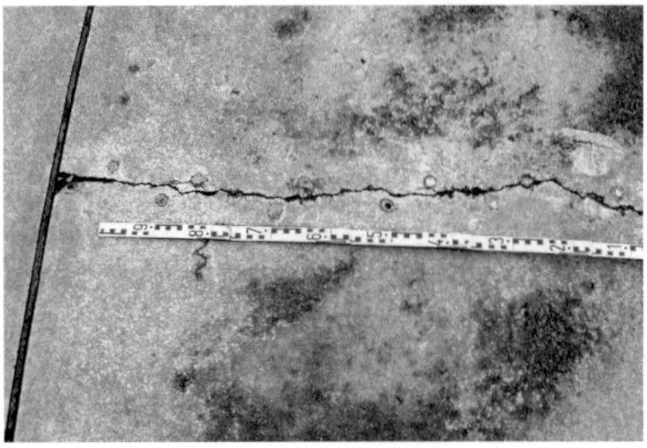

Bild 10.8 Wirkungslose kraftschlüssige Verpressung eines Trennrisses in einer unbewehrten 100 mm dicken Betonplatte

Injektionsdruck auseinander geschoben wurden. Der Riss erweiterte sich und wurde nur für kurze Zeit geschlossen. Bei der nächsten Belastung wird die Zugfestigkeit wieder erreicht und überschritten, und der Riss öffnet sich, oder es bildet sich neben dem injizierten Riss ein neuer.

Fehlermöglichkeiten beim Rissverschluss können auch bei der Wahl des Injektionsmaterials gemacht werden. Ausdrücklich wird vor Billiganbietern gewarnt, die auch am Material sparen und minderwertige Produkte einsetzen.

10.4 Nachträgliche flächige Abdichtung gerissener Stahlbetonbauteile

Beschichtung von horizontalen und leicht geneigten Flächen

Mechanisch beanspruchte Flächen wie die Fahrgassen und Abstellflächen von Parkdecks unterliegen besonders hohen Beanspruchungen und sind auch besonders rissgefährdet. Die Decken in Parkhäusern haben durch den beidseitigen Kontakt mit der Luft in einer immer gut belüfteten Tiefgarage größere Schwindverkürzungen und Temperaturdehnungen als die angrenzenden Bauteile, was in der kalten Jahreszeit i. d. R. zu Trennrissen führt. Im Beispiel Nr. 5.17 wird das erläutert. Die Schwankungen der Rissbreite sind meist relativ groß, sodass ein Rissverschluss mittels Injektion zu keinem befriedigenden Ergebnis führt. Außerdem unterliegen solche Betonflächen chemischen Einwirkungen durch eingeschleppte Taumittel. Wenn in den Flächen Trennrisse entstehen – das ist in Tiefgaragen und Parkdecks häufig der Fall – dann unterliegt auch die Bewehrung im Beton einer besonders großen Korrosionsgefahr. Deshalb müssen solche Risse gefüllt werden.

Das ist bei größeren Rissbreitenänderungen schwierig. Das Füllen von Rissen, z. B. mittels Polyurethanharz-Injektionen, scheidet wegen der großen Rissbreitenänderungen aus. Es kommt nur eine rissüberbrückende Beschichtung in Frage. Solche Beschichtungen sind in den Regelwerken des Bau- und des Verkehrswesens enthalten ([5.10] und [10.1]). Das DBV-Merkblatt »Parkhäuser und Tiefgaragen« [5.8] gibt auf dieser Grundlage spezifizierte Hinweise für mechanisch und chemisch stark beanspruchte, gerissene Betonflächen. Als Beschichtung mit erhöhter dynamischer Rissüberbrückungsfähigkeit für begeh- und befahrbare Flächen kommt nach [5.8] eine Oberflächenschutzschicht OS 11a gemäß Richtlinie des Deutschen Ausschusses für Stahlbeton *Schutz und Instandsetzung von Betonbauteilen* (SIB-RILI [5.10]) in Frage (Bild 10.9).

Eine gute Untergrundvorbereitung ist für eine dauerhafte Beschichtung unverzichtbar. Die Betonfläche ist abtragend vorzubereiten. Die Oberflächenzugfestigkeit soll mindestens 1,5 N/mm² betragen. Die Risse sind vor der Beschichtung zu füllen.

Diese Beschichtung gehört zur Rissüberbrückungsklasse II_{T+V} nach SIB-RILI [5.10]. In einer dynamischen Prüfung wird das System mit der größten Rissbreite 0,30 mm geprüft. Der untere Rissbreitenwert der dynamischen Prüfung beträgt 0,1 mm, d. h. es wird die Beständigkeit der Beschichtung für eine Rissbreitenänderung unter der Beschichtung von 0,2 mm nachgewiesen. Man sollte diese Rissbreitenänderung von 0,2 mm möglichst nicht ausnutzen, um eine gewisse Reserve für Unregelmäßigkeiten bei der Berechnung der Rissbreiten oder bei ihrer Messung zur Verfügung zu haben. Das Beschichtungssystem muss ein Allgemeines bauaufsichtliches Prüfzeugnis besitzen (AbP).

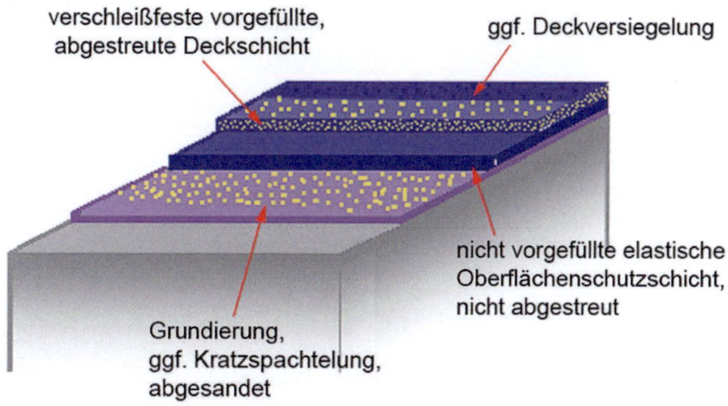

Bild 10.9 Oberflächenschutzschicht OS 11a nach SIB-RILI [5.10]

Wenn die Beschichtung nicht sorgfältig genug ausgeführt wird, zeigen sich nach wenigen Monaten oder Jahren die ersten Schäden. Bild 10.10 zeigt die flächige Ablösung der Beschichtung auf der hoch beanspruchten oberen Parkebene eines Parkdecks (ungeschützte Bewitterung und Fahrverkehr).

Bild 10.10 Schadensbild einer nicht ordnungsgemäß ausgeführten Beschichtung der oberen, der Witterung ausgesetzten Parkebene in einem Parkdeck

Bild 10.11 zeigt den Beginn der Beschädigung auf der gleichen Fläche wie in Bild 10.10. Trotz eines hohen Rissüberbrückungsvermögens bilden sich am Auflager der Decke Risse in der Beschichtung. Wahrscheinlich ist das auf große Temperaturunterschiede der nur 80 mm dicken Betonplatten zurückzuführen. Das ist der Beginn der Zerstörung, weil durch diese Risse Wasser in den Schichtaufbau gelangen und sein zerstörerisches Werk beginnen kann. In Beispiel Nr. 6.2 ist eine ähnliche Erscheinung bei einer dünnen Stahlbeton-Elementdecke einer Parkfläche erläutert.

Bild 10.11 Risse in der Beschichtung der oberen Parkebene eines Parkdecks nach mehrjähriger Nutzung

Eine andere technische Variante ist die Abdichtung der Zwischenebenen in Parkhäusern analog zur Fahrbahnabdichtung im Brücken-

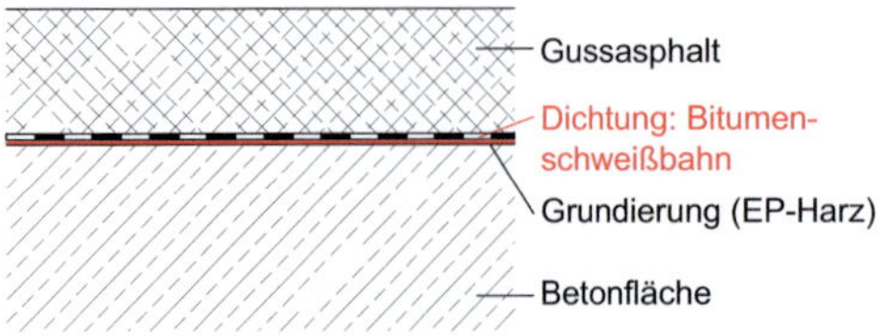

Bild 10.12 Abdichtung einer Zwischenebene in einem Parkhaus [5.8]

bau (Bild 10.12). Für frei bewitterte Flächen kann man darauf noch eine Verschleißschicht aus Gussasphalt verlegen.

Nachträgliche Abdichtung von außen mittels Gelschleier

Bei wasserführenden Rissen in erdberührten Bauteilen kommt es oft vor, dass man die Wassereintrittstellen nicht genau lokalisieren kann oder dass sie nicht zugänglich sind. Häufig ist es auch nicht möglich, eine äußere Abdichtung einzubauen, weil das Aufgraben des eingeerdeten Teils eines Bauwerks im jeweils konkreten Fall nicht akzeptiert wird oder technisch unmöglich ist. Die Außenseite einer Bodenplatte ist ohnehin nicht erreichbar, um Abdichtungen anzubringen. Für solche Fälle hat sich die Abdichtung mit einem nachträglich an der Außenseite angebrachten Gelschleier bewährt. Er überdeckt Risse und undichte Bewegungsfugen und dichtet das Bauwerk ab.

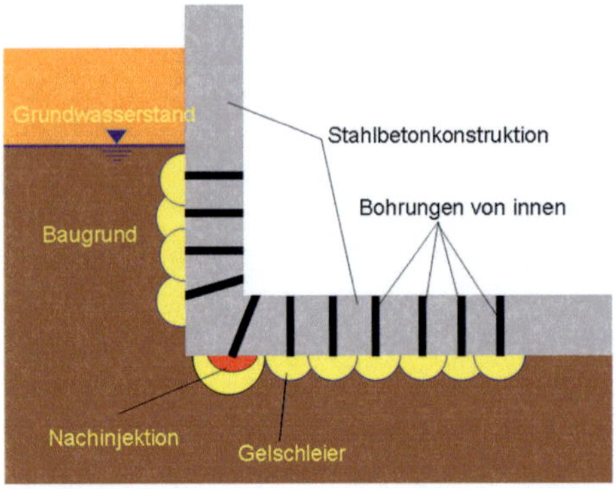

Bild 10.13 Gelschleier zur nachträglichen Abdichtung von unzugänglichen Trennrissen und Arbeitsfugen (Schema)

Der Gelschleier wird ohne aufzugraben von der Innenseite aus an der Außenfläche des Gebäudes hergestellt. Das ist auch bei Bodenplatten möglich. Dazu werden von innen Bohrungen durch Bodenplatte und Wand in einem bestimmten Raster von z. B. 300 mm eingebracht (Bild 10.13), durch die das Gel in zwei Komponenten in den Baugrund gedrückt wird. Dort verdrängt es das Wasser und füllt die Hohlräume im Erdstoff aus. Es entsteht ein nicht sehr hartes Gemisch von Gel und Boden.

Bild 10.14 Foto eines Gelschleiers nach der Freilegung (Feldversuch)

Die beiden Komponenten mischen sich erst in der Düse, weil die Reaktionszeit relativ kurz ist. Sie kann von wenigen Sekunden bis zu mehreren Minuten eingestellt werden und ist temperaturabhängig. Das in den Baugrund injizierte Gel mischt sich dort mit dem anstehenden Boden und bildet dann nach der Reaktion den Gelschleier. Er ist ein unregelmäßiges Gebilde, das sich je nach lokaler Durchlässigkeit des Bodens, Injektionsdruck und (eingestellter) Reaktionszeit bildet (Bild 10.14).

Die nachträgliche Abdichtung mittels eines Gelschleiers muss wie jede andere Abdichtungsmaßnahme sorgfältig geplant und ausgeführt werden. Dazu sind folgende Informationen von Bedeutung:

- Bauwerksgeometrie und möglichst genaue Angaben zu den undichten Rissen bzw. anderen undichten Stellen (z. B. Fugen)
- Bemessungswasserstand
- chemische Beschaffenheit des anstehenden Wassers
- Durchlässigkeit des Baugrunds, ggf. durch Probeinjektionen mit Wasser erkunden
- vorhandene Dränagen und Hohlräume, die durch eindringendes Gel geschädigt werden könnten.

Die Injektionsstoffe werden auf unterschiedlicher chemischer Basis hergestellt. Es dürfen nur nichttoxische umweltverträgliche Materialien verwendet werden. Trotzdem ist nicht auszuschließen, dass sowohl die ausreagierten Produkte als auch ihre Einzelkomponenten mit dem Grundwasser in Berührung kommen. Materialarten sind:

- **Injektionsstoffe auf Acrylatbasis.** Sie werden in mehreren Komponenten geliefert und erst bei der Förderung unmittelbar vor dem Verlassen des Fördergerätes in einem vorgegebenen Verhältnis gemischt (Bild 10.15).
- **Injektionsstoffe auf Polyurethanbasis.** Sie werden in einer Komponente geliefert und reagieren mit Wasser als 2. Komponente, das im Injektionsvorgang beigemischt wird. Da häufig auch im Baugrund flüssiges Wasser ansteht, ist die Dosierung nicht zielgenau möglich, wodurch bei außen anstehendem Grundwasser kein definiertes Gelschleier-Material entsteht. Es kann dadurch zu Dichtigkeits- und Dauerhaftigkeitsproblemen kommen.

Bild 10.15 Herstellung eines Gelschleiers mit einer Zwei-Komponenten-Pumpe. Erst unmittelbar vor dem Packer werden beide Komponenten zusammengeführt

Die Gelschleierherstellung gehört nicht zu den geregelten Bauarten. Deshalb ist sie auch nicht Bestandteil der Bauregelliste. Einige Richtlinien helfen bei der Anwendung. Von der Studienanstalt für unterirdische Verkehrsanlagen e.V. (STUVA) ist ein Merkblatt herausgegeben worden [10.2]. Außerdem hat die Deutsche Bahn AG eine Richtlinie für Vergelungsmaßnahmen bei der DB AG herausgegeben [10.3], die auch für andere Bereiche als Orientierung dienen kann.

Über die Technologie »Gelschleier« gibt es sehr unterschiedliche Meinungen. Das mag daran liegen, dass es keine Regelungen und dadurch bedingt auch wenig Veröffentlichungen dazu gibt. Gerüchte über die Unbeständigkeit der Materialien sind unbegründet. Es liegen

Erfahrungen über mehrere Jahrzehnte vor, die zu weiteren Anwendungen ermutigen. Man weiß heute, dass es unter bestimmten Umständen zur Korrosion von Bewehrung kommt, wenn der Stahl teilweise im Gel eingebettet ist. Wenn solche Situationen zu vermuten sind, sollte Gel nicht verwendet werden.

Wenn es zu nachträglichen Undichtigkeiten kam, dann lag das nicht nur an Verarbeitungsfehlern, sondern auch an einem falschen Bemessungswasserstand oder minderwertigem Material. Der Gelschleier wird ohne optische Kontrollmöglichkeit bei einem bestimmten äußeren Wasserstand hergestellt. Nur für diesen Wasserstand kann man den Abdichtungserfolg kontrollieren. Steigt das Grundwasser weiter an, kann es zu erneuten Undichtigkeiten kommen, weil das Wasser höher gelegene Trennrisse erreicht hat. In diesem Falle ist es nicht schwer, den Gelschleier zu ergänzen.

Der Gelschleier braucht für seine Funktionsfähigkeit dauerhaft eine feuchte oder nasse Umgebung, sonst trocknet er aus, wird starr und undicht. Er kann bei erneutem Kontakt mit Wasser wieder aufquellen. Das dauert aber Tage oder Wochen, in denen die Abdichtungswirkung nicht mehr zuverlässig vorhanden ist. Die normale Erdfeuchtigkeit genügt, um die notwendige weiche Konsistenz des Schleiers dauerhaft zu erhalten.

10.5 Instandsetzung gerissener Mauerwerksbauteile

Bild 10.16 Extrem weit geöffneter Riss in einem alten Baudenkmal, das stark beschädigt ist

Besonderheiten von Mauerwerksrissen

Mauerwerksrisse verhalten sich anders als Risse in Stahlbetonbauteilen. Im Mauerwerk ist meist keine Bewehrung enthalten, die einen Riss überbrücken kann und die Zwangkraft aus der Bauteildehnung im Rissbereich übernimmt. Deshalb entstehen in Mauerwerk wenige Einzelrisse, die viel größere Rissbreiten haben können als Risse in Stahlbeton. Wenn Bauteildehnungen z. B. infolge einer Temperaturänderung eintreten, dann konzentriert sich die Bewegung im Riss, ohne dass i. d. R. weitere Risse entstehen. So können sehr breite Risse auftreten, wie es in Bild 10.16 an einem stark beschädigten Baudenkmal zu sehen ist. Große Bauteildehnungen entstehen meist bei Setzungen. Typisch für Setzungsrisse sind wenige breite Risse oder nur ein einzelner sehr breiter Riss. Im Abschnitt 7.2 sind Beispiele für solche Risse dargestellt.

Will man gerissenes Mauerwerk instand setzen, muss die Rissursache bekannt sein. Deshalb ist der erste Schritt jeder Instandsetzung die Feststellung der Rissursachen. Erst dann können die notwendigen Maßnahmen festgelegt werden.

Fixierung von breiten Rissen mit Spiralankern

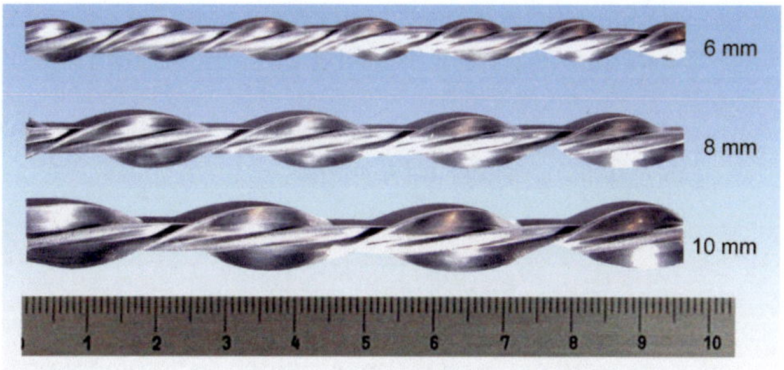

Bild 10.17 Spiralanker für die Instandsetzung von gerissenem Mauerwerk

Eine neuere Instandsetzungsmaßnahme besteht in der Fixierung von Rissen mit Spiralankern. Spiralanker sind verdrillte Stäbe aus Edelstahl, die in drei Nenndurchmessern gehandelt werden: d_N = 6 mm, 8 mm und 10 mm (Bild 10.17). Die Nenndurchmesser beziehen sich auf die größte Querschnittsabmessung und haben nichts mit den Bewehrungsdurchmessern zu tun (Bild 10.18). Sie sind weder als Bewehrung genormt noch zugelassen, sodass sie keine tragende Funktion im Bauwerk übernehmen dürfen.

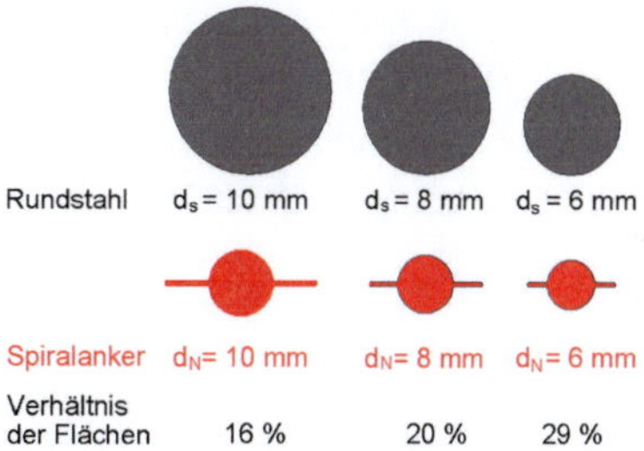

Bild 10.18 Vergleich von Stahlbetonbewehrungsflächen mit Durchmessern von 10 mm, 8 mm und 6 mm mit Spiralankerflächen gleichen Nenndurchmessers

Im Vergleich zu Bewehrung im Stahlbetonbau besitzen sie bei zahlenmäßig gleichem Nenndurchmesser eine sehr kleine Fläche (Bild 10.18). Wenn Mauerwerk wegen erhöhter Lasteinwirkungen nachträglich durch Bewehrung zu verstärken ist, dann soll man Bewehrung aus nicht rostendem Stahl mit Zulassung des Deutschen Instituts für Bautechnik verwenden.

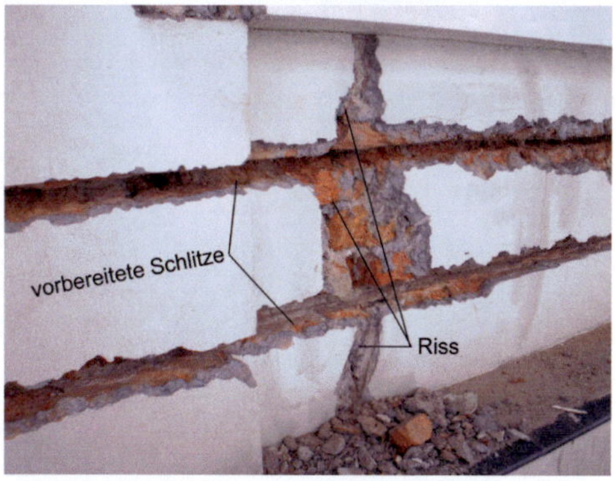

Bild 10.19 Horizontale Schlitze für einen vertikal orientierten Riss

Die Spiralanker bestehen aus Edelstahl. Deshalb unterliegen sie keiner Korrosionsgefahr im Mauerwerk. Sie werden in vorbereitete Mauerwerksschlitze gelegt (Bild 10.19) und mit einem speziellen Mörtel allseitig ummantelt. Spiralanker und Spezialmörtel werden vom Lieferanten gemeinsam verkauft. Es ist ratsam, keinen anderen Mörtel als den vom Hersteller gelieferten zu verwenden.

Die nachträglich ins Mauerwerk eingelegten Spiralanker haben die Aufgabe, die Rissufer fest miteinander zu verbinden, sodass eine gewisse Bauteildehnung möglich ist, die nicht nur den Riss, sondern das ganze Bauteil betrifft. Dabei darf sich der Riss wieder etwas öffnen. Diese Rissöffnung wird durch die Spiralanker kontrolliert begrenzt. Die Wirkungsweise und Hilfsmittel zur Berechnung der Spiralanker sind in [10.4] dargestellt. Bemerkenswert ist, dass die Nachweise für die Verteilung der Zwangverformungen auf größere

Wandbereiche in diesem Buch nur über die Betrachtung der Verformungen geführt werden. Man muss sie nicht in Kräfte umwandeln, um zum Ziel zu kommen.

Spiralanker sind für eine elastische Verbindung von Rissufern besonders geeignet, weil sie drei Besonderheiten besitzen:

- Ihr Elastizitätsmodul beträgt nur 75 % des Elastizitätsmoduls von Bewehrungsstahl (E_{Spir} = 150 000 N/mm²). Dadurch sind sie weniger dehnsteif, d. h. bei gleicher Zwangdehnung und gleicher Querschnittsfläche entwickeln sie kleinere Kräfte. Dadurch wird die Risslast bei erneuter Zwangdehnung im Mauerwerk nach der Instandsetzung nicht wieder erreicht.
- Ihre Querschnittsflächen sind bei zahlenmäßig gleichem Nenndurchmesser bedeutend kleiner als die Flächen von Bewehrungsstäben (Bild 10.18). Dadurch werden die bei behinderter Zwangdehnung entstehenden Zugkräfte kleiner als bei größerem Querschnitt. Die Gefahr einer erneuten Rissbildung im Mauerwerk nach der Instandsetzung wird dadurch kleiner.
- Da sie aus Edelstahl bestehen, besteht keine Korrosionsgefahr bei Verlegung im Mauerwerk.

Durch diese Eigenschaften entsteht eine elastische Verbindung der Rissufer, die kleine, elastische Rissbewegungen auch nach der Instandsetzung gestattet. Die zu erwartende Rissbreite nach der Instandsetzung (erneute Rissöffnung) kann durch die Spiralankerfläche (Anzahl und Nenndurchmesser) in gewissen Grenzen beeinflusst werden. Der zu erwartende Rechenwert der Rissbreite ist in einer statischen Berechnung nachzuweisen, die nur den Grenzzustand der Gebrauchstauglichkeit zum Inhalt hat.

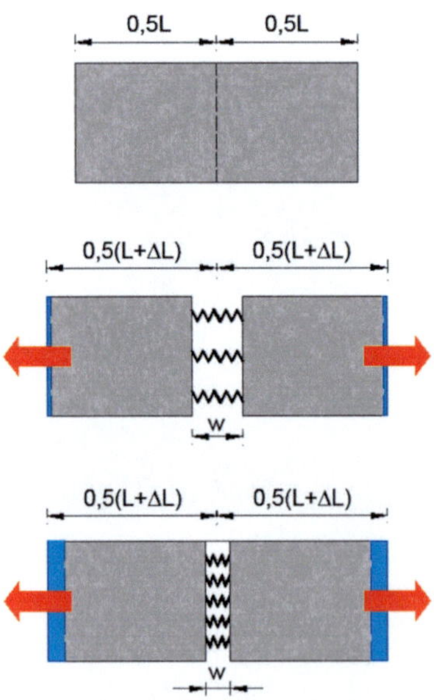

Bild 10.20 Berechnungsmodell einer Verbindung der Rissufer mit Spiralankern bei einer eingetragenen Bauteildehnung. Die violetten Streifen zeigen die unterschiedliche Mauerwerksdehnung bei unterschiedlicher Menge von Spiralankern an

Das Funktionsprinzip ist schematisch in Bild 10.20 dargestellt. Die Spiralanker sind unmittelbar nach dem Einbau spannungslos (im Bild oben). Wenn die Wand nach der Instandsetzung wieder eine Dehnung erfährt, z. B. durch eine behinderte Abkühlung, dann verhindern die Spiralanker die Rissöffnung und werden dabei etwas gedehnt. Bei einer bestimmten, geringen Dehnung öffnet sich der Riss erneut um einen kleinen Betrag und in den Spiralankern entsteht eine Zugspannung. Die Spiralanker wirken wie Federn. Wenn diese nachträgliche Dehnung zurückgeht, z. B. durch eine Erwärmung, dann nähern sich die Rissufer wieder.

Die Bauteildehnung, wird nach der Instandsetzung sowohl von den Spiralankern als auch vom nunmehr verbundenen Mauerwerk gemeinsam realisiert. In Bild 10.20 Mitte und unten ist die Dehnung nach der

Instandsetzung bei einer unterschiedlichen Zahl von Spiralankern schematisch dargestellt. Die Zwangdehnung bewirkt sowohl in den Spiralankern als auch im Mauerwerk eine Längenänderung. Die Summe der beiden Komponenten ist gleich der Bauteil-Längenänderung infolge der Zwangdehnung. Ist die Spiralankerfläche klein, dann ist der Dehnungsanteil des Stahls relativ groß und umgekehrt. Die Mauerwerksdehnung darf nicht größer als die Bruchdehnung werden (0,1 bis 0,2 mm/m), weil sonst ein neuer Riss entsteht. Die Bemessung kann nach einem Vorschlag in [10.4] geführt werden.

Die Anwendung von Spiralankern ist immer dort sinnvoll, wo auch nach einer Instandsetzung mit Zwangkräften zu rechnen ist und die Rissufer sich verschieben wollen. Eine elastische Behinderung der Rissuferverschiebungen erlaubt zwar eine geringe Rissöffnung, verhindert aber dadurch die Bildung eines neuen, auffälligen Risses. Temperaturbedingte Verformungen, die Zwangzugkräfte verursachen können, treten bei Außen- und Innenwänden während der gesamten Lebensdauer eines Bauwerks auf.

Risse, die durch Lastwirkungen entstanden sind - dazu gehören auch ungleichmäßige Setzungen - können mit Spiralankern nur instand gesetzt werden, wenn die Rissursache nicht mehr wirkt, also z. B. nach dem Abklingen der Setzungen.

Beispiel Nr. 10.1 Rissinstandsetzung an der Fassade eines 190 Jahre alten Rathausgebäudes

Situation

An allen Fassadenflächen eines 190 Jahre alten Rathauses sind gut erkennbare Risse aufgetreten, die vertikal orientiert sind und von Fenster zu Fenster verlaufen (Bild 10.21 oben). Die gerissenen Fassadenflächen sind bis zu 40 m lang.

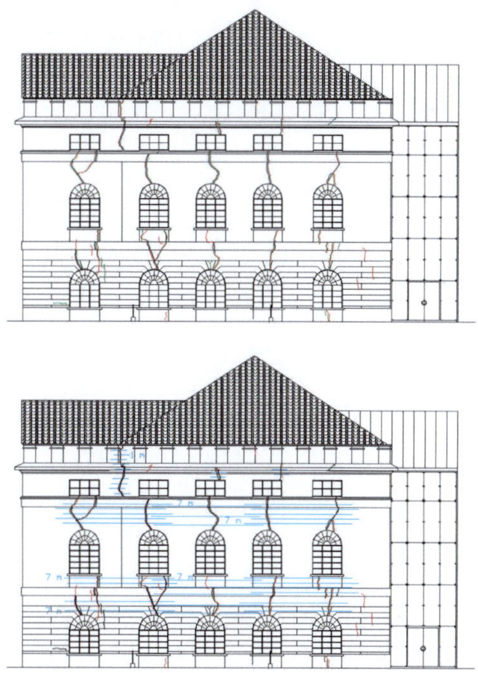

Bild 10.21 Fassade mit Rissen (oben) und mit Anordnung der Spiralanker (unten)

Rissursache

Die Rissursachen sind nur unvollständig bekannt. Einige Risse sind bereits in ca. 100 Jahre alten Unterlagen beschrieben. Dazu kommen Einwirkungen aus dem 2. Weltkrieg und aus vielfältigen Bau- und Umbauarbeiten. Aus Archivunterlagen war zu entnehmen, dass das Rathaus unter äußerster Geldnot errichtet wurde und dass deswegen z. B. erst Jahre nach der Inbetriebnahme eine Heizung eingebaut wurde. In den ersten Wintern mussten die Ratssitzungen an anderer Stelle abgehalten werden. Man kann nicht ausschließen, dass die Geldknappheit auch Auswirkungen auf die Rissempfindlichkeit hatte, was aber kaum mehr zu beweisen ist. Die Situation, dass die Rissursachen nur lückenhaft bekannt sind, kommt gerade bei alten Gebäuden häufig vor. Trotzdem muss man sich auch unter diesen Bedingungen der Instandsetzungsaufgabe stellen.

Sicher ist, dass die Risse im unbewehrten Mauerwerk Trennrisse sind und dass sich ihre Rissbreite infolge von temperaturbedingten Längenänderungen verändert. Die Risse schließen sich nie ganz. Im Jahresgang vergrößert (Winter) oder verkleinert (Sommer) sich die Rissbreite etwas. Diese geringe Rissbewegung darf nicht völlig verhindert werden, weil sonst mit großer Wahrscheinlichkeit nach der Instandsetzung neue Risse entstehen. Spiralanker bilden dafür eine geeignete Instandsetzungsmethode.

Instandsetzung

Die Spiralanker werden in Richtung der behinderten Zwangverformung, also horizontal angeordnet. In Bild 10.21 ist das Verlegeschema an einer Fassadenfläche dargestellt. Außer einer Anordnung am Einzelriss im Dachgeschoss (oben links) sind alle anderen Risse als Gruppenrisse behandelt worden. Das bedeutet, dass die Spiralanker über mehrere Risse durchlaufen. So wird eine stetige Wirkung der rissbreitenbeschränkenden »Bewehrung« erreicht. Zur Minimierung der noch zu erwartenden Rissbreitenänderungen wurden die Instandsetzungsarbeiten im Spätherbst und im Frühjahr durchgeführt. In diesen Zeiträumen sind niedrige Bauteiltemperaturen zu erwarten, bei denen die Risse weit geöffnet sind. Nach der Fixierung mit Spiralankern ist somit die Differenz zur niedrigsten Bauteiltemperatur im Winter (längerer strenger Frost) kleiner als z. B. bei einer Instandsetzung im Sommer. So bleibt die zu erwartende nachträgliche Rissöffnung im Winter kleiner als bei einer höheren Instandsetzungstemperatur.

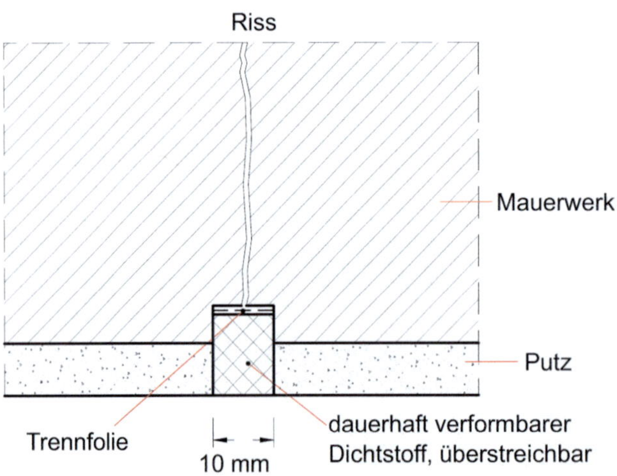

Bild 10.22 Ausbildung einer Bewegungsfuge über dem Riss (Schnitt)

Füllen von feinen Rissen

Mauerwerksrisse können wie Betonrisse durch Injektionen mit Kunstharzen oder Zement gefüllt werden. Dabei können die gleichen Füllgüter und Injektionstechniken wie für Beton verwendet werden. Bei Injektionen ist zu beachten, dass bei Drücken von z. B. 50 bar erhebliche Kräfte entstehen, die das Mauerwerk beschädigen oder auseinander drücken können. Bei Mauerwerk und bei unbewehrtem Beton fehlt die rissüberbrückende Bewehrung wie bei Stahlbeton, die solche Kräfte kompensieren kann. Durch unsachgemäße Injektionen können so auch neue Schäden angerichtet werden.

Risse, die noch eine gewisse Bewegung erwarten lassen, wird man wie eine Vergussfuge ausbilden. Dazu wird der Riss auf eine Breite von ca. 10 mm aufgeweitet, am Grund der Aufweitung mit einer Folie abgedeckt und der verbreiterte Schlitz mit einem dauerelastischen Fugenmaterial verschlossen (Bild 10.22). Eine farbliche Behandlung der sanierten Stelle ist zu empfehlen.

Etwas anspruchsloser, aber auch für geringe Bewegungen ist eine Lösung in Bild 10.23 angegeben. Bei dieser Lösung wird der Putz auf eine Breite von rund 250 mm aufgeweitet. Im Unterputz wird über dem Riss ein Schlitz von 10 mm Breite eingearbeitet, der mit einem Fugendichtstoff verschlossen wird.

Oftmals genügt es bereits, z. B. für eine Fassade mit feinen Rissen im Putz, einen faserhaltigen, dehnbarer Anstrichstoff zu verwenden, der solche Risse dauerhaft überbrücken kann.

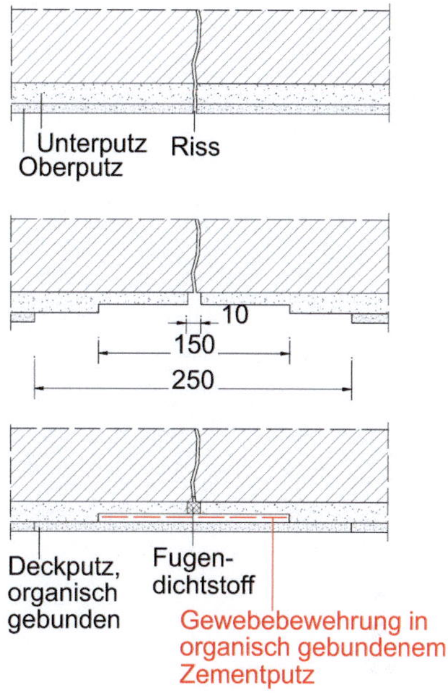

Bild 10.23 Riss aufgeweitet und im Putz überbaut [10.5]

Im WTA-Merkblatt »Beurteilung und Instandsetzung gerissener Putze an Fassaden« findet man weitere Hinweise sowie eine Systematik für das Füllen von Rissen in Putz und im Untergrund [10.6].

11 Mängelhaftung und Gewährleistung

11.1 Einführung

Der Ausgangspunkt der nachstehenden juristischen Ausführungen ist die Frage, wer für das Vorhandensein eines Mangels die Haftung trägt, d.h. wer welche Ansprüche gegen welche der einzelnen Baubeteiligten geltend machen kann.

Ob ein aufgetretenes Symptom einen Mangel darstellt, wird von Technikern und Juristen teilweise unterschiedlich bewertet. Bei der Prüfung sind zum einen sämtliche Vertragsgrundlagen einzubeziehen, um festzustellen, wer die Verantwortung trägt, andererseits aber auch die Frage, inwieweit möglicherweise in diesem Zusammenhang auf Bedenken hingewiesen wurde und sich der Auftraggeber diesen verschlossen hat. Letztlich ist es aber immer eine Frage des Einzelfalls, ob von einem Mangel auszugehen ist.

Maßstab sind neben der vertraglich vereinbarten Beschaffenheit als zentraler Gegenstand die anerkannten Regeln der Technik. Auch wenn ein Symptom im klassischen Baurecht, d.h. bei Anwendbarkeit des Werkvertragsrechts (BGB oder VOB/B), häufig keinen Mangel darstellt, kann dieselbe Erscheinung unter mietrechtlichen Gesichtspunkten durchaus dazu führen, dass ein Mieter im Falle der Nichtbeseitigung eine Mietminderung geltend machen kann.

Die nachstehenden Ausführungen betreffen ausnahmslos das Werkvertragsrecht und den klassischen Baubereich. Für das Verständnis, wer wann unter welchen Voraussetzungen haftet, ist es entscheidend, dass auch der Techniker die juristische Denkstruktur nachvollziehen kann. Dabei erfolgt die juristische Darstellung der Anspruchsgrundlagen zunächst allgemein, da im juristischen Bereich anders als im technischen Bereich für die Frage der Inanspruchnahmemöglichkeit nicht schlicht auf eine DIN-Norm rekurriert werden kann, sondern hier jeweils sämtliche Vertragsgrundlagen zu berücksichtigen sind. Ebenso ist es sehr wichtig festzustellen, ob das BGB anwendbar ist oder aber die VOB/B (im Verhältnis zu den an der Ausführung Beteiligten) vereinbart wurde. Aus diesem Grund wird nachstehend die Mängelhaftung und Gewährleistung nach der VOB/B und dem BGB und im Anschluss dann die Haftung der am Bau Beteiligten dargestellt. Darüber hinaus soll durch unterschiedliche Rechtsprechungsbeispiele verdeutlicht werden, wann von einem Mangel auszugehen ist und wer dafür unter welchen Voraussetzungen haftet. Abschließend werden Möglichkeiten aufgezeigt, sich der Haftung rechtmäßig zu entziehen.

11.1.1 Anwendbarkeit BGB - VOB/B

Für die Frage, welche Voraussetzungen einzuhalten sind und welche Rechtsfolgen geltend gemacht werden können, bedarf es zunächst der Prüfung, inwieweit die Parteien die VOB/B vereinbart haben oder aber das BGB gilt.

Ohne Vereinbarung findet für das zivile Werkvertragsrecht das BGB (§§ 631 ff. BGB) Anwendung. Demgegenüber wird die VOB/B nur dann Vertragsbestandteil, wenn sie ausdrücklich vereinbart wird. Im Falle der Beteiligung von Privaten bedarf es der Übergabe der VOB/B an den Privaten.

Das BGB ist ein Gesetz, das im Jahr 1900 in Kraft getreten ist und im Hinblick auf das BGB-Werkvertragsrecht erstmals durch das »Gesetz zur Beschleunigung fälliger Zahlungen« vom 30.03.2000 (BGBl. I S. 330) geändert wurde. Die Änderungen beschränkten sich im Wesentlichen auf die Einfügung des § 632 a BGB, in dem das Recht auf Abschlagszahlungen normiert wurde, auf § 640 Abs. 1 S. 3 BGB, in dem die Abnahmefiktion nach Fristsetzung geregelt wurde und schließlich auf die Einfügung des mittlerweile wieder gestrichenen § 641 a BGB, der das wenig praxisrelevante Institut der Fertigstellungsbescheinigung einführte und regelte. Eine weitreichende Änderung erfolgte dann durch das »Gesetz zur Modernisierung des Schuldrechts« vom 28.11.2001 (Schuldrechtsmodernisierungsgesetz, BGBl. I 2001, S. 31, 38 ff.), das auf der Verbrauchsgüterrichtlinie, der Zahlungsverzugsrichtlinie und der E-Commerce-Richtlinie beruht. Obwohl die Änderungen weitreichend waren, ist zu berücksichtigen, dass das BGB in den ersten hundert Jahren seit seinem Inkrafttreten am 01.01.1900 u. a. im Bereich des Werkvertragsrechts unverändert geblieben ist.

Mit dem »Gesetz zur Sicherung von Werkunternehmeransprüchen und zur verbesserten Durchsetzung von Forderungen« vom 23.10.2008 (Forderungssicherungsgesetz, BGBl. I 2008, S. 2022 ff.) wurde das (Bau-)Werkvertragsrecht erneut umfassend geändert. So wurden u. a. der Anspruch des Werkunternehmers auf Abschlagzahlungen (§ 632 a BGB) ausgeweitet, die Regelung zur Bauhandwerkersicherung (§ 648 a BGB) erweitert, das Institut der Fertigstellungsbescheinigung (§ 641 a BGB) ersatzlos gestrichen sowie die Privilegierung der VOB/B gegenüber sonstigen Allgemeinen Geschäftsbedingungen für Verträge mit Verbrauchern aufgehoben und für Verträge mit Unternehmern festgeschrieben.

Anders als das BGB ist die VOB/B kein Gesetz und wird auch nicht vom Gesetzgeber erlassen, sondern vom Deutschen Vergabe- und Vertragsausschuss für Bauleistungen (DVA). Sie wurde speziell für den Baubereich konzipiert und stellt, sofern keine inhaltliche Änderung erfolgt, für beide Vertragsparteien eine in sich ausgewogene Regelung dar, die den Besonderheiten des klassischen und professionellen Baubereichs Rechnung trägt. Neben teilweise gravierenden Unterschieden hinsichtlich der Voraussetzungen und Rechtsfolgen zwischen dem BGB und der VOB/B wird auch eine unterschiedliche Wortwahl für die Vertragsparteien verwendet, die jedoch – anders als die Änderungen – im Hinblick auf die Voraussetzungen und Rechtsfolgen nur eine rein sprachliche Bedeutung hat.

Das BGB verwendet die Begriffe Besteller und Unternehmer, die im Folgenden nur dann verwendet werden, wenn eine Darstellung nach dem BGB erfolgt. Die VOB/B verwendet die Begriffe Auftraggeber und Auftragnehmer.

Die Vereinbarung der VOB/B ist nur da sinnvoll, wo eine der beiden Vertragsparteien ein Ausführungsunternehmen ist, da sie davon ausgeht, dass eine der beiden Vertragsparteien tatsächlich Bauleistungen erbringt.

Demgegenüber findet bei den Verträgen zwischen dem Auftraggeber und dem jeweiligen Planer (Architekt, Tragwerksplaner, Baugrundgutachter, Sonderfachleute etc.) das BGB Anwendung. In diesem Verhältnis ist auch die Vereinbarung der VOB/B nicht sinnvoll, da die Planer gedankliche Leistungen (Planung, Architektur) erbringen oder die Bauüberwachung, aber keine rein tatsächlichen Leistungen zur Erstellung des Bauwerks.

11.1.2 Unterschiede BGB - VOB/B

Rücktritt

Der wesentliche Unterschied zwischen BGB und VOB/B ist, dass in der VOB/B ein Rücktritt ausgeschlossen ist. Bei der Anwendbarkeit des BGB kann das Vorhandensein von Mängeln oder eines Mangels dazu führen, dass der Besteller von dem Vertrag zurücktritt. Unter Berücksichtigung möglicherweise erheblicher aufgewendeter Summen für die Herstellung eines Werkes, und auch dem Umstand geschuldet, dass es wohl kein (größeres) absolut mangelfreies Bauvorhaben geben wird, ist dieses Ergebnis für den klassischen Baubereich nicht interessensgerecht. Folgerichtig ist in der VOB/B kein Rücktritt vorgesehen.

Mängelrechte vor und nach Abnahme

Ob ein Mangel vor der Abnahme aufgetreten ist, ist sowohl für das BGB als auch für die VOB/B gleichermaßen von zentraler Bedeutung für die Darlegungs- und Beweislast. Für Mängel, die vor der Abnahme aufgetreten sind, trägt der Auftragnehmer/Unternehmer die Darlegungs- und Beweislast für das Nichtvorhandensein. Für Mängel, die nach der Abnahme aufgetreten sind, trägt sie der Auftraggeber/Besteller.

Nach dem BGB hat der Besteller bis zur Abnahme ein auf die Herstellung eines mangelfreien Werkes gerichteten Erfüllungsanspruch. Seine Rechte im Fall von Leistungsstörungen richten sich vor der Abnahme grundsätzlich nach allgemeinem Leistungsstörungsrecht (vgl. Palandt, BGB-Kommentar, 69. Auflage, Vorb. v. § 633 BGB, Rn. 6 f., mit Nachweisen auch zu den bestehenden Ausnahmen). Treten Mängel nach der Abnahme auf, bestehen nach dem BGB folgende Mängelrechte:

- Nacherfüllung
- Selbstvornahme und Aufwendungsersatz
- Rücktritt
- Schadensersatz
- Minderung
- Ersatz vergeblicher Aufwendungen.

Die VOB/B trennt strikt zwischen Ansprüchen und Anspruchsvoraussetzungen vor Abnahme, die in § 4 Abs. 7 VOB/B geregelt sind, und Ansprüchen sowie Rechtsfolgen nach Abnahme, die in § 13 VOB/B niedergelegt sind. Kurz skizziert ist vor Abnahme Voraussetzung, dass eine Frist unter Kündigungsandrohung gesetzt wird und, wenn Ersatzvornahmekosten oder ähnliche Ansprüche geltend gemacht werden sollen, auch die Kündigung erfolgen muss. Nach § 13 VOB/B ist eine Fristsetzung und der fruchtlose Ablauf dieser Frist Voraussetzung. Zudem ist für Ansprüche nach Abnahme in § 13 Abs. 7 VOB/B eine Haftungsbeschränkung auf Schadensersatz normiert, sodass es, anders als nach dem BGB, des Vorliegens eines wesentlichen Mangels und einer erheblichen Gebrauchsbeeinträchtigung bedarf.

Verjährung

Auch die Verjährung ist unterschiedlich geregelt. Das BGB geht in § 634 a Abs. 1 Nr. 2 von einer Verjährungsfrist von 5 Jahren aus. In § 13 Abs. 4 Nr. 1 VOB/B ist eine Frist von 4 Jahren vorgesehen, wobei festzuhalten bleibt, dass regelmäßig auch bei der Vereinbarung der VOB/B eine Frist von 5 Jahren zwischen den Parteien festgelegt wird. Nach § 13 Abs. 4, 5 VOB/B besteht anders als nach dem BGB die Möglichkeit, durch eine schriftliche Mangelanzeige auch noch am letzten Tag der Verjährungsfrist für die gerügten Mängel zum Lauf der Regelfrist von 2 Jahren zu kommen.

11.1.3 Haftung der am Bau Beteiligten

Für die Haftung der am Bau Beteiligten ist entscheidend, welche Ursache zu dem aufgetretenen Mangel geführt hat und in wessen Verantwortungsbereich diese Ursache liegt. Einzelheiten werden nachstehend noch unter Ziffer 11.4 dargestellt. Entscheidend sind die einzelnen Vertragsketten. Es ist auch für die unterschiedlichen Ansprüche immer auf die jeweilige Vertragskette abzustellen, d. h. der Auftraggeber beauftragt zum einen möglicherweise einen Generalunternehmer als Auftragnehmer und dieser wiederum unterschiedliche Nachunternehmer. In diesem Verhältnis findet regelmäßig die VOB/B Anwendung (Vereinbarung erforderlich). Darüber hinaus beauftragt der Auftraggeber zumindest einen Architekten, gegebenenfalls auch im direkten Vertragsverhältnis unterschiedliche Sonderfachleute, z. B. Haustechniker, Tragwerksplaner etc., gegebenenfalls auch einen Baugrundgutachter. Häufig beauftragt der Auftraggeber jedoch nur den Architekten mit der Gesamtplanung und dieser wiederum unterschiedliche Sonderfachleute.

Für die Frage, wer im Außenverhältnis bzw. im Innenverhältnis (mögliche Gesamtschuldnerschaft) haftet, ist wiederum entscheidend, wen der Auftraggeber (Ausgangspunkt hier Bauherr) in Anspruch nimmt und welcher Fehler sich im Werk verkörpert hat. Wenn ein klassischer Ausführungsfehler mit einem Bauüberwachungsfehler zusammentrifft, könnte der Auftraggeber sowohl den Bauüberwacher als auch das Unternehmen in Anspruch nehmen. Sofern der Auftraggeber den Bauüberwacher in Anspruch nimmt, kann dieser wiederum Rückgriff bei dem Unternehmer nehmen.

Liegt demgegenüber ein Planungsfehler vor, könnte der Auftragnehmer gegenüber dem Auftraggeber gemäß §§ 254, 278 BGB einwenden, dass ein Planungsfehler ursächlich ist. Für die Frage, inwieweit er vollständig aus der Haftung herauskommt, ist § 13 Abs. 3 VOB/B i. V. m. § 4 Abs. 3 VOB/B von Bedeutung. Wenn der Auftragnehmer vor der Ausführung Bedenken angezeigt hat und sich der Auftraggeber diesen Bedenken verschlossen hat, wird der Auftragnehmer nach § 13 Abs. 3 VOB/B von der Haftung frei. Aber auch wenn der Auftraggeber den Planer bzw. den Auftragnehmer zu 100 % in Haftung nehmen konnte, folgt daraus für das Verhältnis des Auftragnehmers zum Planer noch nicht, dass dieses Ergebnis abschließend ist. In diesem Zusammenhang ist das Innenverhältnis zwischen diesen beiden am Bau Beteiligten von entscheidender Bedeutung, d. h. die Frage, inwieweit eine Gesamtschuldnerschaft vorliegt und inwieweit die einzelnen Vertragsparteien im Innenverhältnis (Quote) haften. Hier ist gegebenenfalls noch ein Innenregress möglich.

Erneut soll an dieser Stelle nur ein kurzer Ausblick gegeben werden. Die Einzelheiten werden sogleich unter Ziffer 11.4. dargestellt.

11.2 Mängelhaftung und Gewährleistung nach der VOB/B

Die VOB/B unterscheidet zwischen Ansprüchen vor Abnahme (§ 4 Abs. 7 VOB/B) und nach Abnahme (§ 13 Abs. 5–7 VOB/B). Bei einem Anspruch gem. § 4 Abs. 7 VOB/B handelt es sich um einen Erfüllungsanspruch, wo hingegen es sich bei Ansprüchen gem. § 13 Abs. 5–7 VOB/B um Gewährleistungsansprüche handelt. Die Ansprüche vor und nach Abnahme unterscheiden sich in den zugrunde liegenden Voraussetzungen und Rechtsfolgen, aber auch hinsichtlich der Darlegungs- und Beweislast.

11.2.1 Vorliegen eines Mangels

Mangelbegriff (§ 13 Abs. 1 VOB/B)

Ein Mangel ist nach § 13 Abs. 1 VOB/B gegeben:

- wenn die vereinbarte Beschaffenheit nicht gegeben ist
- bei einem Verstoß gegen die anerkannten Regeln der Technik.

Vertraglich vereinbarte Beschaffenheit

Ausgangspunkt für § 13 Abs. 1 VOB/B ist seit der VOB/B 2002 die vertraglich vereinbarte Beschaffenheit, die sich aus dem geschlossenen Vertrag einschließlich seiner Anlagen und den während der Bauausführung getroffenen Abstimmungen ergibt. Die vertraglich vereinbarte Beschaffenheit betrifft nicht nur die Materialwahl und etwaige Produktvorgaben, sondern auch den vereinbarten, nach dem Vertrag vorausgesetzten Verwendungszweck und die technische Beschaffenheit.

Verstoß gegen die anerkannten Regeln der Technik

Ein Mangel liegt auch dann vor, wenn ein Verstoß gegen die anerkannten Regeln der Technik vorliegt. Bei dem Begriff »anerkannte Regeln der Technik« handelt es sich um einen unbestimmten Rechtsbegriff, der auch der technischen Fortentwicklung unterworfen ist.

Eine technisch anerkannte Regel liegt vor, wenn sie in der technischen Wissenschaft als theoretisch richtig anerkannt ist, fest steht sowie durchweg bekannt und aufgrund fortdauernder praktischer Erfahrungen als technisch geeignet, angemessen und notwendig anerkannt ist (vgl. RGZ 44, 76; Ingenstau/Korbion, VOB/B-Kommentar, 17. Auflage, § 4 Abs. 2 VOB/B Rn. 48).

Eine schriftliche Fixierung ist nicht erforderlich. Ausreichend ist, dass sich die technische Regel nach Entwicklung und dem Stand der jeweiligen wissenschaftlichen Erkenntnisse als richtig erwiesen hat.

Die in § 1 Abs. 1 VOB/B und § 2 Abs. 1 VOB/B benannten technischen Vertragsbedingungen (VOB/C) stellen lediglich einen Unterfall der anerkannten Regeln der Technik dar. Es ist insoweit zu berücksichtigen, dass auch schriftlich fixierte DIN-Normen überholt sein können und damit allein die Einhaltung der DIN-Normen grundsätzlich nicht ausreicht (z. B. veraltete DIN 4109, Fassung 1962, bis zur Fassung 1989: vgl. OLG Köln, BauR 1981, 475; OLG Hamm, BauR 1989, 735; BGH, BauR 1995, 230). DIN-Normen können insbesondere dann überholt sein, wenn in der Praxis neue, technisch geeignetere und anerkannte Bauweisen bzw. Baustoffe angewendet werden (BGH, BauR 1984, 401).

Zu den technisch anerkannten Regeln gehören beispielsweise:

- DIN-Normen des Deutschen Instituts für Normung e.V.
- Bestimmungen des Verbandes Deutscher Elektrotechniker (VDE-Vorschriften)
- Richtlinien des Vereins Deutscher Ingenieure (VDI)
- Bestimmungen des Deutschen Vereins des Gas- und Wasserfachs e.V.
- Bauproduktengesetz (z. B. CE-Zeichen)
- Europäische Normen (EN)
- Festlegungen des Deutschen Aufzugsausschusses (DAA)
- Festlegungen des Deutschen Kerntechnischen Ausschusses (KTA)
- TA Luft
- Vorschriften der Berufsgenossenschaften
- gesetzliche oder behördliche Bestimmungen, z. B. Energieeinsparverordnung/Bundesemissionsschutzgesetz/Störfallverordnung/Gefahrstoffverordnung/Wasserhaushaltsgesetz/Druckbehälterverordnung/Unfallverhütungsvorschriften der Berufsgenossenschaften/Vorschriften der Landesbauordnungen/Schallschutzbestimmungen.

Gemäß der ausdrücklichen Festlegung in § 4 Abs. 2 VOB/B ist die Einhaltung der anerkannten Regeln der Technik nicht erst zur Abnahme geschuldet, sondern während der gesamten Zeit der Bauausführung zu beachten.

Nach § 13 Abs. 2 VOB/B gelten die Eigenschaften einer Probe als zugesichert, soweit nicht die Abweichungen nach der Verkehrssitte als bedeutungslos anzusehen sind. Dies betrifft auch Proben, die erst nach Vertragsschluss als solche anerkannt sind.

11.2.2 Haftungsbefreiung nach § 13 Abs. 3 VOB/B

Voraussetzungen des § 13 Abs. 3 VOB/B

Der Auftragnehmer ist von der Gewährleistung für einen vorhandenen Mangel frei, wenn er zurückzuführen ist:

- auf die Leistungsbeschreibung des Auftraggebers oder
- auf Anordnungen des Auftraggebers oder

- auf die von diesem gelieferten oder vorgeschriebenen Stoffe oder Bauteile oder
- die Beschaffenheit der Vorleistung eines anderen Unternehmers
- und der Auftragnehmer die ihm nach § 4 Abs. 3 VOB/B obliegende Mitteilung über die zu befürchtenden Mängel gegenüber dem Auftraggeber erklärt hat (§ 13 Abs. 3 VOB/B).

§ 13 Abs. 3 VOB/B ermöglicht damit eine Haftungsfreistellung in den Fällen, in denen die Ausführung zwar mangelhaft ist, die Mangelhaftigkeit jedoch ihre Ursache in der Sphäre des Auftraggebers hat. Die Haftungsfreistellung wird jedoch durch die erforderliche Prüfungs- und Hinweispflicht gem. § 4 Abs. 3 VOB/B begrenzt.

Mangel der Leistungsbeschreibung

Die zugrunde liegende mangelhafte Leistungsbeschreibung, nach der auch die Bauausführung erfolgte, muss durch den Auftraggeber oder seine Erfüllungsgehilfen erstellt worden sein. Wenn demgegenüber das Leistungsverzeichnis oder die zugrunde liegenden Bauunterlagen durch den Auftragnehmer selbst erstellt wurden, scheidet eine Haftungsfreistellung nach § 13 Abs. 3 VOB/B aus.

Mangel durch Anordnung des Auftraggebers

Ebenso kommt eine Haftungsfreistellung nach § 13 Abs. 3 VOB/B in Betracht, wenn der Mangel auf eine Anordnung des Auftraggebers zurückzuführen ist. Dies betrifft insbesondere die planerische Vorgabe einer bestimmten Art und Weise der Ausführung, aber auch die Fälle, in denen der Auftraggeber bestimmte, genau und konkret bezeichnete Materialien vorgibt, ohne dass dem Auftragnehmer eine Auswahlmöglichkeit bleibt.

Durch vom Auftraggeber gelieferte Stoffe oder Bauteile entstandener Mangel

Ferner kommt eine Haftungsfreistellung gem. § 13 Abs. 3 VOB/B in Betracht, wenn die durch den Auftraggeber gelieferten Stoffe oder Bauteile für den Mangel ursächlich sind. Auch hier ist wie bei jeder der fünf Fallgruppen zu berücksichtigen, dass der Auftragnehmer seiner Prüfungs- und Hinweispflicht gem. § 4 Abs. 3 VOB/B nachgekommen sein muss, d. h. er muss die gelieferten Stoffe oder Bauteile zumindest genau in Augenschein nehmen und ggf. auch nachmessen sowie auf vorhandene Mängel untersuchen.

Durch vom Auftraggeber vorgeschriebene Stoffe oder Bauteile entstandener Mangel

Diese Fallgruppe entspricht der vorstehend benannten Fallgruppe. Der Unterschied besteht lediglich darin, dass in diesem Fall die Stoffe oder Bauteile durch den Auftraggeber nicht geliefert, sondern dezidiert vorgeschrieben werden. Insoweit ist erforderlich, dass der Auftraggeber dem Auftragnehmer letztlich keine Wahl im Hinblick auf die zu verwendenden Stoffe oder Bauteile lässt, sondern konkret z. B. ein bestimmtes Produkt eines bestimmten Herstellers vorgibt (vgl. BGH, BauR 1984, 510; OLG Zweibrücken, BauR 1992, 770; OLG Saarbrücken, BauR 1970, 109, 110).

Es reicht nicht aus, dass der Auftraggeber sich lediglich mit bestimmten zu verwendenden Stoffen oder Bauteilen einverstanden erklärt. Es ist vielmehr eine dezidierte Vorgabe durch den Auftraggeber erforderlich. Insbesondere führt auch nicht jegliche Anordnung des Auftraggebers unter diesem Blickwinkel zu einer umfassenden Haftungsfreistellung des Auftragnehmers.

Durch die Vorleistung eines anderen Unternehmens entstandener Mangel

Soweit der Mangel durch eine Eigenleistung des Auftraggebers oder einen Vorunternehmer verursacht wird, kommt eine Haftungsfreistellung in Betracht. Etwaige Bedenken bei einer mangelhaften Vorleistung eines anderen Unternehmens oder einer Eigenleistung des Auftraggebers (OLG München, NJW-RR 1987, 854) sind dem Auftraggeber ebenfalls mitzuteilen. Die Prüfungs- und Hinweispflichten in Bezug auf vorausgegangene Leistungen sind jedoch deutlich eingeschränkter als im Hinblick auf die selbst durch den Auftragnehmer durchzuführenden Leistungen.

11.2.3 Prüfungs- und Hinweispflicht gem. §4 Abs. 3 VOB/B

Bestehen und Umfang der Prüfungs- und Hinweispflicht

Die Verpflichtung zur Prüfung und Bedenkenanmeldung gilt nicht nur für §4 Abs. 7 VOB/B und § 13 Abs. 5-7 VOB/B, sondern entsprechend auch für die Anwendung des BGB (BGH, BauR 1987, 79; BGH, BauR 1987, 86; OLG Düsseldorf, BauR 1994, 762).

Die Einschränkung, wonach eine Haftungsfreistellung nach § 13 Abs. 3 VOB/B nur dann eingreift, wenn der Prüfungs- und Hinweispflicht gem. §4 Abs. 3 VOB/B genügt wurde, setzt voraus, dass eine Prüfungs- und Hinweispflicht besteht. Grundsätzlich ist der Auftragnehmer immer verpflichtet, auch in den in § 13 Abs. 3 VOB/B genannten 5 Varianten die Unterlagen bzw. Anordnungen sowie Stoffe und Bauteile zu überprüfen. Die festgelegte Verpflichtung des Auftragnehmers wird jedoch durch den Leistungsinhalt der von ihm auszuführenden Bauleistungen begrenzt (BGH, BauR 1987, 79). Dies bedeutet, dass die Prüfungs- und Hinweispflichten gerade bei etwaigen Mängeln der Leistungen von eingeschalteten Vorunternehmern geringer einzustufen sind.

Die Prüfungs- und Hinweispflicht stellt eine Hauptverpflichtung dar, die Basis für spezielle Prüfungs- und Bedenkenanmeldungen des Auftragnehmers ist. Hierbei ist zu berücksichtigen, dass sich insbesondere in den DIN-Normen der VOB/C bereits festgelegte Prüf- und Hinweispflichten für die einzelnen Gewerke finden.

Der Umfang der Prüfungs- und Hinweispflichten lässt sich nicht allgemein bestimmen, sondern ist immer eine Frage des Einzelfalls. Er richtet sich zunächst nach dem vom Auftragnehmer zu erwartenden Fachwissen und ist umso weitgehender, je mehr der Auftraggeber lediglich ein bautechnischer Laie ist. Wenn demgegenüber der Auftraggeber selbst über erhebliches Fachwissen verfügt oder aber entsprechend fachkundige Erfüllungsgehilfen (Architekt, Sonderfachmann oder Bauleiter) hinzuzieht, reduziert sich der Umfang der Prüfungs- und Hinweispflicht (BGH, BauR 1977, 420). Grundlegend sind damit das beim Auftragnehmer im jeweiligen Einzelfall vorauszusetzende Wissen, Inhalt, Art und Umfang der Leistungsverpflichtung des Auftragnehmers, sowie das vorhandene Fachwissen des Auftraggebers oder der von ihm eingeschalteten Erfüllungsgehilfen. Die Frage des Umfangs ist damit immer eine Frage des Einzelfalls (OLG Saarbrücken, BauR 1970, 107, 110; OLG Karlsruhe, BauR 1988, 598). Eine Hinweispflicht kann damit im Einzelfall auch entfallen.

Hinweispflicht

Nach dem Wortlaut des §4 Abs. 3 VOB/B sind die Bedenken grundsätzlich schriftlich an den Auftraggeber zu richten. Nicht ausreichend für eine vollständige Haftungsfreistellung sind Hinweise an den Architekten oder Planer des Auftraggebers, wenn sich dieser den Bedenken des Auftragnehmers verschließt. In diesen Fällen ist zwingend der Auftraggeber auf die bestehenden Bedenken hinzuweisen. Die Haftungsfreistellung kann jedoch auch dann eingreifen, wenn dem Auftraggeber die vorhandenen Bedenken in ausreichender und angemessener Form mündlich dargelegt werden.

Angesichts der Beweislast, auf die nachfolgend noch eingegangen wird, sollten jedoch Bedenken zwangsläufig schriftlich erfolgen. Es ist dem Auftraggeber dezidiert darzulegen, welche Bedenken gegen die von ihm angeordnete Bauausführung oder aber beigestellten oder gewünschten Stoffe und Bauteile bestehen. Es müssen auch die insoweit bestehenden Gefahren eingehend dargelegt werden.

Soweit sich der Auftraggeber den Bedenken verschließt, sollte schriftlich klargestellt werden, dass jegliche Gewährleistung für den insoweit zugrunde liegenden Teil der Ausführung abgelehnt wird. Es sollte auch hierbei noch einmal auf die vorhandenen Gefahren und Bedenken eingehend hingewiesen werden. Die Bedenken sollen nach §4 Abs. 3 VOB/B vor Ausführung dargelegt werden.

Soweit grundsätzlich eine Verpflichtung zur Bedenkenanmeldung bestand und der Auftragnehmer dieser nicht nachgekommen ist, bedeutet dies nicht zwangsläufig, dass die Mangelbeseitigung zu 100% durch den Auftragnehmer zu verantworten ist. Ein mitwirkendes Verschulden des Auftraggebers gem. §254 BGB und Sowieso-Kosten sind gegebenenfalls zu berücksichtigen. Hierauf wird im Folgenden noch eingegangen.

Darlegungs- und Beweislast

Die Darlegungs- und Beweislast dafür, dass eine Prüf- und Hinweispflicht bestand, trägt der Auftraggeber. Für die Einhaltung der Prüfungs- und Hinweispflicht trägt demgegenüber der Auftragnehmer die Darlegungs- und Beweislast.

Zusammenfassung

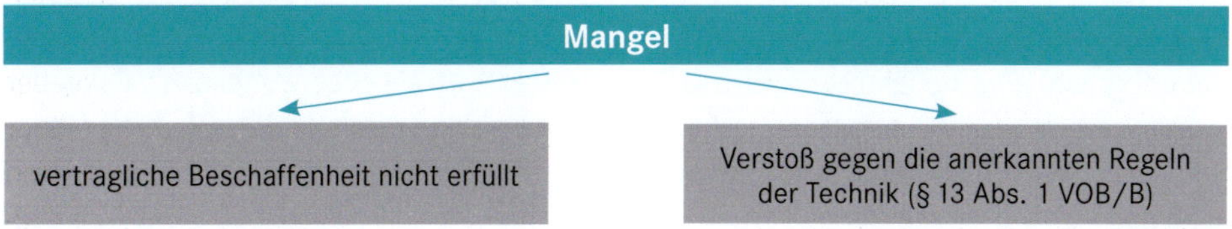

Bild 11.1 Der Mangelbegriff

Haftungsfreistellung nach § 13 Abs. 3 VOB/B, wenn

1. die vom Auftraggeber aufgestellte Leistungsbeschreibung oder
2. sonstige Anordnungen des Auftraggebers oder
3. die vom Auftraggeber gelieferten Stoffe oder

   Bauteile oder
4. die Beschaffenheit der Vorleistung eines anderen Unternehmers

   für den aufgetretenen Mangel ursächlich sind

und

Anforderungen nach § 4 Abs. 3 VOB/B eingehalten sind

- Bestehen einer Hinweispflicht: schriftliche Bedenkenanmeldung gegenüber dem Auftraggeber mit Hinweis auf die bestehenden Gefahren
- bei Ablehnung durch AG, schriftlich Haftungsverzicht beanspruchen und Gewährleistung ablehnen, ggf. Ausführung verweigern (Ausnahmefall)
- fehlender Hinweis führt nicht zwangsläufig zu einer 100 %igen Haftung, vielmehr ist gem. § 254 BGB ein mitwirkendes Verschulden des Auftraggebers und seines Erfüllungsgehilfen sowie Sowieso-Kosten zu berücksichtigen.

Bild 11.2 Haftungsfreistellung nach § 13 Abs. 3 VOB/B

11.2.4 § 4 Abs. 6 VOB/B

§ 4 Abs. 6 VOB/B betrifft den Fall, dass durch den Auftragnehmer ungeeignete Stoffe oder Bauteile auf die Baustelle verbracht werden. Insoweit steht es dem Auftraggeber zu, die Entfernung zu beanspruchen und diese gegebenenfalls im Wege der Selbsthilfe durchzuführen. Da dieser Fall wenig praxisrelevant ist, erfolgt keine weitere Darstellung.

Mangelbeseitigungsansprüche vor Abnahme gem. § 4 Abs. 7 VOB/B

Einführung

Nach § 4 Abs. 7 VOB/B steht dem Auftraggeber zunächst ein originärer Erfüllungsanspruch auf Mangelbeseitigung zu. Dies folgt daraus, dass § 4 Abs. 7 VOB/B den Zeitraum bis zur Abnahme betrifft, mithin den Zeitraum vor vollständiger Herstellung des Werkes. Die Ansprüche nach § 4 Abs. 7 VOB/B enden grundsätzlich mit abnahmereifer Fertigstellung der Leistung, sofern zur Abnahme aufgefordert wurde. Dies gilt auch für den Fall der unberechtigten Abnahmeverweigerung durch den Auftraggeber, wobei hierbei von der Kommentarliteratur insbesondere vertreten wird, dass dann zumindest der Zeitraum gem. § 12 Abs. 1 VOB/B ab Abnahmeverlangen heranzuziehen ist. Diese Frage spielt in der Praxis jedoch eine untergeordnete Rolle.

Ein Mangelbeseitigungsanspruch ist jedoch dann nicht gegeben, wenn der Auftragnehmer sich zu Recht darauf stützt, dass die Mangelbeseitigung unmöglich oder aber unverhältnismäßig ist. Insoweit wird man die Voraussetzungen des § 13 Abs. 6 VOB/B hier heranziehen müssen.

Auch für den Fall, dass die Mangelbeseitigung durch den Auftragnehmer nach entsprechender Fristsetzung erfolgt, steht dem Auftraggeber gem. §4 Abs. 7 Satz 2 VOB/B ein Schadensersatzanspruch zu.

Sofern die Mangelbeseitigung durch den Auftragnehmer nicht ordnungsgemäß oder nur mit einer gravierenden Verzögerung erfolgt, steht dem Auftraggeber die Möglichkeit offen, eine angemessene Frist zur Mangelbeseitigung unter Kündigungsandrohung zu setzen. Nach Ablauf dieser Frist kann er den Vertrag kündigen und die Mangelbeseitigung im Wege der Ersatzvornahme durchführen. Darüber hinaus kann er Ersatz des entstandenen Schadens geltend machen sowie Geräte, Gerüste und Baustoffe gegen angemessene Vergütung heranziehen. Die ihm entstandenen Kosten sind binnen 12 Werktagen nach Inrechnungstellung gegenüber dem Auftragnehmer geltend zu machen.

Sofern für den Auftraggeber die Mangelbeseitigung bzw. Auftragsdurchführung nicht mehr von Interesse ist und dies auf Gründen beruht, die zur Entziehung des Auftrages geführt haben, kann er auch auf die weitere Ausführung verzichten und statt dessen Schadensersatz wegen Nichterfüllung geltend machen.

Der Mangelbeseitigungsanspruch gem. §4 Abs. 7 VOB/B

Wie bereits dargestellt, handelt es sich bei dem Mangelbeseitigungsanspruch nach §4 Abs. 7 VOB/B um einen originären Erfüllungsanspruch des Auftraggebers. Bereits vor Ablauf der Frist zur Mangelbeseitigung steht dem Auftraggeber damit ein Zurückbehaltungsrecht gem. §320 BGB zu, sodass er entsprechende Einbehalte von den Abschlagsrechnungen (§ 16 Abs. 1 Nr. 2 VOB/B) tätigen kann. Das Zurückbehaltungsrecht besteht entsprechend §641 Abs. 3 BGB n. F. zumindest in doppelter Höhe.

Neben einem Anspruch auf Mangelbeseitigung steht dem Auftraggeber gem. §4 Abs. 7 Satz 2 VOB/B ein Schadensersatzanspruch zu. Dies betrifft sämtliche adäquat kausalen Schäden des Auftraggebers, die sich auf die vertragswidrige mangelhafte Erstellung der Leistung zurückführen lassen, auch etwaige Verzugsansprüche. Insoweit geht §4 Abs. 7 Satz 2 VOB/B dem §6 Abs. 6 VOB/B vor. Die in den §§6 Abs. 6, 13 Abs. 7 Satz 2 VOB/B normierte Haftungsbegrenzung greift nicht ein. Grundsätzlich ist jeder adäquat kausale Schaden ersatzfähig. §4 Abs. 7 Satz 2 VOB/B geht in seinem Haftungsumfang damit weit über die Schadensersatzansprüche nach Abnahme der Leistungen hinaus. Ein etwaig entstandener Schaden ist auch unabhängig davon zu ersetzen, ob die Mangelbeseitigung durch den Nachunternehmer erfolgt oder nicht erfolgt.

Soweit die Mangelbeseitigung einen unverhältnismäßigen Aufwand darstellt oder aber unmöglich ist, kann der Auftragnehmer die Mangelbeseitigung verweigern. Der BGH (abgedruckt BauR 1973, 112) hat zur Frage der ›unverhältnismäßigen Aufwendungen‹ wörtlich ausgeführt:

»Unverhältnismäßig sind die Aufwendungen für die Beseitigung eines Werkmangels dann, wenn der damit in Richtung auf die Beseitigung des Mangels erzielte Erfolg oder Teilerfolg bei Abwägung aller Umstände des Einzelfalles in keinem vernünftigen Verhältnis zur Höhe des dafür gemachten Geldaufwandes steht. In einem solchen Fall würde es Treu und Glau-

ben (§ 242 BGB) widersprechen, wenn der Besteller diese Aufwendungen dem Unternehmer anlasten könnte. Das wäre für den Unternehmer nicht zumutbar.«
(vgl. auch BGH, BauR 1995, 540, 541; BGH, BauR 1996, 858; BGH, BauR 1997, 638; OLG Düsseldorf, BauR 1998, 126, 127; OLG Hamm, BauR 1993, 729, 731; OLG Celle, BauR 1998, 401).

An die Unverhältnismäßigkeit sind damit weitreichende Anforderungen zu stellen. Diese liegen nur im Einzelfall vor, d. h. wenn die Mangelbeseitigung zu erheblichen, völlig unzumutbaren Kosten führt und in keinem Verhältnis zu dem Interesse des Auftraggebers an einer mangelfreien Leistung steht.

Bei einem Mangelbeseitigungsanspruch des Auftraggebers sind eventuelle Sowieso-Kosten bzw. auch ein Mitverschulden gem. § 254 BGB zu berücksichtigen, worauf nachstehend noch eingegangen wird.

11.2.6 Sonstige Ansprüche des Auftraggebers nach § 4 Abs. 7 VOB/B

Anspruchsvoraussetzungen:

Vorliegen eines Mangels vor Abnahme

Grundvoraussetzung für die Anwendbarkeit des § 4 Abs. 7 VOB/B ist, dass ein Mangel vor Abnahme vorliegt. Eine Kündigungsandrohung und nachfolgende Auftragsentziehung mit den sich aus § 4 Abs. 7 Satz 2 VOB/B ergebenden Rechtsfolgen treten zudem nur dann ein, wenn sich der Auftragnehmer nicht zu Recht auf unverhältnismäßige Aufwendungen oder aber Unmöglichkeit der Beseitigung bezieht.

Setzung einer angemessenen Frist

Des Weiteren ist erforderlich, dass eine angemessene Frist zur Mangelbeseitigung gesetzt wird. Sofern eine unangemessen kurze Frist zur Mangelbeseitigung gesetzt wird, bedeutet dies nicht automatisch, dass die Fristsetzung unwirksam ist. Es wird vielmehr durch die Mangelbeseitigungsaufforderung eine angemessene Frist in Lauf gesetzt. Sofern jedoch der Auftragsentzug erfolgt oder die Ersatzvornahme vor Ablauf einer angemessenen Frist eingeleitet wird, sind diese Kosten grundsätzlich nicht ersatzfähig. Hinsichtlich eines etwaigen Schadens des Auftraggebers ist folgerichtig auch nicht jeder adäquat kausale Schaden im Zusammenhang mit der vertragswidrigen Leistung ersatzfähig. Es hat vielmehr eine Differenzierung zu erfolgen.

Kündigungsandrohung sowie Kündigung

Weitere Voraussetzung ist, dass eine Kündigungsandrohung erfolgt ist und nach Ablauf zwingend auch die Kündigung ausgesprochen wird. Insoweit kann eine Teilkündigung erfolgen. Es ist jedoch zwingend zu berücksichtigen, dass § 4 Abs. 7 Satz 2 VOB/B auf § 8 Abs. 3 VOB/B verweist, sodass gem. § 8 Abs. 3 Nr. 1 VOB/B im Falle einer Teilkündigung ausschließlich in sich abgeschlossene Leistungen gekündigt werden können. Dieser Umstand wird in der Praxis häufig übersehen. Es erfolgt häufig nur eine Kündigung für die Leistungen der Mangelbeseitigung, die letztlich ins Leere geht und auch nicht als Vertragskündigung gewertet werden kann, da regelmäßig in diesen Fällen der Auftragnehmer die noch ausstehenden Leistungen noch ausführt. Dies führt zu einem Anspruchsverlust.

In sich abgeschlossene Leistungen sind nur anzunehmen, wenn diese Teile von der Gesamtleistung funktionell trennbar und unabhängig von den übrigen Leistungen selbständig gebrauchsfähig sind (vgl. Ingenstau/Korbion, 17. Auflage, § 12 Abs. 2 VOB/B, Rn. 6). Diese Voraussetzung ist insbesondere gegeben, wenn ein gesamtes Gewerk gekündigt wird. Sie ist jedoch nicht gegeben, wenn lediglich bestimmte Bereiche der Bauleistung, z. B. einzelne Decken, Wände oder Stockwerke, gekündigt werden. Eine Teilkündigung, die keinen in sich abgeschlossenen Teil der Gesamtleistung betrifft, führt dazu, dass etwaige Ersatzvornahmekosten nicht geltend gemacht werden können (Anspruchsverlust).

Dasselbe gilt für den Fall, dass keine Kündigung ausgesprochen wird oder aber eine Kündigungsandrohung nicht erfolgt ist.

Ausnahmsweise sind die Voraussetzungen des § 4 Abs. 7 VOB/B auch dann erfüllt, wenn eine an sich unzulässige Teilkündigung vorliegt oder keine Kündigung vorliegt, jedoch der Auftragnehmer deutlich und unmissverständlich zum Ausdruck gebracht hat, dass keine Mangelbeseitigung erfolgt (BGH, NZBau 2000, 421 ff.).

Rechtsfolgen:

Ansprüche nach § 4 Abs. 7 VOB/B

Sofern die vorstehend benannten Voraussetzungen eingehalten sind und eine ganz oder teilweise (in sich abgeschlossene Leistung) Kündigung erfolgt ist, stehen grundsätzlich zwei Wege offen:

- Soweit im Ausnahmefall für die weitere Ausführung des Vertrages aus Gründen, die zu der Entziehung des Auftrages geführt haben, aus Sicht des Auftraggebers kein Interesse mehr besteht, kann er auf die weitere Ausführung verzichten. Der Schadensersatzanspruch bleibt bestehen.
- Der Auftraggeber kann die Ersatzvornahme durchführen. Ein etwaiger Schadensersatzanspruch bleibt bestehen (z. B. Verzugsschaden). Des Weiteren kann er nach § 8 Abs. 3 Nr. 3 VOB/B die Geräte, Gerüste sowie auf der Baustelle vorhandene Einrichtung und angelieferte Stoffe gegen angemessene Vergütung in Anspruch nehmen. Über die entstandenen Mehrkosten ist binnen 12 Werktagen nach Abrechnung mit dem Dritten dem Auftragnehmer eine Aufstellung zuzusenden.

Verzicht auf die weitere Ausführung

Die vertragswidrige Leistung und die fehlende Mangelbeseitigung müssen zu einem Wegfall des Interesses des Auftraggebers an der weiteren Fortführung geführt haben (Ausnahmefall).

Ersatzvornahmemehrkosten und Ersatzvornahmekosten

Zunächst sind im Falle der Durchführung der Ersatzvornahme die Ersatzvornahmemehrkosten und die für die Mangelbeseitigung entstandenen Kosten ersatzfähig.

Die Ersatzvornahmemehrkosten ermitteln sich dahingehend, dass gegenüber gestellt werden muss, welcher Vergütungsanspruch bis zur vollständigen Durchführung dem Auftragnehmer zugestanden hätte und welcher (regelmäßig höhere) Betrag für die Durchführung der Ersatzvornahme aufgewendet worden ist. Die Differenz bildet die Ersatzvornahmemehrkosten.

Schadensersatzanspruch

Hierneben steht dem Auftraggeber ein Schadensersatzanspruch hinsichtlich aller adäquat kausal auf die vertragswidrige Leistung zurückzuführenden Schäden zu. Insoweit sind die Haftungsbegrenzungen des § 6 Abs. 6 VOB/B und § 13 Abs. 7 VOB/B nicht einschlägig.

Ein Schaden kann insbesondere in einem eingetretenen Verzug bestehen. Demgegenüber sind auch Sachverständigenkosten zur Feststellung des Anspruchs dem Grunde und der Höhe nach ersatzfähig.

Zusammenfassung

§ 4 Abs. 7 VOB/B

- bei Vorliegen eines Mangels Anspruch auf Mangelbeseitigung (originärer Erfüllungsanspruch)
- Ausnahme: AN beruft sich zu Recht darauf, dass die Mangelbeseitigung unmöglich ist oder einen unverhältnismäßigen Aufwand nach sich zieht
- daneben Schadensersatzanspruch
- daneben Zurückbehaltungsrecht
- Sowieso-Kosten sowie mitwirkendes Verschulden (gemäß § 254 BGB) sind zu berücksichtigen

weitere Ansprüche,

wenn I.

1. Vorliegen eines Mangels
2. Setzen einer angemessenen Frist
3. Kündigungsandrohung und Kündigung

dann II.

entweder

1. Verzicht auf weitere Ausführung durch AG
   (Wegfall Interesse) Ausnahmefall

oder

2. Ersatzvornahme

- Übernahme auch der Ersatzvornahmemehrkosten
- auch des weiteren Schadens (keine Haftungsbegrenzung gemäß § 6 Abs. 6 oder § 13 Abs. 7 VOB/B)
- Stoffe, Bauteile und Geräte können gegen angemessene Vergütung in Anspruch genommen werden

Bild 11.3 Möglichkeiten der Beseitigung eines Mangels nach § 4 Abs. 7 VOB/B

11.2.7 Gewährleistungsansprüche nach § 13 Abs. 5–7 VOB/B

Einführung

§ 13 Abs. 5–7 VOB/B betrifft den Zeitraum nach der Abnahme der Bauleistungen. Vorrangig steht dem Auftraggeber gem. § 13 Abs. 5 Nr. 1 VOB/B ein Nachbesserungsanspruch zu, dem ein Nachbesserungsrecht des Auftragnehmers gegenübersteht. Dieses Nachbesserungsrecht des Auftragnehmers geht jedoch unter, wenn er innerhalb einer gesetzten angemessenen Frist seiner Verpflichtung zur Mangelbeseitigung nicht nachkommt und die Voraussetzungen für eine Minderung gem. § 13 Abs. 6 VOB/B nicht vorliegen.

Sofern die Voraussetzungen für eine Minderung gem. § 13 Abs. 6 VOB/B vorliegen und der Auftragnehmer sich darauf beruft (unverhältnismäßiger Aufwand/Unmöglichkeit), ist der Auftraggeber auf einen Minderungsanspruch verwiesen.

Kommt der Auftragnehmer seiner Verpflichtung zur Mangelbeseitigung innerhalb der gesetzten angemessenen Frist nicht nach, steht dem Auftraggeber ein Selbsthilferecht zu, d. h. er kann auf Kosten des Auftragnehmers die Mangelbeseitigung in Eigenregie durchführen und die entstandenen Kosten dem Auftragnehmer in Rechnung stellen. Des Weiteren steht ihm insoweit ein Kostenvorschussanspruch gegenüber dem Auftragnehmer noch vor Durchführung der Mangelbeseitigung in Höhe der voraussichtlichen Mangelbeseitigungskosten zu. Über einen geltend gemachten und in Anspruch genommenen Kostenvorschuss ist nach Durchführung der Mangelbeseitigung eine Abrechnung entsprechend § 14 Abs. 1 VOB/B gegenüber dem Auftragnehmer zu legen.

Neben den vorgenannten Ansprüchen des Auftraggebers auf Nachbesserung, Ersatz der Mangelbeseitigungskosten und Kostenvorschussanspruch besteht unter den besonderen, abschließend in § 13 Abs. 7 VOB/B benannten Voraussetzungen ein zusätzlicher Schadensersatzanspruch.

Nachbesserungsanspruch des Auftraggebers

Vorrangig steht dem Auftraggeber ein Nachbesserungsanspruch gem. § 13 Abs. 5 Nr. 1 VOB/B zu, sofern eine vertragswidrige Leistung des Auftragnehmers vorliegt (§ 13 Abs. 1 VOB/B). Dem Nachbesserungsanspruch des Auftraggebers steht ein Nachbesserungsrecht des Auftragnehmers gegenüber, das er grundsätzlich erst dann verliert, wenn er trotz schriftlicher Mangelbeseitigungsaufforderung den Mangel nicht in angemessener Frist beseitigt. Auch nach Ablauf dieser Frist bleibt der Auftraggeber jedoch berechtigt, Nachbesserung zu beanspruchen.

§ 13 VOB/B betrifft den Zeitraum nach Abnahme. Sofern der Auftraggeber in Kenntnis vorhandener Mängel vorbehaltlos die Abnahme erklärt, führt dies nicht zu einem vollständigen Anspruchsverlust des Auftraggebers, sondern nur dazu, dass er gem. § 640 Abs. 2 BGB seinen Nachbesserungsanspruch und etwaigen Minderungsanspruch verliert. Er ist in diesen Fällen auf Schadensersatz (§ 13 Abs. 7 VOB/B) beschränkt.

a) Ansprüche nach § 13 Abs. 5 VOB/B

Nach § 13 Abs. 5 VOB/B steht dem Auftraggeber, wie bereits dargelegt, vorrangig ein Nachbesserungsanspruch zu, sofern nicht ausnahmsweise die Voraussetzungen einer Minderung gem. § 13 Abs. 6 VOB/B gegeben sind und der Auftragnehmer sich hierauf beruft. Soweit der Auftragnehmer seiner Verpflichtung zur Mangelbeseitigung nicht nachkommt, stehen dem Auftraggeber ein Selbsthilferecht auf Kosten des Auftragnehmers sowie ein Kostenvorschussanspruch für die Ersatzvornahmeleistungen zu. Voraussetzung hierfür ist, dass der Auftragnehmer seiner Verpflichtung zur Mangelbeseitigung nicht nachkommt.

Mangelbeseitigungsaufforderung

Der Auftraggeber ist gehalten, den Auftragnehmer konkret unter Benennung der vorhandenen Mängel zur Mangelbeseitigung aufzufordern. Hierfür ist Voraussetzung, dass er den Mangel nach seinem äußeren Erscheinungsbild (Symptom) so präzise unter Angabe der örtlichen Lage beschreibt, dass für den Auftragnehmer ohne Weiteres klar erkennbar ist, welcher Mangel gerügt wird. Demgegenüber ist es nicht erforderlich, die Ursachen für den aufgetretenen Mangel zu benennen. Das Mangelsymptom sollte möglichst präzise dargelegt werden, wobei keine übersteigerten Anforderungen gestellt werden dürfen. Die präzise Darstellung hat jedoch Auswirkungen auf den Umfang des Laufs der Regelfrist gem. § 13 Abs. 4 und Abs. 5 VOB/B. Dies resultiert daraus, dass sowohl die Regelfrist als auch der Umfang des Mangelbeseitigungsanspruchs sich nicht nur auf die aufgetretenen Symptome, sondern auf die zugrunde liegenden Ursachen beziehen. Wenn beispielsweise bei einem Dach in unterschiedlichen Lagen Undichtigkeiten gerügt werden und die Ursache der vorhandenen Undichtigkeiten nicht nur die Bereiche betrifft, wo ein Feuchtigkeitseinbruch vorliegt, betrifft dies die gesamten den Mangelerscheinungen (Feuchtigkeitsstellen) zugrunde liegenden Ursachen.

Dem Auftragnehmer ist eine angemessene Frist zur Mangelbeseitigung zu setzen. Eine angemessene Frist ist insoweit der erforderliche Zeitraum, den ein ordnungsgemäßer Auftragnehmer benötigt, um den gerügten Mangel zu beseitigen, wobei insoweit der Auftragnehmer verpflichtet ist, unverzüglich die Mangelbeseitigung in Angriff zu nehmen.

Die Schriftform der Mangelbeseitigungsaufforderung ist zwar nicht zwingend erforderlich. Es ist jedoch zu berücksichtigen, dass den Auftraggeber die Darlegungs- und Beweislast trifft, sodass letztlich in jedem Fall sichergestellt werden muss, dass die Mangelbeseitigungsaufforderung schriftlich erfolgt, schon zu Beweiszwecken. Unabhängig davon beginnt die Regelfrist des § 13 Abs. 5 VOB/B nur im Falle einer schriftlichen Aufforderung zu laufen, was in verjährungstechnischer Hinsicht von erheblicher Bedeutung ist.

Sofern der Auftraggeber ohne vorherige Mangelbeseitigungsaufforderung unter Setzung einer angemessenen Frist die Ersatzvornahme durchführt, steht ihm kein Anspruch auf Ersatz der Kosten zu (Rechtsverlust). Etwas anderes gilt nur dann, wenn in eng umgrenzten Ausnahmefällen eine schriftliche Mangelbeseitigungsaufforderung unter Fristsetzung eine bloße Förmelei wäre. Dies ist dann anzunehmen, wenn der Auftragnehmer zweifelsfrei und ernstlich sowie endgültig klarstellt, dass er einer Aufforderung zur Mangelbeseitigung nicht nachkommen wird (BGH, BauR 1983, 258; BGH, NZBau 2000, 421 f.).

Ein weiterer Ausnahmefall wurde durch das OLG Düsseldorf (abgedruckt BauR 1996, 260) dahingehend entschieden, dass eine Aufforderung zur Mangelbeseitigung dann nicht notwendig sei, wenn sich der Auftragnehmer als völlig unzuverlässig und ungeeignet erwiesen hat, was sich durch das Vorhandensein äußerst gravierender Mängel belegen ließ, zu deren Beseitigung der Auftragnehmer offenkundig und zweifelsfrei nicht in der Lage sei.

Dieser Fall wird äußerst selten vorkommen. Insbesondere ist zu berücksichtigen, dass für das Vorliegen der Voraussetzungen der Ausnahmetatbestände der Auftraggeber darlegungs- und beweispflichtig ist. Der Nachweis lässt sich regelmäßig nur äußerst schwierig führen.

Eine weitere Ausnahme besteht dann, wenn Gefahr in Verzug ist (OLG Düsseldorf, NJW-RR 1993, 477). Dieser Ausnahmefall ist nur dann gegeben, wenn außergewöhnliche Umstände bei objektiver Betrachtung den Auftraggeber zur Eile zwingen. Dieser Ausnahmefall ist eng auszulegen.

Zu beachten ist jedoch § 310 Abs. 1 Satz 3 BGB, wonach jede vertragliche Abweichung von der VOB/B dazu führt, dass sie nicht mehr als Ganzes vereinbart ist und damit der Inhaltskontrolle nicht mehr entzogen ist. In diesem Fall kann - sofern der Auftraggeber die Einbeziehung der VOB/B verlangt hat - nicht ausgeschlossen werden, dass § 13 Abs. 5 Nr. 1 Satz 2 VOB/B für unwirksam erachtet wird. § 13 Abs. 5 Nr. 1 Satz 2 VOB/B sieht bei Anwendbarkeit der VOB/B vor, dass eine schriftliche Mangelanzeige zu einer sogenannten Quasiverjährungsunterbrechung führt.

Selbsthilferecht des Auftraggebers gem. § 13 Abs. 5 Nr. 2 VOB/B

Sofern die vorstehend benannten Voraussetzungen nach § 13 Abs. 5 Nr. 1 VOB/B vorliegen, steht dem Auftraggeber ein Selbsthilferecht zu, d. h. er kann auf Kosten des Auftragnehmers die Mängel beseitigen. Er kann zudem vor Durchführung der Mangelbeseitigungsarbeiten einen Kostenvorschussanspruch in Höhe der voraussichtlichen Mangelbeseitigungskosten geltend machen, der prozessual einklagbar ist. Die klageweise Geltendmachung eines Kostenvorschussanspruchs ist jedoch regelmäßig aus Zeitgründen nicht sinnvoll. Die Geltendmachung eines Kostenvorschussanspruchs bietet sich jedoch insbesondere im Falle der Inanspruchnahme einer Gewährleistungsbürgschaft an.

Ersatzfähig sind insoweit die Kosten, die für die Mangelbeseitigung notwendig und erforderlich waren, wobei an die Notwendigkeit und Erforderlichkeit keine zu hohen Anforderungen gestellt werden. Der Auftraggeber ist zwar grundsätzlich zur Schadensminderung verpflichtet. Dies bedeutet jedoch unter Berücksichtigung der Tatsache, dass ein Auftragnehmer, der sich der Mangelbeseitigung entzieht, nicht schutzwürdig ist, dass der Auftraggeber nicht gehalten ist, den billigsten Anbieter heranzuziehen.

Auch für die Nachbesserung erforderliche Planungskosten oder Sachverständigenkosten sind ersatzfähig.

Zu den Besonderheiten im Falle des Vorliegens von Sowieso-Kosten sowie eines mitwirkenden Verschuldens des Auftraggebers wird auf die nachstehenden Ausführungen verwiesen.

b) Minderungsanspruch gem. § 13 Abs. 6 VOB/B

Nach § 13 Abs. 6 VOB/B gilt Folgendes: Der Auftraggeber kann keine Mangelbeseitigung beanspruchen, wenn die Beseitigung des Mangels unmöglich ist oder aber einen unverhältnismäßig hohen Aufwand erfordert und aus diesem Grund vom Auftragnehmer verweigert wird. In diesem Fall ist der Auftraggeber auf eine Minderung verwiesen und kann, sofern die zusätzlichen Voraussetzungen des § 13 Abs. 7 VOB/B vorliegen, auch Schadensersatz geltend machen.

Unabhängig davon steht dem Auftraggeber wiederum ein Minderungsanspruch zu, wenn die Beseitigung des Mangels für ihn unzumutbar ist. Eine Mangelbeseitigung ist dem Auftraggeber unzumutbar, wenn nicht vorhersehbar ist, ob die Mangelbeseitigung überhaupt möglich ist oder aber sie zu erheblichen persönlichen oder wirtschaftlichen Nachteilen zu Lasten des Auftraggebers führt.

c) Zusätzlicher Schadensersatzanspruch gem. § 13 Abs. 7 VOB/B

§ 13 Abs. 7 VOB/B regelt die Voraussetzungen eines Schadensersatzanspruchs. Dabei haftet der Auftragnehmer nach § 13 Abs. 7 Nr. 1 VOB/B generell bei schuldhaft verursachten Mängeln, die zu einer Verletzung des Lebens, des Körpers oder der Gesundheit führen.

Weiter haftet der Auftragnehmer bei vorsätzlich oder grob fahrlässig verursachten Mängeln grundsätzlich für alle Schäden unabhängig von der Wesentlichkeit des Mangels oder der Gebrauchseinschränkung.

Bei allen übrigen Schäden unterscheidet die VOB/B in § 13 Abs. 7 zwischen so dem genannten kleinen und großen Schadensersatz.

Nach § 13 Abs. 7 Nr. 3 S. 1 VOB/B (kleiner Schadensersatzanspruch) ist im Falle des Vorliegens eines wesentlichen Mangels, der die Gebrauchsfähigkeit erheblich beeinträchtigt und auf ein Verschulden des Auftragnehmers zurückzuführen ist, auch der Schaden an der baulichen Anlage zu ersetzen, zu deren Herstellung, Instandhaltung oder Änderung die Leistung dient.

Demgegenüber erfasst § 13 Abs. 7 Nr. 3 S. 2 a) bis c) VOB/B den großen Schadensersatzanspruch. Dieser betrifft die über die reine Nachbesserung hinausgehenden Schäden.

Grundsätzlich sind damit nicht die reinen Mangelbeseitigungskosten erfasst. Diese werden von § 13 Abs. 5 VOB/B umfasst. Eine Ausnahme ist jedoch dann gegeben, wenn ein Ausschluss des Nachbesserungsrechts gem. § 640 Abs. 2 BGB (vorbehaltlose Abnahme in Kenntnis eines Mangels) oder aber die Voraussetzungen des § 13 Abs. 6 VOB/B vorliegen.

Ansprüche nach § 13 Abs. 7 VOB/B können zudem auch dann bestehen, wenn keine Mangelbeseitigungsaufforderung unter Fristsetzung gesetzt wurde, und zwar dann, wenn sich der entstandene Schaden durch die Mangelbeseitigung nicht ›beseitigen‹ ließe (z. B. Mietausfall).

Ungeachtet dessen sollte zur Rechtswahrung immer eine entsprechende schriftliche Mangelbeseitigungsaufforderung unter den vorgenannten Prämissen erfolgen, da der Auftraggeber für einen nach Abnahme entstandenen Mangel die Darlegungs- und Beweislast trägt.

Kleiner Schadensersatzanspruch (§ 13 Abs. 7 Nr. 3 S. 1 VOB/B)

§ 13 Abs. 7 Nr. 3 S. 1 VOB/B regelt den kleinen Schadensersatzanspruch für den Fall, dass ein wesentlicher Mangel vorliegt, der die Gebrauchsfähigkeit erheblich beeinträchtigt. Ersatzfähig ist nach § 13 Abs. 7 Nr. 3 S. 1 VOB/B nur der Schaden an der baulichen Anlage, nicht der darüber hinaus möglicherweise entstandene Schaden. Dieser ist nur unter den besonderen Voraussetzungen des § 13 Abs Nr. 7 Nr. 1, 2, 3 S. 2 VOB/B ersatzfähig.

Wesentlicher Mangel

Ein Schadensersatzanspruch setzt zunächst voraus, dass es sich um einen wesentlichen Mangel handelt. Für das Vorliegen eines wesentlichen Mangels sind sowohl objektive (allgemeine Verkehrsauffassung) als auch subjektive (Sicht des Auftraggebers) Kriterien zu berücksichtigen. Grundvoraussetzung für einen wesentlichen Mangel ist, dass der vorhandene Mangel nach der Verkehrsauffassung unter Berücksichtigung des Vertragszweckes als bedeutende empfindliche Abweichung angesehen wird. Hinzukommen muss in subjektiver Sicht das spezielle Interesse des Auftraggebers an einer ordnungsgemäßen Leistung, wobei der von ihm verfolgte Nutzungs- und Verwendungszweck entscheidend ist (OLG Stuttgart, BauR 1979, 432). Ein wesentlicher Mangel liegt z. B. dann sicher vor, wenn auf der Basis einer nicht ausreichenden Festigkeit des Mauermörtels eine hinreichende Standsicherheit des Gebäudes nicht gewährleistet ist (BGH, MDR 1977, 715, 716). Demgegenüber stellt das Verlegen von Platten mit geringfügigen farbigen Abweichungen regelmäßig nur einen unwesentlichen Mangel dar, der keinen Schadensersatzanspruch auslöst (BGH, BauR 1970, 237). Letztlich ist für die Annahme eines wesentlichen Mangels immer der Einzelfall, insbesondere Art und Umfang des Mangels und die Frage der Zumutbarkeit für den Auftraggeber, entscheidend.

Erhebliche Beeinträchtigung der Gebrauchsfähigkeit

Diese Voraussetzung richtet sich nach § 13 Abs. 1 VOB/B, sodass auf die vorstehenden Ausführungen verwiesen wird.

Verschulden des Auftragnehmers oder seiner Erfüllungsgehilfen

Ein Schadensersatzanspruch nach § 13 Abs. 7 VOB/B setzt ferner ein Verschulden des Auftragnehmers im Sinne eines Vertretenmüssens voraus.

Beweislast

Nach Abnahme, mithin auch für die Voraussetzungen des § 13 Abs. 7 Nr. 1, 2, 3 VOB/B, trägt der Auftraggeber die Darlegungs- und Beweislast. Sofern der Mangel sowie die Haftungsvoraussetzungen dem Grunde nach gem. § 13 Abs. 7 VOB/B festgestellt sind und der Schaden nachgewiesen wurde, kann sich der Auftragnehmer nicht pauschal darauf berufen, dass die in Ansatz gebrachten Kosten zu hoch bemessen seien und sich der Schaden mit einem geringeren Aufwand hätte beseitigen lassen. Der Auftragnehmer trägt vielmehr für die Verletzung der letztlich behaupteten Schadensminderungspflicht des Auftraggebers die Darlegungs- und Beweislast und muss daher dezidiert nachweisen, dass und warum die Kosten zu hoch bemessen sind.

Umfang der Schadensersatzpflicht

Nach § 13 Abs. 7 Nr. 3 S. 1 VOB/B ist grundsätzlich nur ein Schaden an der baulichen Anlage, zu deren Herstellung, Instandhaltung oder Änderung die Leistung dient, ersatzfähig. Weitergehende Ansprüche sind nur dann nach § 13 Abs. 7 Nr. 3 S. 2 VOB/B ersatzfähig, wenn die zusätzlichen, in § 13 Abs. 7 Nr. 3 S. 2 VOB/B genannten Voraussetzungen vorliegen.

Großer Schadensersatzanspruch gem. § 13 Abs. 7 Nr. 3 S. 2 VOB/B

Die Geltendmachung des weiteren Schadens über den in § 13 Abs. 7 Nr. 3 S. 1 VOB/B benannten Schaden an der baulichen Anlage hinaus ist nur unter den besonderen zusätzlichen Voraussetzungen des § 13 Abs. 7 Nr. 3 S. 2 sowie Nr. 1 und 2 VOB/B möglich. Der Schadensersatzanspruch nach § 13 Abs. 7 Nr. 3 S. 2 VOB/B ist dem Umfang nach nicht begrenzt. Es ist grundsätzlich jeder adäquat kausal auf die mangelhafte Leistung zurückzuführende Schaden ersatzfähig.

Anspruchsvoraussetzungen

Grundvoraussetzung für einen Schadensersatzanspruch nach § 13 Abs. 7 Nr. 3 S. 2 VOB/B ist, dass zunächst die Voraussetzungen des § 13 Abs. 7 Nr. 3 S. 1 VOB/B vorliegen, d. h. es muss ein wesentlicher Mangel vorliegen, der die Gebrauchsfähigkeit erheblich beeinträchtigt. Der Unterschied zu § 13 Abs. 7 Nr. 3 S. 1 VOB/B besteht jedoch darin, dass sich der Schaden nicht auf die bauliche Anlage beziehen muss. Weitere Voraussetzung ist:

- Verstoß gegen die anerkannten Regeln der Technik oder
- Nichteinhaltung einer vertraglich vereinbarten Beschaffenheit oder
- versicherte oder versicherbare Leistung.

Schadensumfang

Zu ersetzen ist der adäquat kausal auf die mangelhafte Leistung zurückführbare Schaden. Gemäß § 13 Abs. 7 Nr. 5 VOB/B kann der Umfang der Schadensersatzverpflichtung eingeschränkt oder aber erweitert werden.

Zusammenfassung

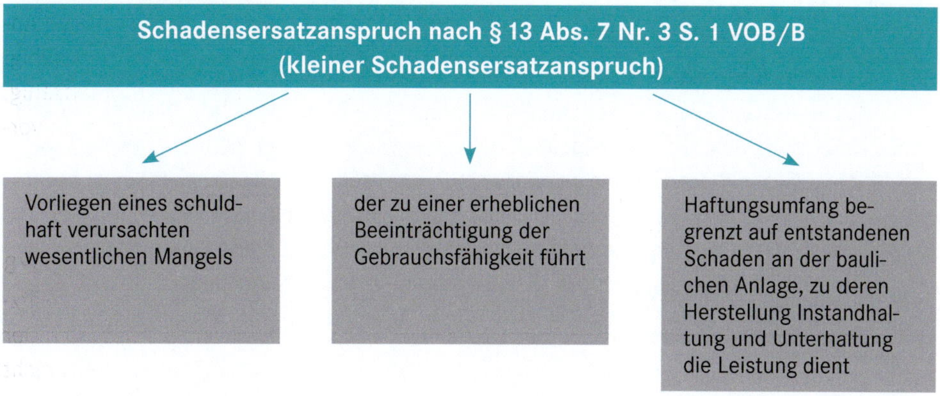

Bild 11.4 Kleiner Schadenersatzanspruch (§ 13 Abs. 7 Nr. 3 S. 1 VOB/B)

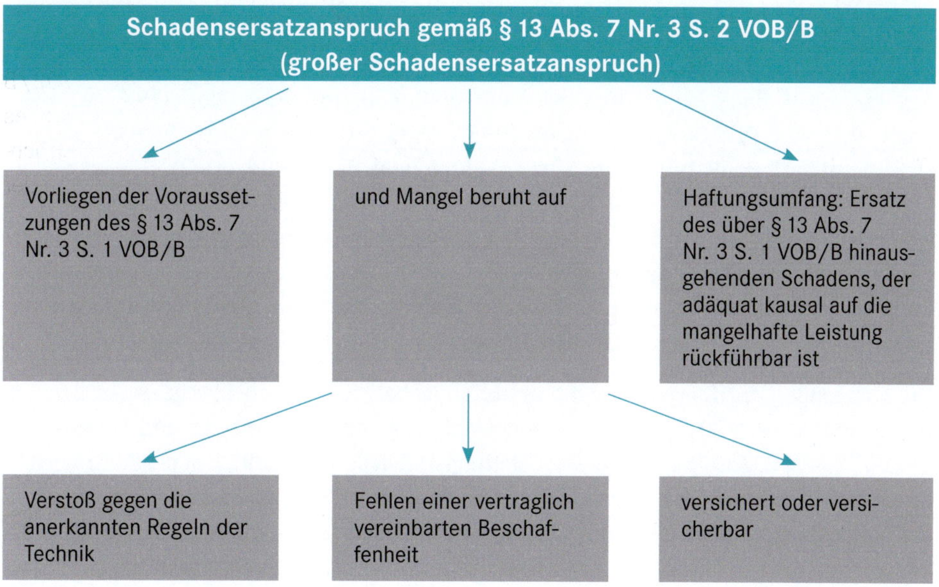

Bild 11.5 Großer Schadenersatzanspruch (§ 13 Abs. 7 Nr. 3 S. 2 VOB/B)

11.2.8 Vorteilsausgleichung und Berücksichtigung eines Mitverschuldens des Auftraggebers gem. § 254 BGB

Bei der Bemessung eines Kostenvorschussanspruchs sowie eines Schadensersatzanspruchs des Auftraggebers ist gegebenenfalls eine Vorteilsausgleichung (Sowieso-Kosten, Abzug Neu für Alt, sonstige Vorteilsausgleichung) sowie ein Mitverschulden des Auftraggebers (§ 254 BGB) in seiner Person oder aber in Person seiner Erfüllungsgehilfen zu berücksichtigen. Insoweit sind die Ansprüche in Höhe des Vorteiles oder des Mitverschuldens zu kürzen. Ferner steht dem Auftragnehmer dann, wenn den Auftraggeber ein Mitverschulden trifft oder eine Vorteilsausgleichung zu erfolgen hat, ein Kostenzuschuss zu den Mangelbeseitigungskosten zu, der gegebenenfalls durch Sicherungsmittel des Auftraggebers abzusichern ist.

Sowieso-Kosten

Ein Kostenvorschussanspruch des Auftraggebers bzw. ein Schadensersatzanspruch ist um Sowieso-Kosten zu reduzieren. Mit dem Begriff Sowieso-Kosten werden die Kosten bezeichnet, um die das Werk bei ordnungsgemäßer Ausführung von vornherein teurer gewesen wäre (BGH, BauR 1984, 510; BGH, BauR 1990, 360, 361; BGH, BauR 1993, 722; BGH, BauR 1994, 776; OLG Düsseldorf, BauR 1993, 241; OLG Düsseldorf, NJW-RR 1992, 23, 24; OLG Düsseldorf, BauR 1996, 396, 398; OLG Karlsruhe, BauR 1999, 1032). Den sogenannten Sowieso-Kosten liegen Bauleistungen zugrunde, deren Kosten der Auftraggeber dann, wenn der Auftragnehmer die Leistung von vornherein ordnungsgemäß ausgeführt hätte, ohnehin hätte tragen müssen, d. h. wenn diese Leistungen, die zu einer ordnungsgemäßen Leistung erforderlich waren, von dem Auftragnehmer nach dem zugrunde liegenden Vertrag nicht geschuldet waren (Zusatzleistungen).

Die Fallgruppen der Sowieso-Kosten betreffen insbesondere die Fälle, in denen der Auftragnehmer seiner Prüfungs- und Hinweispflicht nicht nachgekommen ist und es deswegen gem. § 13 Abs. 3 VOB/B nicht zu einer Haftungsfreistellung kommt, d. h. der Auftraggeber bzw. die Erfüllungsgehilfen haben eine Art und Weise der Bauausführung vorgegeben, der der Auftragnehmer nachgekommen ist, die jedoch fehlerhaft ist. Wenn eine von vornherein mangelfreie Bauausführung teurer gewesen wäre als die tatsächlich vertragliche vereinbarte fehlerhafte Ausführung und diese Kosten vom Auftraggeber zu erstatten gewesen wären (Zusatzleistung), liegen Sowieso-Kosten vor.

Die Berücksichtigung von Sowieso-Kosten bei einem Pauschalvertrag ist nicht unumstritten. Im Falle eines Globalpauschalvertrages (reine Funktionalbeschreibung) scheidet regelmäßig die Annahme von Sowieso-Kosten aus, da es dann an einer dezidierten fehlerhaften Vorgabe häufig fehlen wird. Anders ist die Sachlage bei einem Detailpauschalpreisvertrag zu beurteilen. Wenn sich aus den zugrunde liegenden Unterlagen eines Detailpauschalvertrages eine bestimmte vorgegebene Art und Weise der Ausführung ergibt, die vom Auftragnehmer durchgeführt wird, können Sowieso-Kosten in Betracht kommen. Der BGH hat in einem Fall, in dem ausdrücklich eine bestimmte Soll-Beschaffenheit zwischen den Parteien vereinbart wurde, d. h. die Sanierung von Mehrfamilienhäusern in einer klar definierten, vertraglich festgelegten Bauweise, Sowieso-Kosten angenommen, da die vertraglich vorgegebene Ausführung den anerkannten Regeln der Technik gem. der DIN 4109 und DIN 4102 nicht genügte, jedoch eine von vornherein auch im Sinne der DIN 4109 und DIN 4102 fehlerfreie Ausführung teurer gewesen wäre. Diese Kosten hätte der Auftraggeber aufwenden müssen, wenn der Auftragnehmer seiner Prüf- und Hinweispflicht gem. § 4 Abs. 3 VOB/B nachgekommen wäre, d. h. es hätte ein vergütungsfähiger Nachtrag vorgelegen (BGH, BauR 1984, 401, 402). Das OLG Celle (abgedruckt BauR 1998, 801) hat entsprechend entschieden, im Falle einer fehlerhaften, den anstehenden Wasserverhältnissen nicht entsprechenden Kellerabdichtung, die dezidiert und detailliert durch den Auftraggeber (bzw. Erfüllungsgehilfen des Auftraggebers) vorgegeben war.

Die Berechnung der Höhe der Sowieso-Kosten erfolgt wie folgt: Abzustellen ist auf den Preisstandard im Zeitpunkt der Errichtung des Bauwerkes. Es ist dann der vertraglich vereinbarte Preis, der die fehlerhafte Vorgabe beinhaltet, dem Preis gegenüber zu stellen, der sich ergeben hätte, wenn eine ordnungsgemäße Vorgabe erfolgt wäre. Die Differenz beziffert die Sowieso-Kosten. Etwaige Preissteigerungen im Zeitraum zwischen der Erstellung und dem Auftreten des Mangels betreffen den Auftragnehmer (BGH, BauR 1993, 722).

›Abzug Neu für Alt‹

Ebenso stellt der sogenannte ›Abzug Neu für Alt‹ einen Unterfall der Vorteilsausgleichung dar. Dieser zwar häufig benannte Fall ist jedoch nur sehr selten einschlägig. Er kommt dem Grundsatz nach dann in Betracht, wenn die Mangelbeseitigung zu einer deutlich längeren Lebensdauer des sanierten Bauteils führt. Dies ist beispielsweise anzunehmen, wenn die Beseitigung von Feuchtigkeitsschäden an einem Dach dazu führt, dass eine vollständige Neueindeckung des Daches erforderlich ist und von den vereinbarten 10 Jahren Gewährleistungszeit bereits 9 Jahre verstrichen sind.

Ein ›Abzug Neu für Alt‹ scheidet jedoch aus, wenn die Verlängerung der Lebensdauer darauf zurückzuführen ist, dass der Auftragnehmer seiner Mangelbeseitigungsverpflichtung nicht rechtzeitig oder erst Jahre später nachgekommen ist.

In Ansatz zu bringen sind insoweit die sich für die längere Lebensdauer anteilig ergebenden Kosten.

Sonstige Vorteilsausgleichung

Als Position einer Vorteilsausgleichung kommen unter Umständen auch durch die Schädigung ersparte Steuern (OLG Düsseldorf, BauR 1996, 396, 398) sowie ersparte Baudarlehenszinsen (BGH, BauR 1983, 465) in Betracht.

11.2.9 Berücksichtigung eines Mitverschuldens und Schadensminderungspflicht des Auftraggebers gemäß § 254 BGB

Der Auftraggeber ist entsprechend der ihm obliegenden Schadensminderungspflicht gehalten, drohenden Schäden entgegenzuwirken und entsprechend rechtzeitig geeignete Sicherheitsmaßnahmen zu ergreifen, um die Folgen etwaiger Schäden einzugrenzen (BGHZ 4, 170, 174).

Des Weiteren hat er für die in § 13 Abs. 3 VOB/B benannten Verpflichtungen einzustehen, wenn diese zu Fehlern des Bauwerks führen. § 254 BGB findet mithin letztlich nur dann Anwendung, wenn die Voraussetzungen für eine vollständige Haftungsfreistellung des Auftragnehmers mangels ausreichender Bedenkenanmeldung gemäß § 4 Abs. 3 VOB/B nicht eingreifen. Dies bedeutet gleichwohl nicht, dass der Auftragnehmer die vorhandenen Mängel allein zu verantworten hat. Vielmehr haftet der Auftraggeber (§§ 278 BGB, 254 BGB) für eigene und auch für die Fehler seiner Erfüllungsgehilfen. Dies betrifft letztlich die fünf in § 13 Abs. 3 VOB/B benannten Unterfallgruppen. Die Höhe der Quote gemäß § 254 BGB ist eine Frage des Einzelfalls.

11.2.10 Berücksichtigung einer Vorteilsausgleichung und eines mitwirkenden Verschuldens

Hinsichtlich geltend gemachter Kostenvorschuss- und Schadensersatzansprüche sowie Ersatzvornahmeansprüchen des Auftraggebers sind etwaige Sowieso-Kosten, Abzüge Neu für Alt oder sonstige Vorteilsausgleichung sowie ein Mitverschulden gemäß § 254 BGB anspruchsmindernd (Herabsetzung des Anspruchs um den in Ansatz zu bringenden Betrag) zu berücksichtigen.

In dem Fall, in dem der Auftragnehmer grundsätzlich bereit ist, die Mangelbeseitigung durchzuführen, steht ihm im Wege von Vorteilsausgleichung bzw. eines Mitverschuldens des Auftraggebers gemäß § 254 BGB ein Zuschussanspruch zu, d. h. er ist nur Zug um Zug gegen Gewährung des Zuschussanspruchs zur Mangelbeseitigung verpflichtet. Da eine Zug-um-Zug-Ausführung letztlich nicht praktikabel ist, steht ihm auch ein Anspruch auf Besicherung seines Zuschussanspruchs zu.

11.2.11 Verjährung

Für die Verjährung, d.h. die Frage der Hemmung bzw. des Neubeginns (früher Unterbrechung), ist das neue Schuldrecht zu beachten, das seit dem 01.01.2002 anzuwenden ist. Die nachstehenden Ausführungen berücksichtigen das neue Schuldrecht sowie die geltenden Übergangsregelungen.

Verjährungsfrist gem. § 13 Abs. 4 VOB/B sowie abweichende vertragliche Vereinbarung

§ 13 Abs. 4 VOB/B geht seit der Fassung VOB/B 2002 von einer Gewährleistungszeit von nunmehr 4 Jahren aus, wobei die Möglichkeit der Vereinbarung einer hiervon abweichenden Verjährungsfrist ausdrücklich vorgesehen ist. Regelmäßig wird in der Praxis die auch in § 634 a Abs. 1 Nr. 2 BGB für Bauwerke vorgesehene Verjährungsfrist von 5 Jahren vereinbart. Häufig wird auch eine abgestufte Verjährungsfrist vereinbart (z. B. 6 Monate für sich bewegende Bauteile, Leuchtmittel, Verschleißteile, aber auch 10 Jahre für das Dach).

Liegt keine abweichende Vereinbarung vor, gelten seit der VOB/B 2002 im Einzelnen folgende Gewährleistungsfristen:

Position	§ 13 Abs. 4 VOB/B 2009
Bauwerke ohne abweichende Vereinbarung	4 Jahre
Holzerkrankungen	4 Jahre
Andere Werke, deren Erfolg in der Herstellung, Wartung oder Veränderung einer Sache besteht und die vom Feuer berührten Teile von Feuerungsanlagen	2 Jahre
für feuerberührte und abgasdämmende Teile von industriellen Feuerungsanlagen	1 Jahr
für die Teile von maschinellen und elektrotechnischen/elektronischen Anlagen, bei denen die Wartung Einfluss auf die Sicherheit und Funktionsfähigkeit hat und dem Auftragnehmer die Wartung nicht übertragen wurde	2 Jahre (Gilt auch, wenn allgemein eine abweichende Verjährungsfrist vereinbart wird (Ausnahme: Es wurde auch zu den wartungsbedürftigen Anlagen ausdrücklich diese abweichende, d. h. längere Verjährungsfrist vereinbart, was in § 13 Abs. 4 Nr. 2 VOB/B ausdrücklich vorgesehen ist)

Bild 11.6 Gewährleistungsfristen

Die Verjährungsfrist beginnt mit der Abnahme bzw. mit Eintritt der Abnahmefiktion. Soweit die Abnahme beispielsweise am 16.03.2004 erfolgte und die Verjährungsfrist 5 Jahre beträgt, läuft die Verjährungsfrist am 16.03.2009 aus. Es ist mithin, soweit keine Hemmungstatbestände eingreifen und die Regelfrist des § 13 Abs. 4 VOB/B nicht zusätzlich in Lauf gesetzt wird, das Fristende wie folgt zu berechnen:

Das Fristende entspricht zahlenmäßig dem Tag, an dem die Abnahme stattgefunden hat (bzw. die Abnahmefiktion) nach Ablauf der vereinbarten Verjährungsfrist.

Haben die Parteien demgegenüber bei diesem Beispielfall eine Gewährleistungszeit von 5 Jahren und 2 Monaten vereinbart, läuft die Frist am 16.05.2009 ab.

Für das Fristende gilt § 193 BGB, sodass dann, wenn das Fristende auf einen Sonntag, Samstag oder Feiertag fällt, der nächste Werktag heranzuziehen ist.

Regelfrist gem. § 13 Abs. 5 Nr. 1 Satz 2 i.V.m. § 13 Abs. 4 VOB/B

Nach § 13 Abs. 5 Nr. 1 Satz 1 VOB/B setzt eine schriftliche Mängelrüge die Regelfrist des § 13 Abs. 5 Nr. 1 S. 2 VOB/B, berechnet vom Zugang des schriftlichen Verlangens, in Lauf. Die Regelfrist beträgt 2 Jahre, läuft jedoch nicht vor Ablauf der vertraglich vereinbarten Gewährleistungsfrist ab (§ 13 Abs. 5 Nr. 1 Satz 2 VOB/B). Hiermit sollte sichergestellt werden, dass für den Fall, dass eine abweichende Verjährungsfrist vereinbart wird, was der Regel entspricht, die Festlegung in § 13 Abs. 5 Nr. 1 Satz 2 VOB/B nicht dazu führt, dass eine Verkürzung der Verjährungsfrist eintritt. Wenn die Parteien also eine Verjährungsfrist von 5 Jahren vereinbart haben und die Abnahme am 02.01.2002 und eine schriftliche Mängelanzeige am 15.03.2003 erfolgte, verbleibt es bei dem Ablauf der Verjährungsfrist am 02.01.2007.

Demgegenüber kann sich durch eine schriftliche Mängelanzeige die Gewährleistungszeit um 2 Jahre verlängern. Das ist beispielsweise der Fall, wenn dem Auftragnehmer am letzten Tag der Frist eine schriftliche Mangelanzeige zugeht. In diesem Fall verlängert sich die Verjährungsfrist für die angezeigten Mängel um 2 Jahre. Wenn die Parteien eine Gewährleistungszeit von 5 Jahren vereinbart haben und die Abnahme am 02.01.2002 erfolgte, läuft grundsätzlich die Verjährungsfrist am 02.01.2007 ab. Sollte dem Auftragnehmer jedoch am 02.01.2007 (Tag des Zugangs) eine Mängelanzeige zugehen, liefe hinsichtlich der insoweit von der Mängelanzeige umfassten Mängel (Symptomtheorie) die Gewährleistungszeit am 02.01.2009 ab.

Da die Regelfrist nur mit einer schriftlichen Mängelanzeige unter Fristsetzung in Lauf gesetzt wird, sollte zwingend darauf geachtet werden, dass Mängelanzeigen immer schriftlich erfolgen. Ebenso sollte insbesondere dann, wenn die schriftliche Mängelanzeige kurz vor Ablauf der Gewährleistungsfrist gestellt wird, sichergestellt sein, dass man den Zugang nachweisen kann.

Die Regelfrist beginnt nur einmal zu laufen. Eine weitere schriftliche Mängelanzeige hat diese Wirkung nicht mehr.

Es verbleibt insbesondere auch dann bei einer Regelfrist von 2 Jahren, wenn die Parteien eine längere Verjährungsfrist vereinbart haben (z. B. 5 Jahre). Für den Fall, dass die Mangelbeseitigung durch den Auftragnehmer durchgeführt wird, beginnt nach Abnahme der Mangelbeseitigungsleistung die Regelfrist erneut zu laufen.

Der Lauf der Regelfrist betrifft nur die in der Mängelanzeige benannten Mängel. Aus diesem Grund ist die dezidierte, sehr konkrete Beschreibung des Mangelsymptoms von erheblicher Bedeutung.

Hemmungstatbestände

Soweit ein Hemmungstatbestand eingreift, wird die Verjährung gehemmt. Dies bedeutet, dass der Zeitraum, der der Hemmung unterliegt, nicht als Ablauf der Verjährungsfrist gilt. Die Verjährungsfrist verlängert sich vielmehr um den ›gehemmten Zeitraum‹.

Hemmungstatbestände sind insbesondere:

- Erhebung der Klage auf Leistung oder auf Feststellung des Anspruchs (§ 204 Abs. 1 Nr. 1 BGB)
- die Zustellung des Mahnbescheids im Mahnverfahren (§ 204 Abs. 1 Nr. 3 BGB)
- die Geltendmachung der Aufrechnung des Anspruchs im Prozess (§ 204 Abs. 1 Nr. 5 BGB)
- die Zustellung der Streitverkündung (§ 204 Abs. 1 Nr. 6 BGB)
- die Zustellung des Antrags auf Durchführung eines selbständigen Beweisverfahrens (§ 204 Abs. 1 Nr. 7 BGB)
- der Beginn eines vereinbarten Begutachtungsverfahrens (§ 204 Abs. 1 Nr. 8 BGB)
- die Anmeldung des Anspruchs im Insolvenzverfahren (§ 204 Abs. 1 Nr. 10 BGB)
- der Beginn des schiedsrichterlichen Verfahrens (§ 204 Abs. 1 Nr. 11 BGB)
- Schweben von Vergleichsverhandlungen (§ 203 BGB)
- für Schuldverhältnisse, die vor dem 01.01.2009 entstanden sind, auch die Beauftragung des Gutachters in dem Verfahren nach § 641 a BGB (§ 204 Abs. 1 Nr. 8 BGB a.F. i.V.m. Art. 229 § 18 Abs. 1 EGBGB).

In § 204 BGB ist zwar sowohl für den Mahnbescheid, die Streitverkündung als auch für die Durchführung des selbständigen Beweisverfahrens der Begriff ›Zustellung‹ verwendet worden, sodass nach dem Wortlaut erst die Zustellung an den Anspruchsgegner den Hemmungstatbestand auslöst. Da der Anspruchsteller auf den Zeitpunkt der Zustellung keinen Einfluss hat, geht die Rechtsprechung davon aus, dass der Tag der Einreichung (Zugang bei Gericht) entscheidend ist, wenn die Zustellung ›demnächst‹ erfolgt.

Durch das Inkrafttreten des neuen Schuldrechts hat der Antrag auf Durchführung eines selbständigen Beweisverfahrens keine unterbrechende Wirkung mehr (Neubeginn der Verjährungsfrist), sondern nur noch eine hemmende Wirkung. Die Verjährungsvorschriften wurden insgesamt gravierend geändert. Ein Neubeginn der Verjährung (früher Unterbrechung der Verjährung) tritt nur noch ein,

- wenn der Schuldner dem Gläubiger gegenüber den Anspruch durch Abschlagszahlung, Zinszahlung, Sicherheitsleistung oder in anderer Weise anerkennt (§ 212 Abs. 1 Nr. 1 BGB) oder
- eine gerichtliche oder behördliche Vollstreckungshandlung vorgenommen oder beantragt wird (§ 212 Abs. 1 Nr. 2 BGB).

Neu eingeführt wurde § 203 BGB, wonach Verhandlungen über den Anspruch oder die den Anspruch begründenden Umstände zu einer Hemmung der Verjährung führen, und zwar bis zu dem Zeitpunkt, in dem der eine oder andere Teil die Fortsetzung der Verhandlungen verweigert. Die Verjährung tritt in diesem Fall frühestens 3 Monate nach dem Ende der Verhandlungen ein (§ 203 BGB). Mit der 3-Monats-Regelung soll dem Anspruchsteller auch dann noch die Möglichkeit der rechtzeitigen Geltendmachung eingeräumt werden, wenn die Verhandlungen kurz vor Ablauf der Verjährungsfrist geführt werden. Insbesondere soll auch dem Umstand Rechnung getragen werden, dass das Ende der Verhandlungen sich nicht in jedem Fall zweifelsfrei feststellen lässt, sondern möglicherweise auch konkludent erfolgt.

Die Hemmung für die nach § 204 BGB umfassten Fälle endet 6 Monate nach der rechtskräftigen Entscheidung oder einer anderweitigen Beendigung des eingeleiteten Verfahrens. Dieser Umstand ist zwingend bei selbständigen Beweisverfahren, aber auch bei Klageverfahren zu berücksichtigen, wenn eine Streitverkündung an einen Nachunternehmer ausgelöst wurde und sich das Verfahren möglicherweise sehr lange hingezogen hat, sodass ohne den Eintritt des Hemmungstatbestandes bereits Verjährung eingetreten wäre. Es besteht daher eine Verpflichtung, spätestens 6 Monate nach Abschluss des Verfahrens in verjährungshemmender Weise die Ansprüche geltend zu machen. Dieser Umstand wird häufig übersehen.

Aufrechnung und Zurückbehaltungsrecht nach Eintritt der Verjährung

Nach § 215 BGB schließt die Verjährung die Aufrechnung und Geltendmachung eines Zurückbehaltungsrechts dann nicht aus, wenn der Anspruch in dem Zeitpunkt noch nicht verjährt war, in dem erstmals aufgerechnet oder die Leistung verweigert werden konnte. Dies betrifft für den Baubereich insbesondere die Fälle, in denen zwar rechtzeitig eine Frist zur Mangelbeseitigungsaufforderung gesetzt wurde, der Auftragnehmer die Mangelbeseitigung trotz Verpflichtung nicht durchgeführt hat und mangels weiterer Maßnahmen des Auftraggebers an sich Verjährung eingetreten ist. Liegt dem Auftraggeber in diesem Fall noch beispielsweise eine Gewährleistungsbürgschaft oder ein Bareinbehalt des Auftragnehmers vor, steht ihm ein Zurückbehaltungsrecht oder ein Aufrechnungsrecht unter Berücksichtigung der Mangelbeseitigungskosten zu.

Arglist

Ferner ist seit 2002 die Verjährungsfrist für den Fall des arglistigen Verschweigens des Mangels gravierend verkürzt worden. Nach der alten Gesetzeslage betrug die Verjährungsfrist 30 Jahre. Nach § 634 a Abs. 3 BGB verjähren die Ansprüche des Auftraggebers gegen den Unternehmer im Falle des arglistigen Verschweigens eines Mangels in der nunmehr regelmäßigen Verjährungsfrist. Die regelmäßige Verjährungsfrist beträgt nach § 195 BGB nur noch 3 Jahre. Es liegt mithin eine erhebliche Verkürzung vor. Die Verjährung tritt jedoch nach § 634 a Abs. 3 Satz 2 BGB nicht vor dem Ablauf der vereinbarten Verjährungsfrist (z. B. 5 Jahre) ein. Die regelmäßige Verjährungsfrist beginnt gem. §§ 195, 199 BGB des Weiteren erst mit dem Schluss des Jahres, in dem

- der Anspruch entstanden ist und
- der Gläubiger von den den Anspruch begründenden Umständen und der Person des Schuldners Kenntnis erlangt hat oder ohne grobe Fahrlässigkeit erlangen müsste.

Die Verjährungsfrist beginnt mithin grundsätzlich nicht ohne Kenntnis von den die Arglist begründenden Umständen und beträgt dann ab Schluss des Jahres, in dem die Kenntnis erlangt worden ist, 3 Jahre. Um die Verjährungsfrist nicht auf unbestimmte Zeit hinauszuschieben, sind in § 199 Abs. 3 BGB Höchstfristen normiert worden. Unabhängig von der Frage der Kenntnis oder grob fahrlässigen Unkenntnis verjähren Ansprüche in 10 Jahren von ihrer Entstehung an (nicht Jahresende) und unabhängig von ihrer Entstehung, Kenntnis oder grob fahrlässigen Unkenntnis spätestens in 30 Jahren von der Begehung der Handlung oder Pflichtverletzung (nicht Jahresende) an. Nach § 199 Abs. 4 BGB verjähren andere Ansprüche als Schadensersatzansprüche spätestens 10 Jahre von ihrer Entstehung an, wobei es hierbei nicht auf die Kenntnis oder grob fahrlässige Unkenntnis ankommt (nicht Jahresende).

Ansprüche im Falle der Arglist verjähren damit regelmäßig erst nach 10 Jahren, wenn nicht zuvor Kenntnis erlangt wird oder aber grob fahrlässige Unkenntnis vorliegt.

Dem Fall des arglistigen Verschweigen eines Mangels steht es gleich, wenn der Werkunternehmer, der ein Bauwerk arbeitsteilig erstellen lässt, nicht die organisatorischen Voraussetzungen schafft, um sachgerecht beurteilen zu können, ob das Bauwerk bei Ablieferung mangelfrei ist und der Mangel bei entsprechender Organisation entdeckt worden wäre (BGH, BauR 2008, 87 ff.).

11.3 Mängelhaftung und Gewährleistung nach dem BGB

Einführung

Die Anspruchsvoraussetzungen für die Mängelhaftung und Gewährleistung nach dem BGB werden nachstehend in knapper Form dargestellt. Im professionellen Baubereich ist davon auszugehen, dass zwischen dem Auftraggeber und den ausführenden Unternehmen die VOB/B vereinbart wird. Das BGB findet zum ausführenden Unternehmen regelmäßig bei der Beauftragung durch Private Anwendung.

Von erheblicher Bedeutung ist jedoch, dass im Verhältnis zwischen dem Auftraggeber und den Planern das BGB-Werkvertragsrecht Anwendung findet. Hier ergeben sich Besonderheiten in dem Fall, in dem sich bereits der Mangel im Bauwerk verkörpert hat.

Vorrangig steht dem Besteller nach § 635 BGB ein Anspruch auf Nacherfüllung zu. Nach Wahl des Unternehmers kann eine Mangelbeseitigung oder Neuherstellung erfolgen. Sofern eine Neuherstellung des Werks erfolgt, steht dem Unternehmer ein Anspruch auf Herausgabe des mangelhaften Werkes zu. Auch bei der Vereinbarung des BGB kann im Falle der Unverhältnismäßigkeit oder Unmöglichkeit die Mangelbeseitigung verweigert werden. Es steht dem Besteller dann ein Anspruch auf Minderung und gegebenenfalls hierneben auf Schadensersatz zu.

Grundsätzlich stehen dem Besteller nach erfolglosem Ablauf einer dem Unternehmer zur Nacherfüllung gesetzten angemessenen Frist folgende Ansprüche zu:

- Recht zur Selbstvornahme und Anspruch auf Aufwendungsersatz (§§ 634 Nr. 2, 637 Abs. 1 BGB) bzw. Kostenvorschussanspruch in Höhe der Mangelbeseitigungskosten (§ 637 Abs. 3 BGB)
- Rücktritt vom Vertrag (§§ 634 Nr. 3, 323 Abs. 1 BGB)
- Statt des Rücktritts kann der Besteller Minderung (§§ 634 Nr. 3, 638, 323 Abs. 1 BGB) beanspruchen.
- Neben den Ansprüchen zum Rücktritt oder zur Minderung kann ein Schadensersatzanspruch (§§ 634 Nr. 4, 280 Abs. 3, 281 BGB) geltend gemacht werden.

Mangel/Mangelbeseitigungsaufforderung

Gemäß § 633 Abs. 1 BGB ist der Unternehmer verpflichtet, das Werk frei von Sach- und Rechtsmängeln zu erstellen.

Ein Werk ist gem. § 633 Abs. 2 BGB frei von Sachmängeln,

- wenn es die vereinbarte Beschaffenheit hat oder
- wenn die Beschaffenheit nicht vereinbart ist, dann
- wenn es sich für die nach dem Vertrag vorausgesetzte oder

- für die gewöhnliche Verwendung eignet und eine Beschaffenheit aufweist, die bei Werken der gleichen Art üblich ist und die der Besteller nach der Art des Werks erwarten kann.

Ein Mangel ist insbesondere auch dann gegeben, wenn der Unternehmer ein anderes als das bestellte Werk (aliud) oder in zu geringer Menge herstellt. Abzustellen ist hinsichtlich der vereinbarten Beschaffenheit auf das Vertrags-Soll.

Auch wenn der Verstoß gegen anerkannte Regeln der Technik nicht ausdrücklich im BGB benannt ist, liegt auch im Fall der Anwendung des BGB bei einem Verstoß gegen die anerkannten Regeln der Technik nach ständiger Rechtsprechung ein Mangel vor.

Die Ansprüche des Bestellers auf Ersatz der Kosten der Selbstvornahme, Kostenvorschuss, Minderung, Rücktritt setzen grundsätzlich eine Mangelbeseitigungsaufforderung unter Fristsetzung voraus. Hierzu wurde ein gesetzlich geregelter Ausnahmefall eingefügt, wonach für den Rücktritt und den Schadensersatz dann keine Fristsetzung erforderlich ist, wenn der Unternehmer die Nacherfüllung gem. § 635 Abs. 3 BGB (Unverhältnismäßigkeit/ Unmöglichkeit) verweigert, die Nacherfüllung fehlgeschlagen oder aber dem Besteller unzumutbar ist.

Bei einer mangelhaften Planung und Bauüberwachung sind Besonderheiten zu beachten. Eine mangelhafte Bauüberwachung verkörpert sich unmittelbar im Gewerk, sodass bei einer Mangelbeseitigungsaufforderung der Bau überwachende Architekt/Planer diesen Mangel, d. h. die Bauüberwachungspflichtverletzung, gar nicht mehr beseitigen könnte.

Das Gleiche gilt, wenn sich ein Planungsfehler bereits in dem Bauwerk verkörpert hat. Solange die mangelhafte Planung sich noch nicht in dem Bau verkörpert hat, bedarf es daher einer Mangelanzeige, da die Planung insoweit noch geändert werden kann.

Soweit sich Bauüberwachungspflichtverletzungen bzw. die mangelhafte Planung - wie bereits dargelegt - in dem Bauwerk verkörpert haben, würde eine Nacherfüllung, d. h. die Herstellung einer ordnungsgemäßen Planung, nichts mehr an dem bereits aufgetretenen Mangel ändern. Folgerichtig bedarf es insoweit keiner Mangelbeseitigungsaufforderung mit Fristsetzung. Rechtsfolge in diesen Fällen ist dann regelmäßig ein Schadensersatzanspruch.

Nacherfüllungsanspruch

Vorrangig steht dem Besteller ein Nacherfüllungsanspruch zu (§§ 634 Nr. 1, 635 BGB). Nach § 635 Abs. 1 BGB obliegt dem Unternehmer die Wahl, ob er den Mangel beseitigt oder ein neues Werk herstellt. Stellt der Unternehmer ein neues Werk her, steht ihm ein Anspruch auf Rückgewähr des mangelhaften Werkes zu (§ 635 Abs. 4 BGB).

Der Unternehmer kann die Nacherfüllung verweigern, wenn sie unmöglich ist oder aber nur mit unverhältnismäßigen Kosten (§ 635 Abs. 3 BGB) durchgeführt werden könnte.

Selbstvornahme

Soweit der Unternehmer trotz angemessener Fristsetzung und Aufforderung zur Mangelbeseitigung den Mangel nicht beseitigt bzw. das Werk nicht neu herstellt, steht dem Besteller ein Recht zur Selbstvornahme zu. Zur Frage der Fristsetzung sowie Angemessenheit gelten die Ausführungen zu § 13 VOB/B entsprechend.

Nach fruchtlosem Ablauf der gesetzten Frist kann der Besteller die Mangelbeseitigung selbst durchführen. Noch vor Durchführung kann er einen Kostenvorschussanspruch geltend machen, der nunmehr gesetzlich geregelt wurde (§ 637 Abs. 3 BGB).

Rücktritt

An die Stelle einer Wandlung ist der Rücktritt getreten. Es handelt sich um ein Gestaltungsrecht. Auch ein Rücktrittsanspruch des Bestellers setzt zunächst die Mangelbeseitigungsaufforderung unter Fristsetzung voraus.

Gesetzlich geregelt wurde nunmehr ein Ausnahmefall, wonach es dann keiner Fristsetzung bedarf, wenn der Unternehmer die Nacherfüllung gem. § 635 Abs. 3 BGB (unverhältnismäßige Kosten/Unmöglichkeit) verweigert, die Nacherfüllung fehl geschlagen oder aber für den Besteller unzumutbar ist.

Neben dem Rücktritt steht dem Besteller ein Schadensersatzanspruch zu.

Minderung

Statt von dem Vertrag zurückzutreten, kann der Besteller auch nach fruchtlosem Ablauf der gesetzten Frist einen Minderungsanspruch geltend machen (§ 638 Abs. 1 BGB).

Im Gegensatz zu § 13 Abs. 6 VOB/B stellt der Minderungsanspruch damit keine Ausnahme dar, er steht dem Besteller vielmehr unmittelbar nach Ablauf der von ihm gesetzten angemessenen Frist zur Verfügung. Es bedarf, anders als im Fall der Anwendbarkeit des § 13 Abs. 6 VOB/B, nicht der Voraussetzung, dass die Beseitigung des Mangels unzumutbar sein muss. Ebenso wenig kann der Unternehmer im Falle eines unverhältnismäßig hohen Aufwandes bzw. der Unmöglichkeit den Besteller auf eine Minderung verweisen, wie es nach § 13 Abs. 6 VOB/B möglich ist. Es obliegt vielmehr in diesen Fällen dem Besteller, zwischen Rücktritt und Minderung neben einem zusätzlich bestehenden Schadensersatzanspruch zu wählen.

Auch der Minderungsanspruch des Bestellers ist ein Gestaltungsrecht, d. h. mit Ausübung, also Berufung, auf eine Minderung ist es dem Besteller verwehrt, zum Rücktritt überzugehen.

Schadensersatz

Dem Besteller steht neben Ansprüchen auf Rücktritt oder Minderung ein Schadensersatzanspruch zu (§ 634 Nr. 4, § 636, § 280, § 281, § 283, § 311 a BGB).

Eine der VOB/B entsprechende Haftungsbegrenzung (§ 13 Abs. 7 VOB/B) findet sich im BGB nicht. Es ist vielmehr der gesamte adäquat kausale Schaden zu ersetzen, also letztlich der Schaden, der auch nach der VOB/B ersatzfähig ist, wenn die Voraussetzungen des § 13 Abs. 7 Nr. 1 und 2 VOB/B vorlägen.

Sowieso-Kosten/§ 254 BGB

Zur Frage der Sowieso-Kosten, Vorteilsausgleichung sowie eines Mitverschuldens des Bestellers (§ 254 BGB) gelten die vorstehenden Ausführungen.

Verjährung

Zur Frage der Verjährung gelten die vorstehenden Ausführungen unter Ziffer 2. mit folgenden Ausnahmen:

Im Bereich der Bauleistungen sieht das BGB eine Verjährungsfrist von 5 Jahren (§ 634 a Abs. 1 Nr. 2 BGB) vor.

Des Weiteren gilt im Rahmen des BGB nicht zusätzlich die Regelfrist des § 13 Abs. 4 VOB/B, wie es in § 13 Abs. 5 VOB/B vorgesehen ist. Dies bedeutet, dass bei der Anwendung des BGB im Falle einer schriftlichen Mangelanzeige keine Hemmung der Verjährung eintritt und auch keine zusätzliche Regelfrist läuft. Dies ist zwingend zu beachten und ein wesentlicher Unterschied im Bereich der Verjährung.

Zusammenfassung

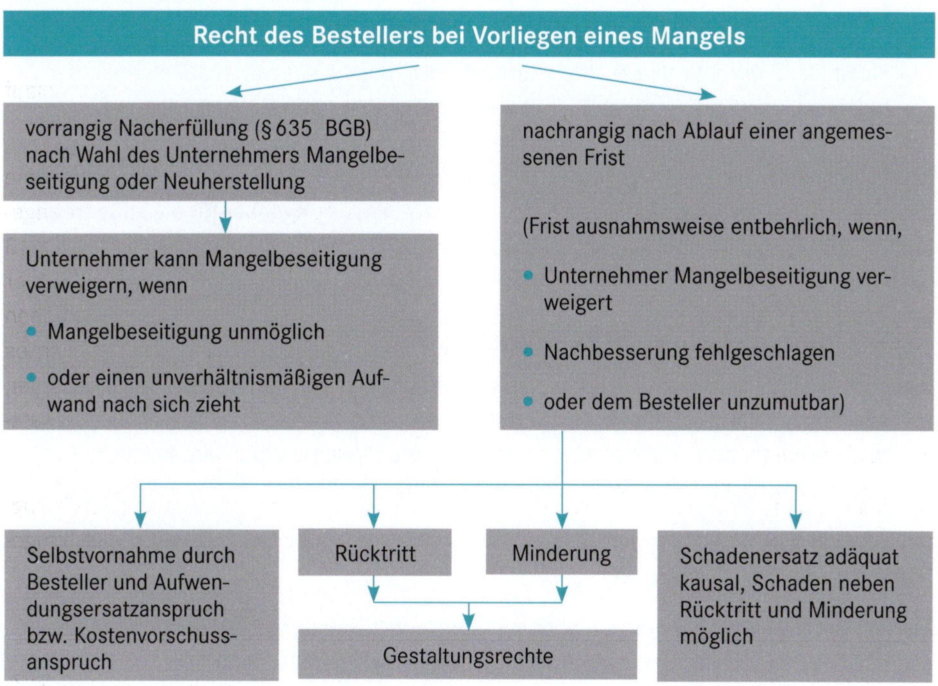

Bild 11.7 Recht des Bestellers nach BGB bei Vorliegen eines Mangels

11.4 Haftung der am Bau Beteiligten

11.4.1 Einführung

Einstandspflicht für aufgetretene Mängel

Ausgangspunkt einer etwaigen Haftung der am Bau Beteiligten ist die Frage, wer für die aufgetretenen Mängel einstandspflichtig ist. Wie bereits dargelegt, geht das Werkvertragsrecht von einer Erfolgshaftung aus. Für das Vorhandensein von Mängeln haften die an der Bauausführung Beteiligten (Unternehmer, Architekt, Planer, Nachunternehmer, Sonderfachleute) unabhängig von der Frage eines Vertretenmüssens/Verschuldens. Etwas anderes gilt nur, sofern Schadensersatzansprüche geltend gemacht werden. Diese setzen ein Verschulden voraus. Verschuldensunabhängig kann die Mangelbeseitigung ebenso verlangt werden wie die sonstigen Mängelrechte bzw. Gewährleistungsrechte außerhalb von Schadensersatzansprüchen. Entscheidend ist damit die Ursache für die aufgetretenen Risse, sei es nun ein Ausführungsfehler, ein Planungsfehler oder ein Bauüberwachungsfehler, wobei es häufig vorkommt, dass unterschiedliche Ursachen bzw. Ursachenbeiträge unterschiedlicher am Bau Beteiligter vorliegen. Häufig treffen Planungsfehler mit Ausführungsfehlern zusammen bzw. stellen Ausführungsfehler zugleich einen Bauüberwachungsfehler des mit der Bauüberwachung beauftragten Architekten dar. Ausgangspunkt ist damit, wen der Auftraggeber für aufgetretene Mängel in Anspruch nehmen kann.

Nur klarstellend wird an dieser Stelle festgehalten, dass selbstverständlich auch der Generalunternehmer bzw. Generalübernehmer im Sinne der VOB/B bzw. des zivilen Werkvertragsrechts Auftraggeber bzw. Besteller ist, wenn er Nachunternehmer oder Sonderfachleute beauftragt. Diese Auftraggeber, d. h. die Auftraggeber neben dem Bauherrn, sind jedoch zunächst die Anspruchsgegner des Bauherrn als Auftraggeber für die aufgetretenen Mängel. Die Frage ihres Innenverhältnisses zu weiteren an der Bauausführung Beteiligten ist damit die zweite Ebene.

Weitere Inanspruchnahme/Innenausgleich

Wenn ein Mangel aufgetreten ist, kann selbstverständlich der Generalunternehmer, Generalübernehmer oder aber ein Nachunternehmer, der Subunternehmer beauftragt, diese in Anspruch nehmen, ohne dass es zuvor einer Inanspruchnahme durch den Bauherrn bedarf, da es sich um selbstständige Werkverträge handelt.

Das Gleiche gilt für Architekten bzw. Planer, sofern sie Unterplaner eingeschaltet haben. Hier findet das BGB Anwendung.

Im Falle der Inanspruchnahme eines oder mehrerer am Bau Beteiligter durch den Bauherrn stellt sich die Frage der Regressmöglichkeit. Die Regressmöglichkeit kann im Falle eines Generalunternehmens der Nachunternehmer sein oder aber auch der durch das ausführende Unternehmen beauftragte Planer. Es kann jedoch im Falle der Inanspruchnahme eines Architekten/Planers mit dem ausführenden Unternehmen auch eine Gesamtschuldnerschaft vorliegen, sodass dann neben der Regressmöglichkeit möglicher eingeschalteter Nachunternehmer oder Unterplaner auch der Innenausgleich zwischen dem ausführenden

Unternehmen und den Planern bzw. unter unterschiedlichen Planern zu berücksichtigen ist.

Diese einzelnen Vertragskonstellationen werden nachstehend zunächst allgemein dargestellt und dann anhand von Beispielen verdeutlicht.

BGB, VOB/B, Zurechnung

Für die Frage der Inanspruchnahme der am Bau Beteiligten durch den Bauherrn aber auch in allen folgenden Vertragskonstellationen ist zunächst zu prüfen, ob die Parteien die VOB/B vereinbart haben oder aber mangels Vereinbarung das BGB-Werkvertragsrecht gilt. Die Vereinbarung der VOB/B kommt nur zwischen dem Bauherrn bzw. sonstigen Auftraggebern und ausführenden Unternehmen in Betracht. Demgegenüber findet in dem Vertragsverhältnis zwischen dem Bauherrn bzw. sonstigen Auftraggebern und dem Architekten bzw. Sonderfachleuten und den Architekten und Sonderfachleuten und weiteren Unterplanern das BGB Anwendung.

Ein weiterer zentraler Punkt ist die Frage, wenn mehrere Fehler für das Auftreten der Mängel ursächlich waren, inwieweit dem Bauherrn bzw. Auftraggeber dieser Verursachungsbeitrag eines Dritten, z. B. des Planers, entgegen gehalten werden kann. Hier geht das deutsche Recht davon aus, dass es einer Zurechnungsnorm bedarf. Gemäß den §§ 254, 278 BGB kommt die Zurechnung für ein Verschulden eines Erfüllungsgehilfen in Betracht. Da beispielsweise der Bauherr, aber auch ein Generalunternehmer, der die Planung übernommen hat, den von ihm beauftragten Unternehmen eine ordnungsgemäße Planung schuldet, sind die insoweit beauftragten Planer Erfüllungsgehilfen des Bauherrn bzw. Generalunternehmens, sodass deren Verschulden gem. §§ 254, 278 BGB wie das eigene Verschulden des Bauherrn bzw. Generalunternehmens gegenüber dem ausführenden Unternehmen haftungsmindernd berücksichtigt wird.

11.4.2 Vertragskonstellation

Allgemeines

Die nachstehende Darstellung zu unterschiedlichen denkbaren Vertragskonstellationen dient dazu, zu veranschaulichen, wie viele unterschiedliche zu beachtende Vertragsketten zwischen den an der Bauausführung Beteiligten bestehen können. Gewährleistungsansprüche bestehen grundsätzlich nur innerhalb der Vertragsketten, abgesehen von Ausgleichsansprüchen im Falle einer Gesamtschuldnerschaft nach § 426 BGB im Innenverhältnis. Dies bedeutet, dass beispielsweise der Bauherr keine Direktansprüche gegen die Nachunternehmer des eingeschalteten Generalunternehmens geltend machen kann, Ausnahme, diese Gewährleistungsansprüche wurden ihm abgetreten oder es liegt ein Fall der Drittschadensliquidation vor. Dasselbe gilt im Hinblick auf etwaige durch den Architekten im Direktwege eingeschaltete Spezialplaner.

Vertragskonstellation 1

Die nachstehende, grafisch dargestellte Konstellation geht davon aus, dass der Bauherr einen Architekten und mit einem weiteren oder mehreren weiteren Verträgen Sonderfachleute beauftragt hat. In diesem Verhältnis gilt das BGB. Darüber hinaus hat der Bauherr ein Generalunternehmen vollständig mit der Ausführung (außerhalb der Planung) beauftragt. In diesem Verhältnis kann die VOB/B vereinbart werden. Ohne Vereinbarung würde das BGB Anwendung finden. Das Generalunternehmen wiederum hat unterschiedliche Nachunternehmer beauftragt. Auch in diesem Verhältnis kann die VOB/B vereinbart werden. Anderenfalls gilt das BGB.

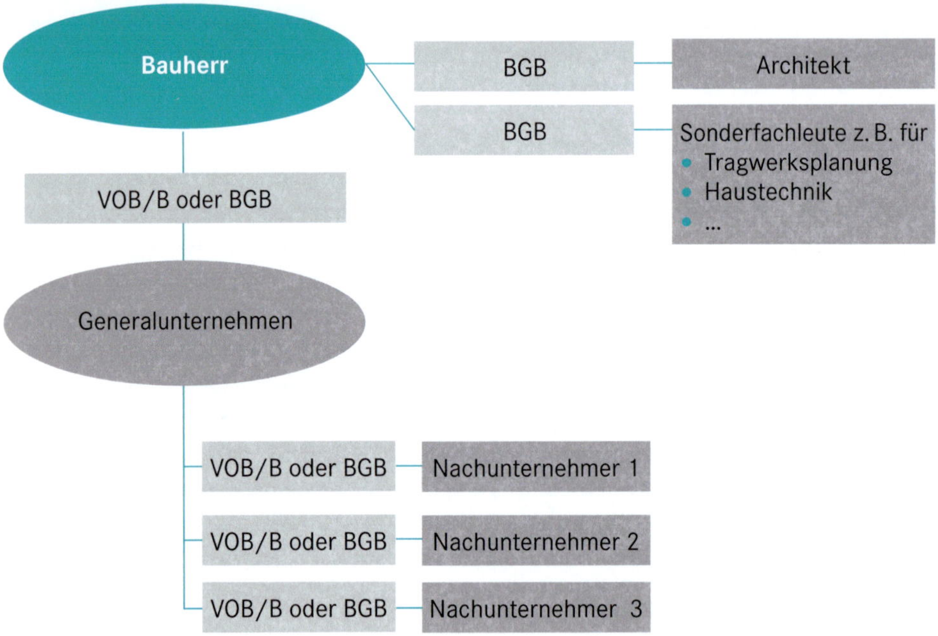

Bild 11.8 Vertragskonstellation 1

Die Nachunternehmer des Generalunternehmens sind im Verhältnis zum Bauherrn Erfüllungsgehilfen des Generalunternehmens gem. § 278 BGB, sodass deren Verschulden und mangelhafte Ausführung dem Generalunternehmen zugerechnet wird. Da der Bauherr wiederum dem Generalunternehmen gegenüber eine ordnungsgemäße Planung schuldet, ist der eingeschaltete Architekt bzw. sind die eingeschalteten Sonderfachleute wiederum Erfüllungsgehilfen des Bauherrn gem. den §§ 254, 278 BGB, sodass deren Fehler dem Bauherrn zugerechnet werden.

Vertragskonstellation 2

Die nachstehend grafisch dargestellte Konstellation geht wiederum davon aus, dass der Bauherr die Ausführung vollständig bei einem Generalunternehmen (denkbar sind auch unterschiedliche Einzelaufträge an Einzelunternehmen) beauftragt hat. Er kann erneut die VOB/B vereinbaren. Anderenfalls gilt das BGB. Die Abweichung zur Vertragskonstellation 1 besteht darin, dass der Bauherr die gesamte Planung unter Einschluss der Sonderfachplanungen an den Architekten beauftragt hat, der wiederum für die Sonderplanungen einzelne Unterplaner nach dem BGB beauftragt.

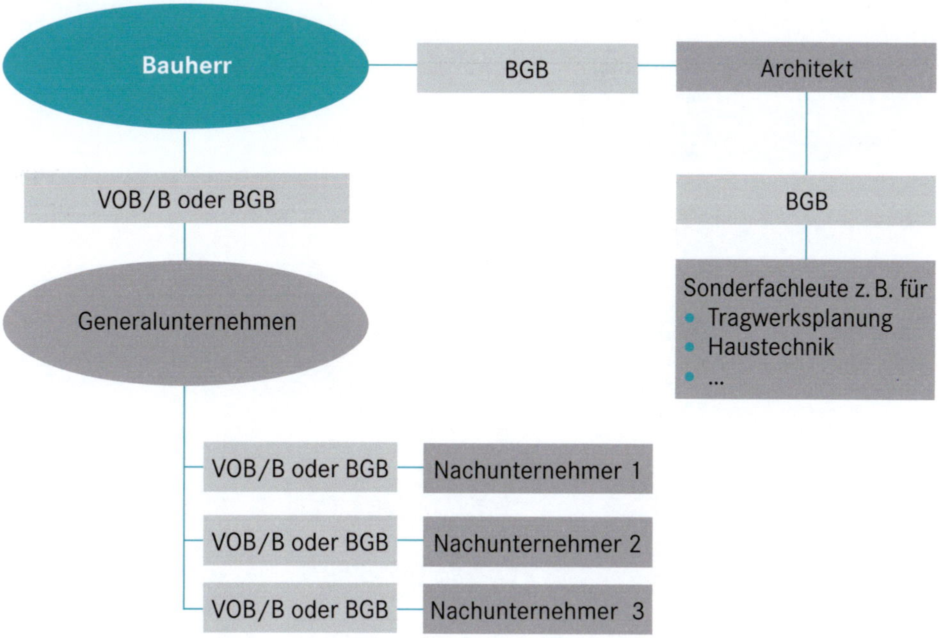

Bild 11.9 Vertragskonstellation 2

Im vorliegenden Fall sind nunmehr die Sonderfachleute gegenüber dem Bauherrn Erfüllungsgehilfen des Architekten gem. § 278 BGB. Im Übrigen entspricht diese Vertragskonstellation der Vertragskonstellation 1.

Vertragskonstellation 3

Die Vertragskonstellation 3 geht davon aus, dass der Bauherr sämtliche Leistungen, d. h. sowohl die Ausführung als auch die Planung, an ein Generalunternehmen beauftragt hat. In diesem Fall können die Parteien die VOB/B vereinbaren. Anderenfalls gilt das BGB. Der Generalunternehmer beauftragt wiederum unterschiedliche Nachunternehmer entweder auf der Basis der VOB/B oder des BGB. Gleichzeitig überträgt er die Planungsleistungen in dem nachstehend benannten Fall vollständig auf einen Architekten. In diesem Vertragsverhältnis gilt das BGB. Dieser wiederum beauftragt die einzelnen Sonderfachleute. Auch in diesem Verhältnis gilt das BGB.

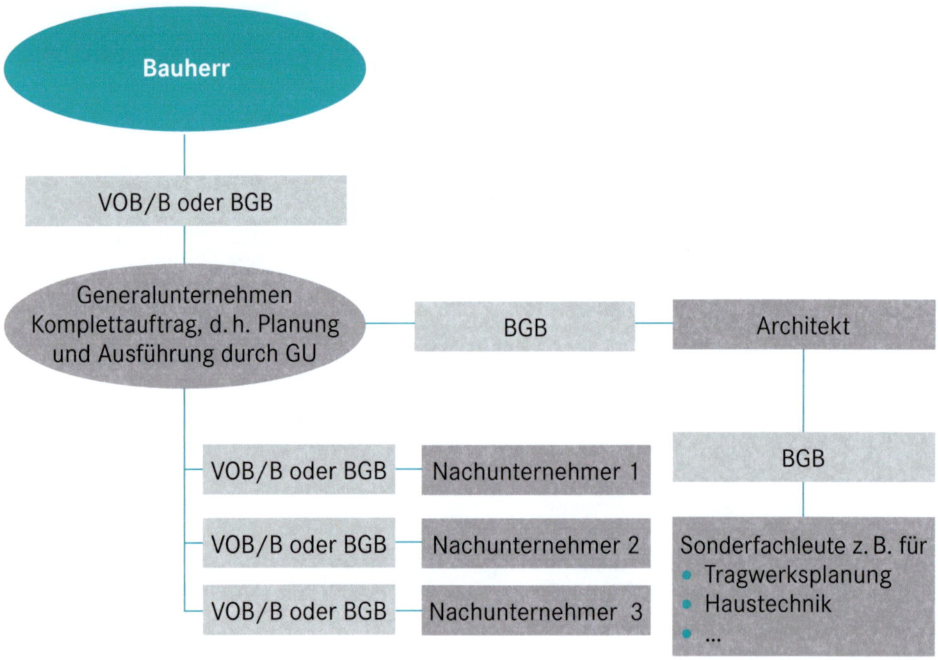

Bild 11.10 Vertragskonstellation 3

Im vorliegenden Fall sind die durch den Architekten eingeschalteten Sonderfachleute im Verhältnis zum Generalunternehmen seine Erfüllungsgehilfen gem. § 278 BGB.

Dies bedeutet, dass er gegenüber dem Bauherrn für aufgetretene Mängel in vollem Umfang haftet. Im Innenverhältnis wiederum kann der GU dann Ansprüche geltend machen, gegebenenfalls gegen einen oder mehrere Nachunternehmer und im Falle des Vorliegens von Planungsfehlern oder Bauüberwachungsfehlern gegen den Architekten.

Vertragskonstellation 4

Die nachstehend, grafisch dargestellte Vertragskonstellation 4 entspricht mit einer Ausnahme der Vertragskonstellation 3, und zwar beauftragt das Generalunternehmen im nachstehend benannten Fall den Architekten nur mit der Architekturplanung und darüber hinaus Sonderfachleute. Auch in diesem Verhältnis gilt das BGB.

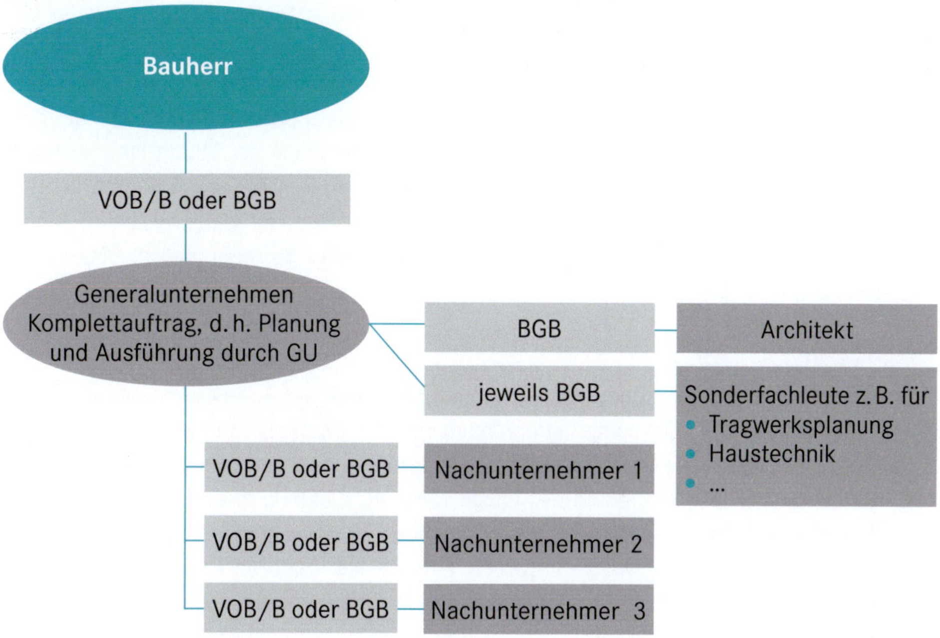

Bild 11.11 Vertragskonstellation 4

Die Vertragskonstellation 4 bedeutet, dass nunmehr die Sonderfachleute wiederum Erfüllungsgehilfen des Generalunternehmens sind, sodass sich die Nachunternehmer bzw. der Architekt im Falle von Fehlern der Planung der Sonderfachleute gem. §§ 254, 278 BGB darauf zurückziehen könnten, dass diese die Erfüllungsgehilfen des Generalunternehmens sind.

11.4.3 Grundzüge der Gesamtschuldnerschaft

Grundsatz

Die Gesamtschuldnerschaft ist in §§ 421 ff. BGB geregelt und gilt auch bei der Vereinbarung der VOB/B, da die VOB/B insoweit keine Sonderregelung enthält.

In § 421 BGB ist normiert, wer unter welchen Voraussetzungen Gesamtschuldner ist. Die Frage des Innenausgleichs zwischen den Gesamtschuldnern für den Fall, dass nur einer der Gesamtschuldner in Anspruch genommen wurde, ist in § 426 BGB geregelt. Für den Fall des Vorliegens der Gesamtschuldnerschaft ist die grundsätzliche Folge des Anspruchstellers (z. B. des Bauherrn), dass er jeden der Gesamtschuldner zu 100 % in Anspruch nehmen kann. Etwas anderes gilt nur dann, wenn er sich das Verschulden eines oder einiger Gesamtschuldner gem. §§ 254, 278 BGB zurechnen lassen muss. In diesem Fall könnte er denjenigen, der sich auf die §§ 254, 278 BGB berufen kann, nur in Höhe einer Quote, d. h. nach Abzug seines Eigenanteils, in Anspruch nehmen. Wenn beispielsweise ein Ausführungsfehler und ein Planungsfehler gleichermaßen die Ursache zu aufgetretenen Mängeln gesetzt haben, kann sich das ausführende Unternehmen grundsätzlich gegenüber dem Bauherrn auf die §§ 254, 278 BGB hinsichtlich des Planungsfehlers berufen, da der von dem Bauherrn eingeschaltete Planer sein Erfüllungsgehilfe gem. § 278 BGB ist. Wenn der Bauherr zunächst das ausführende Unternehmen in Anspruch nimmt, bedeutet dies, dass sich dieses Unternehmen gem. den §§ 254, 278 BGB darauf berufen kann, dass die dem Planer zuzurechnende Quote in Abzug gebracht wird. Die Höhe der Quote ist eine Frage des Einzelfalls. Wenn demgegenüber der Bauherr den Planer in Anspruch nimmt, kann er diesen zu 100 % in Anspruch nehmen. Hieran schließt sich dann möglicherweise ein Innenausgleich zwischen dem Planer und dem bauausführenden Unternehmen an. Dies richtet sich dann nach § 426 BGB.

Fallgruppen

- Die Gesamtschuldnerschaft kann zwischen zwei oder mehreren ausführenden Unternehmen bestehen. Dies setzt jedoch nach der BGB-Rechtsprechung (z. B. BGH, BauR 2003, 1379) voraus, dass Vor- und Nachunternehmer trotz voneinander getrennter Bauleistungen den Mangel in der Weise verursacht haben, dass eine ›zweckgerichtete Verbindung‹ ihrer Bauleistungen besteht und diese gemeinsam eine Ursache für das Auftreten des Mangels gesetzt haben. Des Weiteren ist erforderlich, dass der Mangel nur wirtschaftlich sinnvoll auf eine Art beseitigt werden kann. Diese Fälle sind sehr selten. Zwischen dem Generalunternehmen und den eingeschalteten Nachunternehmern besteht demgegenüber kein Gesamtschuldverhältnis, weder zum Bauherrn noch untereinander, da diese nachgeschaltet sind.

- Zwischen dem ausführenden Unternehmen und dem Architekten kann sowohl im Falle des Planungsfehlers aber auch im Falle der Bauüberwachungspflichtverletzung eine Gesamtschuldnerschaft bestehen, wobei im Falle der Bauüberwachungspflichtverletzung das ausführende Unternehmen, da der Bauherr keine Bauüberwachung dieses Unternehmens schuldet, im Innenverhältnis allein haftet.

- Es kann eine Gesamtschuldnerschaft zwischen dem Architekten und den Sonderfachleuten bestehen, wenn unterschiedliche Planungsfehler einen Mangel verursacht haben. Dies betrifft auch den Bau überwachenden Planer/Architekten.

Die Aufzählung ist selbstverständlich nicht abschließend und soll nur einen Überblick verschaffen.

11.4.4 Innenausgleich/Regress

Innenausgleich

Die Frage eines Innenausgleichs im Falle der Gesamtschuldnerschaft ist wie dargelegt in §426 BGB geregelt. Der Innenausgleich betrifft den Fall, wenn der Anspruchsteller (z. B. der Bauherr) einen der beiden Gesamtschuldner oder mehrere Gesamtschuldner zu 100% in Anspruch genommen hat. Der in Anspruch genommene Gesamtschuldner kann dann, wenn im Innenverhältnis auf ihn eine niedrigere Quote entfällt als 100%, den oder die anderen Gesamtschuldner auf Ausgleich in Anspruch nehmen. Wenn also beispielsweise der Architekt und der Tragwerksplaner einen Mangel durch jeweilige Planungsfehler verursacht haben und der Bauherr zunächst nur den Architekten in Anspruch nimmt, kann der Architekt im Innenverhältnis die auf den Tragwerksplaner entfallende Quote (z. B. 50%) von diesem einfordern.

Ein Sonderfall ist gegeben, wenn Planungsfehler und Ausführungsfehler zusammenfallen und der Bauherr den Unternehmer in Anspruch nimmt. Der Unternehmer kann sich darauf berufen, da der Planer Erfüllungsgehilfe (§§254, 278 BGB) des Bauherrn ist. Dadurch wird sichergestellt, dass der Unternehmer von vornherein nicht auf 100%, sondern nur auf die auf ihn entfallende Quote in Anspruch genommen werden kann. Dies bedeutet, in diesem Fall würde ein Innenausgleich grundsätzlich nicht in Betracht kommen.

Regress

Auch wenn ein an der Bauausführung Beteiligter durch seinen Auftraggeber in Anspruch genommen wird, bedeutet dies nicht zwangsläufig, dass er abschließend auf dieser wirtschaftlichen Einbuße sitzen bleibt. Neben der bereits dargestellten Möglichkeit eines Innenausgleichs zwischen Gesamtschuldnern ist immer auch zu berücksichtigen, inwieweit der in Anspruch Genommene für die mangelhafte Leistung ein anderes Unternehmen oder aber einen weiteren Planer beauftragt hat, dessen Leistungen letztlich mangelhaft waren. Wenn dies der Fall ist, dann kann wiederum der in Anspruch Genommene neben dem Gesamtschuldnerinnenausgleich für den letztlich auf ihn entfallenden Anteil seinen Vertragspartner in Anspruch nehmen. Wenn also beispielsweise das Generalunternehmen wegen einer mangelhaften Werkleistung eines Nachunternehmers in Anspruch genommen wird, kann das Generalunternehmen wiederum den Nachunternehmer in Anspruch nehmen. Es sind die einzelnen Vertragskonstellationen - wie überblicksartig unter Ziffer 4.2 dargestellt - detailliert zu ermitteln, und es sind die einzelnen Vertragsverhältnisse und die Vertragsketten zu berücksichtigen.

11.4.5 Bauüberwachungspflichtverletzung und Ausführungsfehler fallen zusammen

Beispiel Nr. 11.1 Fehlende Bewegungsfugen in einer Bodenplatte

In der durch den Bauherrn beigestellten Planung sind auf einer Tiefgaragenfläche von ca. 15 000 m² (Bodenplatte) mehrere Bewegungsfugen vorgesehen. Das bauausführende Unternehmen führte jedoch keine Bewegungsfugen außerhalb der Randbereiche aus. Der Bauherr hatte dem Architekten nicht nur die Planung, sondern auch die Bauüberwachung, d. h. Bauleitung, übertragen. Nach der Fertigstellung sind wegen den fehlenden Bewegungsfugen Risse aufgetreten. Vorliegend war ein Mangel gegeben, da die Ausführung der Bewegungsfugen vertraglich vereinbart war. Die Vertragskonstellation für den vorliegenden Beispielsfall ist in Bild 11.12 dargestellt:

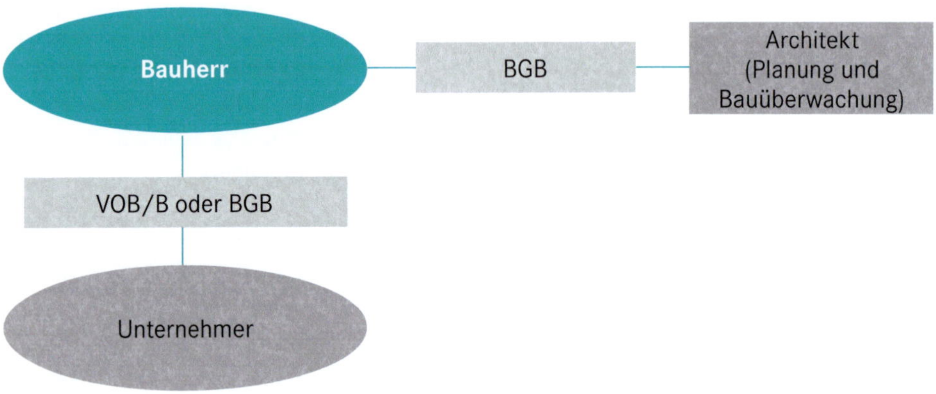

Bild 11.12 Vertragskonstellation für das Beispiel 11.1

Haftung

Im vorliegenden Fall sind das Unternehmen und der Architekt, dem auch die Bauüberwachung übertragen wurde, Gesamtschuldner, sodass es dem Bauherrn obliegt, zu wählen, ob er das Unternehmen oder den Architekten in Anspruch nimmt. Wenn sich jetzt der Bauherr entscheidet, den Unternehmer in Anspruch zu nehmen, kann er diesen im vorliegenden Fall zu 100 % in Anspruch nehmen. Zwar ist der Architekt grundsätzlich Erfüllungsgehilfe des Bauherrn, da der Bauherr eine ordnungsgemäße Planung gegenüber dem Unternehmer schuldet. Im vorliegenden Beispielsfall war die Planung jedoch ordnungsgemäß. Der Bauherr könnte dem Architekten nur eine Bauüberwachungspflichtverletzung vorwerfen. Da der Bauherr gegenüber dem Unternehmer jedoch keine Bauüberwachung schuldet, kann auch der Unternehmer kein Mitverschulden des Bauherrn einwenden, d. h. der Bauherr könnte das Unternehmen zu 100 % in Anspruch nehmen. Aus demselben Grund könnte das Unternehmen im Falle der Inanspruchnahme keinen Innenregress gegen den Architekten führen, sodass es bei einer abschließenden Alleinverantwortlichkeit des Unternehmers bliebe.

Wenn im vorliegenden Beispielsfall der Bauherr jedoch den Architekten zu 100% in Anspruch nehmen würde, könnte dieser das Unternehmen im Innenregress wiederum in Anspruch nehmen, und zwar zu 100%. Es ergibt sich damit folgende Darstellung:

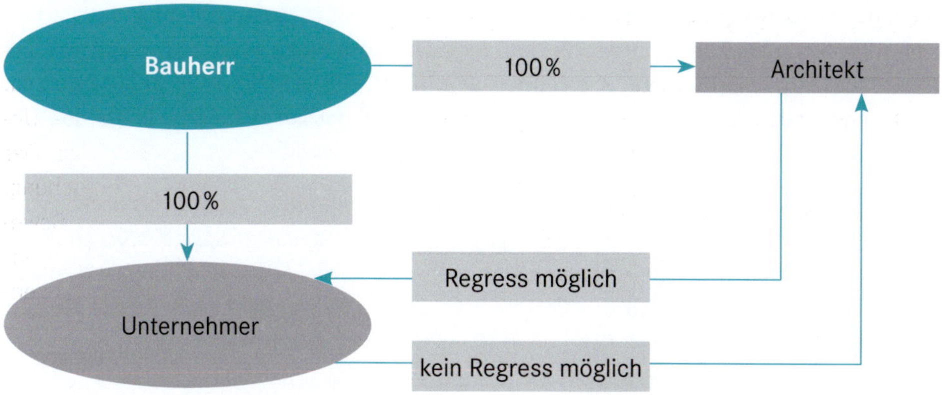

Bild 11.13 Haftung für den Beispielfall 11.1

11.4.6 Planungsfehler und Verletzung der Pflicht zur Bedenkenanmeldung gem. §4 Abs. 3 VOB/B fallen zusammen

Beispiel Nr. 11.2 Fehlende Bewegungsfugen in einer Bodenplatte

In dem vorgenannten Beispielsfall soll erneut eine Tiefgarage mit einer Fläche von 15 000 m^2 Grundlage sein. In diesem Fall hat der Architekt, der vom Bauherrn beauftragt wurde, jedoch keine bzw. in einem deutlich zu geringen Maße Bewegungsfugen vorgesehen. Das Unternehmen führte die Tiefgarage dessen ungeachtet entsprechend der Planung ohne bzw. mit deutlich zu wenig Bewegungsfugen aus. Bedenken gem. §4 Abs. 3 VOB/B werden von dem ausführenden Unternehmen gegenüber dem Bauherrn nicht erhoben.

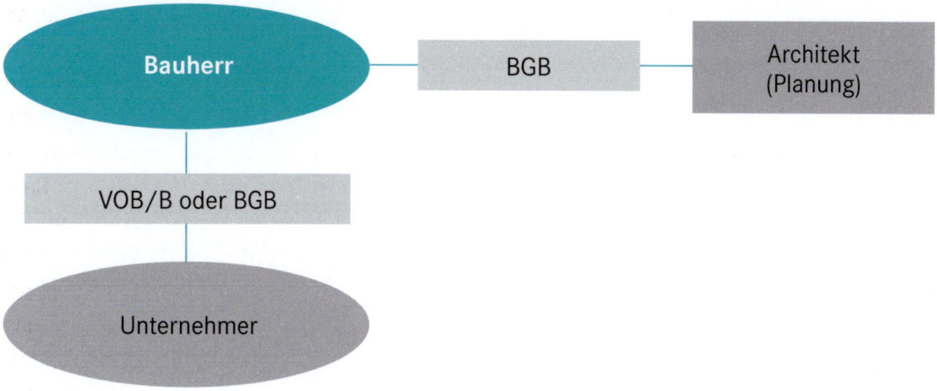

Bild 11.14 Vertragskonstellation für das Beispiel 11.2

Haftung

Wenn der Bauherr in dem vorliegenden Fall zunächst den Architekten in Anspruch nehmen würde wegen seiner mangelhaften Planung, könnte er diesen zu 100% in Anspruch nehmen, da sich der Architekt gegenüber dem Bauherrn nicht darauf berufen kann, dass das Unternehmen seine Fehler hätte erkennen müssen. Diese Frage betrifft ausnahmslos das Innenverhältnis zwischen dem Architekten und dem Unternehmen. In diesem Verhältnis kann gegebenenfalls ein Ausgleichsanspruch bestehen, dessen Höhe eine Frage des Einzelfalls ist.

Wenn demgegenüber der Bauherr zunächst den Unternehmer in Anspruch nimmt, kann sich dieser gem. den §§254, 278 BGB gegenüber dem Bauherrn darauf berufen, dass dieser ihm ordnungsgemäße Pläne schuldete und dass er dieser Verpflichtung nicht nachgekommen ist. Er könnte also das Verschulden des durch den Bauherrn eingeschalteten Architekten dem Bauherrn im Falle einer Inanspruchnahme entgegenhalten, sodass der Unternehmer von vornherein nur auf eine Quote haftet.

Es ergibt sich folgende Übersicht:

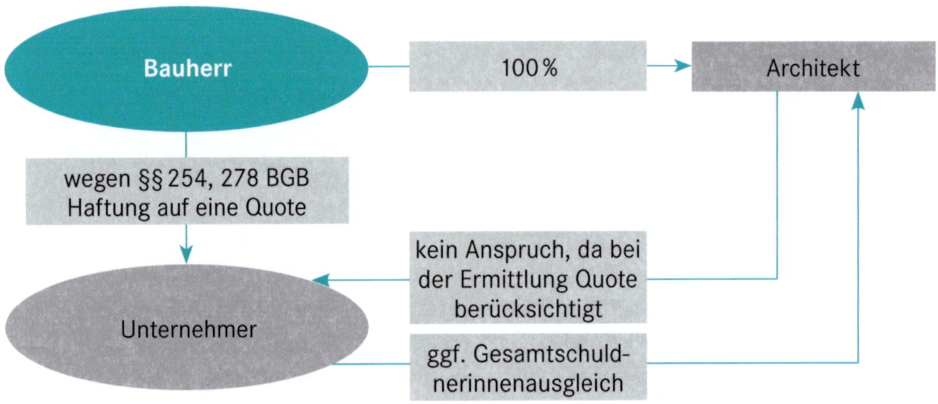

Bild 11.15 Haftungsbeziehungen für das Beispiel 11.2

11.4.7 Fehler der Tragwerksplanung

Beispiel Nr. 11.3 Zu große Rissbreiten infolge der Unterschreitung der Mindestbewehrung

Der Bauherr beauftragt einen Architekten mit der Gesamtplanung unter Einschluss der Tragwerksplanung. Der Sonderfachmann, der Tragwerksplaner, sieht einen zu geringen Bewehrungsgrad (Unterschreitung der Mindestbewehrung) der Bodenplatte vor. Diese Tragwerksplanung wird, da der Unternehmer diesen Fehler nicht erkannt hat und auch angesichts des zu erwartenden Fachwissens nicht erkennen konnte, von ihm umgesetzt. Bedingt durch den zu geringen Bewehrungsgrad sind in der Folgezeit Risse mit zu großen Rissbreiten aufgetreten.

Der Bauherr kann den Architekten, bei dem er auch die Tragwerksplanung beauftragt hatte, wegen der aufgetretenen Risse in Anspruch nehmen, da die Ursache Fehler in der Tragwerksplanung und damit Planungsfehler sind. Den Unternehmer kann er im vorliegenden Fall nicht in Anspruch nehmen, da dieser gem. § 13 Abs. 3 VOB/B i. V. m. § 4 Abs. 3 VOB/B von der Haftung freigestellt ist, da er mangels Erkennbarkeit seiner Prüf- und Hinweispflicht auch ohne Bedenkenanmeldung Genüge getan hat.

Es ergibt sich die grafische Darstellung:

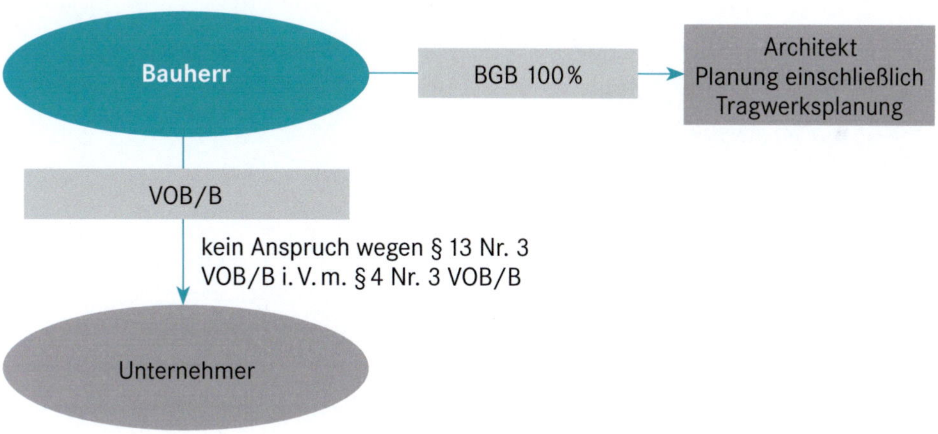

Bild 11.16 Haftungsbeziehungen für das Beispiel 11.3

Beispiel Nr. 11.4 Zu große Rissbreiten infolge der Unterschreitung der Mindestbewehrung

Ausgangspunkt ist der Sachverhalt zum Beispiel 11.3. Die einzige Änderung besteht darin, dass der mit der vollständigen Planung unter Einschluss der Tragwerksplanung beauftragte Architekt für den Bereich der Tragwerksplanung einen Sonderfachmann beauftragt hat.

Im Verhältnis zwischen dem Bauherrn und dem Architekten und dem Unternehmer ändert sich nichts, d. h. der Bauherr kann weiterhin den Architekten zu 100 % in Anspruch nehmen, den Unternehmer aus den bereits genannten Gründen nicht. Im vorliegenden Fall hat der Architekt dann jedoch die Möglichkeit, den Sonderfachmann in seinem Vertragsverhältnis in Anspruch zu nehmen.

Es ergibt sich die grafische Darstellung:

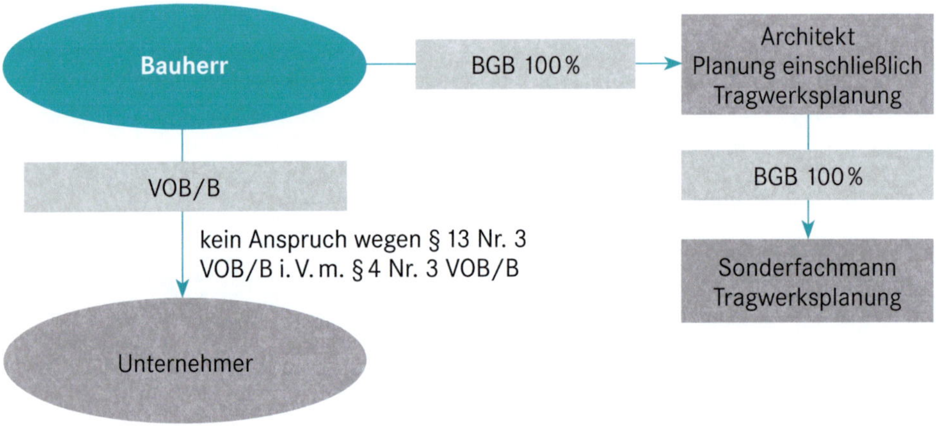

Bild 11.17 Haftungsbeziehungen für das Beispiel 11.4

Beispiel Nr. 11.5 Zu große Rissbreiten infolge der Unterschreitung der Mindestbewehrung

Ausgangspunkt ist wieder das Beispiel 11.3. Die Änderung besteht jedoch darin, dass der Bauherr nunmehr nicht die vollständige Planung an den Architekten beauftragt hat, sondern die Erstellung der Tragwerksplanung separat an einen Sonderfachmann. Der Unternehmer kann aus den benannten Gründen nicht in Anspruch genommen werden, in diesem Beispielsfall der Architekt auch nicht, wenn wir davon ausgehen, dass der Fehler nicht ins Auge sprang. Es entspricht insoweit gefestigter BGH-Rechtsprechung (z. B. BGH BauR 2001, 823), dass ein Architekt die von einem Sonderfachmann erstellten Planungsunterlagen nur insoweit überprüfen muss, wo er über die entsprechenden, hierfür notwendigen Kenntnisse verfügt. Die Tragwerksplanung ist ein spezieller Bereich. Wenn der Bewehrungsgrad nicht ins Auge springend zu gering war, könnte der Bauherr den Architekten nicht in Anspruch nehmen, sondern stattdessen den Sonderfachmann.

Die Haftungsbeziehungen sind wie folgt dargestellt:

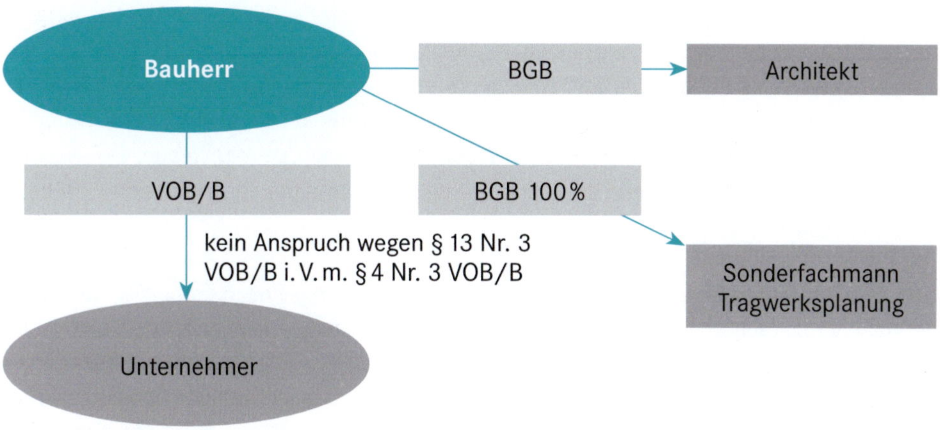

Bild 11.18 Haftungsbeziehungen für das Beispiel 11.5

Zusammenfassung

Die vorstehenden Beispiele lassen sich beliebig fortsetzen und noch wesentlich komplizierter gestalten. Es geht jedoch bei der Frage, wer wie haftet und von wem in Anspruch genommen werden kann, immer um die gleichen Grundmuster. Es sind jeweils die einzelnen Vertragskonstellationen und die einzelnen geschlossenen Verträge zu berücksichtigen und zu bestimmen, ob eine Gesamtschuldnerschaft vorliegt und wenn ja, zwischen welchen am Bau Beteiligten, inwieweit Bedenken gem. § 13 Abs. 3 VOB/B i.V.m. § 4 Abs. 3 VOB/B durch das ausführende Unternehmen angemeldet wurden und inwieweit eine Reduzierung gem. §§ 254, 278 BGB erfolgen kann.

11.5 Rechtsprechungsbeispiele

11.5.1 Prüfpflichten hinsichtlich Fehler der Tragwerksplanung (Risse in den Bodenplatten einer Produktionshalle)

Sachverhalt

Das OLG Bamberg (IBR 2001, 111) hatte folgenden kurz skizzierten Sachverhalt zu entscheiden: Die Auftraggeberin (Beklagte) hat die Auftragnehmerin (Klägerin) mit der Ausführung von Erd-, Maurer- und Betonarbeiten bei dem Neubau einer Kfz-Produktionshalle beauftragt. Die hierfür notwendige Planung hat die Auftraggeberin im Direktwege an einen Planer beauftragt. Nach der Fertigstellung und Abnahme des Objektes sind in der Produktionshalle, und zwar in den einzelnen dort ausgeführten Betonplatten, Risse aufgetreten. Es wurden Betonplatten mit den Abmessungen 20 x 20 m durch die Planung vorgegeben und ausgeführt. Darüber hinaus erfolgte eine Verankerung der Betonplatten in den Stützen- und Streifenfundamenten durch Bewehrung, sodass eine zwängungsfreie Verkürzung der Betonplatte beim Abbinden und Austrocknen des Betons verhindert worden ist. Der insoweit eingeschaltete Sachverständige hat festgestellt, dass die Größe der Betonplatten zu groß gewählt wurde und darüber hinaus die Verbindung zu den Stützen- und Streifenfundamenten dazu geführt hat, dass unterschiedliche Kräfte in Längs- und Querrichtung zu Zwangsspannungen und damit zu den aufgefundenen Rissen geführt haben. Die Ausführung durch die Auftragnehmerin entsprach in vollem Umfang der vorgegebenen Planung.

Rechtliche Würdigung

Das OLG Bamberg (IBR 2001, 111) hat hierzu entschieden, dass nach Einholung des Sachverständigengutachtens fest stehe, dass die Risse auf Planungsfehler zurückzuführen sind. Die Planung und die zugrunde liegende Tragwerksplanung wurden von Sonderfachleuten im Auftrag der Auftraggeberin erstellt, sodass auch die Ursache aus der Sphäre der Auftraggeberin herrührt. Das Gericht ging ferner davon aus, dass der Klägerin auch keine Verletzung der Prüf- und Hinweispflicht nach § 4 Abs. 3 VOB/B angelastet werden kann, da der Fehler in der Tragwerksplanung ›nicht ins Auge sprang‹. Es ging zwar davon aus, dass es der Auftragnehmerin gem. § 4 Abs. 3 VOB/B grundsätzlich oblag, die Ausführungsunterlagen zu prüfen und etwaige Bedenken mitzuteilen. Grundlage dieser Prüf- und Hinweispflicht kann aber nicht jegliches Wissen sein, sondern nur das dem neuesten Stand der Technik entsprechende Normalwissen. Es gehöre daher nicht zu den Pflichten der Auftragnehmerin, die Erkenntnisse des Architekten oder des Tragwerksplaners auf ihre Richtigkeit hin zu überprüfen, Ausnahme, ein Fehler springt ins Auge.

11.5.2 Mitverschulden des Bauherrn/Vorteilsausgleichung (Rissbildung in einem Parkdeck aus Stahlbeton-Fertigteilen)

Sachverhalt

Das Saarländische OLG (IBR 1999, 521) hatte folgenden Sachverhalt zu entscheiden: Die Auftraggeberin (Klägerin) beauftragte die Auftragnehmer (Beklagte) mit der Ausführung von Rohbauarbeiten eines Warenhauses unter Einschluss eines Parkdecks. Gegenstand dieses Vertrages war auch die Erstellung der Tragwerksplanung durch die Beklagten. Einige Jahre nach der Abnahme sind in dem Parkdeck Risse aufgetreten. Hintergrund der aufgetretenen Risse war, dass Bewegungsfugen fehlten.

Rechtliche Würdigung

Das Saarländische OLG ging von einer Verantwortlichkeit der Auftragnehmer aus, da es Aufgabe der Auftragnehmer war, eine ›Konstruktion mit ausreichender Dauerhaftigkeit‹ zu erstellen, was tatsächlich wegen der fehlenden Bewegungsfugen und dadurch bedingt aufgetretenen Risse nicht der Fall war. Es hat insbesondere auch den Einwand der Auftragnehmer zurückgewiesen, wonach sich die Auftraggeberin anrechnen lassen müsse, dass sie die zunächst angedachte Aufbringung einer rissüberbrückenden Beschichtung nicht habe ausführen lassen. Dies hat das Gericht damit begründet, dass es bereits an einer Konstruktion mit ausreichender Dauerhaftigkeit fehle, die auch ohne rissüberbrückende Beschichtung hätte hergestellt werden müssen. Die Auftragnehmer haben sich des Weiteren auf die Grundsätze der Vorteilsausgleichung zurückgezogen, da im Zeitpunkt der Ausurteilung ca. 10 Jahre vergangen waren seit der Eröffnung des Objekts. Auch dieser Einwand wurde zurückgewiesen mit der Begründung, dass die Auftragnehmer nicht dadurch begünstigt werden könnten, dass sie die Beseitigung von Mängeln über Jahre hinaus verzögern.

11.5.3 Gesamtschuldnerische Haftung von Vor- und Nachunternehmer (Putzrisse über fehlerhafter Mauerfolie)

Sachverhalt

In einer Entscheidung des OLG Stuttgart (BauR 2005, 1217f.) ging es um die Frage einer gesamtschuldnerischen Haftung von Vor- und Nachunternehmern. Die Auftraggeber (Kläger) haben gesamtschuldnerisch die Rohbauunternehmerin (Beklagte zu 2.) und ein Putzunternehmen (Beklagte zu 1.) verklagt. Der Rohbauunternehmerin oblag die Erstellung des Zweifamilienhauses. In diesem Objekt sollte dann die Beklagte zu 1. die Putzarbeiten durchführen. Nach Fertigstellung des Objektes sind Risse im Außenputz an unterschiedlichen Bauteilen aufgetreten. Der Rohbauunternehmerin oblag nach den zugrunde liegenden Vertragsgrundlagen insbesondere auch die Ausführung einer Dachpappe als Sperre gegen aufsteigende Feuchtigkeit. Tatsächlich ausgeführt hat sie statt der Dachpappe eine Folie mit einer Stärke von lediglich 0,4 mm. Der Gerichts-Sachverständige hat festgestellt, dass es durch die ausgeführte Folie zu Relativverschiebungen der Fugenflanken gekommen ist und dadurch bedingt zu den aufgetretenen Rissen. Er hat des Weiteren festgehalten, dass es nach der DIN 18195 zwar grundsätzlich zulässig ist, anstelle der Dachpappe eine Folie auszuführen, dass diese jedoch eine Mindeststärke von 1,2 mm haben müsse. Ein geringer Teil der Risse war auf Mängel durch die Putzunternehmerin zurückzuführen.

Rechtliche Würdigung

Nach der Beweisaufnahme stand fest, dass zum einen eine mangelhafte Werkleistung des Putzunternehmens vorlag, was jedoch als Berufung nicht mehr Gegenstand dieser OLG-Entscheidung war. Das OLG Stuttgart hat des Weiteren festgehalten, dass die Schadensursache in den Mängeln der Vorunternehmerin, d. h. der Rohbauunternehmerin, zu suchen sei, da diese anstelle der vorgegebenen Dachpappe eine Folie mit einer Stärke von 0,4 mm ausgeführt habe, die nicht DIN-gerecht (DIN 18195) sei. Die ausgeführte Folie sei damit auch nicht vertragsgerecht. Es ist vorliegend von einer gesamtschuldnerischen Haftung der Rohbauunternehmerin und des Putzunternehmens auszugehen, da die Ursachen der aufgetretenen Mängel in beiden Gewerken liegen und wirtschaftlich nur auf eine einzige Weise beseitigt werden können. Dies beruhe darauf, dass bedingt durch die Rohbaumängel im Anschluss die betroffenen Fassadenseiten komplett neu zu verputzen sind, sodass es im Ergebnis nicht darauf ankomme, ob ein Teil der Risse ihre Ursache in Mängeln des Putzunternehmens habe.

(Die Frage eines Innenausgleichs zwischen Vor- und Nachunternehmern war nicht Gegenstand dieses Verfahrens.)

1.5.4 Gesamtschuldnerinnenverhältnis zwischen dem Bau überwachenden Architekten und dem Bauunternehmer

In einer Vielzahl von Entscheidungen hat die Rechtsprechung klargestellt, dass sich der Unternehmer nicht darauf stützen kann, dass ihn der Architekt nicht ausreichend überwacht bzw. beaufsichtigt hat (BGH BauR 1997, 1021, 1025; OLG Köln BauR 1996, 548, 549; BGH NJW 1971, 752 f.; OLG Köln, BauR 1993, 744; OLG Braunschweig, BauR 1991, 355; OLG Koblenz, BauR 2005, 767). Zu berücksichtigen ist insoweit, dass dann, wenn ein Ausführungsfehler vorliegt, den der Bau überwachende Architekt hätte erkennen und verhindern müssen, der Auftraggeber beide als Gesamtschuldner, d. h. beide zu 100 %, in Anspruch nehmen kann. Im Innenverhältnis zwischen den Gesamtschuldnern ist jedoch das Unternehmen allein verantwortlich, da es keinen rechtlichen Anspruch des Unternehmens gegenüber dem Architekten gibt, dass dieser ihn ordnungsgemäß überwacht. Die Tatsache, dass der Architekt das Unternehmen überwacht, bedingt sich durch den mit dem Auftraggeber abgeschlossenen Vertrag.

11.6 Möglichkeiten zur Reduzierung von Haftungsrisiken

Prüf- und Hinweispflicht/Haftungsfreistellung

In der Baupraxis wird häufig übersehen, dass es gem. § 13 Abs. 3 VOB/B i.V.m. § 4 Abs. 3 VOB/B für alle ausführenden Unternehmen eine Prüf- und Hinweispflicht gibt. Danach ist das ausführende Unternehmen verpflichtet, die vom Bauherrn bzw. Auftraggeber beigestellte Planung auf Fehler zu überprüfen. Das Unternehmen muss nach dem objektiv zu ermittelnden Fachwissen die insoweit erkennbaren Fehler dem Bauherrn schriftlich mitteilen, wogegen es Bedenken hegt und mit welchen Risiken gerechnet werden muss, wenn die fehlerhafte Planung umgesetzt wird. Diese Bedenkenanmeldungen liegen häufig nicht vor. Die zwei häufigsten Ursachen sind folgende:

Durch die Geschwindigkeit des Bauens bedingt werden Planungen häufig in nicht ausreichendem Umfang überprüft, was jedoch zwingend ist, da dann, wenn Fehler erkannt werden, auch im Falle der Umsetzung der fehlerhaften Planung, Anordnungen, Leistungsbeschreibungen oder Vorleistungen von Vorunternehmern (§ 13 Abs. 3 VOB/B) das ausführende Unternehmen von der Haftung frei wird.

Die zweite Fallgruppe betrifft diejenigen Fälle, in denen eine Vielzahl von Fehlern zwar während der Bauausführung festgestellt wurde, dann jedoch nur mündlich mit den eingeschalteten Planern des Bauherrn gesprochen wurde. Das reicht jedoch zur Einhaltung der Voraussetzungen der Prüf- und Hinweispflicht nicht aus.

Dokumentation von Planungsgesprächen

In einer Vielzahl von Fällen verlangt der Bauherr eine besonders kostengünstige Planung. Dies betrifft für mögliche Risse insbesondere angesichts der exorbitant hohen Stahlpreise die Reduzierung der Mindestbewehrung. Zwischen den am Bau Beteiligten werden vor Baubeginn häufig die unterschiedlichsten Möglichkeiten zur Reduzierung der Mindestbewehrung erörtert und ausgeschöpft (z. B. durch Abminderung der Betonzugfestigkeit). Absprachen dieser Art sollten schriftlich dokumentiert werden. Insbesondere sollte hierbei auch dokumentiert werden, wenn mit Rissen oder einer größeren Anzahl von Rissen zu rechnen ist. Treten dann in der Folgezeit Risse auf, zieht sich der Bauherr regelmäßig darauf zurück, dass er davon gerade nicht ausgegangen sein will. Sofern die beteiligten Planer dann nur auf Zeugenaussagen angewiesen sind, bleiben Unsicherheiten.

Etwaige Unsicherheiten gehen wegen der Darlegungs- und Beweislast zu Lasten der Planer. Wenn Einsparungen vorgesehen und damit bewusst Risse in Kauf genommen werden, deren Verschließen jedoch häufig günstiger ist, sollte hier eine klare Dokumentation erfolgen, die von beiden Seiten gegengezeichnet werden sollte. Sie müsste den Gesprächsgegenstand, d. h. den Hintergrund der Stahlreduzierung, und die damit vorzunehmende Kostenreduzierung enthalten und viel wichtiger noch die Tatsache, dass mit Rissen gerechnet werden muss, deren Beseitigung ebenfalls Kosten, wenngleich deutlich geringere Kosten als die erzielte Kostenreduzierung durch die Reduzierung des Bewehrungsgrades, nach sich zieht.

Liste der Beispiele

Literatur

[1.1] Schubert, P.: Schadensfreies Konstruieren mit Mauerwerk, Teil 1: Formänderungen von Mauerwerk - Nachweisverfahren, Untersuchungsergebnisse, Rechenwerte. In: Mauerwerkkalender 2002, Berlin: Verlag Ernst & Sohn 2002

[1.2] Deutscher Ausschuss für Stahlbeton (Hrsg.): Erläuterungen zu DIN 1045-1. Berlin: Beuth Verlag 2003 (Schriftenreihe des Deutschen Ausschusses für Stahlbeton; 525)

[1.3] Künzel, H. M.; Holm, A.; Sedlbauer, K.: Wärme- und Feuchteschutz, Schallschutz. In: Betonkalender 2002 (91. Jahrgang), BK 2, Berlin: Verlag Ernst & Sohn 2002

[2.1] Röhling, St.; Eifert, H.; Kaden, R.: Betonbau Planung und Ausführung. Berlin: Verlag Bauwesen 2000

[2.2] Deutscher Ausschuss für Stahlbeton -DAfStb-, Berlin (Hrsg.): Kordina, K.; Schubert, L.; Troitzsch, U.: Kriechen von Beton unter Zugbeanspruchung. Schriftenreihe des Deutschen Ausschusses für Stahlbeton, Heft 498. Berlin: Beuth Verlag 2000

[2.3] Deutscher Ausschuss für Stahlbeton -DAfStb-, Berlin (Hrsg.): König, G.; Tue, N. V.: Grundlagen und Bemessungshilfen für die Rissbreitenbeschränkung im Stahlbeton und Spannbeton sowie Kommentare, Hintergrundinformationen und Anwendungsbeispiele zu den Regelungen nach DIN 1045, EC 2 und Model Code 90. Schriftenreihe des Deutschen Ausschusses für Stahlbeton, Heft 466, Berlin: Beuth-Verlag 1996

[3.1] Fischer, A.; Kramp, M.; Prietz, F.; Rösler, M.: Stahlbeton nach DIN 1045-1. Berlin: Verlag Ernst & Sohn 2003

[3.2] Meyer, G.; Meyer, R.: Rissbreitenbeschränkung nach DIN 1045. Diagramme zur direkten Bemessung. 3. überarb. Aufl. Düsseldorf: Verlag Bau+Technik 2007

[3.3] Schlaich, J.; Schäfer, K.: Konstruieren im Stahlbetonbau. In: Betonkalender 2001, 90. Jahrgang), Band 2, S. 311 ff. Berlin: Verlag Ernst & Sohn 2001

[3.4] Technische Regel, 2003-11 DAfStb-Richtlinie - Wasserundurchlässige Bauwerke aus Beton (WU-Richtlinie), Deutscher Ausschuss für Stahlbeton - DAfStb, Berlin 2004

[3.5] Meichsner, H.; Rudolph, M.: Rissbreitenberechnung für Elementwände und -decken aus Stahlbeton für Zwangbeanspruchungen rechtwinklig zu den Elementfugen. In: Bautechnik 85 (2008), S. 530 bis 540; Berlin Ernst & Sohn Zuschrift von Prof. J. Schnell und Erwiderung in Bautechnik 86 (2009), Seite 130

[3.6] Heilmann, H. G.: Beziehungen zwischen Zug- und Druckfestigkeit des Betons. In: beton, Heft 2 1969

[3.7] Schlangen, E.; van Mier, J. G. M.: Experimental and numerical Analysis of Micromechanisms of fracture of cementbased components. In: TU Delft, Faculty of Civil Engineering (Ed.): Progress in Concrete Research. Delft 1991. (Annual Report - TU Delft, Faculty of Civil Engineering; 2)

[3.8] Röhling, St.: Zur Ermittlung der rissbreitenbeschränkenden Bewehrung bei Zwang in erhärtenden Betonbauteilen. In. Beton- und Stahlbetonbau 100 (2005), Nr. 10, S. 880–885

[5.1] Deutscher Ausschuss für Stahlbeton (Hrsg.): DAfStb-Richtlinie - Betonbau beim Umgang mit wassergefährdenden Stoffen, Oktober 2004.

[5.2] DIN 4085:2007-16. Baugrund-Berechnung des Erddrucks.

[5.3] Grasser, E.: Bemessung der Stahlbetonbauteile, Tl. 1: Bemessung für Biegung mit Längskraft, Schub und Torsion. In: Betonkalender 1994 Teil 1. Berlin: Verlag Ernst & Sohn 1994, S. 457-458.

[5.4] Röhling, St.:Temperaturverhältnisse und Rissgefahr in erhärtenden Stahlbetonwänden. Problematik, Ursachen, Beurteilung. In: beton 52 (2002), Nr.5, S. 256-261

[5.5] Maßnahmen zur Verminderung der Zwangsbeanspruchungen infolge Hydratationswärme. Empfehlungen des AK Zwangsspannungen des VDB. In: Report 12 - Verband Deutscher Betoningenieure e. V. Düsseldorf: Selbstverlag 2005, 47 S.

[5.6] Röhling, St.: Zwangsspannungen infolge Hydratationswärme. Düsseldorf: Verlag Bau + Technik 2005

[5.7] Kerkeni, Hegger, Kahmer: Mindestbewehrung von weißen Wannen aus Doppelwänden. In: Beton- und Stahlbetonbau 97 (2002) Nr. 1, S. 1–7

[5.8] Parkhäuser und Tiefgaragen. Fassung Januar 2005. In: Deutscher Beton- und Bautechnik-Verein e. V.: DBV-Merkblatt-Sammlung. Merkblätter, Sachstandberichte. Grundwerk 1997 einschl. 8. Ergänzung Juni 2005. Berlin: Selbstverlag 2005, 68 S. (DBV-Merkblatt)

[5.9] Raupach, M.; Wolff, L.: Reduktion der Bewehrungsüberdeckung bei vorhandener Beschichtung bei Parkhaus-Neubauten. Berlin: Selbstverlag 2005. (Schriftenreihe Deutscher Beton- und Bautechnik-Verein e. V.; 9)

[5.10] Technische Regel, 2001-10 Deutscher Ausschuss für Stahlbeton - DAfStb-Richtlinie - Schutz und Instandsetzung von Betonbauteilen (Instandsetzungs-Richtlinie) - Teil 1: Allgemeine Regelungen und Planungsgrundsätze; Teil 2: Bauprodukte und Anwendung; Teil 3: Anforderungen an die Betriebe und Überwachung der Ausführung; Teil 4: Prüfverfahren

[7.1] Al Bosta, S.: Risse im Mauerwerk. Verformungen infolge von Temperatur und Schwinden – Baupraktische Anwendungsbeispiele. 2. neubearbeitete und erweiterte Auflage, Düsseldorf: Werner Verlag 1999

[7.2] Frick, O.; Knöll, K.: Die Konstruktion von Hochbauten – Ein Handbuch für den Baufachmann, 5. Auflage, Leipzig, Berlin 1927 Verlag B. G. Teubner

[8.1] Schubert, P.: Vermeiden von schädlichen Rissen in Mauerwerkbauteilen. In Mauerwerk-Kalender 1996, Berlin: Verlag Ernst & Sohn

[8.2] Deutsche Poroton GmbH, Königswinter; Bundesverband der Deutschen Ziegelindustrie e. V., Arbeitsgemeinschaft Mauerziegel (Hrsg.); Jäger, W.; Pflücke, T.; Waurig, W.; Figge, D.; Meyer, U.: Bemessung von Ziegelmauerwerk, Ziegelmauerwerk nach DIN 1053-1. 1. Ausgabe. Bonn: Selbstverlag 2002 (Poroton aktuell)

[8.3] Deutscher Ausschuss für Stahlbeton (Hrsg.); Mayer, H.; Rüsch, H.: Bauschäden als Folge der Durchbiegung von Stahlbeton-Bauteilen. Berlin: Deutscher Ausschuss für Stahlbeton 1967. (Schriftenreihe des Deutschen Ausschusses für Stahlbeton; 193)

[8.4] Göttlich, P.: Stimmt $l_i/35$ immer noch? In: Der Bausachverständige 5 (2009), Nr. 1, S. 15–18

[9.1] Meichsner, H.: Über die Selbstdichtung von Trennrissen in Beton. Beton- und Stahlbetonbau 87 (1992), Nr. 4. S. 95–99

[9.2] Begrenzung der Rissbildung im Stahlbeton- und Spannbetonbau. Fassung Januar 2006. In: Deutscher Beton- und Bautechnik-Verein e. V.: DBV-Merkblatt-Sammlung. Merkblätter, Sachstandberichte. Grundwerk 1997 einschl. 8. Ergänzung Juni 2005. Berlin: Selbstverlag 2005, 63 S. (DBV-Merkblatt)

[9.3] Meichsner, H.: Sind Rissbreitenmessungen eindeutig? – Vergleichende Rissbreitenmessungen mit Lupe und Setzdehnungsmesser. In: Beton- und Stahlbetonbau 87 (1992), Heft 12. Verlag Ernst & Sohn

[9.4] TH Aachen, Fakultät für Bauingenieur- und Vermessungswesen (Hrsg.); Ripphausen, B.: Untersuchungen zur Wasserdurchlässigkeit und Sanierung von Stahlbetonbauteilen mit Trennrissen. Aachen, TU, Diss., 1989

[9.5] Meichsner, H.: Rissbreitenmessung in Stahlbetonbauteilen – wie, wozu und wie genau? Ernst & Sohn Special 1/2009: Messtechnik im Bauwesen, S. 104 bis 107

[9.6] Pfefferkorn, W.: Rissschäden an Mauerwerk, Stuttgart: Fraunhofer IRB Verlag 1994 (Schadensfreies Bauen;)

[9.7] Deutscher Ausschuss für Stahlbeton (Hrsg.); Schießl, P.: Grundlagen der Neuregelung zur Beschränkung der Rissbreite. Berlin: Deutscher Ausschuss für Stahlbeton 1989. (Schriftenreihe des Deutschen Ausschusses für Stahlbeton; 400)

[9.8] Oswald, R.; Abel, R.: Hinzunehmende Unregelmäßigkeiten bei Gebäuden. Typische Erscheinungsbilder - Beurteilungskriterien - Grenzwerte. 3., vollst. überarb. u. erw. Aufl. Wiesbaden: Vieweg 2005

[9.9] Descartes, R.: Discours de la méthode. Paris: GF Flammarion 2000

[10.1] Zusätzliche Technische Vertragsbedingungen und Richtlinien für Ingenieurbauten (ZTV-ING); Bundesanstalt für Straßenwesen Bergisch-Gladbach

[10.2] Studiengesellschaft für unterirdische Verkehrsanlagen e. V. (Hrsg.): Abdichten von Bauwerken durch Injektion. Stuttgart: Fraunhofer IRB Verlag 2005. (ABI-Merkblatt)

[10.3] Deutsche Bahn AG (Hrsg.): Richtlinie 835.9201 (AIB). DB Netz: Hinweise für die Planung und Durchführung von Vergelungsmaßnahmen bei der DB AG. 1999

[10.4] Meichsner, H.: Spiralanker für die Mauerwerksinstandsetzung. Stuttgart: Fraunhofer IRB Verlag 2009

[10.5] Schubert, P.: Mauerwerk - Risse vermeiden und instandsetzen. Stuttgart Fraunhofer IRB Verlag 2004

[10.6] Beurteilung und Instandsetzung gerissener Putze an Fassaden. Merkblatt 2-4, Ausgabe: 8.2008/D. Wissenschaftlich-Technische Arbeitsgemeinschaft für Bauwerkserhaltung und Denkmalpflege e. V. Stuttgart: Fraunhofer IRB Verlag 2008

Stichwortverzeichnis